MariaDB로

따라 하며 배우는

{ SQL 프로그래밍 }

데이터베이스 기초에서 실무까지

초보자를 위한 데이터베이스 SQL 입문과

실전 준비 지침서

나익수 · 서연경 지음

이우기 감수

좋은 책 · 알찬 내용
KM 가메출판사

MariaDB로
따라 하며 배우는

{ SQL 프로그래밍 }

데이터베이스 기초에서 실무까지

지은이 나익수 • 서연경
펴낸이 이병렬
펴낸곳 도서출판 가메 https://www.kame.co.kr
주소 서울시 마포구 성지5길 5-15, 206호(합정동, 벤처빌딩)
전화 02-322-8317
팩스 0303-3130-8317
이메일 km@kame.co.kr

등록 제313-2009-264호
발행 2024년 7월 22일 초판 2쇄 발행
정가 29,000원

ISBN 978-89-8078-313-7

표지/편집 디자인 편집디자인팀

머리말

이 책은 데이터베이스를 사용하여 프로그램을 개발하는 프로그래머를 위한 것이며, 데이터베이스 관리자(DBA)를 위한 책은 아니다. 지금까지 데이터베이스 프로그래밍과 관련한 책들이 이론 중심이거나 또는 문법을 중심으로 설명하는 책들이 대부분이었다. 이러한 책들은 이론에 치우진 내용이 많아 강의할 때 매번 실습 내용을 다시 만들어야 했던 경험으로 책의 집필을 고민하게 되었다.

이 책은 데이터베이스를 이용하는 기능을 설명하는 과정에서 다양한 실습을 하도록 했고, 실습 내용에 실무에서 필요한 패턴들을 녹여 놓았다. 이 책의 내용을 완전하게 이해한다면 처음 배우는 사람도 데이터베이스 프로그래밍 실무에 바로 투입되어도 두려움 없이 적응할 수 있을 것으로 생각한다.

간단한 모델링을 통하여 실습에 필요한 테이블을 설계하고 구현하여 소량의 실습용 데이터를 입력한 뒤에 이 책의 마지막 장까지 연동하여 실습하도록 예제를 구성하였다. 보통의 책들은 기능을 설명하기 쉽도록 기능별로 테이블을 만들고 그에 따른 데이터를 입력하여 실습하도록 되어 있어서 기능과 기능 간의 연동 관계를 이해하기가 어려웠지만, 이 책은 모든 기능을 실습할 때 초기에 구축한 테이블과 데이터를 사용하기 때문에 기능과 기능의 연동을 쉽게 이해할 수 있도록 했다. 이러한 구성으로 인하여 이 책을 보는 방법은 처음부터 마지막까지 순서대로 보고 실습해야 책에서 제시하는 실습 결과와 일치할 것이다.

실습 예제는 필자의 많은 실무 경험과 강의 경험을 바탕으로 작성하였다. 이 책을 순서대로 이해한다면 실무에 적응할 수 있을 것이며, 또한 실무에서 필요한 패턴을 책의 실습 예제에서 힌트를 얻을 수 있을 것이다.

책에서 제시하는 실습 예제를 해결하는 과정에서 사용된 프로그래밍 논리가 최고로 잘 정리되었다고는 할 수 없다. 논리의 모순이 없도록 실습 예제의 프로그래밍을 많은 검증 과정을 거쳤으나, 필자가 신이 아닌 이상 논리 모순이 있을 수도 있을 것이다. 만약 독자 여러분이 이런 모순을 찾을 수 있다면 여러분의 실력은 아주 대단히 향상되었다고 볼 수 있다.

배우는 과정에서는 다른 사람이 작성한 프로그램의 논리를 응용하여 자신이 필요한 프로그램을 작성하겠지만, 이때는 다른 사람의 프로그램이 완전한지 그리고 더 좋은 논리는 없는지 검토하면서 자신만의 프로그래밍 패턴을 만들어 가는 것이 바람직할 것이다.

이 책은 MariaDB를 대상으로 작성하였지만, 뿌리가 같은 MySQL과 차이가 나는 기능을 부가적으로 설명하였기 때문에 MySQL 사용자도 참조할 수 있을 것이다.

마지막으로 출판에 앞서 많은 고민과 노력을 함께 해준 관계자분들께 그리고 가족들에게 모두 감사의 마음을 전한다.

2022년 12월

필자 **나익수 · 서연경**

감수의 글

'청출어람 青出於藍'.

부모보다 뛰어난 자녀를 일컫는 말이다. 이 책의 감수를 부탁받고 처음 떠오른 표현이다. 내 강의를 들었던 제자인 서연경 학생이 교수가 되어 이런 놀라운 저서를 가지고 왔을 때, 이런 상황에 꼭 적확한 표현일 것이다. 마치 징징거리던 아이가 성장해서 아버지의 필요를 제대로 챙겨줄 때의 기분만큼 생경하고 흐뭇하고 축복하고픈 복합 감정이 들었다.

이 책은 크게 두 가지 장점이 명확하다.

우선 수준이 높다. 시중에 흔한 데이터베이스 개론서들과는 확실히 다르다. 매우 깊이가 있다. 요즘은 누구나 DB를 아는 시대이므로, 단순 SQL 문들은 금방 배울 수 있다. 심지어 책이 필요하지 않을 만큼 동영상과 강의 자료가 널려진 시대이다. 그만큼 DB 기술이 일반화되고 있으며 고급스러운 IT 기술로 발전하고 있기 때문에, 개론서 그 이상이 필요해진 시점이다. 세부적인 고급기능으로는 트리거(Trigger), 저장 프로시저(Stored Procedure), 로그 관리(Log management), 암호화(Encryption) 등의 기능들까지 예제를 가지고 상세하게 설명한 책은 아직 없다. 국내에도 세계적으로도 전무하다. 이러한 깊이와 디테일은 공저자인 나익수 교수님의 실무경험에서 열매 맺은 것임은 자명하다.

MariaDB를 선정한 것도 상업적으로 탁월한 선택이다. 과거 MySQL이 상당히 엉성한 기능에도 불구하고 현업에서 왜 많이 사용되었는지 그 이유와 정확히 맥을 같이한다. DBMS 시장의 절대강자인 오라클이 MySQL을 흡수한 이유와도 같다. 무료인 MySQL이 오라클의 시장 확대에 방해가 되었기 때문에, MySQL을 죽이려고 큰 비용을 들였던 것이다. MariaDB는 바로 당시 MySQL 개발자들이 퇴사하여 만든 DBMS이므로 앞으로 사용자가 확대될 것은 자명하다. 저렴한 DB는 시장수요가 커질 수밖에 없으며, 결과적으로 사용자 그룹, 기술 자문, 분야별 사례관리, 교육창업 등의 연관된 비즈니스 모델이 생기게 될 현상은 DB의 필수성만큼이나 확실하다.

감수자 본인은 DB lover이다. 데이터 과학 분야에서 가장 권위 있는 DB 소사이어티의 회장을 역임했고, IEEE 데이터 과학 분야(TCDE) 현직 최고 기술 위원의 한 명이므로 감수를 의뢰받는 영광을 가지게 된 것으로 짐작한다. 본인은 DB 관련 이론과 기술 동향에 관심이 많다. 정말 DB를 사랑하고 그중에서도 데이터 설계에 매혹되어 있다. 곧 발간될 나의 저서, "데이터 디자인"과 보완관계라서 너무 다행이라고 가슴을 쓸어내리기도 했다. 그만큼 가슴이 울렁거리는 책이다. 다만 미욱치 못한 감수자의 참여가 본서의 가치를 훼손치 않기를 바랄 따름이다.

결론적으로 이 정도로 놀라운 깊이를 갖추었고, 앞으로 시장성이 폭발할 MariaDB를 선점했기 때문에 매우 장래가 밝다. 소장 도서로 강추한다.

인하대학교 산업경영공학과

이우기 교수

목차

Chapter 4 데이터베이스의 물리적 설계

Chapter 5 기본 SQL

Chapter 6 내장 함수

Chapter 8 데이터베이스 유지관리

Chapter 13 Python 프로그램에서 MariaDB 사용하기

MariaDB

CHAPTER 1

데이터베이스 기초

1 데이터 Data

데이터베이스를 말하기 전에 데이터가 무엇인지 한 번 생각해 보자. 우리가 일상생활에서 알고 있는 데이터 data라는 것은 숫자, 문자, 단어, 문장, 시간, 일정, 금액, 이미지, 소리, 영상, 파일, pdf, 온도, 습도 등 여러 형태로 된 사실 fact이나 값 value을 나타내는 기본 단위이다. 우리말로 옮기면 자료 또는 재료 등으로 표현할 수 있다. 데이터는 주로 숫자 number 또는 문자 character와 같은 조직화되지 않은 형태로 현실 세계에서 측정되거나 수집된 원시적인 값들 raw data이다.

데이터는 측정 sensing되거나 수집 collecting된 데이터 중에 숫자로 표현하는 양적 데이터도 있고, 품질 또는 선호도와 같은 사실을 표현하는 질적인 데이터도 있다.

카메라를 이용해서 얻게 된 이미지 데이터 또는 영상 녹화 데이터, 온도계나 습도계와 같은 측정 장비로부터 얻게 된 데이터, 월급으로 받게 된 금액 데이터, 컴퓨터 시스템의 날짜 데이터, 사람의 키나 몸무게를 측정하여 얻은 데이터, 사람의 이름과 집 주소와 같은 문자열 데이터 등을 생각해 본다면 데이터의 의미를 좀 더 명확히 이해할 수 있을 것이다.

2 정보 Information

재료인 데이터 data에 분석과 가공을 통해 의미 있는 가치가 더해지면 정보 information가 된다.

예를 들어, "A"라는 한 마을의 인구를 10년 동안 기록하면 그 인구 수치는 데이터로 수집된 것이지만, 수집된 데이터를 기반으로 최근 10년간 "A" 마을의 인구가 증가하고 있는지 감소하고 있는지를 발견하고 의사결정이나 정책 수립에 활용할 수 있다면 이것은 정보가 된다.

지식 Knowledge 3

지식 knowledge은 정보를 일반화하고 체계화하거나 정보의 조각이 다른 정보의 조각과 연결되어 더 많은 의미와 가치를 부여하거나 만들어지는 것으로 정보를 기반으로 경험, 교육, 직관, 추론 등의 결합을 통해 얻은 관련되고 객관화된 유용한 정보를 말한다. 정보만으로는 예측하기 충분하지 않으며 서로 연결된 정보들의 패턴을 바탕으로 경험 • 학습 • 이해 • 추론을 통해 처리된 결과물을 지식 knowledge이라고 볼 수 있다.

가장 밑바탕이 되는 것이 자료 data이며 이것을 저장하고 관리한다는 것은 큰 의미가 있고 중요한 일이다. 적절한 자료 data를 선정하고 활용하는 것은 정보나 지식을 활용하는 최종 분석이나 의사결정 단계까지 큰 영향을 미칠 수 있으므로 중요한 부분이 된다.

데이터베이스 Database 4

많은 정보 시스템의 목표는 의사결정에 사용할 수 있는 지식을 생성하기 위해 데이터를 정보로 변환하는 것이다. 이를 위해 시스템은 데이터를 가져와 맥락 Context을 추가하여 의미 있는 가치를 더하고 집계 및 분석할 수 있는 도구를 제공할 수 있어야 한다. 이러한 목표를 달성하기 위해 필요한 것이 데이터베이스 Database이다.

데이터베이스 Database는 컴퓨터의 저장장치 Storage에 저장되는 구조화된 데이터의 집합으로 관련 데이터와 정보의 조직화된 모음으로 생각할 수 있다.

DBMS DataBase Management System 4.1

DBMS; 데이터베이스 관리 시스템은 데이터 또는 정보를 검색하거나 조작하기 쉽도록 데이터를 저장하는 방법을 제공하여 데이터의 일관성과 프로그램으로부터 데이터의 독립성을 유지할 수 있도록 관리 기법을 제공하는 소프트웨어 시스템이다.

4.2 데이터베이스 트랜잭션의 특성

DBMS를 통해 데이터베이스의 데이터를 조작하는 논리적 실행 단위를 트랜잭션 Transaction 이라 하고, 트랜잭션이 갖는 네 가지 특성을 "ACID; Atomicity, Consistency, Isolation, Durability"라 한다.

▷ Atomicity; 원자성　트랜잭션 Transaction이 전부 실행되거나 하나도 실행되지 않도록 하는 특성이다. 즉, 트랜잭션의 일부만 실행되지 않도록 하는 것이다. 예를 들어, 은행에서 송금 트랜잭션은 보내는 동작과 받는 동작으로 구성된다. 이때 두 가지 동작이 모두 완료되어야 정상적인 송금 트랜잭션이 완료되는 것이다. 보내는 동작은 성공했지만, 받는 동작에서 실패한다면 데이터에 문제가 발생할 수 있기 때문이다.

▷ Consistency; 일관성　미리 정의된 규칙에 의해서만 데이터 조작이 가능하도록 해야 하는 특성이다. 예를 들어, 은행에서 송금할 때 금액은 숫자이어야 한다. 금액에 문자가 포함될 수 없도록 제한하는 규칙 등이다.

▷ Isolation; 독립성　하나의 트랜잭션을 실행하는 중 다른 트랜잭션의 동작이 끼어들지 못하도록 보장하는 특성이다. 예를 들어, 은행 송금에서 송금 트랜잭션이 실행되는 동안 계좌조회 트랜잭션이 처리되지 못하도록 하는 것이다.

▷ Durability; 지속성　트랜잭션 실행이 완료되어 결과가 반영되면 그 결과는 영원히 적용되어야 하는 특성이다. 예를 들어, 은행 송금에서 송금 트랜잭션이 완료되면 보내는 쪽과 받는 쪽의 계좌 잔액이 변경된 상태는 저장되어 결과로 보존되어야 하는 것이다.

5 MariaDB

이 책에서는 많은 종류의 DBMS 중 MariaDB를 사용하는 방법에 대해 설명한다.

5.1 오픈소스 DBMS

MariaDB는 오픈소스 데이터베이스 관리 시스템이다. MySQL과 동일한 소스 코드를 기반으로 일반적인 오픈소스 라이선스 정책인 GPL V2 라이선스를 따른다.

MariaDB는 버전 5.5 이후부터 개발판의 버전을 10.x로 변경하여 더는 MySQL의 특징을 따르지 않고 MariaDB만의 특징을 분명히 하기 시작했다.

5.2 관계형 DBMS

MariaDB는 관계형 데이터베이스 관리 시스템 Relational DataBase Management System이다. 관계형 데이터베이스 관리 시스템은 가장 많이 사용되고 있는 DBMS로, 데이터를 테이블 형식으로 저장하여 행과 열 단위로 관리할 수 있도록 한다. 또한 테이블 간의 관계 Relation를 정의하는 방법으로 테이블의 데이터를 연결하여 사용할 수 있도록 한다. SQL Structured Query Language을 사용하여 데이터를 조작할 수 있다.

관계형 데이터베이스 관리 시스템은 '엑셀'과 같이 생각할 수 있다. '데이터베이스 = 엑셀 파일', '테이블 = 엑셀 시트'로 볼 수 있다. [그림 1.1]은 관계형 데이터베이스 개체 구성과 '엑셀'을 비교하고 기본 용어를 나타낸 것이다. '엑셀'과 외견상 차이점은 '엑셀'의 열 이름은 "A", "B", "C" 등으로 고정되어 있으나 관계형 데이터베이스에서는 열 이름을 설계자 작성자가 부여하는 것이다.

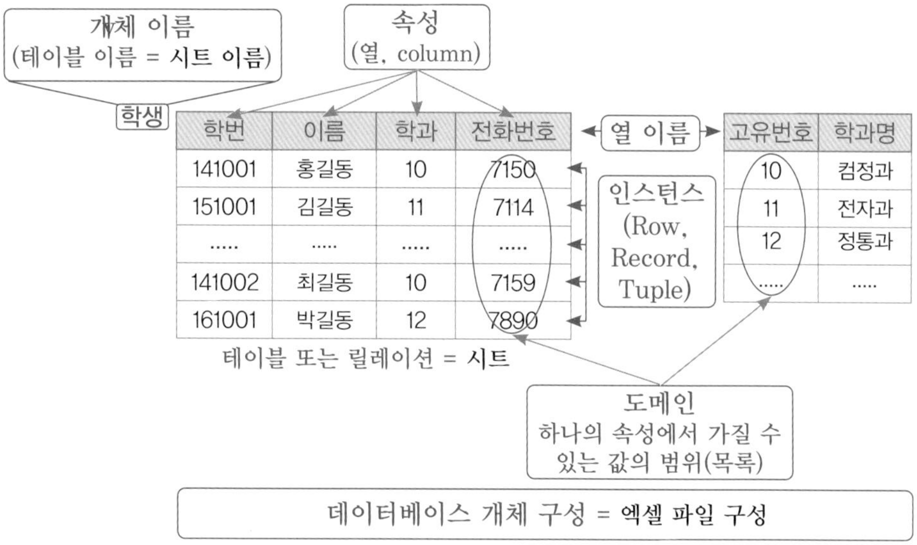

그림 1.1 • 관계형 데이터베이스 개체 구성과 용어

5.3 SQL Structured Query Language

관계형 데이터베이스 관리 시스템 RDBMS에서 사용되는 SQL Structured Query Language은 데이터베이스를 관리하고, 조작하고, 정의하기 위한 ANSI American National Standards Institute 표준 언어이다. 즉, 데이터베이스 생성, 변경, 삭제와 레코드 삽입, 조회, 삭제, 수정 그리고 데이터베이스의 백업, 롤백, 보안, 관리 등에 의한 처리에 사용되는 표준 언어이다.

하지만, 표준이라고 하더라도 MS-SQL 서버는 T-SQL를 사용하고, 오라클은 PL/SQL을 사용하는 등 RDBMS마다 ANSI SQL을 기반으로 개별 SQL을 조금씩 차이가 나게 사용하고 있다.

SQL의 문법은 [그림 1.2]와 같은 종류로 구분한다.

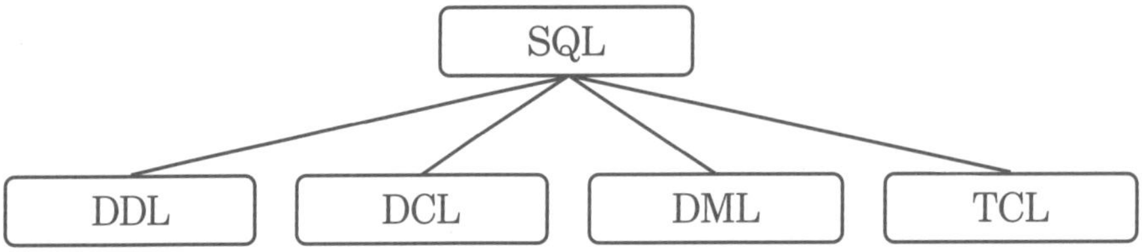

그림 1.2 • SQL의 분류

▷ DDL; Data Definition Language; 데이터 정의 언어

DDL은 데이터베이스의 구조를 정의하는 데 사용된다. 다음과 같은 동작 등이 있다.

- **CREATE; 생성** 데이터베이스를 포함한 데이터베이스 내의 개체 생성
- **ALTER; 변경** 데이터베이스를 포함한 데이터베이스 내의 개체의 구조 변경
- **DROP; 삭제** 데이터베이스를 포함한 데이터베이스 내의 개체 제거
- **TRUNCATE; 제거** 테이블 개체의 데이터 제거

▷ DML; Data Manipulation Language; 데이터 조작 언어

DML은 데이터베이스 내에 저장된 데이터를 조작하는 데 사용된다. 다음과 같은 동작 등이 있다.

- **SELECT; 조회** 데이터베이스/테이블에서 데이터를 검색
- **INSERT; 삽입** 테이블에 새로운 데이터 입력
- **UPDATE; 수정** 테이블에 저장된 데이터를 수정(업데이트)
- **DELETE; 삭제** 테이블에서 데이터를 삭제

▷ DCL; Data Control Language; 데이터 제어 언어

DCL은 데이터베이스를 관리하는 데 사용된다. 다음과 같은 동작 등이 있다.

- **GRANT; 위임** 데이터베이스 사용에 대한 권한을 사용자에게 위임
- **REVOKE; 회수** 사용자에게 위임된 데이터베이스 사용 권한 회수

▷ TCL; Transaction Control Language; 트랜잭션 제어 언어

TCL은 DML에 의해 변경된 결과를 데이터베이스에 반영하는 데 사용된다. 다음과 같은 동작 등이 있다.

- **COMMIT; 커밋** 트랜잭션의 결과를 데이터베이스에 반영
- **ROLLBACK; 롤백** 트랜잭션의 결과를 취소하고 트랜잭션 실행 이전 상태로 복귀

MariaDB

CHAPTER 2

데이터베이스 모델링
Database Modeling

1 데이터베이스 모델링

데이터베이스 모델링 데이터 모델링은 현실 세계에서 사용되는 작업이나 사물들을 데이터베이스 개체로 변환하는 과정이라고 말할 수 있다. 다른 표현으로는 현실에서 사용되는 것들을 테이블로 변환하는 작업이라고 말할 수 있다. 테이블 Table은 데이터베이스 내에서 데이터를 저장하는 개체이다. 우리가 흔히 사용하는 파일이나 '엑셀'에서 하나의 시트와 같은 개념이라고 우선 간단히 생각하자.

이 책에서는 현실에서 발생하고 있는 물품 상품 또는 제품의 거래를 모델링하고, 모델링의 결과를 MariaDB와 MySQL을 이용하여 데이터베이스로 구축하는 과정을 다룬다. 이러한 과정에서 MariaDB와 MySQL의 기능을 설명한다.

Note

상품 Goods

타 제조회사가 제조한 물품을 판매하면 이 물품을 상품이라고 한다.

제품 Product

제조회사가 원료를 투입하여 만들어 낸 물품을 직접 판매하면 이 물품을 제품이라고 한다.

물품의 거래 유형은 거래 주체별로 다음과 같이 분류된다.

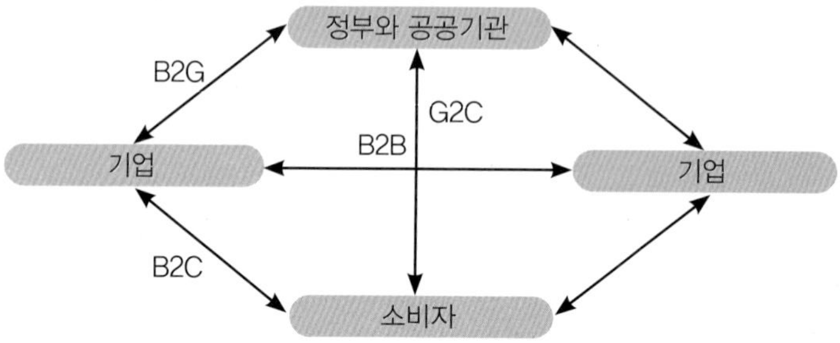

그림 2.1 • 물품 거래 유형

▷ 기업과 소비자 간의 전자상거래 B2C; Business to Consumer

소비자가 기업의 인터넷 쇼핑몰에서 직접 상품 및 제품을 구매하는 거래를 말한다.

▷ 기업 간의 전자상거래 B2B; Business to Business

기업의 사설 네트워크 상에서 EDI Electronic Data Interchange를 사용하여 거래하는 것으로 주로 무역 업종에서 사용하고 있다.

▷ 기업과 정부 간의 전자상거래 B2G; Business to Government

정부 및 공공기관의 조달 업무를 전자화하는 것으로 조달 예정 품목을 가상상점에 게시하고 기업들은 가상상점을 통하여 공급하고자 하는 거래를 말한다.

▷ 정부와 소비자 간의 전자상거래 G2C; Government to Consumer

기업과 소비자 간의 전자상거래와 유사하며, 현재 주로 각종 증명서의 온라인 발급이나 세금부과 및 납부 업무를 처리하고 있다.

위와 같은 거래는 일반적으로 [그림 2.2]와 같은 거래명세서를 거래의 증빙으로 사용하고 있다.

그림 2.2 • 거래명세서 양식

[그림 2.2]에서 ①의 영역은 거래하는 당사자의 정보, 거래일자 등의 기본정보를 기록하는 영역이며, ②의 영역은 거래 물품의 내역을 거래 품목마다 기록하는 영역이다. ③의 영역은 ②의 영역에 대한 합계 및 거래 당사자의 거래현황 요약 정보 등을 기록하는 영역이다.

[그림 2.2]의 거래명세서를 문구 품목을 취급하는 B2C 거래의 주문서로 활용하여 데이터 모델링을 진행할 것이다.

어느 고객의 주문 내용을 [표 2.1]과 같이 가정해 보기로 한다. 1회 주문 내용을 1행에 모두 기록하는 형태로 작성하고, 열의 속성은 설명을 위한 최소 항목으로 기록한 것이다.

[표 2.1] 주문내용 기록 예

주문번호	주문일자	주문자ID	성명	주소	상품코드1	상품명1	단가1	수량1	상품코드2	상품명2	단가2	수량2
202201001	22.01.04	hong1	홍길동	인천송림동	GDS01	연필	1000	10	GDS02	볼펜	1500	20
202201002	22.01.05	hong1	홍길동	인천송림동	GDS01	연필	1000	10	GDS03	노트	2500	10

[표 2.1]의 거래 내용 중 첫 행은 주문자ID가 'hong1'이고 성명이 '홍길동'인 고객이 주문일자 2022년 1월 4일에 방문하여 연필과 볼펜을 주문한 내용이고, 두 번째 행은 동일한 고객이 주문일자 2022년 1월 5일에 방문하여 연필과 노트를 주문한 내용이다. 주문번호는 주문월별(예 202201) 주문순서(예 001, 002)대로 부여한 것으로 [표 2.1]의 예는 2022년 1월에 첫 번째 주문과 두 번째 주문을 기록한 것이다.

[표 2.1]의 첫 행은 고객이 한 번 방문하여 주문한 2가지 상품을 '상품코드', '상품명', '단가', '수량' 형태로 2번 기록되었다. 만약 3가지 상품을 주문하였다면 '상품코드', '상품명', '단가', '수량' 형태가 3번 기록되었을 것이다. 이런 동일한 형태의 자료가 2번 이상 나타나는 것을 반복 iteration이라 한다.

데이터베이스 모델링에서 첫 번째로 고려할 것은 이와 같은 반복을 제거하는 것이다. 같은 행에서의 반복을 제거하기 위해 [표 2.1]의 내용을 [표 2.2]와 같이 변경하여 기록해 보자.

[표 2.2] 반복을 제거한 주문내용 기록 예

주문번호	주문일자	주문자ID	성명	주소	상품코드	상품명	단가	수량
202201001	2022.01.04	hong1	홍길동	인천송림동	GDS01	연필	1000	10
202201001	2022.01.04	hong1	홍길동	인천송림동	GDS02	볼펜	1500	20
202201002	2022.01.05	hong1	홍길동	인천송림동	GDS01	연필	1000	10
202201002	2022.01.05	hong1	홍길동	인천송림동	GDS03	노트	2500	10

[표 2.2]는 [표 2.1]의 각 행에서 반복되는 내용을 제거하기 위해 반복되는 내용을 별개의 행으로 하여 2줄로 기록한 것이다. 반복되는 내용이 3번 있으면, 즉 한 번 주문에 3가지 상품을 주문하면 3줄로 기록될 것이다.

[표 2.2]를 보면 '상품코드', '상품명', '단가', '수량'의 반복 iteration은 없으나, 1행과 2행 그리고 3행과 4행의 '주문번호', '주문일자', '주문자ID', '성명', '주소'의 내용이 동일하다. 이것을 중복 duplication이라 한다.

데이터베이스 모델링에서 두 번째로 고려할 것은 이와 같은 중복을 제거하는 것이다.

중복을 제거하기 위해 [표 2.2]의 기록 내용을 주문 기본정보와 주문 상세정보로 분리한다. [표 2.3]은 주문 기본정보로 중복된 행은 제거하고 하나씩만 남겨 두었다. [표 2.4]는 주문 상세정보로 주문한 상품정보만 남겨 두면 어떤 주문인지를 판단할 수 없어 주문번호 속성을 남겨 둔 것이다. 결과적으로 주문번호는 중복이 되지만 주문번호와 상품정보를 묶어서 행 단위로 보면 중복은 없다.

[표 2.3] 주문의 기본정보

주문번호	주문일자	주문자ID	성명	주소
202201001	2022.01.04	hong1	홍길동	인천송림동
202201002	2022.01.05	hong1	홍길동	인천송림동

[표 2.4] 주문의 상세정보

주문번호	상품코드	상품명	단가	수량
202201001	GDS01	연필	1000	10
202201001	GDS02	볼펜	1500	20
202201002	GDS01	연필	1000	10
202201002	GDS03	노트	2500	10

[표 2.3]과 [표 2.4]를 살펴보면 ☐ 안의 내용은 중복이다. 이 중복도 제거해 보자. [표 2.5]는 주문 기본정보이고, [표 2.6]은 주문자 정보 또는 회원 정보이다. [표 2.7]은 주문 상세정보이며, [표 2.8]은 상품정보이다.

[표 2.5] 주문 기본정보

주문번호	주문일자	주문자ID
202201001	2022.01.04	hong1
202201002	2022.01.05	hong1

[표 2.6] 주문자 정보 회원 정보

주문자ID	성명	주소
hong1	홍길동	인천송림동

[표 2.7] 주문 상세정보

주문번호	**상품코드**	단가	수량
202201001	GDS01	1000	10
202201001	GDS02	1500	20
202201002	GDS01	1000	10
202201002	GDS03	2500	10

[표 2.8] 상품정보

상품코드	상품명
GDS01	연필
GDS02	볼펜
GDS03	노트

[그림 2.1]에서 보았던 한 장의 거래명세표 정보가 4개의 정보로 분리되었다. 분리된 하나 하나를 개체 Entity라 한다. 즉, 1개의 개체가 4개의 개체로 만들어졌다. 수주 및 매출 관리 그리고 자재 발주 및 입고 업무를 데이터 모델링하면 거의 위와 같은 개체 구조로 만들어 진다.

이 모델링 과정만 잘 이해하면 데이터베이스 설계를 어려움 없이 구현할 수 있을 것이다.

2 왜 중복을 제거해야 하는가?

[표 2.3]에서 주문자의 인적정보(예 주소)가 변경되었다고 가정해 보자. 인적정보를 변경할 때 첫 번째 행의 주문자 인적정보는 변경하고 두 번째 행의 주문자 인적정보를 변경하지

않으면 데이터베이스 내에 오류 데이터가 존재하게 된다. 이러한 오류를 데이터의 무결성 Integrity 문제가 발생한다고 한다.

데이터 무결성이란 데이터베이스 내의 데이터에 대한 정확성, 일관성, 유효성, 신뢰성을 보장하는 것을 말한다.

뒤에서 자세히 설명할 것이지만, 데이터 무결성을 유지하기 위하여 데이터베이스를 구축할 때 다양한 제약사항 Constraints을 설정하게 되고, 응용 프로그램에서도 데이터 무결성을 위하여 다양한 검증 기능을 부여해야 한다.

이어지는 설명을 위해서 [표 2.5]의 개체 이름을 '주문기본'이라고 하고, [표 2.6]의 개체 이름을 '회원정보', [표 2.7]의 개체 이름을 '주문상세', [표 2.8]의 개체 이름을 '상품정보'라고 부르기로 한다.

주문서로 활용한 한 장의 거래명세서 내용이 4개의 개체로 분리되어, 4개의 개체는 밀접한 관련이 있다. 이러한 개체 Entity 간의 관련을 관계 Relation라고 한다. 관계가 있는 개체들은 부모와 자식 관계를 가지게 된다. 어느 개체가 부모가 되고 자식이 되는지 다음의 두 문장을 살펴보자.

> "회원이 상품(주문한 내역)을 소유한다."
> "상품(주문한 내역)이 회원을 소유한다."

어느 표현이 자연스러운가? 당연히 첫 번째 문장이 자연스러운 표현일 것이다. 이때 '회원 개체'가 부모 parent이고 '주문기본' 개체가 자식 child이 된다.

같은 방법으로 나머지 개체도 부모 자식 관계를 정의할 수 있다. '주문기본' 개체와 '주문상세' 개체의 부모 자식 관계는 '주문기본' 개체가 부모이고 '주문상세' 개체가 자식이 된다.

이러한 관계를 좀 더 구분하면 1:1 관계 또는 1:다(1:N) 관계로 구분한다. 즉, 부모가 하나이고 자식도 하나이면 1:1 관계이고, 부모가 하나이고 자식이 하나 이상이면 1:다(多)(1:N) 관계이다.

회원 개체에는 하나의 회원 아이디로 2명 이상의 회원이 존재하지 않도록 설계해야 한다. 따라서 특정 아이디 주문자ID는 '회원정보' 개체에 오로지 하나만 존재한다. 특정 아이디 주문자ID로 주문한 정보는 하나도 없든지 또는 하나 이상 존재할 수 있다. 즉, 하나의 회원 아이디 주문자ID로 여러 번의 주문을 할 수 있다는 것이다.

3 정규화 및 개체 관계도 Normalization & ERD; Entity Relationship Diagram

앞서 모델링을 통하여 데이터베이스 내의 불필요한 데이터의 반복과 중복을 제거하고, 개체 Entity 간의 관계에 대한 데이터의 삽입 · 수정 · 삭제 연산을 수행할 때 부작용, 즉 데이터의 무결성 Inetgrity 문제가 발생하지 않도록 데이터베이스를 올바르게 설계해 나가는 과정이 정규화 Normalization이다.

앞서 보았던 [표 2.5]와 [표 2.7]의 개체의 표현을 다음과 같이 변경해 보자.

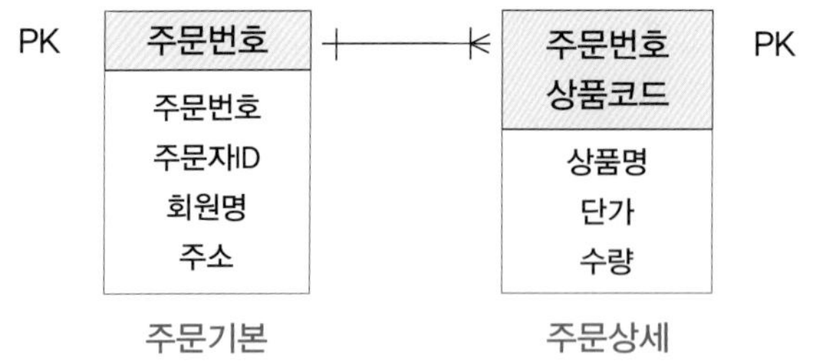

그림 2.3 • 개체 관계도: Entity Relationship Diagram

개체 내에는 무결성을 지키기 위해 완전히 행의 내용이 같은 데이터가 존재하면 안 된다. 개체 내에서 행 단위의 데이터가 같지 않도록 구분할 수 있는 속성을 지정해야 한다. 이런 속성을 기본키 PK; Primary Key라고 한다. '주문기본' 개체에서 주문일자, 주문자ID, 성명, 주소 등은 중복될 가능성이 있지만, 주문번호는 주문할 때마다 새로운 번호를 부여한다면 중복되는 주문번호가 있을 수 없다. 즉, 개체에 기본키 속성을 정의하는 제약 Constraints을 설정하면 그 개체에는 동일한 값이 입력되지 않는다. 이것을 엔티티 무결성 Entity Integrity 이라 한다.

'주문상세' 개체에는 주문번호와 상품코드를 묶어 기본키를 설정했다. 주문번호와 상품코드 각각은 중복이 발생할 수 있지만 2개의 속성을 묶으면 중복이 발생할 수 없다.

이렇게 반복 iteration과 중복 duplication을 없애고 완전히 행의 내용이 같은 데이터가 존재하지 않도록 기본키를 설정하는 과정을 정규화의 제 1정규형 1NF; 1st Normmalization Form이라고 한다.

[그림 2.3]에서 ┼────⋲ 는 부모와 자식 관계에 있는 '주문기본' 개체와 '주문상세' 개체의 관계를 도형으로 표현한 것이다. 개체와 개체를 잇는 연결선은 두 개체가 관계가 있다는 표현이며, ┼와 ⋲ 는 연결선으로 연결된 두 개체의 1:다(1:N) 관계를 표현한 것으로 '주문기본' 개체 내에 있는 특정 주문번호 하나는 '주문상세' 개체 내에 적어도 1개 있던지 또는 그 이상 있을 수 있다는 의미이다.

[그림 2.4]는 앞에서 설명한 [표 2.5]와 [표 2.6], [표 2.7] 그리고 [표 2.8]의 개체 관계를 개체 관계도 Entity Relationship Diagram를 사용하여 표현한 것이다.

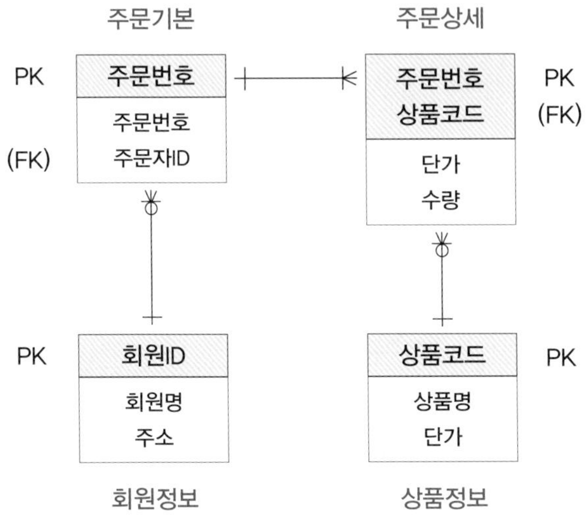

그림 2.4 • 4개 개체의 개체 관계도

[그림 2.3]에서 '주문기본' 및 '주문상세' 개체 내에서 속성의 중복을 제거하기 위하여 개체를 분리하여 '회원정보'와 '상품정보' 개체를 생성하고 개체의 이름을 각각 '회원정보'와 '상품정보'로 했다.

[그림 2.3]의 '주문기본' 개체의 속성인 '주문자ID'와 '성명'을 [그림 2.4]의 '회원정보' 개체에서는 '회원ID'와 '회원명'으로 속성의 이름을 변경했다. 엔티티 무결성을 위해 [그림 2.4]의 '회원정보' 개체의 '회원ID'와 '상품정보' 개체의 '상품코드'를 각각 기본키를 설정했다. 이처럼 제 1정규화 이후에 개체 내에서 속성의 중복 duplication을 제거하기 위하여 개체를 분리하고, 분리된 개체에 완전히 행의 내용이 같은 데이터가 존재하지 않도록 기본키를 설정하는 과정을 정규화의 제 2정규형 2NF; 2nd Normalization Form이라고 한다.

[그림 2.4]에서 -○<는 하나도 없든지 하나 또는 여러 개 있다는 의미를 표현하는 기호이다. 즉, '회원정보' 개체 내에 있는 특정 회원ID가 '주문기본' 개체 내에 주문자ID로 하나도 없든지 여러 개 있다는 의미이다. 하나도 없는 경우는 회원은 가입하였으나 주문을 한 번도 하지 않은 회원이 있음을 뜻한다.

마찬가지로 '상품정보' 개체와 '주문상세' 개체 간의 관계에서 '상품정보' 개체에 상품은 등록되었지만, 해당 상품이 한 번도 주문되지 않아 '주문상세'에는 해당 상품의 상품코드가 존재하지 않을 수 있다는 것이다.

지금은 -|< 기호와 -○< 기호의 차이는 뒤에서 학습하는 SQL Structured Query Language의 실행 결과에서 굉장한 차이가 발생할 수 있다는 것만 이해하고 넘어가자.

[그림 2.4]의 FK는 외래키 Foreign Key라고 한다. 자식 개체의 특정 속성이 부모 개체의 기본키로 설정되어 있으면 이를 외래키라고 한다. 외래키가 설정되면 부모 개체에 존재하지 않은 값을 자식 개체 내에 삽입을 할 수 없다. 또한 자식 개체에 존재하는 특정 값을 부모 개체에서 삭제하려면 삭제되지 않던지 자식 개체의 값을 Null 값으로 대체할 수 있다.

[그림 2.4]의 개체 관계도 ERD Entity Relationship Diagram는 데이터베이스 관련 프로젝트를 개발할 때 시스템 분석/설계 단계에서 작성되어 개발자가 자주 참조해야 하는 그림이다.

[그림 2.4]의 '주문상세' 개체와 '상품정보' 개체를 보면, '단가' 속성이 두 개체 내에 존재한다. 언뜻 중복으로 보인다. 그렇지만 단가의 특성은 언제든지 변할 수 있다는 것이다. 즉, 단가는 인상 또는 인하될 수도 있기 때문에 '상품정보' 개체의 단가는 현재 단가를 의미하며, '주문상세' 개체의 단가는 주문 시점의 단가를 의미한다.

[그림 2.4]의 '회원정보' 개체에 [표 2.9]와 같이 속성을 추가해 보자.

회원등급에 따라 할인율에 차등을 주려고 회원등급과 할인율 속성을 추가하였다. 회원ID에 따라 차등을 주는 것이 아니므로 등급과 할인율이 중복이 발생한다.

[표 2.9] 회원정보 개체의 속성 추가

회원ID	회원명	주소	회원등급	할인율
hong1	홍길동		gold	20%
kim	김길동		vip	30%
park	박갑동		silver	10%
lee1	이기자		general	0%
hong99	홍길순		vip	30%
choi	최수자		gold	20%

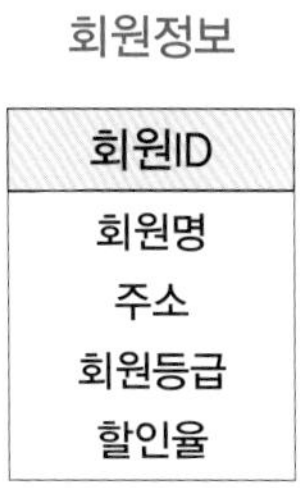

그림 2.5 • '할인율' 속성이 추가된 '회원정보' 개체

이런 중복을 제거하기 위해 '회원정보' 개체에서 할인율 속성을 제거하고, [그림 2.6]에서와 같이 '할인율' 개체를 생성한다.

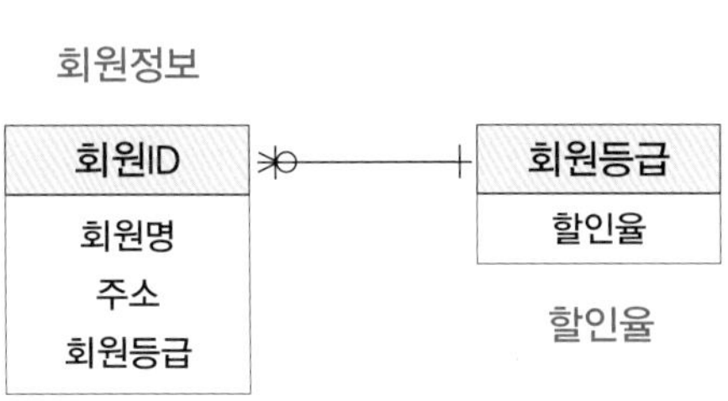

그림 2.6 • '회원정보' 개체와 '할인율' 개체 간의 관계

제 2정규형을 수행한 뒤에 [표 2.9]에서와 같은 데이터의 중복이 발생하는 경우 [그림 2.6]과 같이 개체를 분리하는 과정을 정규화의 제 3정규형 3NF; 3rd Normalization Form이라고 한다.

일반적으로 제 3정규형까지 진행하면 데이터베이스 모델에 대한 기본적인 정규화가 이루어진다.

지금까지의 과정으로 논리적인 데이터베이스 설계를 하였다. 다음은 물리적인 데이터베이스 설계를 해 보자.

논리적인 설계에서 서술한 개체 Entity는 관계형 데이터베이스를 이용하는 물리적인 설계에서 테이블 Table이 되며, 개체 내의 각 속성은 테이블의 컬럼 Column이 된다는 것만 이해하고 물리적인 데이터베이스 설계를 진행하기로 하자.

CHAPTER 3

MariaDB 설치하기

1 MariaDB 설치 전 준비 사항

MariaDB 데이터베이스를 설치하기 전에 먼저 사용하는 PC의 운영체제를 확인한다. PC의 운영체제는 마이크로소프트의 윈도우 시스템을 사용하는 것을 가정한다. 또한 이 책에서는 윈도우 11을 기본 시스템으로 사용한다. 윈도우 운영체제의 '제어판'에서 '시스템' 항목을 선택하면 [그림 3.1]과 같이 '시스템 ▶ 정보'를 나타내는 창이 표시된다. 표시된 '시스템 ▶ 정보'에서 시스템 종류 및 Windows 에디션을 확인한다. 이 책에서는 64비트 운영체제와 마이크로소프트의 Windows 11 Pro 에디션 환경을 사용하여 데이터베이스를 설치하고 실습할 것이다. MariaDB는 윈도우 10 이상의 64비트 시스템을 사용할 것을 추천한다.

그림 3.1 • 윈도우 시스템 정보 확인

MariaDB를 다운로드하기 위해 웹 브라우저의 주소 입력 영역에 다음의 URL을 입력하여 MariaDB 다운로드 페이지에 연결한다. [그림 3.2]와 같은 MariaDB 다운로드 페이지에서 ①"MariaDB Community" 탭을 선택하고, ②"Community Server" 탭을 선택하면, 다운로드 가능한 MariaDB 버전과 OS를 선택할 수 있는 버튼이 표시된다. ③"Version" 항목에서 "10.10.2-GA"를 선택하고, ④"OS" 항목에서는 "MS Windows (64-bit)"를 선택한다. 마지막 단계로 ⑤[Download] 버튼을 클릭하여 MariaDB 설치 파일을 임의의 폴더 위치에 저장한다.

```
https://mariadb.com/downloads
```

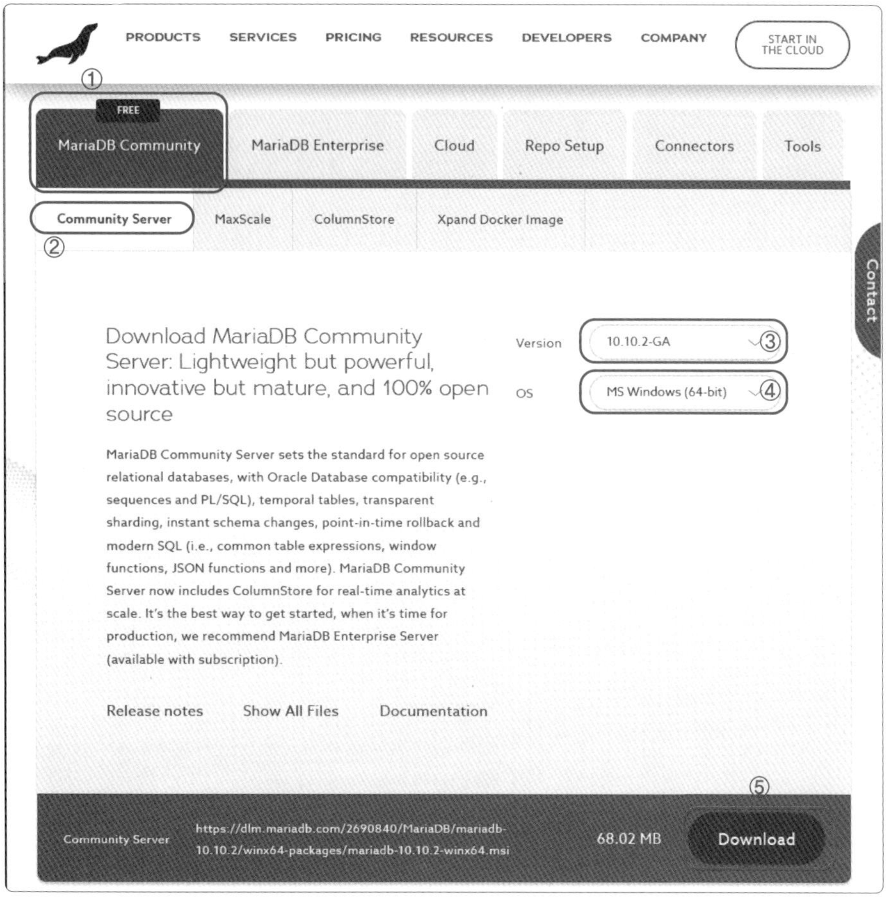

그림 3.2 • MariaDB 다운로드 페이지

2 MariaDB 설치하기

다운로드한 MariaDB 설치 파일 "mariadb-10.10.2-winx64.msi"을 더블클릭하여 실행하면 MariaDB 설치가 시작된다.

[그림 3.3]과 같은 MariaDB 설치 환영 메시지 창에서 [Next] 버튼을 클릭하여 설치를 진행한다.

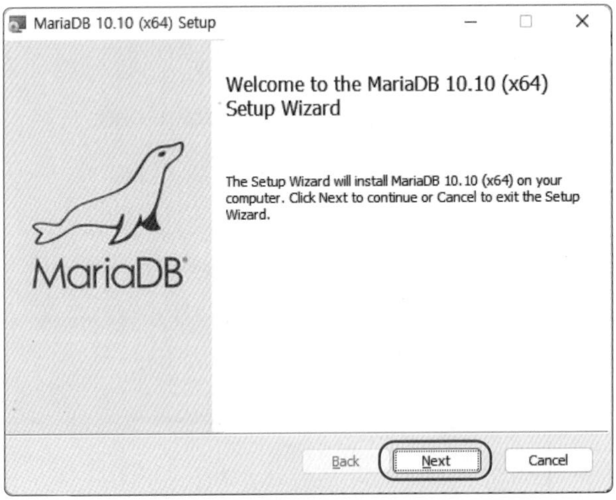

그림 3.3 • MariaDB 설치: Welcome

이어지는 [그림 3.4]의 "End-User License Agreement" 창에서는 그림에서와 같이 "☑ I accept the terms in the License Agreement" 체크 상자에서 마우스를 클릭하여 체크를 표시하고 [Next] 버튼을 클릭하여 다음 단계로 진행한다.

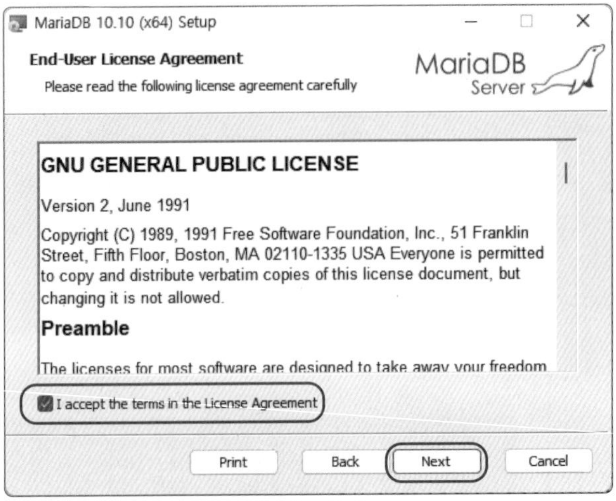

그림 3.4 • MariaDB 설치: 라이선스 동의

[그림 3.5]의 "Custom Setup" 창에서는 MariaDB를 구성하는 여러 가지 요소의 설치 여부를 선택하는 단계이다. 기본으로 모든 요소가 설치되도록 설정되어 있다. MariaDB가 설치되는 폴더 위치를 확인한다. [Browse...] 버튼을 클릭하여 설치 위치를 변경할 수도 있다. 설치 구성 요소와 설치 폴더 위치를 확인했으면 [Next] 버튼을 클릭하여 설치를 계속 진행한다.

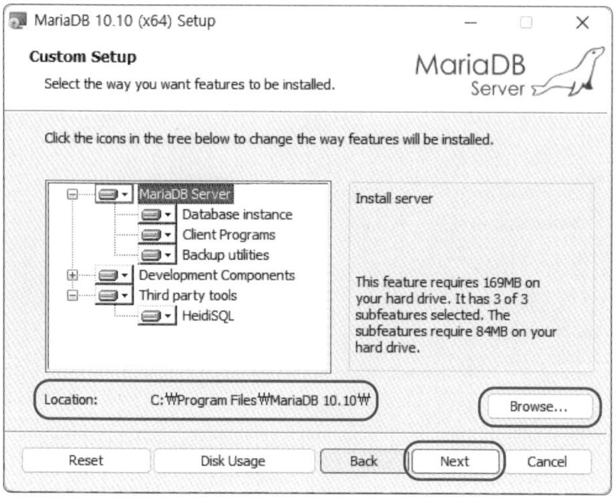

그림 3.5 • MariaDB 설치: 구성요소 선택

Note

설치 소프트웨어		설명
MariaDB Server	Database instance	MariaDB 서버 프로그램
	Client Programs	MariaDB 클라이언트 프로그램
	Backup utilities	백업 관련 프로그램
Development Components		C/C++ 헤더 및 라이브러리, 필수 사항은 아님
Third party tools	HeidiSQL	MariaDB 통합 IDE

※ IDE: Integrated Development Environment

[그림 3.6]의 "Default instance properties" 창에서 "☑ Modify password for database user 'root'"는 데이터베이스의 root 사용자를 위한 패스워드 암호를 설정한다. 'root'는 MariaDB를 사용하는 최상위 사용자의 ID이다. root 사용자의 패스워드를 잊으면 MariaDB를 재설치해야 하는 경우가 생길 수 있다. 설정한 패스워드는 잊지 않도록 해야 한다.

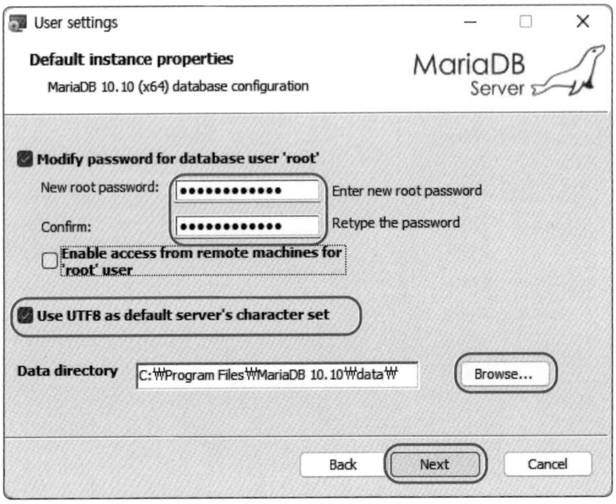

그림 3.6 • MariaDB 설치: root 사용자 패스워드 설정과 기본 문자 셋 설정

[그림 3.6]에서 "Enable access from romote machine for 'root' user"는 원격 컴퓨터에서 'root' 권한으로 접속하는 것을 허용하는 것이다. 네트워크를 통한 침입 위험 등 보안상의 이유로 체크하지 않는다.

"☑ Use UTF8 as default server's character set"은 클릭하여 체크한다. 데이터베이스에서 사용할 문자 셋 character set을 표준 문자 셋인 UTF8로 설정하는 것이다.

"Data directory" 항목은 [Browse...] 버튼을 클릭하여 MariaDB를 사용하여 저장하는 사용자 데이터의 저장 위치를 "D:\MariaDB\data\" 폴더 등으로 "C:"가 아닌 위치로 변경한다. 기본 위치인 "C:\Prgram Files\MariaDB 10.10\data\" 폴더를 사용하는 경우 윈도우 운영체제를 재설치하는 경우가 발생하면 데이터를 잃을 수도 있다.

[그림 3.7]의 "Default instance properties" 창에서 "☑ Install as service"는 MariaDB를 윈도우 운영체제의 서비스로 등록하는 선택사항으로 Service Name은 기본값인 'MariaDB'를 변경하지 않고 그대로 사용한다. 물론 체크도 해제하지 않는다. 두 번째 "☑ Enable networking"은 네트워크를 통해 MariaDB를 사용할 수 있도록 하기 위한 선택사항으로 체크는 해제하지 않고 TCP port는 제시된 기본값인 3306을 그대로 사용한다.

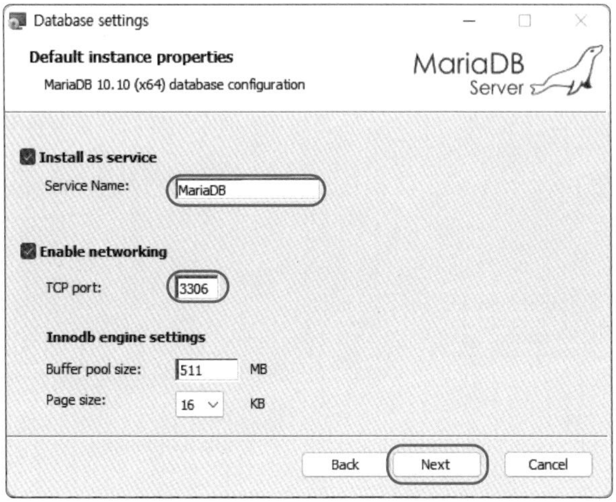

그림 3.7 • MariaDB 설치: 윈도우 서비스 이름과 TCP 포트 번호 설정

Note

포트 port

포트 port 번호는 0~65535 중에서 사용할 수 있다. 일반적으로 0~1023은 운영체제에서 사용하므로, 응용소프트웨어에서는 1024부터 사용할 수 있다.

MariaDB와 MySQL은 기본으로 3306을 사용하고, MS SQLServer는 기본으로 1433을 사용하며 오라클은 1521을 기본으로 사용한다.

[그림 3.8]의 "Ready install MariaDB 10.10 (x64)" 창은 앞선 단계에서 설정한 내용을 확인하는 시간을 갖도록 하는 단계로 설정할 내용은 없다. 설정 내용을 변경할 필요가

있으면 [Back] 버튼을 클릭하여 필요한 사항을 수정할 수 있고, 변경해야 할 내용이 없으면 [Install] 버튼을 클릭하여 실제 설치를 진행한다.

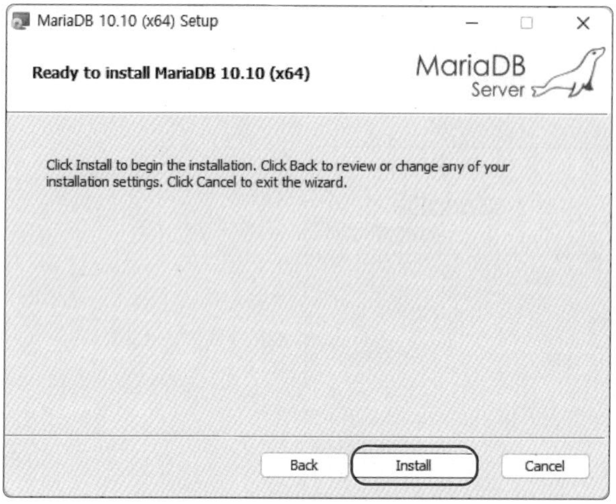

그림 3.8 • MariaDB 설치: 설치 준비

[그림 3.9]의 "Installing MariaDB 10.10 (x64)" 창은 MariaDB의 설치 진행 정도를 나타낸다. 설치가 완료되면 활성화되는 [Next] 버튼을 클릭한다.

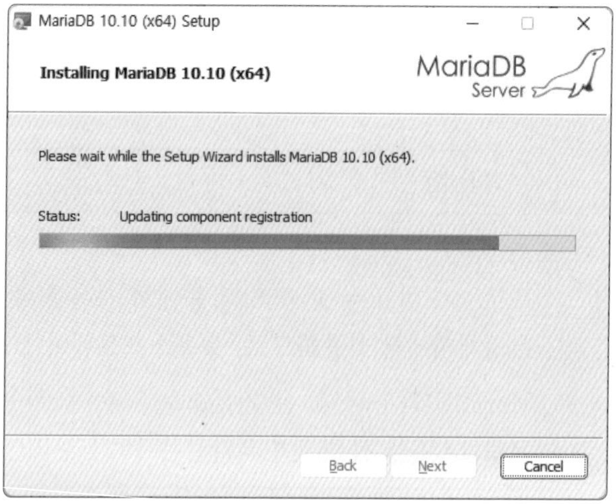

그림 3.9 • MariaDB 설치: 설치 진행 중

[그림 3.10]과 같이 설치가 완료되었음을 나타내는 메시지를 확인하고, [Finish] 버튼을 클릭하여 MariaDB의 설치를 마무리한다.

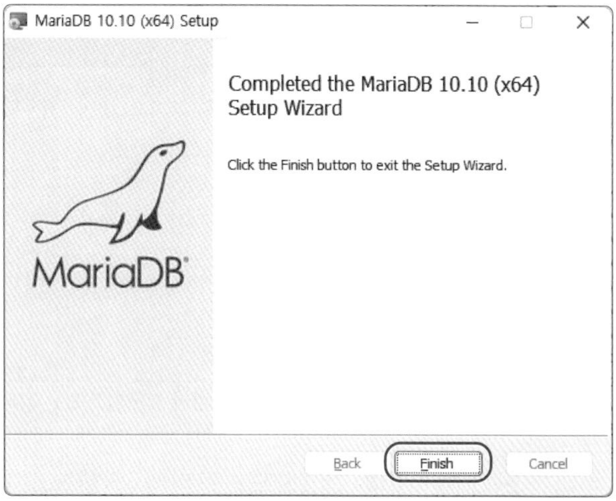

그림 3.10 • MariaDB 설치: 설치 종료

Note

MariaDB를 재설치하는 경우

MariaDB를 다시 설치하는 경우, 이전에 설치된 MariaDB를 완전히 제거하고 다시 설치하는 경우는 새로 설치하는 경우와 같다. 하지만, 이전에 설치된 MariaDB를 제거하지 않고 다시 설치하는 경우 설치 과정에 약간의 차이가 있을 수 있다.

하나, 이전 설치와 새로 설치되는 MariaDB의 버전이 다른 경우 "Create new database instance"를 선택하면 이전 데이터베이스를 삭제하고 기본 데이터베이스를 새로 설치한다. "Do not create a new database."를 선택하면 기존 데이터베이스를 유지하면서 업그레이드할 수 있다.

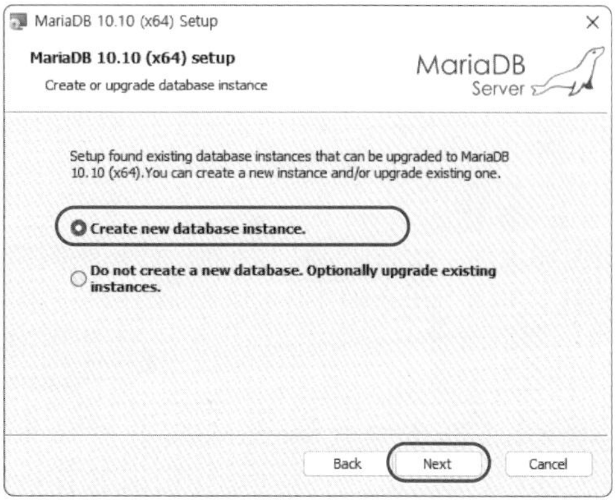

그림 3.11 • 이미 데이터베이스가 설치되어 있는 경우

Note 계속

둘, 이전 설치 때문에 "MariaDB" 서비스가 실행되고 있는 경우 [그림 3.12]와 같은 창이 표시될 수 있다.

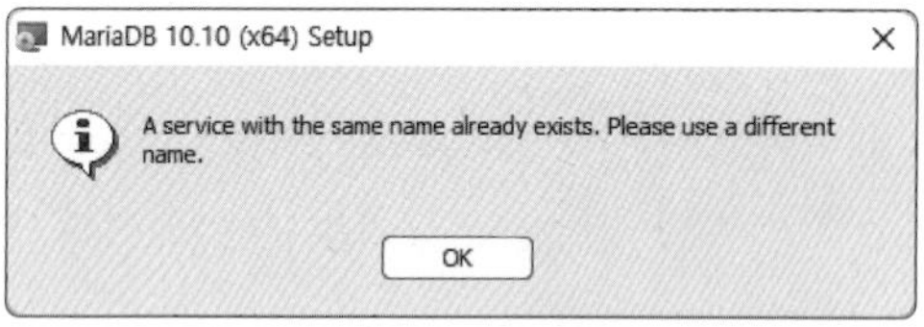

그림 3.12 • 'MariaDB' 서비스가 실행되고 있는 경우

윈도우 명령 창 cmd을 관리자 권한으로 실행하여 다음의 명령어를 입력하여 실행되고 있는 "MariaDB" 서비스를 중지하고 삭제한 뒤에 설치를 계속할 수 있다.

```
C:\> sc stop MariaDB
C:\> sc delete MariaDB
```

설치를 마치면 MariaDB는 윈도우 운영체제의 서비스로 실행되고 있다. 윈도우 운영체제에서 검색 기능을 이용하여 "services.msc"를 실행하면 서비스 목록을 확인할 수 있다. [그림 3.13]에서와 같이 "MariaDB" 서비스가 실행되고 있는 것을 알 수 있다.

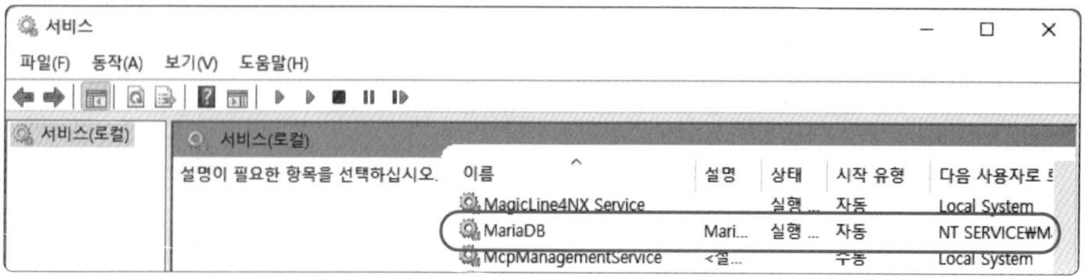

그림 3.13 • 윈도우 서비스 목록 중 'MariaDB' 서비스 확인

MariaDB에 사용자 데이터 저장을 위해 데이터베이스를 만들거나, 데이터베이스의 데이터를 조작하기 위해 MariaDB는 별도의 앱을 제공한다. 윈도우의 시작 버튼을 클릭하여 [그림 3.14]와 같은 MariaDB 앱 목록을 확인한다.

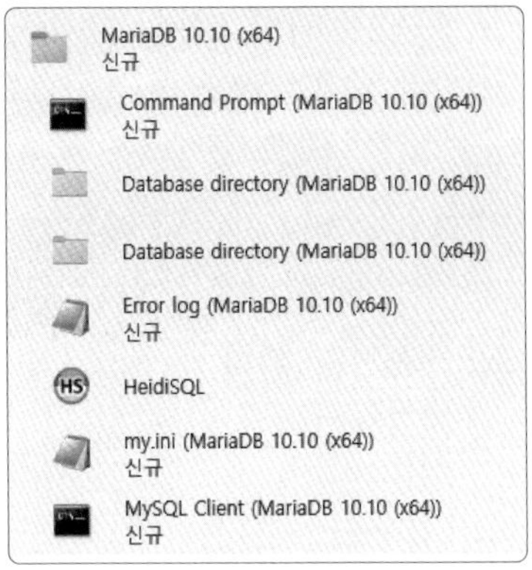

그림 3.14 • MariaDB 앱 목록

MariaDB 앱 Command Prompt에서 MariaDB 연결하기 3

MariaDB에서 제공하는 앱을 원활하게 실행하기 위하여 윈도우 시스템의 환경 변수 'Path'에 MariaDB 앱이 있는 폴더 경로를 추가해야 한다.

윈도우 운영체제의 "제어판"에서 "시스템" 항목을 선택한다. "시스템 ▶ 정보"를 나타내는 창이 나타난다. "시스템 > 정보" 창에서 표시되는 내용에서 [고급 시스템 설정] 링크를 클릭하면 [그림 3.15]와 같은 "시스템 속성" 창이 표시된다. "시스템 속성" 창에서 [환경 변수] 버튼을 클릭하면 [그림 3.16]과 같은 "환경 변수" 창이 나타난다.

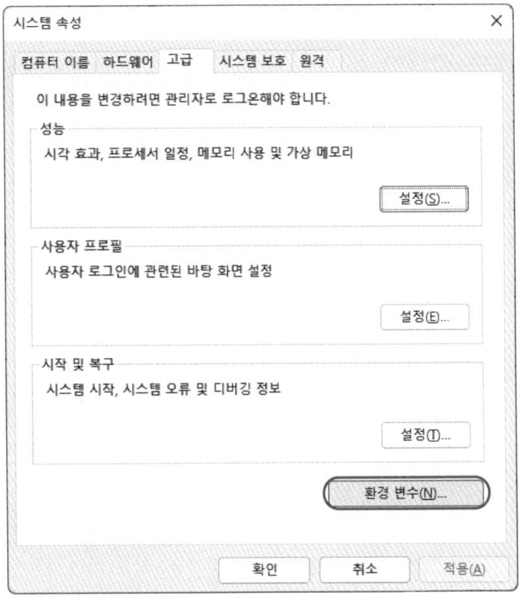

그림 3.15 • 윈도우 '시스템 속성' 창

[그림 13.16]의 “환경 변수” 창에서 ‘시스템 변수’ 영역에 표시된 ‘변수’ 목록 중 ①‘Path’를 찾아 클릭한 뒤에 ②[편집] 버튼을 클릭하면 [그림 13.17]과 같은 “환경 변수 편집” 창이 팝업되어 표시된다.

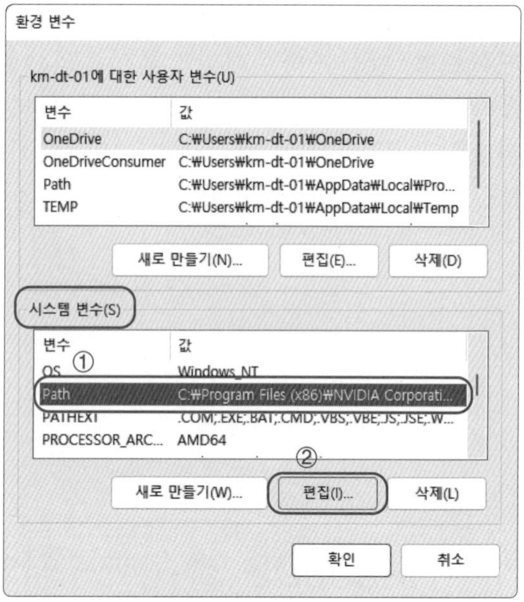

그림 3.16 • 환경 변수: 시스템 변수

[그림 3.17]의 “환경 변수 편집” 창에서 ①[새로 만들기] 버튼을 클릭하고 이어서 ②[찾아보기] 버튼을 클릭한다. 표시되는 “폴더 찾아보기” 창에서 MariaDB가 설치된 “C:\Program Files\MariaDB 10.10\bin” 폴더 위치를 찾은 뒤에 ③[확인] 버튼을 클릭하면 선택한 폴더 위치가 경로 목록에 추가된다.

그림 3.17 • 환경 변수 편집

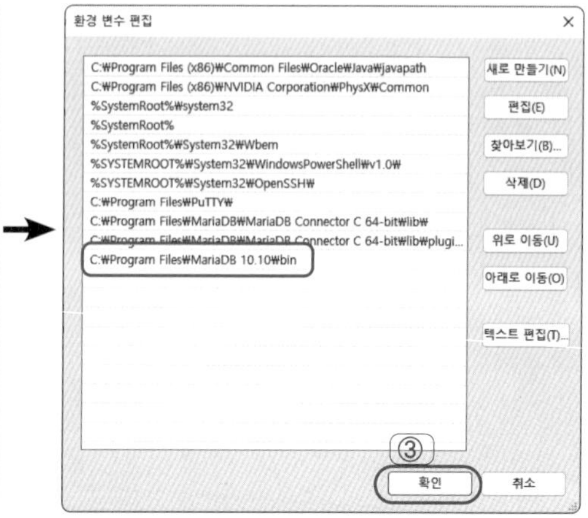

그림 3.18 • 환경 변수 편집: 경로 추가

윈도우 검색 창에서 “cmd.exe”를 검색하여 cmd 명령 창을 실행하거나, 윈도우 앱 목록에서 “MariaDB 10.10 (x64) ▶ Command Prompt (MariaDB 10.10 (x64)”를 실행한다. [그림 3.19]의 명령 창 프롬프트에서 “mysql -u root -p”를 입력하고 Enter 키를 누르면, 패스워드 입력을 기다리는 프롬프트 “Enter password: ”가 표시된다. 프롬프트에서 MariaDB 설치 과정에서 설정한 root 사용자의 패스워드를 입력하고 Enter 키를 누르면 MariaDB에 연결된다.

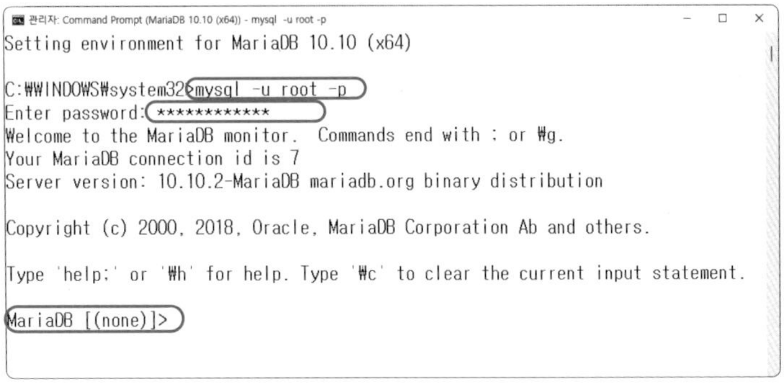

그림 3.19 • 명령 창에서 MariaDB 연결

[그림 3.19]의 명령 창은 MariaDB에 연결된 상태이다. “MariaDB [(none)]>” 프롬프트에서 “exit”를 입력하고 엔터키를 누르면 MariaDB와의 연결을 종료한다.

여기까지 MariaDB를 설치하고 명령 창을 통해 MariaDB에 연결하는 과정을 확인했다.

4 통합 IDE “HeidiSQL”에서 MariaDB 연결하기

윈도우 앱 목록에서 “MariaDB 10.10 (x64) ▶ HeidiSQL”을 실행한다. [그림 3.20]과 같은 “세션 관리자” 창이 나타난다. 세션 관리자는 MariaDB의 통합 IDE인 HeidiSQL을 사용하여 연결하려는 데이터베이스의 연결 정보를 관리하는 기능을 제공한다.

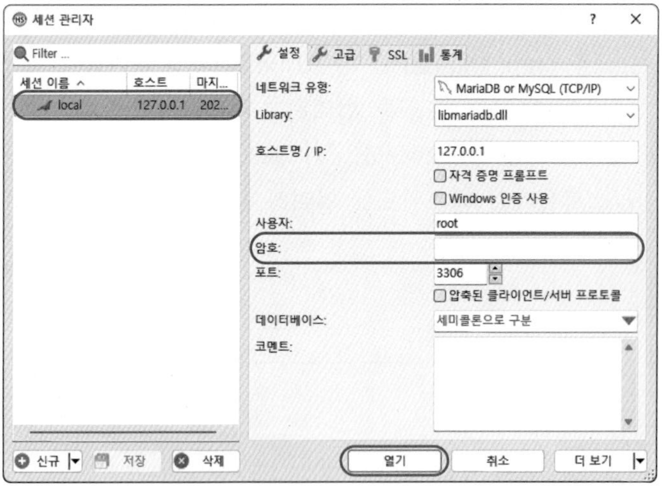

그림 3.20 • HeidiSQL 세션 관리자

세션 관리자에는 MariaDB를 설치하면서 기본으로 등록된 연결정보를 사용하여 '세션 이름'은 'local', '호스트'는 '127.0.0.1'을 확인할 수 있다.

세션 관리자에서 'local'을 마우스 오른쪽 버튼으로 클릭하면 단축 메뉴가 표시된다. 표시된 단축 메뉴에서 [이름 바꾸기] 메뉴를 클릭하여 세션 이름을 변경할 수 있다.

세션 관리자의 오른쪽 영역에 있는 '암호' 입력 상자에 root 사용자의 패스워드를 입력하고 [열기] 버튼을 클릭하면, 앞서 [그림 3.19]에서와 같이 MariaDB의 Command Prompt 앱을 사용해서 MariaDB에 연결한 것처럼 HeidiSQL을 통해 MariaDB에 연결된다.

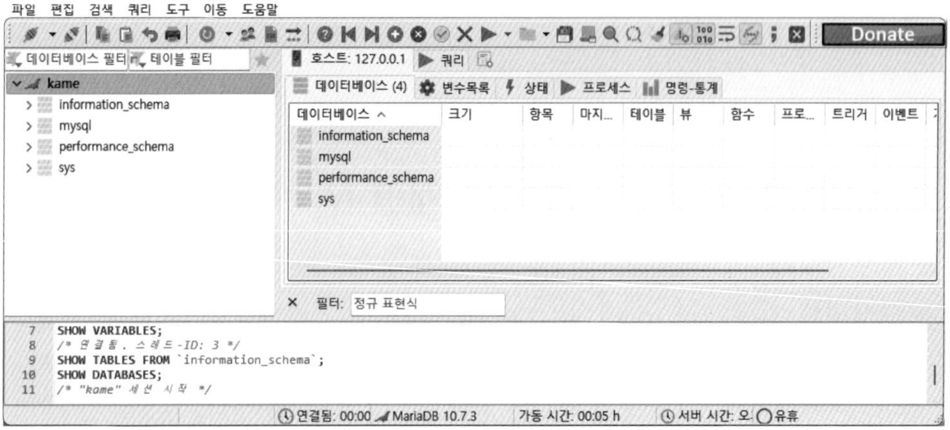

그림 3.21 • HeidiSQL: MariaDB 통합 IDE

[그림 3.21]은 세션 관리자에서 세션의 이름을 'kame'로 변경한 뒤에 MariaDB에 연결된 HeidiSQL의 모습이다. 앞으로는 HeidiSQL을 사용하여 주요 실습을 진행할 것이다. 또한, 이 책에서 부가적으로 설명하는 MySQL은 "Community 8.0.29"를 기준으로 한다.

MariaDB

CHAPTER 4

데이터베이스의 물리적 설계

1 테이블 설계

이 장에서는 2장의 개념적 설계를 통해 설계한 4개의 개체, '회원정보', '상품정보', '주문기본', '주문상세' 개체에 대한 물리적 설계를 진행한다. 즉, 데이터베이스의 테이블 Table을 설계한다.

1.1 회원정보 `members` 테이블 설계

개념적 설계의 결과인 4개의 개체에 대한 물리적 설계로 테이블을 설계하는 특별한 순서는 없다. 여기서는 설명과 실습의 편의를 위해 회원을 등록하고 등록된 회원을 통해 상품을 주문받는 순서로 진행할 것이다. 비회원의 주문은 없는 것으로 가정한다.

'회원정보' 개체를 바탕으로 물리적 설계 단계인 테이블을 설계한다. 테이블의 이름은 'members'로 하고, 테이블의 열 column 속성은 [표 4.1]과 같이 정의한다.

[표 4.1] 'members' 테이블의 속성

열 이름 속성 이름	데이터 유형	길이	NULL 허용	기본키	비고
memid	varchar	10	No	Yes	회원ID
memname	varchar	20	No		회원명
passwd	varchar	128			비밀번호
passwdmdt	datetime	8			비밀번호 변경일시
jumin	varchar	64			주민등록번호
addr	varchar	100			주소
birthday	date	3			생년월일
jobcd	char	1			직업코드
mileage	decimal	7, 0			마일리지, 부호 없음
stat	enum	1			상태(활동: Y, 탈퇴: N)
enterdtm	datetime	8			가입일시, 기본값은 시스템 일시
leavedtm	datetime	8			탈퇴일시

[표 4.2]는 'members' 테이블의 각 열 속성에 대한 설명이다.

[표 4.2] 'members' 테이블에서 각 속성의 의미

열 column 의미	설명
회원ID	회원ID는 중복이 없어야 하므로 기본키로 설정을 한다. 일반적으로 최소 길이와 최대 길이를 제한하지만, 여기서는 최대 길이만 제한한다.
회원명	필수 입력으로 NULL을 허용하지 않는다.
비밀번호	'개인정보보호법'에 따라서 비밀번호는 복원 불가능한 암호화를 하여야 하지만, 실습 초기에는 암호화를 하지 않는다. 추후 암호화/복호화에 대한 설명에서 실습할 것이다. 한 번 사용한 비밀번호는 비밀번호 변경 시에 재사용할 수 없도록 하려면 별도의 테이블에 변경 이력을 관리해야 한다. 개인정보 유출을 대비하여 비밀번호는 별도의 테이블로 관리하는 것이 바람직하지만, 실습의 편의를 위해 회원정보 테이블에 포함했다. 추후 암호화를 대비하여 열의 길이는 VARCHAR(128)로 정의한다.
비밀번호 변경일시	'개인정보보호법'에서는 주기적으로 암호를 변경하도록 권고하고 있다. 이를 위해 비밀번호 최종변경일시를 저장한다.
주민등록번호	'개인정보보호법'에 의거하여 입력이 허용된 업무에서만 사용한다. 복원 가능한 암호화를 적용해서 저장해야 한다. 주민등록번호는 CHAR(13)이지만 추후 암호화를 위하여 VARCHAR(64)로 정의한다.
주소	일반적으로 우편번호와 우편번호에 해당하는 주소 그리고 상세 주소 컬럼으로 구분하여 사용하지만, 여기서는 단순한 주소 컬럼으로 실습한다.
생년월일	보통 회원의 나이가 필요하다고 나이를 입력하는 경우가 있다. 이는 매년 나이를 재입력하여야 하므로, 나이는 생년월일을 입력받아 프로그램에서 계산한다.
직업코드	직업정보는 꼭 필요한 정보가 아니지만, SQL 실습을 위하여 입력한다. 직업정보는 직업명 대신에 직업코드를 부여하여 입력한다.
마일리지	마일리지는 단순하게 컬럼 하나로 관리하지는 않는다. 마일리지 발생과 마일리지 사용 정보는 별도의 테이블로 상세하게 관리한다. 다만, SQL 실습을 위하여 부호 없는 수치형으로 설정한다.
상태	회원이 활동 중인지 탈퇴자인지를 구분한다. '개인정보보호법'에 의거하여 탈퇴자의 개인정보는 데이터베이스에 남겨 두면 안 된다. 하지만, 탈퇴하면 탈퇴자의 ID로 다른 회원이 가입하는 것을 방지하기 위하여 ID만 남겨 두고 다른 컬럼의 값은 NULL로 대체한다. 상태를 탈퇴('N')로 변경하고 탈퇴일시를 남겨 둔다. 기본값 : Y이다.
가입일시	회원가입 시 회원이 직접 입력하는 것이 아니라, 프로그램에서 자동으로 시스템 일시를 사용하여 기본값으로 설정한다.
탈퇴일시	회원 탈퇴 시 프로그램에서 시스템 일시로 업데이트한다.

Note

상태, 가입일시, 탈퇴일시 같은 컬럼은 일반적으로 회원이 입력하는 항목이 아니며, 데이터를 입력하는 프로그램에서 자동으로 채워준다. 이와 같이 테이블에서는 관리해야 하지만, 입력 프로그램의 화면에서 보이지 않는 항목이 존재할 수 있다. 이는 데이터 무결성을 위한 목적도 있고, 데이터의 책임 소재를 증빙하기 위한 목적도 있다. 실무에서는 좀 더 명확한 책임 소재를 증빙하기 위하여 가입일시, 탈퇴일시 외에 변경일시와 입력된 단말 번호 또는 컴퓨터의 IP 주소와 처리자의 ID 등을 추가로 관리한다.

또한 회원정보는 매우 중요하므로 회원정보를 변경할 때는 변경하기 이전 상태의 정보를 별도의 테이블에 저장하여 관리하기도 한다. 물론 데이터베이스의 로그 기능을 이용하여 변경 전 데이터를 관리하기도 한다.

'members' 테이블을 실무에서 거래처 정보로 활용한다면 훨씬 많은 정보가 필요하다. 거래처의 사업자번호, 거래처 업종 및 업태 등의 거래 목적에 따라 새로운 항목이 추가될 수 있다.

1.2 상품정보 `goodsinfo` 테이블 설계

'상품정보' 개체를 바탕으로 테이블을 설계한다. 테이블의 이름은 'goodsinfo'로 하고, 테이블의 열 column 속성은 [표 4.3]과 같이 정의한다.

실무에서 '상품정보'는 [표 4.3]과 같이 단순하지는 않다. 상품의 분류, 제조사, 제조년월, 상품 이미지 등 다양한 속성이 있을 수 있다. 실습을 위하여 단순하게 설계한 것이다.

[표 4.3] 'goodsinfo' 테이블의 속성

열 이름 속성 이름	데이터 유형	길이	NULL 허용	기본키	비고
goodscd	char	5	No	Yes	상품코드

goodsname	varchar	20	No		상품명
unitcd	char	2			단위 코드
unitprice	decimal	5, 0			단가
stat	enum	1			상태(판매중: Y, 판매중지: N)
insdtm	datetime	8			등록일시, 기본값은 시스템 일시
moddtm	datetime	8			변경일시

[표 4.4]는 'goodsinfo' 테이블의 각 열 속성에 대한 설명이다.

[표 4.4] 'goodsinfo' 테이블에서 각 속성의 의미

열 column 의미	설명
상품코드	상품코드는 상품의 특성을 반영한 코드를 설계하여야 하나, 여기서는 단순하게 5자리 코드로 설계했다.
상품명	필수 입력으로 NULL을 허용하지 않는다.
단위코드	상품의 판매 단위를 코드로 입력한다.
단가	현재의 판매단가를 부호 없는 수치형으로 정의한다. 부가가치세 VAT는 이 책에서는 고려하지 않는다.
상태	상품이 판매 중인지 판매 중지 중인지를 Y, N으로 입력한다.
등록일시	상품정보 등록 시에 프로그램에서 자동으로 시스템 일시를 기본값으로 설정한다.
변경일시	상품정보 변경 시에 프로그램에서 시스템 일시로 업데이트한다.

주문 기본정보 `order_h` 테이블 설계 1.3

'주문기본' 개체를 바탕으로 2장의 [그림 2.2] 거래명세서 양식에서 ① 영역과 ③ 영역에 해당하는 주문의 기본 정보를 저장하기 위한 테이블을 설계한다. 테이블의 이름은 'order_h'로 하고, 열 column 속성은 [표 4.5]와 같이 정의한다.

테이블의 주문 이후의 처리 과정인 입금 처리, 상품 준비, 배송 관련 처리는 제외하기로 한다. 다만, SQL 실습을 위해 주문취소 기능을 위한 속성을 추가했다. 실무에서는 일반적으로 별도의 테이블을 사용하여 주문취소 기능을 관리한다.

[표 4.5] 'order_h' 테이블의 속성

열 이름 속성 이름	데이터 유형	길이	NULL 허용	기본키	비고
orderno	char	9	No	Yes	주문번호
orddt	date	3	No		주문일
memid	varchar	10	No		주문자ID
ordamt	decimal	7, 0	No		주문총액, 부호 없음, 기본값: 0
cancelyn	char	1			주문상태(Y, N), 기본값: N
canceldtm	datetime	8			주문취소일시
insdtm	datetime	8			등록일시, 기본값은 시스템 일시
moddtm	datetime	8			변경일시

[표 4.6]은 'order_h' 테이블의 각 열 속성에 대한 설명이다.

[표 4.6] 'order_h' 테이블에서 각 속성의 의미

열 column 의미	설명
주문번호	YYYYMMnnn: 주문년월별 순번으로 코드설계를 한다. 예 2022년 1월의 첫 번째 주문번호: 202201001 2022년 1월의 두 번째 주문번호: 202201002 2022년 2월의 첫 번째 주문번호: 202202001 ※ 실무에서 주문번호는 사이트의 특성에 따라 다양하게 설계하여 사용한다.
주문일	날짜형으로 NULL을 허용하지 않는다.
주문자ID	비회원 주문은 없는 것으로 설계한다. 주문자ID는 회원ID이다.
주문총액	주문의 총금액으로 부호 없는 수치형으로 정의한다. 부가세는 처리하지 않는 것으로 한다.
주문상태	정상주문이면 'N', 주문취소이면 'Y'를 입력한다.
주문취소일시	주문상태가 'Y'로 주문취소인 경우에 입력한다.
등록일시	주문완료 시에 프로그램에서 자동으로 시스템 일시를 기본값으로 설정한다.
변경일시	주문정보 변경 시에 프로그램에서 시스템 일시로 업데이트한다.

주문 상세정보 `order_d` 테이블 설계 1.4

'주문상세' 개체를 바탕으로 2장의 [그림 2.2] 거래명세서 양식에서 ② 영역에 해당하는 주문의 상세 정보를 저장하기 위한 테이블을 설계한다. 테이블의 이름은 'order_d'로 하고, 열 column 속성은 [표 4.7]과 같이 정의한다.

[표 4.7] 'order_d' 테이블의 속성

열 이름 속성 이름	데이터 유형	길이	NULL 허용	기본키	비고
orderno	char	9	No	Yes	주문번호
goodscd	char	5	No	Yes	상품코드
unitcd	char	2			단위코드
unitprice	decimal	5, 0	No		단가, 부호 없음, 기본값: 0
qty	decimal	3, 0	No		주문수량, 기본값: 0
amt	decimal	7, 0	No		주문금액, 기본값: 0
insdtm	datetime	8			등록일시, 기본값은 시스템 일시
moddtm	datetime	8			변경일시

[표 4.8]은 'order_d' 테이블의 각 열 속성에 대한 설명이다.

[표 4.8] 'order_d' 테이블에서 각 속성의 의미

열 column 의미	설명
주문번호	YYYYMMnnn : 주문기본의 주문번호와 동일, 기본키로 설정한다.
상품코드	주문상품코드, 기본키로 설정한다.
단위코드	주문 상품의 단위 코드
단가	주문 시점의 단가로 부호 없는 수치형
주문수량	부호 없는 수치형
주문금액	단가 × 주문수량, 부호 없는 수치형
등록일시	주문완료 시에 프로그램에서 자동으로 시스템 일시를 기본값으로 설정한다.
변경일시	주문정보 변경 시에 프로그램에서 시스템 일시로 업데이트한다.

'order_d' 테이블의 기본키는 '주문번호'와 '상품코드'로 구성하였다. 실무에서는 일반적으로 상품코드 대신에 순번 속성을 추가하여 사용한다. 동일 주문번호로 여러 가지 상품을 주문하는 경우에 주문 순번을 부여하는 것이다. 이 책의 예제에서 제시하는 방법을 사용하면 주문자가 주문한 상품의 순서대로 데이터베이스에서 가져오기가 불가능하고, 상품코드 순서대로만 데이터 가져오기만이 가능하다.

주문금액은 '단가 × 수량'의 결과이므로 굳이 속성으로 추가할 필요는 없으나, 중복의 의미는 있지만 필요할 때 매번 계산해야 하기 때문에 속성으로 추가하였다.

2 데이터 유형

MariaDB에서 제공되는 데이터 유형은 흔히 사용 중인 프로그래밍 언어의 데이터 유형과 비슷하다.

MariaDB는 기본 데이터 유형으로 문자형, 수치형, 날짜형 그리고 기타 데이터 유형을 제공한다. MariaDB의 데이터 유형에 대한 상세한 내용은 https://mariadb.com/kb/en/data-types/을 참고한다.

2.1 문자 데이터 유형

[표 4.9] 문자 데이터 유형

데이터 유형	크기 바이트 수	설명
char(M)	0~255	고정길이 문자형이다. M은 문자 길이를 지정하는 정수로 M이 0이면 빈 문자열(empty string)이다. M을 지정하지 않으면 1이다. 지정한 길이보다 작은 길이의 문자가 입력되면 데이터의 오른쪽에 자동으로 공백을 채워 저장하고, 데이터베이스로부터 데이터를 가져올 때는 오른쪽 공백이 자동으로 제거되는 DBMS도 있다.

varchar(M)		0~65535	가변길이 문자형이다. M은 문자 길이를 지정하는 정수. 길이가 0이면 빈 문자열(empty string)이다. M을 지정하지 않으면 1이다. 실제 저장하려는 문자의 길이보다 1 또는 2바이트가 더 필요하다.
binary(M)		0~255	고정길이 이진 데이터 값
varbinary(M)		0~255	가변길이 이진 데이터 값
text	tinytext	0~255($2^{8}-1$)	대용량의 문자열을 저장할 수 있다. Text 유형의 컬럼은 기본키로 설정할 수 없다. Text 유형의 데이터를 데이터베이스에서 가져올 때 데이터베이스 내부의 임시 테이블에 Text 데이터를 저장하기 때문에 처리 속도가 varchar 유형 보다 느리다.
	text	0~65,535($2^{16}-1$)	
	mediumtext	0~16,777,215($2^{24}-1$)	
	logntext	0~4GB($2^{32}-1$)	
blob	tinyblob	0~255($2^{8}-1$)	Blob는 Binary Large Object로 대용량의 사진 파일, 동영상 파일 및 문서 파일 등을 저장하는데 사용한다.
	blob	0~65,535($2^{16}-1$)	
	mediumblob	0~16,777,215($2^{24}-1$)	
	longblob	0~4GB($2^{32}-1$)	
enum('value1', 'value2', ...)		1 또는 2	최대 65,535개의 열거형 데이터 값
set('value1', 'value2', ...)		1, 2, 3, 4, 8	0개 이상의 나열된 문자열 값의 목록 'value1', 'value2', ... 중에서 하나를 선택한다. 최대 64개의 멤버를 가질 수 있다.

char과 varchar는 SQL 문에서 사용하는 방법에서의 차이는 없다. 하지만 차이점을 분명하게 구분하여 사용하는 것이 좋다. 또한, 기본 문자 셋인 UTF8에서 한글은 다루는 문자의 길이보다 실제로 더 많은 메모리가 할당되는 것에 주의한다.

blob 유형은 데이터베이스 용량이 커져서 데이터베이스의 성능에 문제가 발생할 수 있기 때문에 일반 폴더의 파일로 저장하여 관리하는 방법과 데이터베이스에 저장하여 관리하는 방법 중 데이터 사용 목적에 따라 명확하게 정의하고, 그에 따른 방법을 선택하는 것이 바람직하다.

2.2 날짜와 시간 데이터 유형

[표 4.10] 문자 데이터 유형

데이터 유형	크기 바이트 수	설명
date	3	형식 : 'YYYY-MM-DD' 지원 범위 : '1000-01-01' ~ '9999-12-31'
time	3	형식: 'HH:MM:SS.ssssss' 지원 범위: '-838:59:59.999999' ~ '838:59:59.999999'
datetime	8	형식: 'YYYY-MM-DD HH:MM:SS.ffffff' 지원 범위: '1000-01-01 00:00:00.000000' ~ '9999-12-31 23:59:59.999999'
timestamp	4	형식: YYYY-MM-DD HH:MM:SS.ffffff 지원 범위: '1970-01-01 00:00:01' (UTC) ~ '2038-01-19 03:14:07' (UTC).
year	1	형식: YYYY 지원 범위: 1901 ~ 2155

다음은 날짜 리터럴을 표현한 예이다. 모두 같은 날짜를 표현한 것이다.

예 '19940101', '940101', '1994-01-01',
'94/01/01', '1994-01/01', '19940101', '940101'

다음은 시간 리터럴을 표현한 예이다. 모두 같은 시간을 표현한 것이다.

예 '09:05:00', '9:05:0', '9:5:0', '090500'

숫자 데이터 유형 2.3

[표 4.11] 숫자 데이터 유형

데이터 유형		크기 바이트 수	수치 범위	설명
이진	bit(M)	M/8	1~64 bit 표현값	비트 유형으로, M은 1에서 64 사이의 비트 수로 M을 생략하면 1이다. 비트 값의 0 또는 1의 비트 값을 b'값' 표기법으로 사용한다. 비트 필드는 왼쪽에서 비트의 전체 길이까지 자동으 자동으로 0으로 채워진다. 예를 들어 BIT(4) 필드에서 '10'은 '0010'이 된다.
정수	tinyint	1	-128~127 0~255	부호 있는 정수형 부호 없는 정수형
	smallint	2	-32768~32767 0~65535	부호 있는 정수형 부호 없는 정수형
	mediumint	3	-8388608~ 8388607 0~16777215	부호 있는 정수형 부호 없는 정수형
	int integer	4	-2147483648~2147483647 0~4294967295	부호 있는 정수형 부호 없는 정수형
	bigint	8	-9223372036854775808~ 9223372036854775807 0~18446744073709551615	부호 있는 정수형 부호 없는 정수형
고정 소수점	decimal(M, D) dec(M, D) numeric(M, D) fixed(M, D)		M: 1~65	M(precision) : 전체 자릿수, 생략되면 10. D(the scale): 소수점 아래 자릿수, 생략되면 0
부동 소수점	double(M, D) real(M, D)	8	-1.7976931348623157E+308~ -2.2250738585072014E-308, 0, 2.2250738585072014E-308~ 1.7976931348623157E+308	M(precision) : 전체 자릿수 D(the scale): 소수점 아래 자릿수 M과 D를 생략하면 하드웨어에서 허용하는 한계까지 저장
	float(M, D)	4	-3.402823466E+38~ -1.175494351E-38, 0, 1.175494351E-38~ 3.402823466E+38	

숫자 데이터 유형은 다양하다. 부호 여부, 값의 최대값과 최소값, 소수점 여부 등의 사용하려는 값의 성격을 정확히 파악한 뒤에 적절한 유형을 선택하여 적용하는 것이 바람직하다.

2.4 기타 데이터 유형

[표 4.12] 기타 데이터 유형

데이터 유형	크기 바이트 수	설명
json	8	JSON(JavaScript Object Notation) 문서를 저장
Geometry	1	공간 데이터 형식으로 점, 선, 다각형 같은 공간데이터 개체를 저장한다.

3 실습용 데이터 준비하기

물리적 설계인 테이블 설계 결과를 바탕으로 실습을 위한 데이터를 준비한다. [표 4.13]은 'members' 테이블을 위한 실습용 데이터이다.

[표 4.13] 회원정보 members 테이블을 위한 실습 데이터

row num	memid	memname	addr	birthday	jobcd	mileage	stat
1	hong1	홍길동	인천 동구 송림동	2000-05-08	2	500	Y
2	hong2	홍길동	서울 강남구 신사동	1990-01-05	9	1000	Y
3	kim1	김갑수	인천 연수구 연수동	2003-07-01	1	0	Y
4	park	박기자	경기 부천시	2002-09-30	3	0	Y
5	seo	서갑돌	인천 동구	1998-03-10	1	0	Y
6	Taeh	태현	경기 수원시	2002-10-25	4	0	Y

[표 4.13]에서 6번 행의 memid가 'Taeh'는 회원으로 가입하였으나, 주문 실적이 없는 회원으로 가정한다.

[표 4.14]는 'goodsinfo' 테이블을 위한 실습용 데이터이다.

[표 4.14] 상품정보 goodsinfo 테이블을 위한 실습 데이터

row num	goodscd	goodsname	unitcd	unitprice	stat
1	GDS01	노트	01	2000	Y
2	GDS02	연필	02	100	Y
3	GDS03	복사지	03	5000	Y
4	GDS04	볼펜	02	500	Y
5	GDS05	네임펜	02	1000	Y
6	GDS06	크레파스	02	1500	Y

[표 4.14]에서 6번 행의 goodscd가 'GDS06'은 상품으로 등록되었으나, 주문된 적이 없는 상품으로 가정한다.

[표 4.15]는 'order_h' 테이블을 위한 실습용 데이터이다.

[표 4.15] 주문기본 order_h 테이블을 위한 실습 데이터

row num	orderno	orddat	memid	ordamt	cancelyn	canceldtm
1	202201001	2022-01-24	seo	10000	N	
2	202201002	2022-01-24	hong2	15000	N	
3	202201003	2022-01-25	hong1	20000	N	
4	202201004	2022-01-25	kim1	10000	N	
5	202201005	2022-01-25	park	5000	Y	2022-01-25
6	202202001	2022-02-01	hong1	30000	N	
7	202202002	2022-02-01	hong1	1000	N	
8	202202003	2022-02-02	park	10000	N	
9	202202004	2022-02-02	abcd	500	N	

[표 4.15]에서 9번 행의 memid가 'abcd'인 데이터는 'members' 테이블에 존재하지 않는다. 이는 테이블에 수작업으로 직접 데이터를 입력할 때의 오류일 수 있고,

만약 탈퇴한 회원의 정보를 'members' 테이블에서 삭제하는 경우 탈퇴한 회원일 수도 있다. 또는 주문등록 프로그램의 오류일 수도 있다. [그림 4.15]에서 7번 행의 주문번호는 다음에서 설명하는 'order_h' 테이블의 자식 테이블인 [표 4.16]의 'order_d' 테이블의 데이터에 존재하지 않는다. 부모 테이블에만 있고 자식 테이블에 없는 데이터는 주문으로서 성립되지 않는 오류 데이터이다. 프로그래밍의 오류로 흔히 발생할 수 있다.

[표 4.16]은 'order_d' 테이블을 위한 실습 데이터이다.

[표 4.16] 주문상세 order_d 테이블을 위한 실습 데이터

row num	orderno	goodscd	unitcd	unitprice	qty	amt
1	202201001	GDS01	01	2000	10	20000
2	202201001	GDS02	02	100	50	5000
3	202201001	GDS03	03	5000	1	5000
4	202201002	GDS01	01	1000	5	5000
5	202201002	GDS03	03	5000	10	50000
6	202201003	GDS04	02	500	50	25000
7	202201004	GDS05	02	1000	10	10000
8	202201005	GDS02	02	100	50	5000
9	202201005	GDS03	03	5000	4	20000
10	202201006	GDS01	01	2000	1	2000
11	202202001	GDS01	01	2000	10	20000
12	202202001	GDS03	03	5000	1	5000
13	202202001	GDS05	02	1000	20	20000
14	202202003	GDS01	01	2000	10	20000
15	202202003	GDS07	03	2000	20	40000
16	202202004	GDS01	01	2000	10	20000

[표 4.16]에서 15번 행의 goodscd 'GDS07'은 'goodsinfo' 테이블에 존재하지 않는다. 이는 테이블에 직접 수기로 데이터를 입력할 때의 오류일 수 있고, 상품정보인 'goodsinfo' 테이블에서 삭제된 상품코드일 수도 있고, 주문등록 프로그램의 오류일 수도 있다.

주문 기본정보를 저장하는 order_h 테이블은 주문 상세정보를 저장하는 order_d 테이블의 부모인데 [표 4.16]에서 10번 행의 데이터는 자식 테이블인 order_d에만 존재하는 주문번호로 부모 테이블인 order_h에는 존재하지 않는 주문번호이다. 주문의 기본정보 없이 주문상세만 등록된 오류 데이터이다. 이는 주문정보를 등록하는 프로그램의 오류일 것이다.

테이블에 정의되어 있었으나 실습용 데이터가 정의되지 않은 열 column의 값은 기본값으로 채우는 것으로 한다.

CHAPTER 5

기본 SQL

1 SQL

SQL; Structured Query Language은 데이터베이스에서 사용하는 언어이다.

SQL은 DDL; Data Definition Language와 DML; Data Manipulation Language 그리고 DCL; Data Control Language로 구분한다. DDL과 DCL은 주로 데이터베이스 관리자 DBA; DataBase Administrator가 사용하며, DML은 프로그래머가 사용한다.

프로그래머 또한 DBA가 하는 역할의 일부는 알고 활용할 수 있어야 하므로 이 책에서는 프로그래머에게 필요한 대부분의 기능에 대해 설명과 함께 이해를 돕도록 순차적 실습할 것이다. 실습은 가능한 앞서 설계한 테이블과 실습용 데이터를 모두 연계할 수 있도록 한다.

2 HeidiSQL에서 데이터베이스 연결하기

데이터베이스 및 테이블 생성과 실습용 데이터 입력은 3장에서 MariaDB를 설치할 때 함께 설치된 MariaDB의 IDE Integrated Development Environment인 "HeidiSQL"을 이용한다.

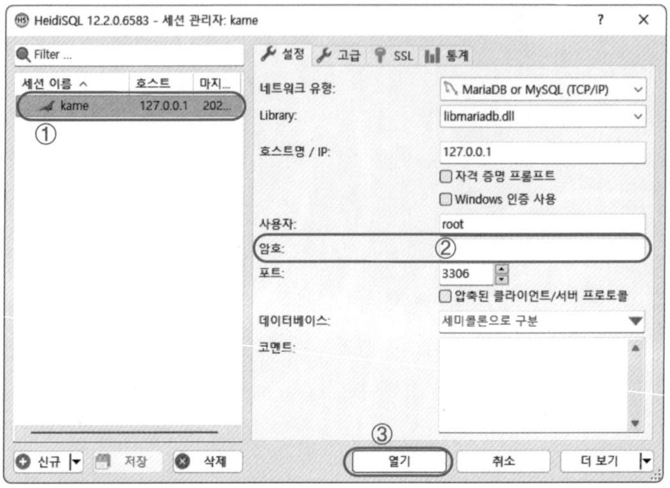

그림 5.1 • HeidiSQL의 세션관리자

윈도우 앱 목록에서 "MariaDB 10.10 (x64) ▶ HeidiSQL"을 실행하면 [그림 5.1]과 같은 HeidiSQL의 '세션 관리자' 창이 표시된다.

①'세션 관리자'의 왼쪽 영역에서 표시된 세션 이름 'kame'를 클릭하여 선택하고, ②'세션 관리자'

오른쪽 영역에 있는 '암호' 입력 상자에 root 사용자의 패스워드를 입력한 뒤에 ③[열기] 버튼을 클릭하여 MariaDB에 연결한다.

MariaDB에 연결되면 [그림 5.2]와 같은 HeidiSQL의 기본 화면이 표시된다. HeidiSQL을 통해서 데이터베이스를 생성과 데이터베이스 내부에 테이블을 생성 그리고 테이블에 데이터를 입력하는 등의 작업을 진행할 것이다.

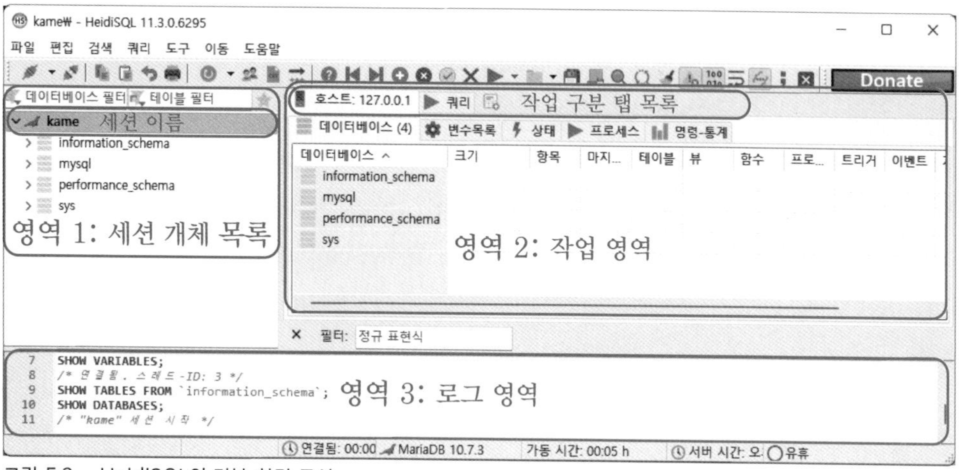

그림 5.2 • HeidiSQL의 기본 화면 구성

HeidiSQL의 기본 화면은 세 가지 영역으로 구분해 볼 수 있다. "영역 1: 세션 개체 목록"에는 세션의 이름과 세션에 포함된 데이터베이스 개체의 목록이 표시된다. 이 책에서는 기본 세션의 이름을 'local'에서 'kame'로 변경해 두었다.

"영역 2: 작업 영역"에는 세션 개체 목록에서 선택한 개체의 내용을 나타내거나 테이블의 데이터를 확인하고 SQL 명령문을 입력하여 실행하는 등의 작업을 진행하는 영역이다.

"영역 3: 로그 영역"에는 HeidiSQL에서 메뉴를 선택하거나 작업 영역에서 실행하는 쿼리문의 내용 등 HeidiSQL에서 실행하는 모든 동작의 기록이 표시된다. 예로 HeidiSQL에서 메뉴를 선택하면 해당 메뉴 기능에 대응하는 SQL 명령문이 표시된다.

3 데이터베이스 생성/삭제하기

사용자 데이터를 MariaDB에 저장하려면 가장 먼저 사용자 데이터베이스를 생성해야 한다. HeidiSQL의 그래픽 모드를 이용하는 방법과 SQL 명령문을 사용하는 방법으로 데이터베이스를 생성하고 삭제하는 방법을 확인해 본다.

3.1 데이터베이스 생성하기: 그래픽 모드

HeidiSQL을 실행하고 MariaDB에 연결한 뒤에, [그림 5.3]에서와 같이 HeidiSQL 창의 왼쪽 영역에 표시된 세션 이름(예 kame)을 마우스 오른쪽 버튼으로 클릭하면 데이터베이스 관리를 위한 단축 메뉴가 표시된다. 표시된 단축 메뉴에서 새로 생성 ▶ 데이터베이스 메뉴를 선택한다.

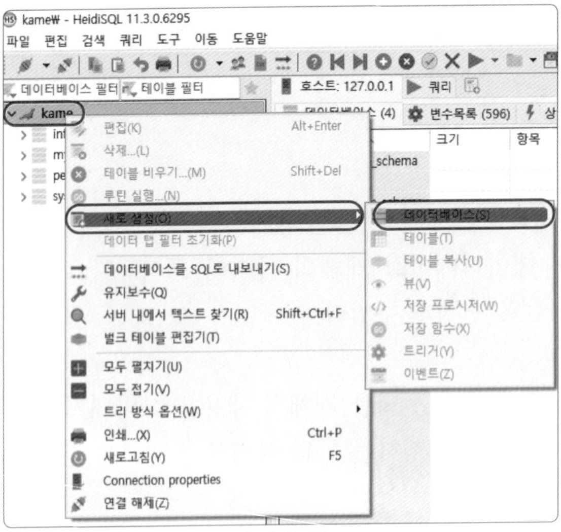

그림 5.3 • 데이터베이스 생성 팝업 메뉴

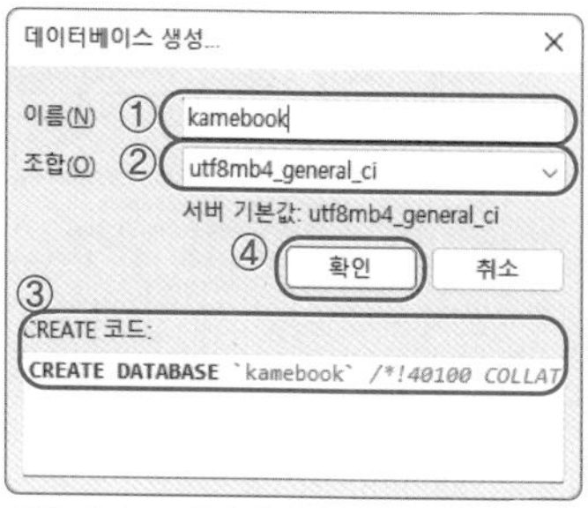

그림 5.4 • 데이터베이스 생성 창

생성하려는 데이터베이스의 기본 정보를 입력할 수 있는 [그림 5.4]와 같은 "데이터베이스 생성" 창이 표시된다. ①'이름' 입력 란에 생성할 데이터베이스의 이름으로 "kamebook"을 입력한다. 데이터베이스의 이름은 사용자가 변경할 수 있다.

②선택 사항으로 문자 셋을 지정하는 '조합' 항목에는 '서버 기본값'으로 표시된 "utf8mb4_general_ci"를 그대로 사용한다.

③항목인 'CREATE 코드' 항목에 표시된 내용은 HeidiSQL을 사용하지 않고 직접 데이터베이스를 생성할 수 있는 SQL 명령문이다. 같은 내용이 HeidiSQL창의 로그 영역에도 표시된다. "데이터베이스 생성" 창에서 입력하고 선택한 내용을 확인한 뒤에 ④[확인] 버튼을 클릭하면 주어진 이름의 데이터베이스가 생성된다.

데이터베이스를 사용하여 한글 데이터를 저장할 때는 문자 셋이 중요하다. 문자 셋이 혼용되어 사용되면 데이터에 포함된 한글이 깨져 표현될 수 있기 때문에 하나의 문자 셋으로 통일하여 사용하는 것이 바람직하다.

데이터베이스 생성이 완료되면, HeidiSQL 기본 화면 왼쪽에 사용 중인 세션의 목록에 새롭게 생성한 데이터베이스의 이름이 표시된다. 생성한 데이터베이스 이름을 더블클릭하면 생성된 데이터베이스 사용이 시작된다. HeidiSQL 창의 로그 영역에는 SQL 명령문으로 'USE `kamebook`'이 표시된다.

[그림 5.5]는 데이터베이스를 생성하고 생성한 데이터베이스를 선택하여 사용을 시작한 상태의 HeidiSQL 창의 모습을 보인 것이다.

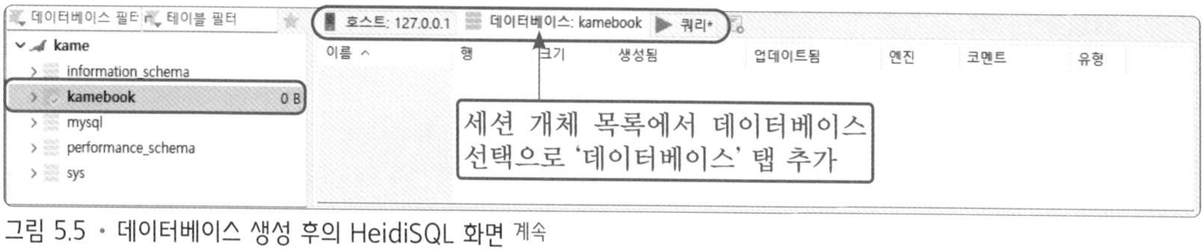

그림 5.5 • 데이터베이스 생성 후의 HeidiSQL 화면 계속

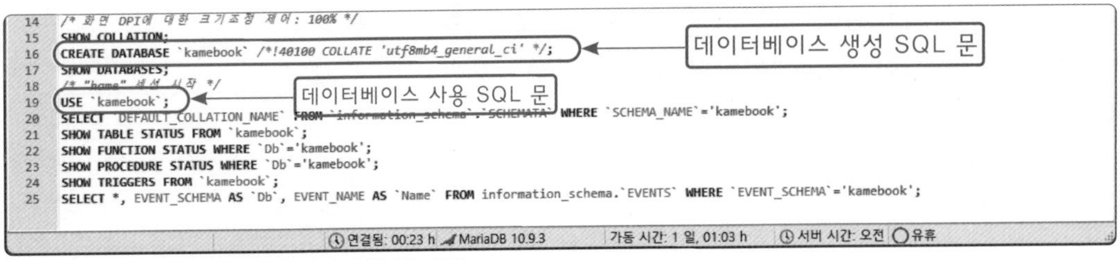

그림 5.5 • 데이터베이스 생성 후의 HeidiSQL 화면

Note

`kamebook`

HeidiSQL 창의 로그 영역에 표시된 SQL 명령어에는 특수문자 '`'이 사용된다. backtick 백틱이라고 한다. SQL 명령어를 사용할 때 데이터베이스 이름이나 테이블 이름 또는 테이블의 열 이름을 구분하기 위해 사용할 수 있다.

3.2 데이터베이스 삭제하기: 그래픽 모드

HeidiSQL 창 왼쪽에 있는 세션 개체 목록에서 삭제하려는 데이터베이스를 마우스 오른쪽 버튼으로 클릭하면 [그림 5.6]과 같은 단축 메뉴가 표시된다. 표시된 단축 메뉴에서 [삭제] 메뉴를 선택한다.

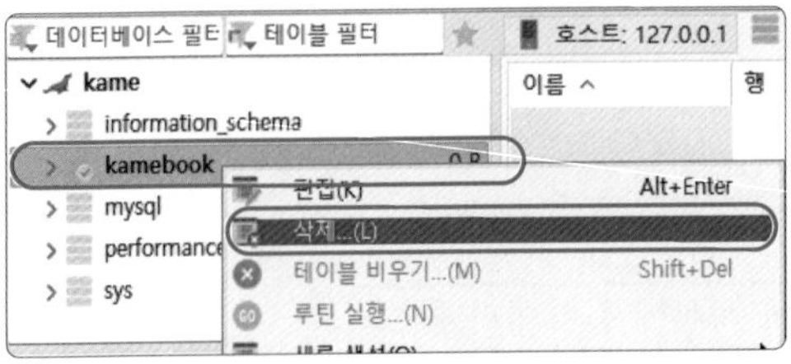

그림 5.6 • 데이터베이스 삭제 메뉴

삭제 메뉴를 선택하면 [그림 5.7]과 같은 "확인" 창이 표시된다. "확인" 창에서 [확인] 버튼을 클릭하여 선택한 데이터베이스를 삭제한다. 데이터베이스 삭제는 데이터베이스에 포함된 모든 정보와 함께 데이터베이스 내에 저장된 데이터까지 모두 삭제된다. 삭제한 뒤에는 되돌리기 Undo 기능이 없다. 삭제하기 전에는 반드시 삭제하려는 데이터베이스를 백업해 두어야 한다. 데이터베이스 백업에 관련된 상세한 설명은 12장에서 설명할 것이다.

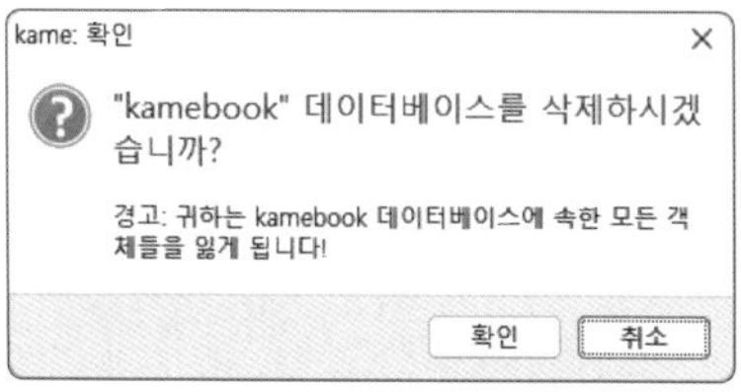

그림 5.7 • 데이터베이스 삭제 확인

HeidiSQL IDE를 통해서 데이터베이스를 삭제하면 HeidiSQL 창의 로그 영역에서 SQL 명령을 확인할 수 있다. "DROP DATABASE `kamebook`;"은 SQL 명령이다. 'DROP DATABASE'는 데이터베이스를 삭제하라는 의미의 명령어이고, '`kamebook`'은 삭제할 데이터베이스의 이름이다.

3.3 데이터베이스 생성하기: SQL

앞에서는 HeidiSQL의 메뉴를 이용하여 데이터베이스를 생성했고, 여기서는 직접 SQL 명령문을 이용하여 데이터베이스를 생성한다.

SQL 명령문은 해당 명령문에서 처리하는 기능에 따라 SQL 명령문을 구분한다. SQL 명령문이 데이터베이스 또는 테이블 등을 생성하는 기능이라면 DDL Data Definition Language 이라 한다. 또 다른 구분으로 SQL 명령문이 데이터베이스 또는 테이블 등을 조작하는 기능이라면 DML Data Manipulation Language이라 한다.

앞서 보았던 [그림 5.5]에서 '영역 2: 작업 영역'을 자세히 보면, [그림 5.8]과 같이 네 개의 탭이 보인다.

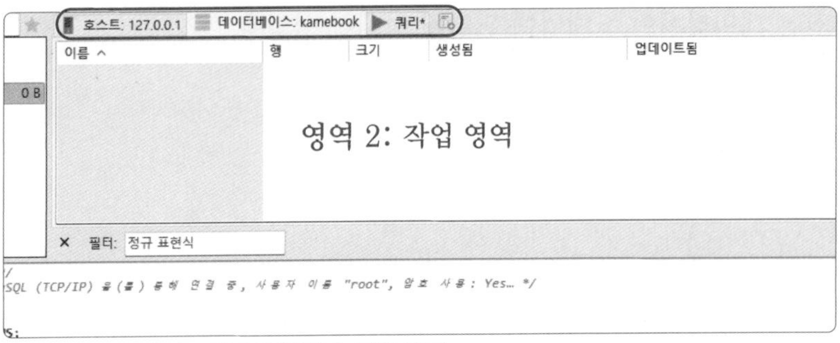

그림 5.8 • HeidiSQL 화면 중 '영역 2: 작업 영역'

▷ 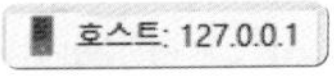 HeidiSQL을 통해 연결된 현재 세션의 MariaDB 정보를 나타낸다. 등록된 데이터베이스, 데이터베이스 내의 테이블 수, 디스크 사용량 등의 정보를 확인할 수 있다.

▷  MariaDB에 등록된 데이터베이스 중 현재 사용하는 데이터베이스의 정보를 나타낸다. 데이터베이스 내의 개체 리스트, 각 개체의 크기 및 생성 일시 등의 정보를 확인할 수 있다.

▷  SQL 문을 입력하고 실행할 수 있는 영역이다.

▷  새 '쿼리' 탭을 추가하는 기능이다.

HeidiSQL 창에서  탭을 클릭하여 선택하고, 작업 영역에서 다음 예의 SQL 문을 입력한다.

```
CREATE DATABASE `kamebook`;
```

SQL 문을 입력한 뒤에 입력된 SQL 문을 드래그하여 선택하고, HeidiSQL 창의 도구 목록에서 실행 도구 아이콘의 확장 버튼을 클릭하면 [그림 5.9]에서와 같이 입력된 SQL 문을 실행할 수 있는 메뉴가 표시된다. 표시된 메뉴에서 [선택 실행 Ctrl+F9]을 클릭하여 선택한 SQL 문을 실행한다.

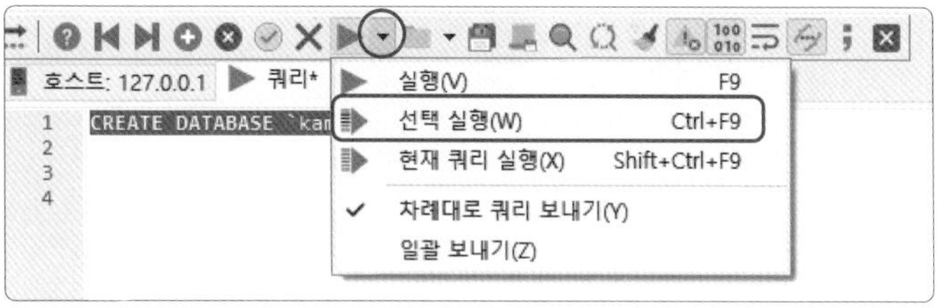

그림 5.9 • SQL 문 실행하기

실행 메뉴에서 표시되는 세 가지 실행 메뉴의 기능은 다음과 같다.

▷ 

작업 영역의 모든 SQL 문을 실행한다.

▷ 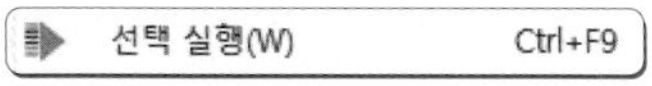

작업 영역에서 드래그하여 선택한 SQL 문만을 실행한다.

▷ 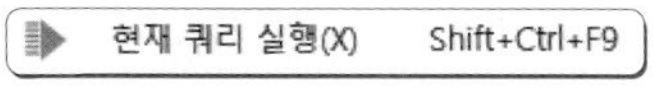

작업 영역에서 커서가 있는 행의 SQL 문을 실행한다.

SQL 문을 실행하면 HeidiSQL의 메뉴를 선택하여 기능을 실행할 때와 같이 로그 영역에 실행한 SQL 문이 표시되는 것을 확인할 수 있다.

HeidiSQL의 세션 개체 목록 영역에서 세션 이름을 마우스 오른쪽 버튼으로 클릭하여 표시되는 [그림 5.10]과 같은 단축 메뉴에서 [새로 고침 F5] 메뉴를 선택하면 SQL 문을 실행으로 생성된 데이터베이스 이름을 확인할 수 있다.

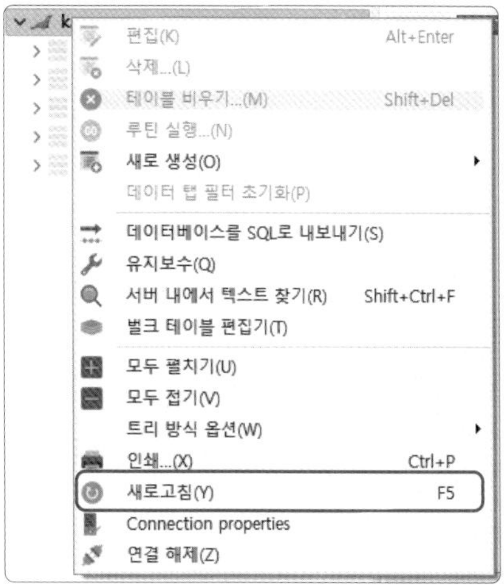

그림 5.10 • SQL 문 실행 결과 확인하기

4 테이블 생성하기

데이터베이스에 실제 데이터를 저장할 테이블 Table을 생성할 단계이다. 먼저 그래픽 모드인 HeidiSQL의 메뉴를 이용하여 테이블을 생성해 보기로 한다.

4.1 `members` 테이블 생성하기: 그래픽 모드

[그림 5.11]에서와 같이 HeidiSQL의 세션 개체 목록 영역에서 테이블을 생성하려는 데이터베이스 'kamebook'을 마우스 오른쪽 버튼으로 클릭하여 표시되는 단축 메뉴에서 [새로 생성] ▶ [테이블] 메뉴를 선택한다.

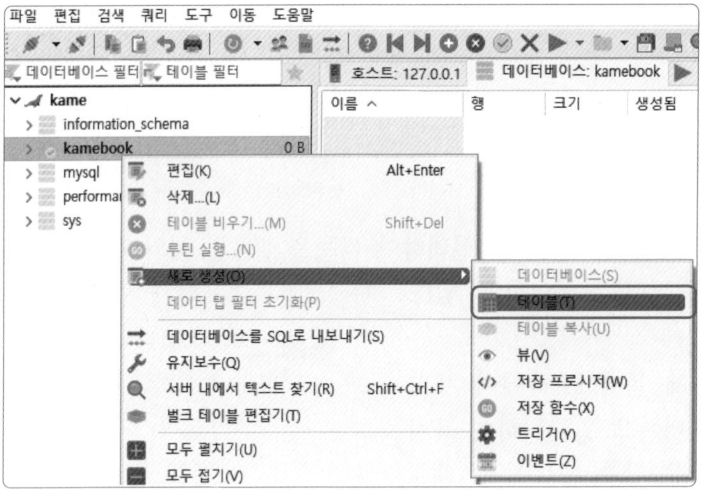

그림 5.11 • 테이블 생성하기 1

[그림 5.11]에서 테이블 생성을 위한 메뉴를 선택하면 [그림 5.12]와 같이 HeidiSQL의 작업 영역에 "테이블" 탭이 표시되면서 생성하려는 테이블 정보를 입력할 수 있는 영역이 나타난다.

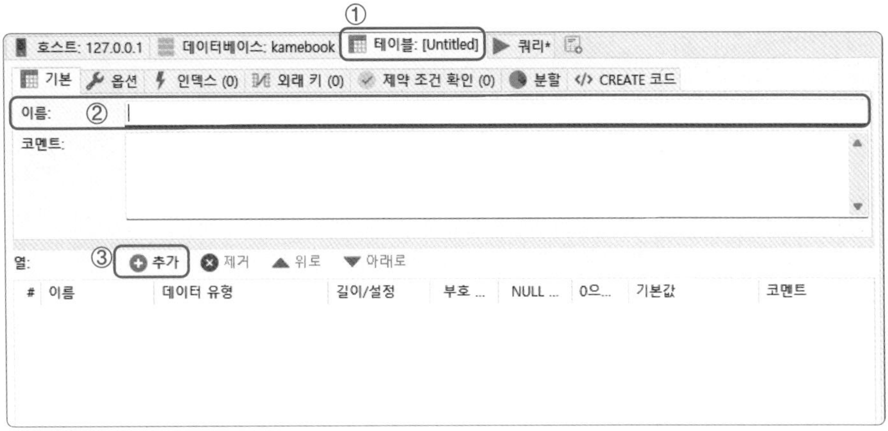

그림 5.12 • 테이블 생성하기 2

[그림 5.12]의 HeidiSQL 창에서 ① "테이블" 탭을 확인하고 ② "이름" 영역에 생성하려는 테이블의 이름으로 "members"를 입력한다. 다음 차례로 ③ "추가" 버튼을 클릭하면 [그림 5.13]과 같이 테이블을 구성하는 열 속성을 입력하는 영역이 활성화된다. 열을 추가하는 첫 번째 단계로 [그림 5.13]의 '이름' 항목 아래 "열 1"을 클릭하여 열 이름을 `memid`로 입력한다.

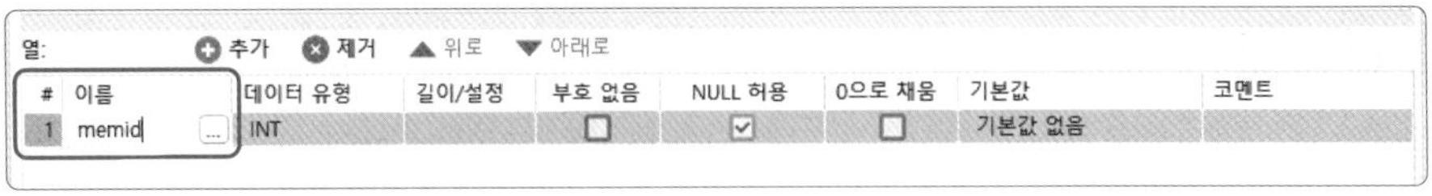

그림 5.13 • 테이블 생성하기: 열 이름 설정

두 번째 '데이터 유형' 항목을 클릭하면 열의 데이터 유형을 선택하도록 [그림 5.14]와 같은 메뉴가 표시된다. 앞서 설계서에서 정의한 데이터 유형으로 'VARCHAR'를 선택한다. 표시된 데이터 유형의 각 항목에 마우스 포인터를 위치하면 영문으로 표시되는 해당 데이터 유형에 대한 설명을 참고하거나 4장에서 설명하는 데이터 유형을 참고한다.

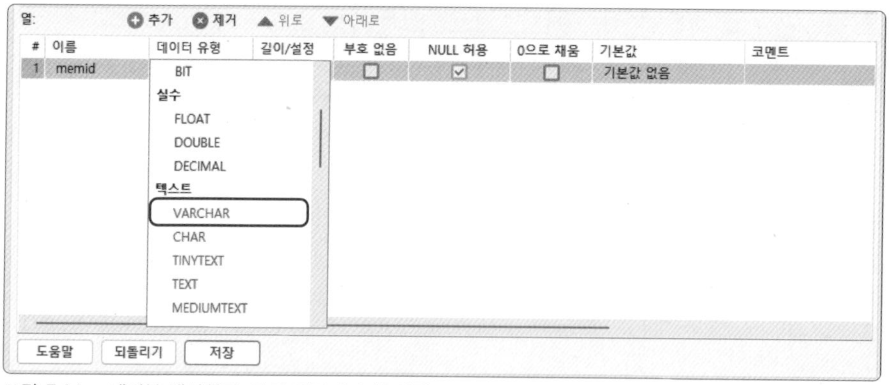

그림 5.14 • 테이블 생성하기: 열의 데이터 유형 선택

세 번째 '길이/설정' 항목은 설정하는 열에서 저장할 데이터의 크기를 정의한다. 설계서에서 정의한 정확한 길이를 입력한다. "memid" 열의 데이터 길이는 10이다. 열의 데이터 유형이 고정된 길이를 사용하는 경우는 길이를 지정하지 않을 수 있다.

네 번째 '부호 없음' 항목은 데이터 유형이 수치형일 때 활성화된다. 체크하면 부호를 사용하여 음수와 양수를 해당 열에 저장할 수 있고, 체크하지 않으면 부호를 사용하지 않아 양수만 저장한다. VARCHAR는 문자형이기 때문에 '부호' 항목은 비활성화된다.

다섯 번째 'NULL 허용' 항목은 NULL 허용은 해당 열에 값이 없을 수 있음을 의미한다. 설계서에 따라 허용 여부를 결정한다. 기본값은 체크되어 있어 NULL 허용이다.

여섯 번째 '0으로 채움' 항목은 데이터 유형이 수치형일 때 활성화된다. 열에 입력되는 수치 데이터의 왼쪽에 0을 강제로 채울 것인지를 선택한다. 데이터 유형 VARCHAR는 문자형이기 때문에 '0으로 채움' 항목은 비활성화된다.

일곱 번째, '기본값' 항목에는 추가하는 열이 NULL 허용 항목이면 NULL이 표시되고, NULL을 허용하지 않는 항목이면 '기본값 없음'이 표시된다. 설정하는 열의 데이터 유형이 수치형인 경우 0으로 표시된다.

여덟 번째 '코멘트' 항목은 추가하는 열에 대한 설명을 입력하는 항목으로 선택사항이다. 이외에도 몇 가지 항목이 더 있지만 일반적으로 사용하지 않거나, 자동으로 입력되어 있다.

하나의 열을 추가했으면, 다시 [추가] 버튼을 클릭하는 과정부터 앞의 과정을 반복하면서 설계서에 따라 [그림 5.15]와 같이 `members` 테이블을 구성하는 모든 열의 속성을 입력하고 [저장] 버튼을 클릭하면 테이블이 생성된다.

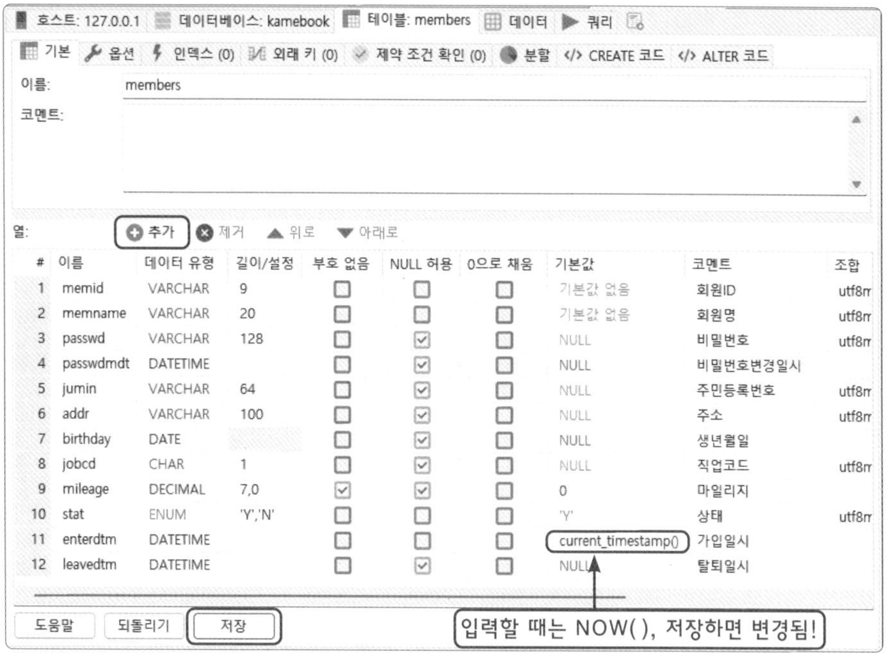

그림 5.15 • 테이블 생성하기: 열 이름 설정과 저장

테이블을 구성하는 열 속성을 설정하면서, "mileage", "stat", "enterdtm" 열의 기본값을 설정하는 방법은 다른 열의 기본값을 설정하는 방법과 차이가 있다.

"mileage" 열은 '길이/설정'에서 "7,0"을 입력하고, '기본값' 항목을 더블클릭하면 [그림 5.16]과 같은 팝업 창이 표시된다. [그림 5.16]의 팝업 창에서 "표현식" 항목을 클릭하여 선택하고, 입력 칸에 0을 입력하고 [확인] 버튼을 클릭한다.

그림 5.16 • "mileage" 열의 기본값 설정

"stat" 열은 '길이/설정'에서 "'Y','N'"을 입력하고, '기본값' 항목을 더블클릭하면 표시되는 [그림 5.17]과 같은 팝업 창이 표시된다. [그림 5.17]의 팝업 창에서 'Custom Text' 항목을 클릭하여 선택하고, 입력 칸에서 드롭다운 버튼을 클릭하여 표시되는 값의 목록 중에서 "Y"를 선택하고 [확인] 버튼을 클릭한다. 값의 목록은 '길이/설정'에서 입력한 값이다.

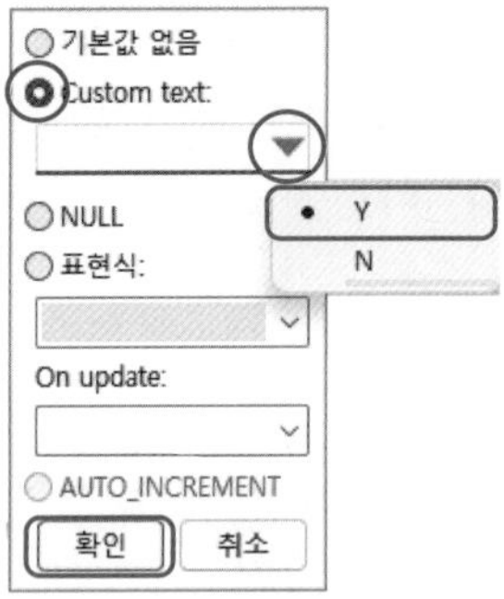

그림 5.17 • "stat" 열의 기본값 설정

회원의 가입일시를 의미하는 "enterdtm" 열은 '기본값' 항목을 더블클릭하여 표시되는 [그림 5.18]과 같은 팝업 창에서 '표현식'을 선택하고, 입력 칸에서 드롭다운 버튼을 클릭하면 목록이 표시된다.

표시된 목록에서 "CURRENT_TIMESTAMP()"를 선택한 뒤에 [확인] 버튼을 클릭한다.

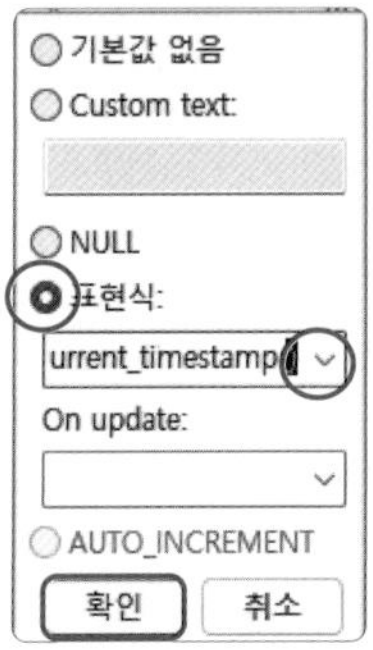

그림 5.18 • "enterdtm" 열의 기본값 설정

HeidiSQL의 버전에 따라서 CURRENT_TIMESTAMP()가 목록에서 보이지 않을 수 있다. 그러면 NOW([precision])을 선택한 뒤에 '[precision]'을 삭제하고, NOW()만 입력되도록 한다. NOW() 함수는 테이블 정의를 저장하면 CURRENT_TIMESTAMP()로 변경된다. NOW() 함수와 CURRENT_TIMESTAMP() 함수는 같은 기능의 함수로 컴퓨터 내부의 시계로부터 현재 일시를 가져오는 기능을 제공한다.

'함수'에 대한 자세한 내용은 6장에서 설명하기로 한다.

기본값을 설정하는 것은 `members` 테이블에 데이터를 추가할 때 해당 열의 값을 입력하지 않아도 자동으로 값이 입력되도록 하기 위한 것이다.

테이블을 생성하기 위해 테이블을 구성하는 열 속성 정보를 입력하던 중, 잘못된 열이 입력되면 삭제하거나 열의 나열 순서를 변경하려면, [그림 5.19]에서와 같이 열 정보를 입력하는 영역의 윗부분에 있는 ⊗ 제거, ▲ 위로, ▼ 아래로 버튼을 이용한다. 삭제 또는 이동하려는 열을 마우스로 클릭하고 원하는 버튼을 클릭하면 된다.

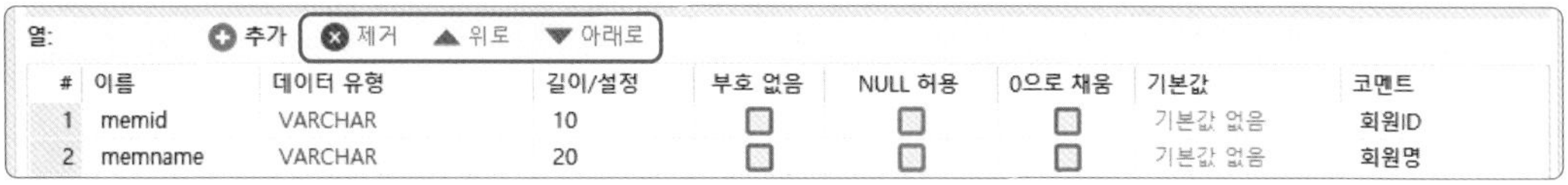

그림 5.19 • 열 제거 또는 순서 변경 1

불필요한 열을 제거하거나 열의 나열 순서를 변경하는 또 다른 방법으로 제거 또는 순서를 변경하려는 열을 마우스 오른쪽 버튼으로 클릭하여 [그림 5.20]과 같이 표시되는 단축 메뉴에서 원하는 작업을 선택할 수도 있다.

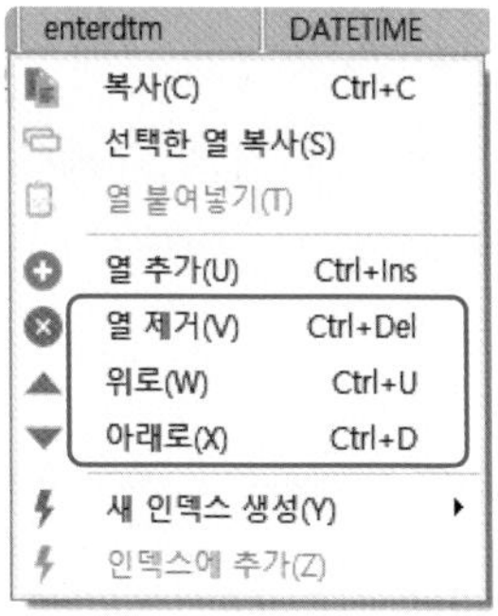

그림 5.20 • 열 제거 또는 순서 변경 2

잘못된 열을 삭제하거나, 열의 순서를 변경했으면 [저장] 버튼을 클릭하여 변경한 정보를 저장한 뒤에는 내용을 되돌리는 기능은 없다. 주의해서 작업하지 않으면 같은 작업을 반복해서 해야 하는 번거로움이 따른다.

4.2 `members` 테이블 기본키 Primary Key 설정하기

4장에서 [표 4.1]의 테이블 설계도에 따르면 회원ID를 나타내는 `memid` 열을 기본키 Primary Key로 설정했다. 데이터 중복 무결성을 위해 제약사항 Constraints을 설정한 것이다.

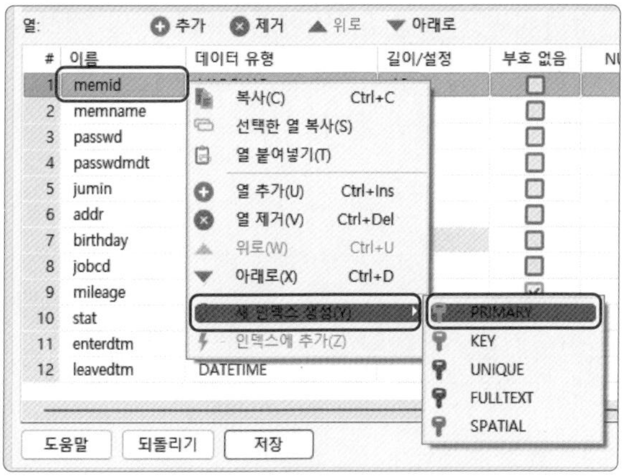

그림 5.21 • 테이블의 기본키 설정

[그림 5.21]과 같은 테이블 생성을 위해 열 속성을 정의하는 화면에서 기본키로 설정하려는 열 항목을 마우스 오른쪽 버튼으로 클릭하여 표시되는 단축 메뉴에서 **새 인덱스 ▶ PRIMARY** 메뉴를 선택한다.

기본키를 설정하면 [그림 5.22]에서와 같이 ① '인덱스' 탭에서 설정된 기본키 정보를 확인할 수 있다. 또한 ② 기본키가 설정된 열 속성 행은 굵은 글씨로 표시되고, 열 번호 앞에 '열쇠' 이미지가 표시된다. 테이블 정보가 변경되면 반드시 ③ [저장] 버튼을 클릭해야 한다.

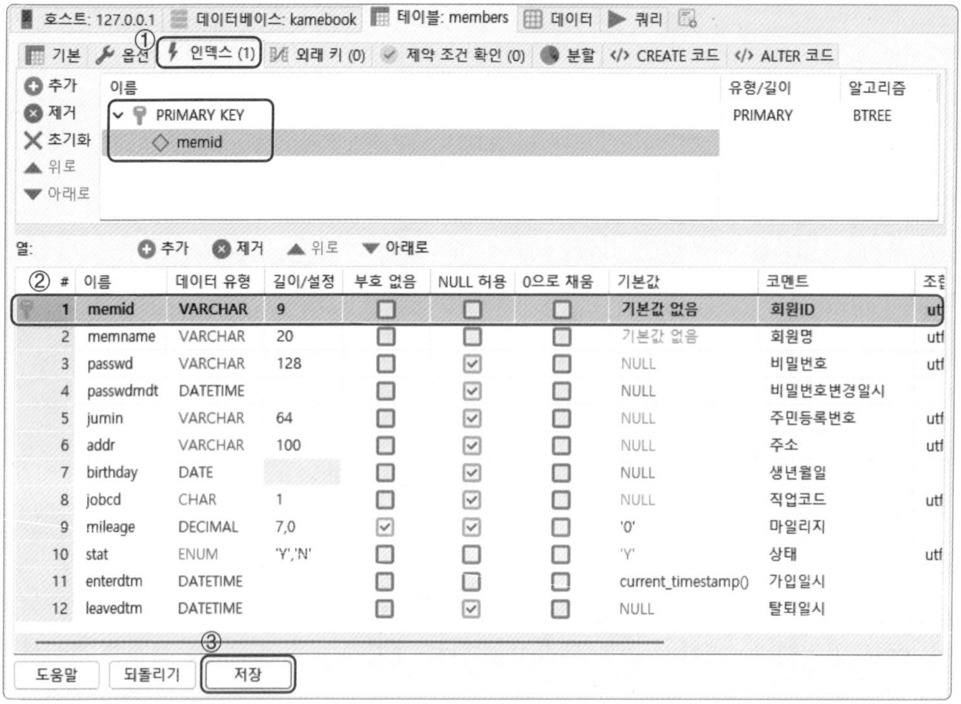

그림 5.22 • 테이블의 기본키 설정

4.3 `members` 테이블 생성 SQL 문 확인하기

테이블 생성을 위한 SQL 문으로 CREATE TABLE 문을 사용한다. CREATE TABLE 문의 구문 형식은 다음과 같다.

CREATE TABLE 문 형식

```
CREATE [OR REPLACE] [TEMPORARY] TABLE [IF NOT EXISTS] tbl_name
   (create_definition,...) [table_options   ]... [partition_options]

CREATE [OR REPLACE] [TEMPORARY] TABLE [IF NOT EXISTS] tbl_name
   [(create_definition,...)] [table_options   ]... [partition_options]
   select_statement

CREATE [OR REPLACE] [TEMPORARY] TABLE [IF NOT EXISTS] tbl_name
  { LIKE old_table_name | (LIKE old_table_name) }

select_statement:
   [IGNORE | REPLACE] [AS] SELECT ...  (Some legal select statement)
```

CREATE TABLE 문의 구문 형식은 실습을 진행하면서 상세하게 살 보기로 하고, 먼저 자동으로 생성된 CREATE TABLE 문을 HeidiSQL의 기능을 사용하여 확인해 보자. [그림 5.23]은 자동 생성된 CREATE TABLE 문을 확인한 결과이다.

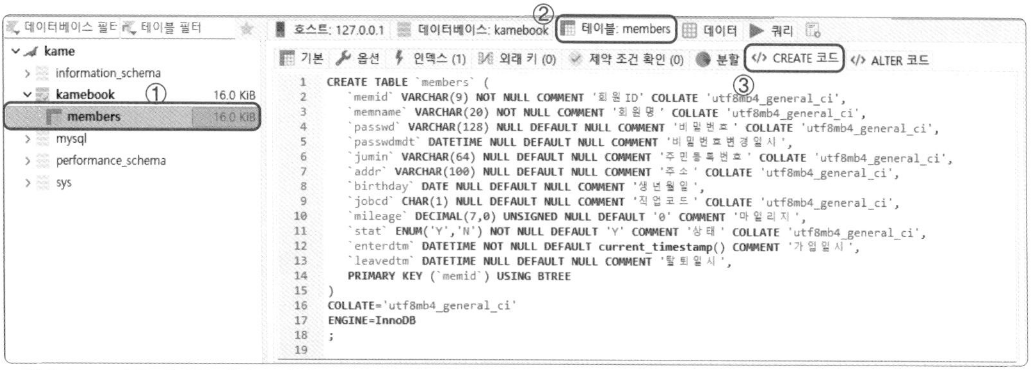

그림 5.23 • 자동 생성된 테이블 생성 SQL 문

HeidiSQL 창의 ①세션 개체 목록에서 생성한 테이블을 마우스로 클릭하고 [그림 5.23]과 같은 ②작업 영역에서 '테이블' 탭을 선택한다. '테이블' 탭 바로 아래 표시되는 하위 탭 중 ③'〈/〉 CREATE 코드' 탭을 선택하면, 현재 테이블을 생성하기 위한 SQL 문을 확인할 수 있다.

코드를 자세히 보면 다음과 같다.

```
CREATE TABLE `members` (
	`memid` VARCHAR(9) NOT NULL COMMENT '회원ID'
		COLLATE 'utf8mb4_general_ci',
	`memname` VARCHAR(20) NOT NULL COMMENT '회원명'
		COLLATE 'utf8mb4_general_ci',
	`passwd` VARCHAR(128) NULL DEFAULT NULL
		COMMENT '비밀번호' COLLATE 'utf8mb4_general_ci',
	`passwdmdt` DATETIME NULL DEFAULT NULL COMMENT '비밀번호변경일시',
	`jumin` VARCHAR(64)  NULL DEFAULT NULL COMMENT '주민등록번호'
		COLLATE 'utf8mb4_general_ci',
	`addr` VARCHAR(100) NULL DEFAULT NULL COMMENT '주소'
		COLLATE 'utf8mb4_general_ci',
	`birthday` DATE NULL DEFAULT NULL COMMENT '생년월일',
	`jobcd` CHAR(1) NULL DEFAULT NULL COMMENT '직업코드'
		COLLATE 'utf8mb4_general_ci',
	`mileage` DECIMAL(7,0) UNSIGNED '0' COMMENT '마일리지',
	`stat` ENUM('Y','N') NOT NULL DEFAULT 'Y' COMMENT '상태'
		COLLATE 'utf8mb4_general_ci',
	`enterdtm` DATETIME NOT NULL DEFAULT CURRENT_TIMESTAMP()
		COMMENT '가입일시',
	`leavedtm` DATETIME NULL DEFAULT NULL COMMENT '탈퇴일시',
	PRIMARY KEY (`memid`)
)
COLLATE='utf8mb4_general_ci'
ENGINE=InnoDB
;
```

위의 코드를 메모장을 사용해서 특정 폴더를 지정하여 파일로 저장해 둔다. 차후 데이터베이스를 새로 설치하거나 테이블에 문제가 생기는 경우 테이블을 복원하기 위한 용도로 백업해 두는 것이다. 백업해 두지 않은 경우라면 수 없는 마우스 클릭을 다시 해야 할 수도 있다.

`members` 테이블을 예로 앞서 보았던 CREATE TABLE 문의 구조를 행 단위로 확인해 보자.

```
CREATE TABLE `members` (
  └→ SQL 명령   └→ 테이블 이름

    `memid` VARCHAR(9) NOT NULL COMMENT '회원ID'
      └→ 열 이름  └→ 데이터 유형 및 길이  └→ NULL 허용 않음  └→ 열에 대한 설명
        COLLATE 'utf8mb4_general_ci' ,
          └→ 데이터의 문자 셋   └→ 열 정의 구분 문자

    ...                                  ┌→ NULL 허용

    `passwdmdt` DATETIME NULL DEFAULT NULL
                  └→ 데이터 유형   └→ 열의 기본값을 NULL로 설정
        COLLATE 'utf8mb4_general_ci',

    ...

    `birthday` DATE NULL DEFAULT NULL COMMENT '생년월일',
                 └→ 데이터 유형

    `jobcd` CHAR(1) NULL DEFAULT NULL COMMENT '직업코드'
              └→ 데이터 유형
        COLLATE 'utf8mb4_general_ci',

    `mileage` DECIMAL(7,0) UNSIGNED '0' COMMENT '마일리지',
                └→ 데이터 유형 및 길이  └→ 부호없음(양수만 허용)

    `stat` ENUM('Y','N') NOT NULL DEFAULT 'Y' COMMENT '상태'
             └→ 데이터 유형          └→ 열의 기본값을 'Y'로 설정
        COLLATE 'utf8mb4_general_ci',

    `enterdtm` DATETIME NOT NULL
        DEFAULT CURRENT_TIMESTAMP() COMMENT '가입일시',
          └→ 함수를 사용하여 열의 기본값 설정(현재 일시로 설정)

    ...

    PRIMARY KEY (`memid`)
      └→ 기본키 제약사항 설정(`memid` 열이 기본키가 됨)
)
```

COLLATE='utf8mb4_general_ci'

└➤ 테이블의 문자 셋 설정(MariaDB 설치할 때 "Use UTF8 as default server's character set" 옵션 선택으로 MariaDB 전체에서 기본값으로 적용되는 문자 셋)

ENGINE=InnoDB

└➤ MariaDB에서 제공하는 여러 데이터베이스 엔진 중 InnoDB 사용

;

└➤ SQL 문의 끝으로 SQL 문과 SQL 문을 구분하는 구분 문자로 사용

4.4 `members` 테이블 삭제하기

`members` 테이블을 생성하는 SQL 문을 백업해 두었다면, 테이블을 삭제해 보자. HeidiSQL 창의 세션 개체 목록에서 삭제하려는 `members` 테이블을 마우스 오른쪽 버튼으로 클릭하여 [그림 5.24]와 같이 표시되는 단축 메뉴에서 삭제 메뉴를 선택한다.

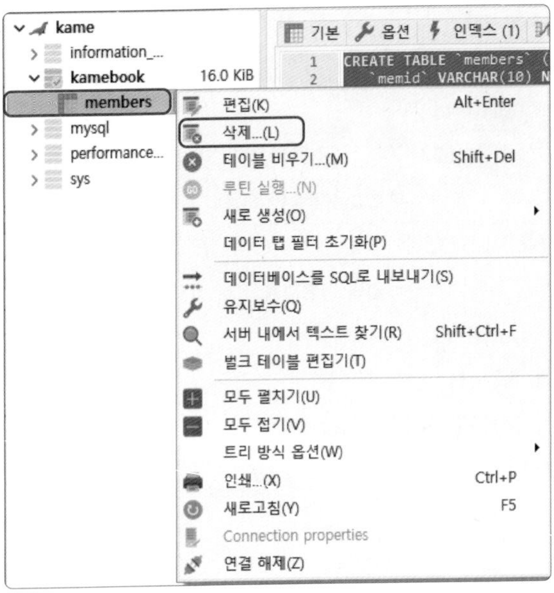

그림 5.24 • 테이블 삭제

[삭제] 메뉴를 선택하면 [그림 5.25] 같이 삭제를 확인하는 팝업 창이 표시된다. [확인] 버튼을 클릭하면 선택한 테이블이 삭제된다. HeidiSQL의 세션 개체 목록에서도 테이블이 삭제된 것을 확인한다.

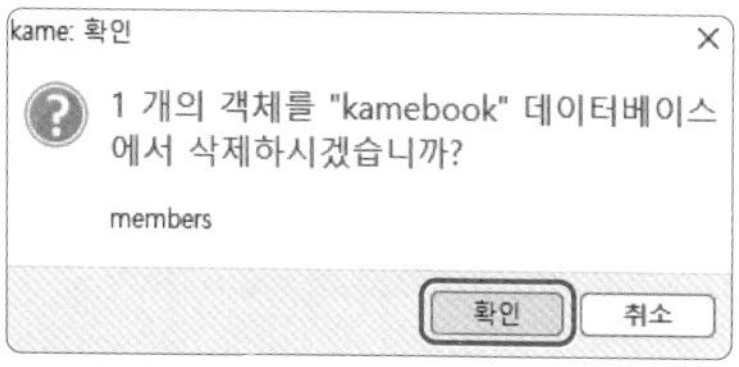

그림 5.25 • 테이블 삭제 확인

테이블을 삭제하면 테이블 내부에 저장된 데이터까지 모두 삭제된다. 되돌리기 UNDO 기능이 없기 때문에 삭제는 항상 신중하게 해야 한다.

HeidiSQL의 메뉴를 이용하여 테이블을 삭제했을 때 HeidiSQL 창의 로그 영역에서 다음과 같은 SQL 명령을 확인할 수 있다.

```
DROP TABLE `members`;
```

즉, HeidiSQL의 작업 영역에서 '쿼리' 탭에서 "DROP TABLE `members`;" SQL 문을 입력하고 실행하는 것으로도 테이블을 삭제할 수 있다.

SQL 문으로 `members` 테이블 생성하기 4.5

백업해 두었던 테이블을 생성하는 SQL 문으로 직접 테이블을 생성해 보자. [그림 5.26]과 같이 HeidiSQL 창의 ①세션 개체 목록에서 데이터베이스 이름을 클릭하여 선택하고, 오른쪽 작업 영역에 나열된 탭 중 ②'쿼리' 탭을 선택한다. 백업해 두었던 테이블을 생성하는 SQL 문을 복사해서 ③'쿼리' 탭의 SQL 문 입력 영역에 붙여넣기한 뒤에 HeidiSQL 창의 도구모음에서 ④실행 아이콘 ▶을 클릭하여 입력된 SQL 문을 실행한다. 세션 개체 목록을 '새로고침 F5'하면 생성된 `members` 테이블을 확인할 수 있다.

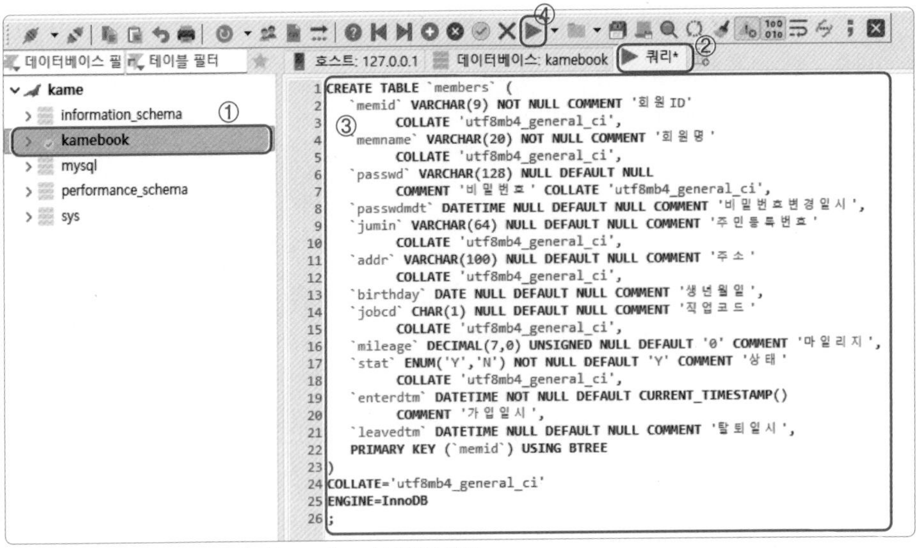

그림 5.26 • SQL 문을 사용하여 `members` 테이블 생성

4.6 `goodsinfo` 테이블 생성하기: 그래픽 모드

`members` 테이블을 생성하는 것과 같은 방법으로 HeidiSQL이 제공하는 그래픽 모드를 이용하여 설계서에서 제시한 `goodsinfo` 테이블을 생성한다.

4장에서 [표 4.3]의 `goodsinfo` 테이블의 속성을 참고하여 [그림 5.27]과 같이 테이블을 생성하고, `goodscd` 열을 기본키로 설정한 뒤에 [저장] 버튼을 클릭한다.

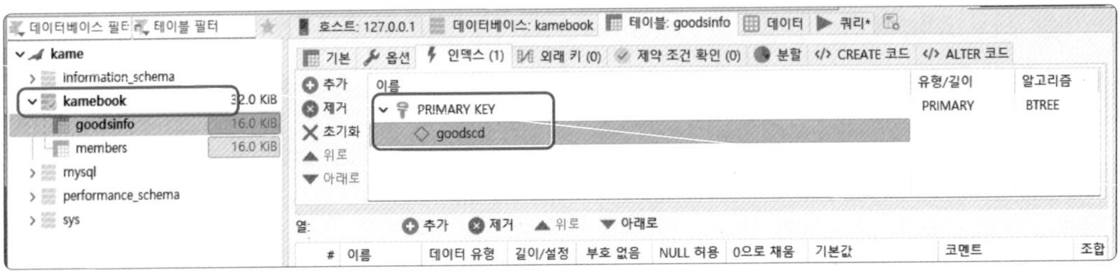

그림 5.27 • `goodsinfo` 테이블 생성: 열 속성과 기본키 설정 계속

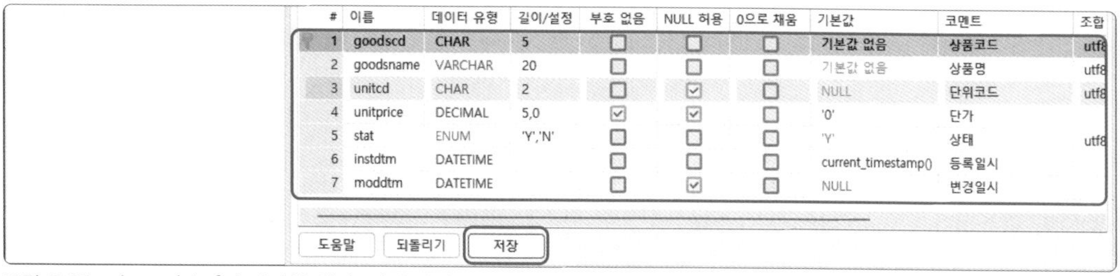

그림 5.27 • `goodsinfo` 테이블 생성: 열 속성과 기본키 설정

HeidiSQL 창의 세션 개체 목록에서 `goodsinfo` 테이블을 선택하고 작업 영역에서 '테이블' 탭과 '〈/〉 CREATE 코드' 탭을 차례로 선택하면 다음과 같은 테이블 생성하는 SQL 문을 확인할 수 있다.

`goodsinfo` 테이블을 생성하는 SQL 문의 코드는 다음과 같다. SQL 문의 코드를 확인하고 복사하여 특정 위치에 파일로 저장해 둔다.

```
CREATE TABLE `goodsinfo` (
	`goodscd` CHAR(5) NOT NULL COMMENT '상품코드'
		COLLATE 'utf8mb4_general_ci',
	`goodsname` VARCHAR(20) NOT NULL COMMENT '상품명'
		COLLATE 'utf8mb4_general_ci',
	`unitcd` CHAR(2) NULL DEFAULT NULL COMMENT '단위코드'
		COLLATE 'utf8mb4_general_ci',
	`unitprice` DECIMAL(5,0) UNSIGNED NOT NULL DEFAULT '0'
		COMMENT '단가',
	`stat` ENUM('Y','N') NOT NULL DEFAULT 'Y' COMMENT '상태'
		COLLATE 'utf8mb4_general_ci',
	`insdtm` DATETIME NOT NULL DEFAULT current_timestamp()
		COMMENT '등록일시',
	`moddtm` DATETIME NULL DEFAULT NULL COMMENT '탈퇴일시',
	PRIMARY KEY (`goodscd`) USING BTREE
)
COLLATE='utf8mb4_general_ci'
ENGINE=InnoDB
;
```

4.7 `order_h` 테이블 생성하기: 그래픽 모드

4장에서 [표 4.5]의 `order_h` 테이블의 속성을 참고하여 [그림 5.28]과 같이 테이블을 생성하고, `orderno` 열을 기본키로 설정한 뒤에 [저장] 버튼을 클릭한다.

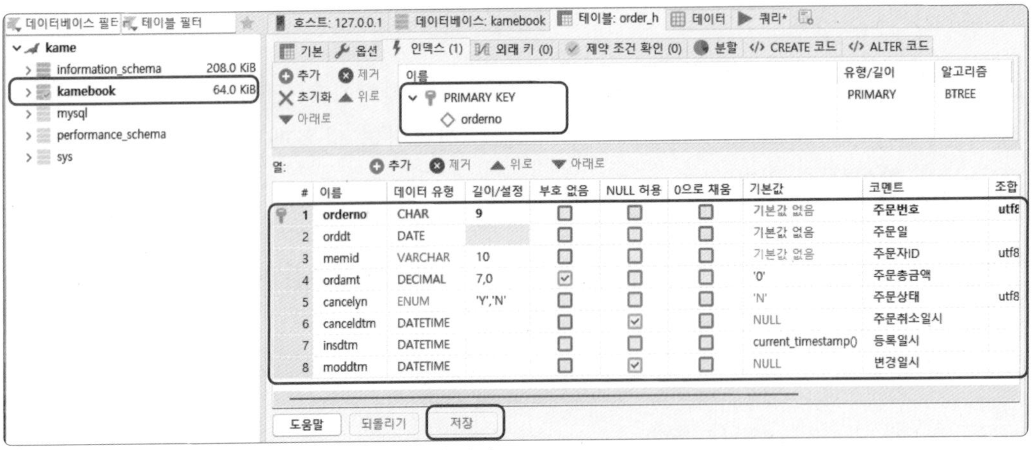

그림 5.28 • `order_h` 테이블 생성: 열 속성과 기본키 설정

`order_h` 테이블 생성을 위한 SQL 문의 코드는 다음과 같다. `order_h` 테이블은 `orderno` 열을 기본키로 설정한다.

```
CREATE TABLE `order_h` (
    `orderno` CHAR(9) NOT NULL COMMENT '주문번호'
        COLLATE 'utf8mb4_general_ci',
    `orddt` DATE NOT NULL COMMENT '주문일',
    `memid` VARCHAR(10) NOT NULL COMMENT '주문자ID'
        COLLATE 'utf8mb4_general_ci',
    `ordamt` DECIMAL(7,0) UNSIGNED NOT NULL DEFAULT '0'
        COMMENT '주문총액',
    `cancelyn` ENUM('Y','N') NOT NULL DEFAULT 'N'
        COMMENT '주문상태' COLLATE 'utf8mb4_general_ci',
    `canceldtm` DATETIME NULL DEFAULT NULL COMMENT '주문취소일시',
    `insdtm` DATETIME NOT NULL DEFAULT current_timestamp()
        COMMENT '등록일시',
```

```
    `moddtm` DATETIME NULL DEFAULT NULL COMMENT '변경일시',
    PRIMARY KEY (`orderno`) USING BTREE
)
COLLATE='utf8mb4_general_ci'
ENGINE=InnoDB
;
```

`order_d` 테이블 생성하기: 그래픽 모드 4.8

4장에서 [표 4.7]의 `order_d` 테이블의 속성을 참고하여 [그림 5.29]와 같이 테이블을 생성하고, `orderno` 열과 `goodscd` 열을 기본키로 설정한 뒤에 [저장] 버튼을 클릭한다.

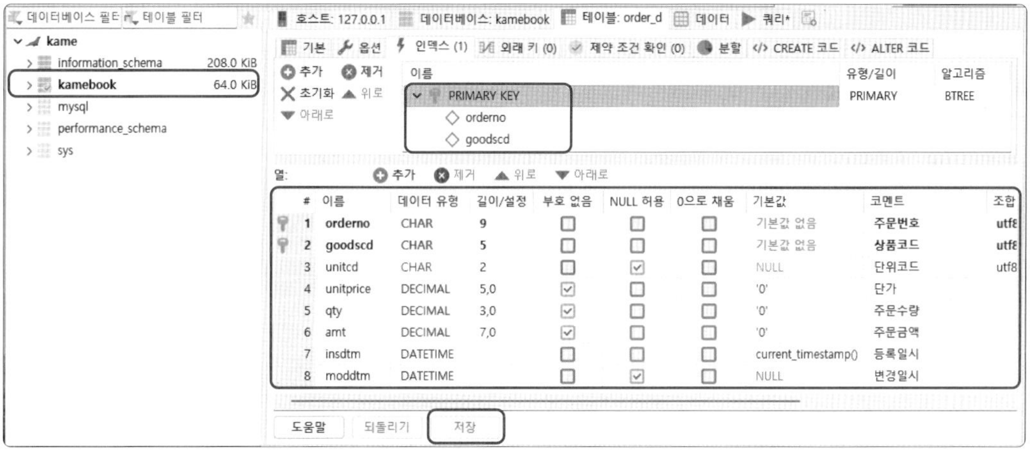

그림 5.29 • `order_d` 테이블 생성: 열 속성과 기본키 설정

`order_d` 테이블의 기본키를 설정하는 방법은 이전 테이블의 기본키 설정과 차이가 있다. 이전의 테이블에서는 하나의 열을 기본키로 설정했지만, `order_d` 테이블에서는 두 개의 열을 기본키로 설정해야 한다.

`orderno` 열을 마우스로 클릭한 뒤에, Ctrl 키를 누른 상태에서 `goodscd` 열을 클릭하여 두 개의 열을 선택하고, 선택한 열에서 마우스 오른쪽 버튼을 클릭하여 표시되는 단축 메뉴에서 [새 인덱스 생성] ▶ [PRIMARY] 메뉴를 선택하여 두 개의 열을 기본키로 설정한다.

`order_d` 테이블 생성을 위한 SQL 문의 코드는 다음과 같다.

```
CREATE TABLE `order_d` (
    `orderno` CHAR(9) NOT NULL COMMENT '주문번호'
        COLLATE 'utf8mb4_general_ci',
    `goodscd` CHAR(5) NOT NULL COMMENT '상품코드'
        COLLATE 'utf8mb4_general_ci',
    `unitcd` CHAR(2) NULL DEFAULT NULL COMMENT '단위코드'
        COLLATE 'utf8mb4_general_ci',
    `unitprice` DECIMAL(5,0) UNSIGNED NOT NULL DEFAULT '0'
        COMMENT '단가',
    `qty` DECIMAL(3,0) UNSIGNED NOT NULL DEFAULT '0' COMMENT '주문수량',
    `amt` DECIMAL(7,0) UNSIGNED NOT NULL DEFAULT '0' COMMENT '주문금액',
    `insdtm` DATETIME NOT NULL DEFAULT current_timestamp()
        COMMENT '등록일시',
    `moddtm` DATETIME NULL DEFAULT NULL COMMENT '변경일시',
    PRIMARY KEY (`orderno`, `goodscd`) USING BTREE
)
COLLATE='utf8mb4_general_ci'
ENGINE=InnoDB
;
```

4.9 테이블 정보를 엑셀로 저장하기

네 개의 테이블 `members`, `goodsinfo`, `order_h`, `order_d`를 생성했다. SQL 문을 사용하여 생성된 테이블의 정보를 확인하고, 테이블의 정보를 엑셀 Excel 파일로 저장해 보자.

[그림 5.30]에서와 같이 HeidiSQL 창의 ①작업 영역에서 '쿼리' 탭을 선택하고 다음과 같은 ②SQL 문을 입력하고 ③실행하여 ④결과를 확인한다.

```
DESCRIBE `members`;
DESCRIBE `goodsinfo`;
DESCRIBE `order_h`;
DESCRIBE `order_d`;
```

입력한 SQL 문을 실행하면 '쿼리' 탭의 쿼리문 입력 영역 아래에 [그림 5.30]에서와 같이 네 개의 탭이 표시된다. 각각의 쿼리문마다 결과를 나타내는 결과 셋의 탭이 표시되는 것이다. 화면에 결과 탭의 내용 영역이 보이지 않는다면, 결과를 나타내는 탭 목록 위 또는 아래로 마우스 포인터를 위치할 때 [그림 5.30]에서와 같이 영역의 크기를 변경할 수 있도록 마우스 포인터가 변경된다. 마우스 포인터가 변경된 상태에서 마우스를 위 또는 아래로 드래그하면 테이블 정보를 나타내는 영역을 볼 수 있다.

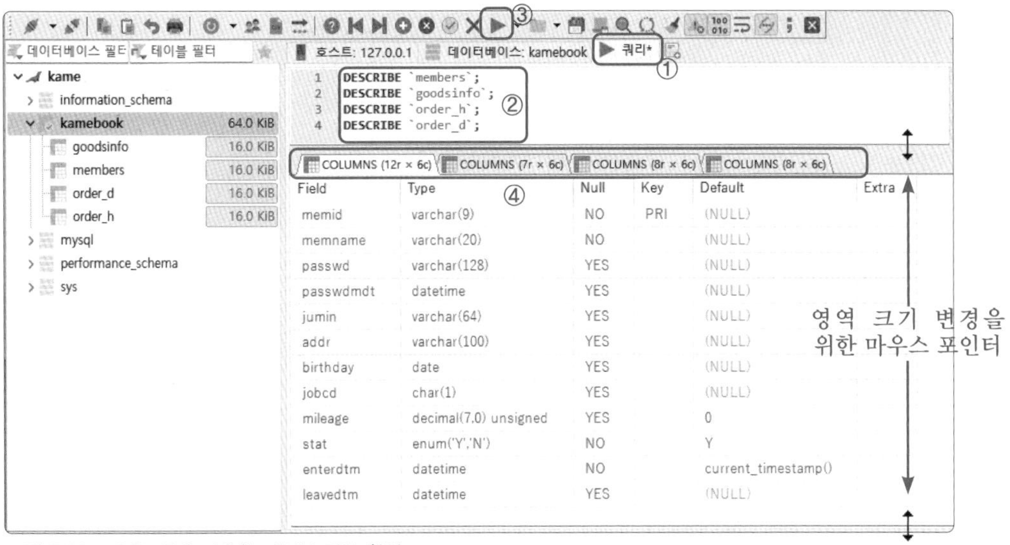

그림 5.30 • SQL 문을 이용한 테이블 정보 확인

SQL 문을 실행한 결과로 표시되는 네 개의 탭 이름 중에서 "COLUMNS (12r × 6c)"은 12행 6열로 구성된 테이블의 정보인 것을 의미한다. 각각의 탭이 어떤 테이블의 정보를 나타내는 것인지 추측할 수 있을 것이다.

테이블 정보를 ①엑셀 Excel 파일로 저장하려는 탭을 선택하고, ②표시된 탭의 내용 중 아무 위치나 클릭한 뒤에 Ctrl+A를 눌러 선택한 탭의 내용 전체를 선택하고, ③마우스 오른쪽 버튼을 클릭하면 [그림 5.31]에서와 같은 단축 메뉴가 표시된다. ④표시된 단축 메뉴에서 [다른 형식으로 복사하기] ▶ [Excel CSV] 메뉴를 선택하면 선택한 탭의 내용이 엑셀 Excel에서 사용할 수 있는 형식으로 복사된다.

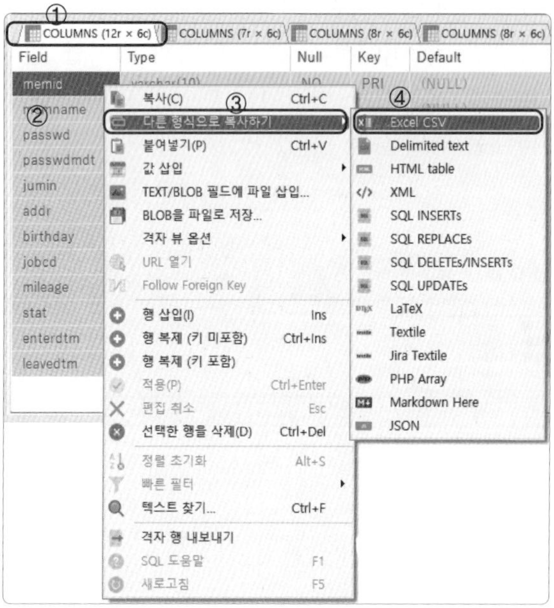

그림 5.31 • 테이블 정보를 Excel CSV로 복사하기

엑셀 Excel을 실행하여 [그림 5.32]와 같은 엑셀 Excel 시작 화면에서 [새 통합 문서]를 클릭하여 선택한다.

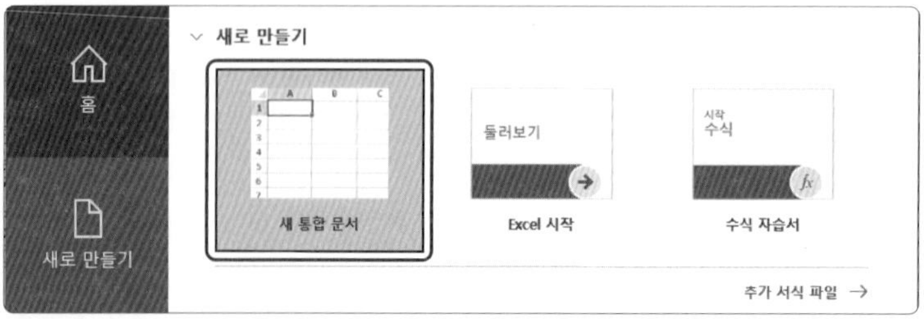

그림 5.32 • 엑셀 시작

[그림 5.33]과 같은 엑셀 문서가 열리면 'A1' 셀을 마우스 오른쪽 버튼으로 클릭하여 표시되는 단축 메뉴에서 [붙여넣기]를 선택하면 [그림 5.34]와 같이 앞서 복사한 테이블 정보가 엑셀에 입력된 것을 확인할 수 있다. 엑셀 Excel 파일을 특정 폴더에 저장하여 문서화에 활용할 수 있다.

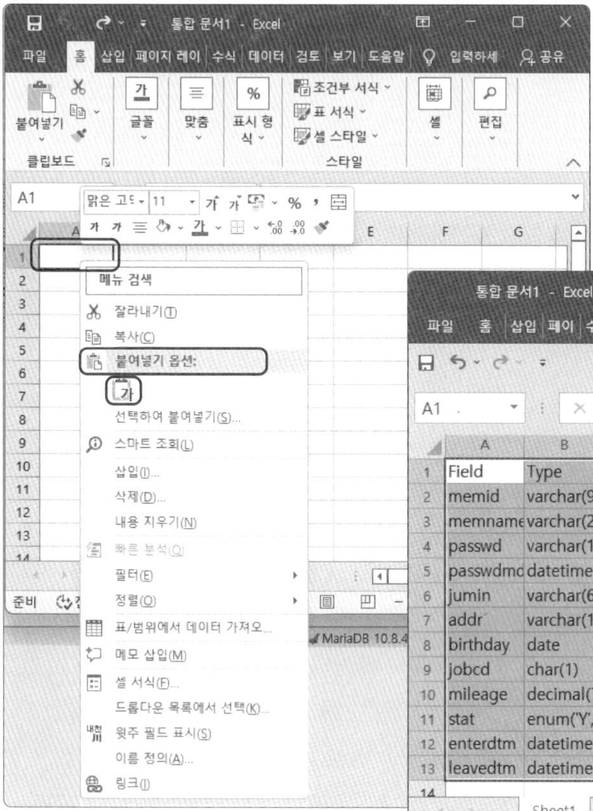

그림 5.33 • 엑셀 시트에서 붙여넣기 선택

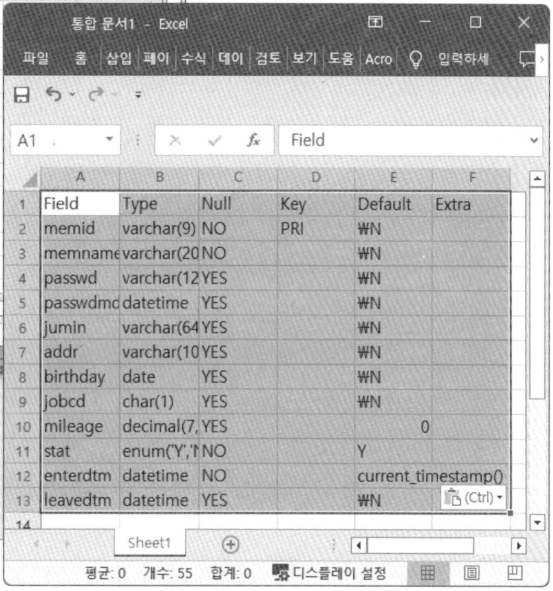

그림 5.34 • 엑셀에 붙여넣기된 테이블 정보

프로그래밍도 중요하지만, 문서화도 매우 중요하다. 시간이 지나면서 설계를 어떻게 했는지, 프로그래밍의 논리는 어떻게 수립하였는지에 대한 내용은 기억에서 사라질 수밖에 없다. 다른 사람이 작성한 프로그램을 소스 코드만 보고 이해하는 것은 아주 매우 어렵다. 문서화가 얼마나 상세하게 정리가 되어 있는지가 프로그래밍보다 더 중요할 수 있다는 것을 알아야 한다.

Note

식별자 한정자 Identifier Qualifiers

한정자 Qualifiers는 SQL 문 내에서 데이터베이스, 테이블 또는 열과 같은 데이터 구조를 참조하는 데 사용된다.
식별자 Identifier는 데이터베이스, 테이블 또는 열 등의 이름을 말한다.
한정자는 하나 이상의 식별자로 다음과 같이 구성할 수 있으며 식별자 사이는 점 .; dot을 구분자로 사용한다.

예
```
db_name.tbl_name.col_name          tbl_name.col_name
tbl_name                           col_name
`db_name`.`tbl_name`.`col_name`    `tbl_name`.`col_name`
`tbl_name`                         `col_name`
```

식별자 이름 Identifier Names 작성 규칙

- 0~9, a~z, A~Z, $, _ 문자를 사용할 수 있다.
- 식별자의 인용 문자로 ` backtick을 붙일 수 있다.
- CREATE, SELECT, DROP 등 예약어 Reserved words는 사용할 수 없다.
- 이름의 최대 길이는 64문자이다.
- 식별자 이름에 공백을 사용할 수 없지만, 공백을 사용하려면 전체 식별자 이름의 앞뒤에 ` backtick 문자를 붙여야 한다.
- 개체 이름은 붙일 때는 가능하면 알기 쉬운 단어나 단어의 약자를 사용한다. 복합단어를 사용할 때는 이해하기 쉽도록 단어와 단어 사이에 _ 밑줄 문자를 붙이는 것을 추천한다. 예 monthly_sales_amount

5 데이터 입력하기

데이터베이스를 생성하고, 데이터베이스 내부에 테이블을 만들었다. 이제 테이블에 데이터를 입력할 순서이다. 아직은 데이터 입력을 위한 SQL 문을 학습하지 않았기 때문에 HeidiSQL의 그래픽 모드를 이용하여 데이터를 입력한다.

`members` 테이블에 데이터 입력하기: 그래픽 모드 5.1

HeidiSQL 창의 세션 영역에 표시된 개체 목록에서 ①`members` 테이블을 클릭하여 선택하면 [그림 5.35]에서와 같이 HeidiSQL의 작업 영역에 '데이터' 탭이 표시된다. ②'데이터' 탭을 클릭하여 선택하고 HeidiSQL의 도구바 아이콘 중에서 ③ 아이콘을 클릭하면, ④데이터를 입력할 수 있는 행이 표시된다. 테이블을 생성할 때 열에 기본값이 설정되어 있다면 설정된 기본값이 해당 열에 표시된다.

`members` 테이블의 예제 데이터는 4장의 [표 4.13]을 참고해서 입력한다.

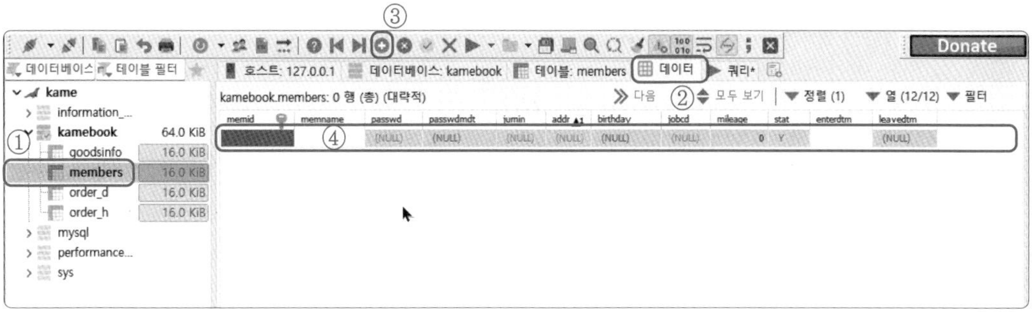

그림 5.35 • 테이블에 행 추가 1: 그래픽 모드

한 행의 데이터를 입력하고 마지막 열에서 Ctrl+Enter 키를 누르거나 커서를 다음 행으로 이동하면 입력된 데이터가 저장된다. 다시 버튼을 클릭하여 다음 행을 추가는 과정을 반복한다. 데이터를 저장하는 과정에서 데이터에 문제(예 데이터 유형이 DATE인 `birthday` 열에 '2000-05-41'을 입력하면 "Incorrect date value: 2000-05-41' for column ..." 오류 메시지 표시)가 있거나 또는 테이블을 생성할 때 설정된 제약사항 Constraints을 위반(예 `members` 테이블의 제약사항은 기본키 Primary Key로 기본키가 중복되면 오류 메시지 표시)하면 오류 메시지가 표시된다. 입력하는 데이터에 오류가 있으면 데이터는 저장되지 않는다.

[그림 5.36]은 `members` 테이블에 일부 데이터를 추가한 결과이다. 잘못된 데이터는 해당 행을 클릭한 뒤에 HeidiSQL의 도구바 아이콘 중에서 아이콘을 클릭하여 삭제할 수 있다.

그림 5.36 • 테이블에 행 추가 2: 그래픽 모드

5.2 `members` 테이블에 데이터 입력하기: SQL 문 사용

새로운 행의 데이터를 입력하고 Ctrl+Enter 키를 눌러 입력된 행의 데이터를 저장할 때 마다 HeidiSQL 창 아래에 위치한 로그 영역에는 그래픽 모드에서 작업하는 내용에 대한 SQL 문이 표시된다. [그림 5.36]에서 입력된 마지막 행의 경우 다음과 같은 SQL 문이 표시된다.

```
INSERT INTO `kamebook`.`members`
    (`memid`, `memname`, `addr`,
     `birthday`, `jobcd`, `enterdtm`) VALUES
    ('park', '박기자', '경기 부천시',
     '2002-09-30', '3', '2022-03-01 14:13:16');
```

데이터베이스의 테이블에 데이터를 입력하는 SQL 문인 INSERT INTO 문이다. INSERT INTO 문에 대한 상세한 내용은 뒤에서 자세히 설명할 것이다. 여기서는 주어진 문장을 기준으로 내용을 살펴보자.

INSERT INTO `kamebook`.`members`

→ SQL 명령 → 데이터베이스 이름.테이블 이름

(`memid`, `memname`, `addr`, `birthday`, `jobcd`, `enterdtm`)

→ 데이터를 입력할 열 목록으로 기본값이 설정된 열은 제외한 것
데이터를 입력할 열 목록은 ( )를 이용

VALUES

→ INSERT INTO SQL 문의 일부로 입력할 데이터가 나열됨을 의미

('park', '박기자', '경기 부천시', '2002-09-30', '3', '2022-03-01 14:13:16');

└→ 앞에 나열된 열 목록에 1:1로 대응하여 6개의 열 목록이 나열되어 있기 때문에 6개 값의 목록이 나열됨. 나열된 값 각각은 대응하는 각 열의 데이터 유형에 맞아야 함.

INSERT INTO SQL 문을 이용하여 `members` 테이블에 데이터를 추가해 보자. [그림 5.37]에서와 같이 HeidiSQL 창의 세션 영역에서 ①`members` 테이블을 클릭하여 선택하고 영역 2에서 ②'쿼리' 탭을 선택한다. ③SQL 문 입력 영역에 다음과 같은 SQL 문을 입력한 뒤에 ④실행한다.

```
INSERT INTO `kamebook`.`members`
  (`memid`, `memname`, `addr`, `birthday`, `jobcd`, `enterdtm`)
    VALUES ('seo', '서갑돌', '인천 동구', '1998-03-10',
            '1', '2022-03-01 14:14:41');

INSERT INTO `kamebook`.`members`
    (`memid`, `memname`, `addr`, `birthday`, `jobcd`, `enterdtm`)
    VALUES ('Taeh', '태현', '경기 수원시', '2002-10-15',
            '4', '2022-03-01 14:15:10');
```

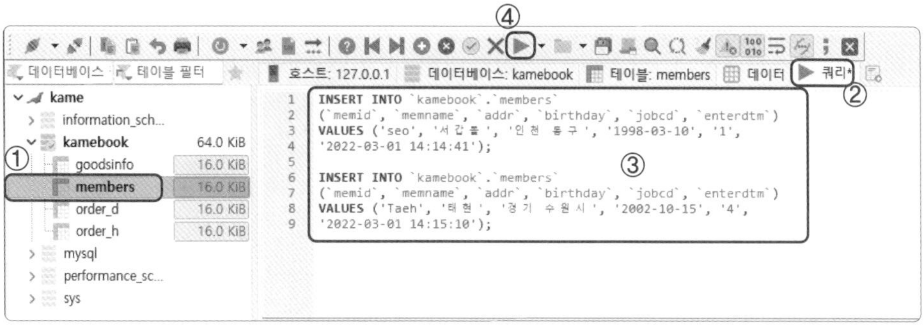

그림 5.37 • 테이블에 행 추가: SQL 문 사용

`members` 테이블에는 HeidiSQL의 그래픽 모드와 SQL 문을 사용하는 방법으로 모두 6개의 데이터가 입력되어 있는 것을 확인해 보자. [그림 5.38]에서와 같이 HeidiSQL 창의 세션 개체 목록에서 `members` 테이블을 선택하고, '데이터' 탭을 선택하면 테이블에 저장된 데이터를 확인할 수 있다.

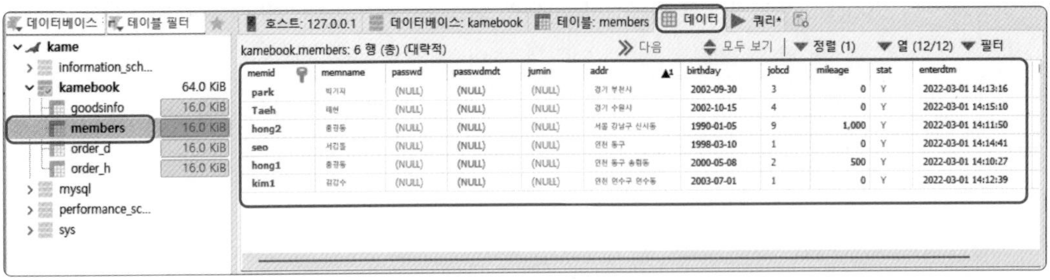

그림 5.38 • `members` 테이블의 데이터 입력 결과

5.3 `goodsinfo` 테이블에 데이터 입력하기

`members` 테이블에 데이터를 입력하는 것과 같은 방법으로 먼저 하나의 데이터를 HeidiSQL의 그래픽 모드에서 입력해 보면, 로그 영역에서 데이터 입력을 위한 SQL 문을 확인할 수 있다.

[그림 5.39]에서와 같이 HeidiSQL 창의 세션 영역에 표시된 개체 목록에서 ①`goodsinfo` 테이블을 클릭하여 선택한 뒤에 HeidiSQL의 작업 영역에서 ②'데이터' 탭을 클릭하여 선택하고 HeidiSQL의 도구바 아이콘 중에서 ③ ⊕ 아이콘을 클릭하여 데이터 입력이 가능한 행이 표시되면 4장의 [표 4.14]를 참조하여 ④`goodsinfo` 테이블의 데이터를 입력하고 Ctrl+Enter 키를 눌러 입력된 데이터를 저장한다.

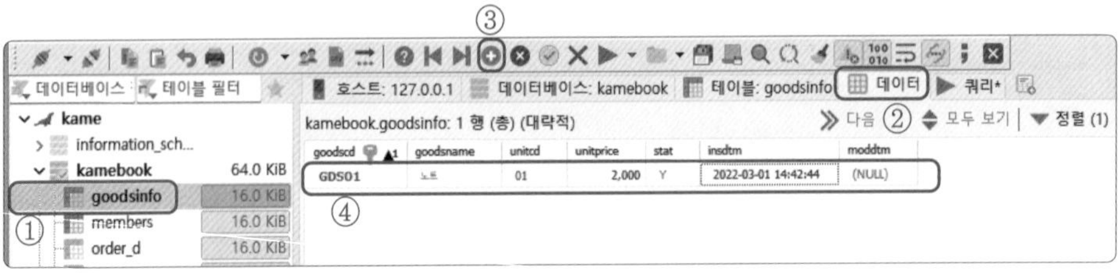

그림 5.39 • `goodsinfo` 테이블의 데이터 추가: 그래픽 모드

입력된 데이터를 저장했을 때 HeidiSQL 창의 로그 영역에 표시되는 다음과 같은 SQL 문을 확인할 수 있다.

```
INSERT INTO `kamebook`.`goodsinfo`
    (`goodscd`, `goodsname`, `unitcd`, `unitprice`, `insdtm`)
    VALUES ('GDS01', '노트', '01', '2000', '2022-03-01 14:42:44');
```

[그림 5.40]에서와 같이 HeidiSQL 창의 세션 영역에서 ①`goodsinfo` 테이블을 클릭하여 선택하고 작업 영역에서 ②'쿼리' 탭을 선택한다. ③SQL 문 입력 영역에 다음과 같은 SQL 문을 입력한 뒤에 ④실행한다.

```
INSERT INTO `kamebook`.`goodsinfo`
    (`goodscd`, `goodsname`, `unitcd`, `unitprice`, `insdtm`)
    VALUES ('GDS02', '연필', '02', '100', '2022-03-01 14:43:17');

INSERT INTO `kamebook`.`goodsinfo`
    (`goodscd`, `goodsname`, `unitcd`, `unitprice`, `insdtm`)
    VALUES ('GDS03', '복사지', '03', '5000', '2022-03-01 14:43:47');

INSERT INTO `kamebook`.`goodsinfo`
    (`goodscd`, `goodsname`, `unitcd`, `unitprice`, `insdtm`)
    VALUES ('GDS04', '볼펜', '02', '500', '2022-03-01 14:44:13');

INSERT INTO `kamebook`.`goodsinfo`
    (`goodscd`, `goodsname`, `unitcd`, `unitprice`, `insdtm`)
    VALUES ('GDS05', '네임펜', '02', '1000', '2022-03-01 14:44:30');

INSERT INTO `kamebook`.`goodsinfo`
    (`goodscd`, `goodsname`, `unitcd`, `unitprice`, `insdtm`)
    VALUES ('GDS06', '크레파스', '02', '1500', '2022-03-01 14:45:30');
```

위의 쿼리문을 입력할 때, 쿼리 탭의 내용 영역을 클릭한 뒤에 Ctrl+A 키를 눌러 현재 쿼리 탭의 내용을 모두 선택하고 Del 키를 눌러 내용을 모두 삭제한다. 그 뒤에 위의 쿼리문을 입력하고 실행한다. 이전 내용과 합쳐져서 오류가 발생할 수 있기 때문이다.

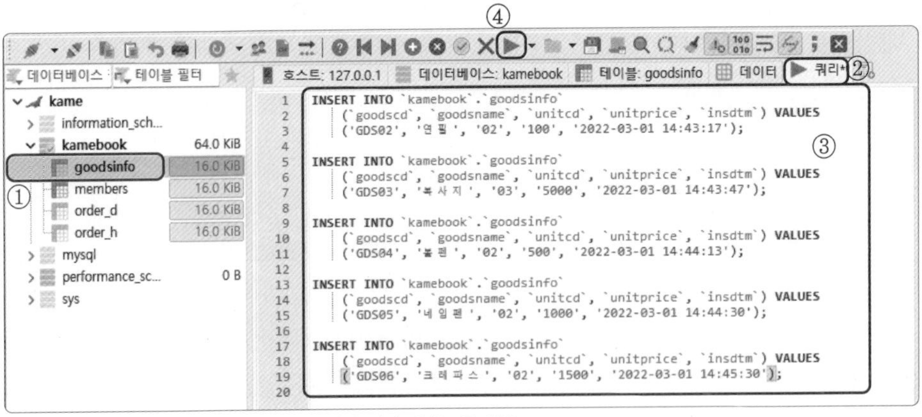

그림 5.40 • `goodsinfo` 테이블의 데이터 입력: SQL 문 사용

[그림 5.41]에서와 같이 HeidiSQL 창의 세션 개체 목록에서 `goodsinfo` 테이블을 선택하고, '데이터' 탭을 선택하면 테이블에 저장된 데이터를 확인할 수 있다. SQL 문으로 입력된 데이터가 보이지 않으면, F5 키를 눌러 새로고침하면 된다.

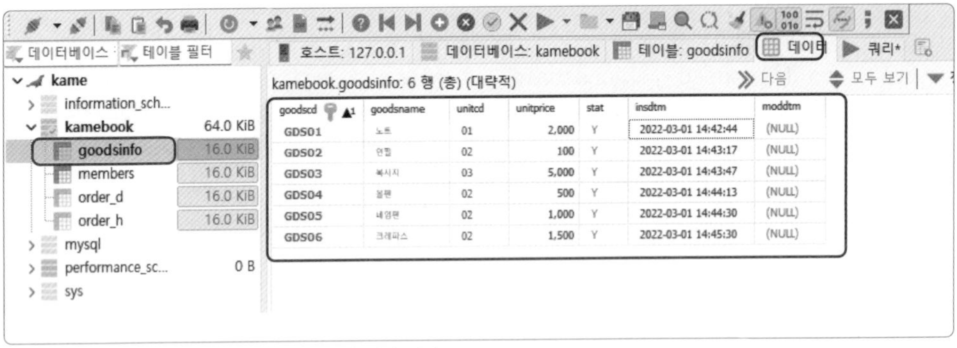

그림 5.41 • `goodsinfo` 테이블의 데이터 입력 결과

5.4 `order_h` 테이블에 데이터 입력하기

`members` 테이블 또는 `goodsinfo` 테이블의 데이터를 입력한 것과 같은 방법으로 주문 기본 내용을 저장하는 `order_h` 테이블의 데이터를 입력한다. `order_h` 테이블의 데이터

입력을 위한 SQL 문은 다음과 같다. 데이터는 4장의 [표 4.15]를 참고한다.

```
INSERT INTO `kamebook`.`order_h`
    (`orderno`, `orddt`, `memid`, `ordamt`, `insdtm`) VALUES
    ('202201001', '2022-01-24', 'seo', '10000', '2022-03-01 14:49:07');

INSERT INTO `kamebook`.`order_h`
    (`orderno`, `orddt`, `memid`, `ordamt`, `insdtm`) VALUES
    ('202201002', '2022-01-24', 'hong2', '15000', '2022-03-01 14:50:35');

INSERT INTO `kamebook`.`order_h`
    (`orderno`, `orddt`, `memid`, `ordamt`, `insdtm`) VALUES
    ('202201003', '2022-01-25', 'hong1', '20000',
     '2022-03-01 14:51:19');

INSERT INTO `kamebook`.`order_h`
    (`orderno`, `orddt`, `memid`, `ordamt`, `insdtm`) VALUES
    ('202201004', '2022-01-25', 'kim1', '10000',
     '2022-03-01 14:51:58');

INSERT INTO `kamebook`.`order_h`
    (`orderno`, `orddt`, `memid`, `ordamt`, `cancelyn`,
     `canceldtm`, `insdtm`) VALUES
    ('202201005', '2022-01-25', 'park', '5000', 'Y',
     '2022-01-25 00:00:00', '2022-03-01 14:53:12');

INSERT INTO `kamebook`.`order_h`
    (`orderno`, `orddt`, `memid`, `ordamt`, `insdtm`) VALUES
    ('202202001', '2022-02-01', 'hong1', '30000', '2022-03-01 14:54:09');

INSERT INTO `kamebook`.`order_h`
    (`orderno`, `orddt`, `memid`, `ordamt`, `insdtm`) VALUES
    ('202202002', '2022-02-01', 'hong1', '1000', '2022-03-01 14:54:40');

INSERT INTO `kamebook`.`order_h`
    (`orderno`, `orddt`, `memid`, `ordamt`, `insdtm`) VALUES
    ('202202003', '2022-02-02', 'park', '10000', '2022-03-01 14:55:28');

INSERT INTO `kamebook`.`order_h`
    (`orderno`, `orddt`, `memid`, `ordamt`, `insdtm`) VALUES
    ('202202004', '2022-02-02', 'abcd', '500', '2022-03-01 14:56:03');
```

네 번째 SQL 문은 다른 문장과 차이가 있다. `cancelyn` 열과 `canceldtm` 열의 데이터가 입력된다. 테이블 정의에서 설정된 기본값을 사용하는 경우는 INSERT INTO SQL 문에서 해당 열을 생략할 수 있지만, 기본값이 아닌 경우라면 데이터를 입력하는 열 목록과 값의 목록에 열 이름과 값을 넣어 주어야 한다.

마지막으로 `memid` 열에 'abcd' 값을 입력하는 데이터에서 `memid` 열의 값은 `members` 테이블에 등록되지 않은 값이다. 지금은 수작업으로 데이터를 입력하는 것이기 때문에 `order_h` 테이블의 제약사항만이 검증될 뿐이다. 존재하지 않은 `memid` 열의 값은 이 단계에서는 검증되지 않는다.

[그림 5.42]는 `order_h` 테이블에 데이터를 입력한 결과이다.

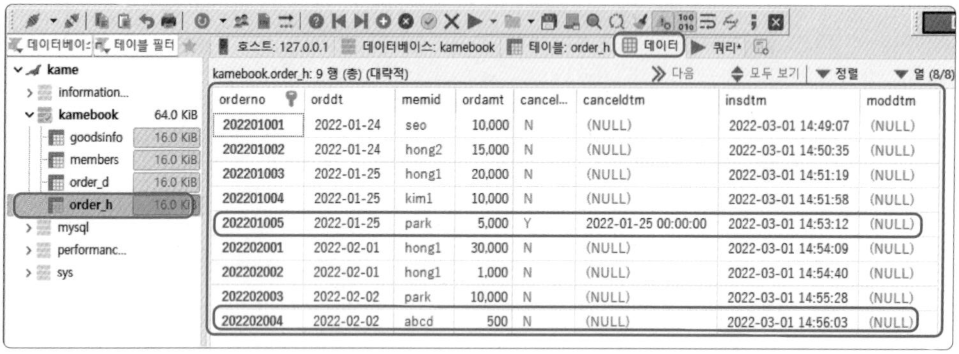

그림 5.42 • `order_h` 테이블의 데이터 입력 결과

5.5 `order_d` 테이블에 데이터 입력하기

지금까지 세 가지 테이블에 데이터를 입력하는 것과 같은 방법으로 주문 상세 내용을 저장하는 `order_d` 테이블의 데이터를 입력한다. `order_d` 테이블의 데이터 입력을 위한 SQL 문은 다음과 같다. 데이터는 4장의 [표 4.16]을 참고한다.

```
INSERT INTO `kamebook`.`order_d`
     (`orderno`, `goodscd`, `unitcd`, `unitprice`, `qty`, `amt`, `insdtm`) VALUES
     ('202201001', 'GDS01', '01', '2000', '10', '20000', '2022-03-01 15:10:39');

INSERT INTO `kamebook`.`order_d`
    (`orderno`, `goodscd`, `unitcd`, `unitprice`, `qty`, `amt`, `insdtm`) VALUES
    ('202201001', 'GDS02', '02', '100', '50', '5000', '2022-03-01 15:11:39');

INSERT INTO `kamebook`.`order_d`
    (`orderno`, `goodscd`, `unitcd`, `unitprice`, `qty`, `amt`, `insdtm`) VALUES
    ('202201001', 'GDS03', '03', '5000', '1', '5000', '2022-03-01 15:12:23');

INSERT INTO `kamebook`.`order_d`
    (`orderno`, `goodscd`, `unitcd`, `unitprice`, `qty`, `amt`, `insdtm`) VALUES
    ('202201002', 'GDS01', '01', '1000', '5', '5000', '2022-03-01 15:13:28');

INSERT INTO `kamebook`.`order_d`
    (`orderno`, `goodscd`, `unitcd`, `unitprice`, `qty`, `amt`, `insdtm`) VALUES
    ('202201002', 'GDS03', '03', '5000', '10', '50000', '2022-03-01 15:14:26');
INSERT INTO `kamebook`.`order_d`
    (`orderno`, `goodscd`, `unitcd`, `unitprice`, `qty`, `amt`, `insdtm`) VALUES
    ('202201003', 'GDS04', '02', '500', '50', '25000', '2022-03-01 15:15:12');

INSERT INTO `kamebook`.`order_d`
    (`orderno`, `goodscd`, `unitcd`, `unitprice`, `qty`, `amt`, `insdtm`) VALUES
    ('202201004', 'GDS05', '02', '1000', '10', '10000', '2022-03-01 15:15:59');

INSERT INTO `kamebook`.`order_d`
    (`orderno`, `goodscd`, `unitcd`, `unitprice`, `qty`, `amt`, `insdtm`) VALUES
    ('202201005', 'GDS02', '02', '100', '50', '5000', '2022-03-01 15:16:45');

INSERT INTO `kamebook`.`order_d`
    (`orderno`, `goodscd`, `unitcd`, `unitprice`, `qty`, `amt`, `insdtm`) VALUES
    ('202201005', 'GDS03', '03', '5000', '4', '20000', '2022-03-01 15:17:30');

INSERT INTO `kamebook`.`order_d`
    (`orderno`, `goodscd`, `unitcd`, `unitprice`, `qty`, `amt`, `insdtm`) VALUES
    ('202201006', 'GDS01', '01', '2000', '1', '2000', '2022-03-01 15:18:08');

INSERT INTO `kamebook`.`order_d`
    (`orderno`, `goodscd`, `unitcd`, `unitprice`, `qty`, `amt`, `insdtm`) VALUES
    ('202202001', 'GDS01', '01', '2000', '10', '20000', '2022-03-01 15:18:59');
```

```
INSERT INTO `kamebook`.`order_d`
    (`orderno`, `goodscd`, `unitcd`, `unitprice`, `qty`, `amt`, `insdtm`)
    VALUES
    ('202202001', 'GDS03', '03', '5000', '1', '5000', '2022-03-01 15:19:10');

INSERT INTO `kamebook`.`order_d`
    (`orderno`, `goodscd`, `unitcd`, `unitprice`, `qty`, `amt`, `insdtm`)
    VALUES
    ('202202001', 'GDS05', '02', '1000', '20', '20000', '2022-03-01 15:19:20');

INSERT INTO `kamebook`.`order_d`
    (`orderno`, `goodscd`, `unitcd`, `unitprice`, `qty`, `amt`, `insdtm`) VALUES
    ('202202003', 'GDS01', '01', '2000', '10', '20000', '2022-03-01 15:19:30');

INSERT INTO `kamebook`.`order_d`
    (`orderno`, `goodscd`, `unitcd`, `unitprice`, `qty`, `amt`, `insdtm`)
    VALUES
    ('202202003', 'GDS07', '03', '2000', '20', '40000', '2022-03-01 15:20:30');

INSERT INTO `kamebook`.`order_d`
    (`orderno`, `goodscd`, `unitcd`, `unitprice`, `qty`, `amt`, `insdtm`)
    VALUES
    ('202202004', 'GDS01', '01', '2000', '10', '20000', '2022-03-01 15:21:18');
```

[그림 5.43]은 `order_d` 테이블에 데이터를 입력한 결과이다.

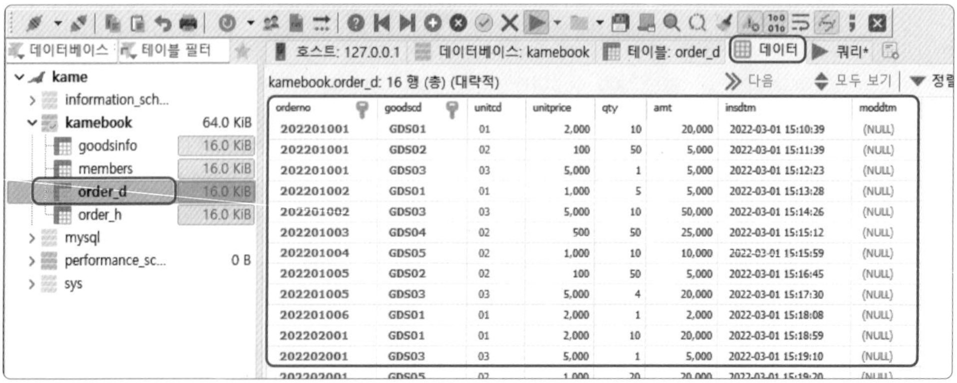

그림 5.43 • `order_d` 테이블의 데이터 입력 결과 계속

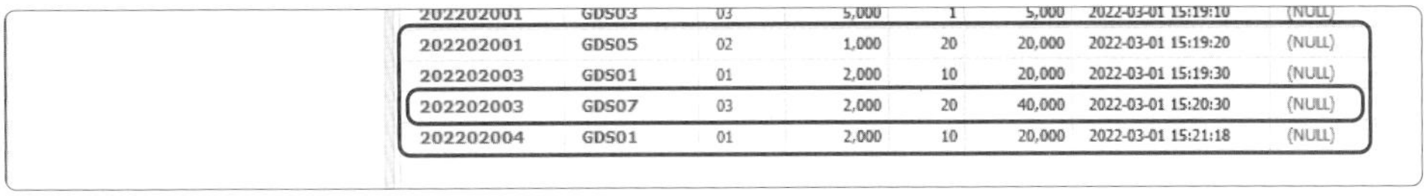

202202001	GDS03	03	5,000	1	5,000	2022-03-01 15:19:10	(NULL)
202202001	GDS05	02	1,000	20	20,000	2022-03-01 15:19:20	(NULL)
202202003	GDS01	01	2,000	10	20,000	2022-03-01 15:19:30	(NULL)
202202003	GDS07	03	2,000	20	40,000	2022-03-01 15:20:30	(NULL)
202202004	GDS01	01	2,000	10	20,000	2022-03-01 15:21:18	(NULL)

그림 5.43 • `order_d` 테이블의 데이터 입력 결과

`goodscd` 열에 'GDS07' 값을 입력하는 데이터에서 `goodscd` 열의 값은 `goodsinfoo` 테이블에 등록되지 않은 값이다. 지금은 수작업으로 데이터를 입력하는 것이기 때문에 `order_d` 테이블의 제약사항만이 검증될 뿐이다. 존재하지 않은 `goodscd` 열의 값은 이 단계에서는 검증되지 않는다.

HeidiSQL 창의 세션 개체 목록에서 테이블을 선택하고, '데이터' 탭을 선택하면 각각의 테이블에 저장된 데이터를 볼 수 있다. 표시된 데이터에서 임의의 행과 열을 더블클릭하여 데이터를 수정할 수 있다. 또한 행을 선택하고 삭제 아이콘을 클릭하여 테이블의 행을 삭제할 수도 있다. 그러나 이렇게 데이터를 수정하는 것은 굉장히 위험한 내용이다. 데이터베이스 내의 데이터를 쉽게 조작할 수도 있다는 것이다. 이것을 방지하기 위해서 데이터베이스 관리 시스템 DBMS; DataBase Management System에는 다양한 기능이 있다. 테이블에 접근할 수 있는 권한을 관리하여 접근을 제한하거나 또한 조작자를 찾기 위한 로그 기능 등이 있다. 하지만, 아무리 많은 제약을 하더라도 비정상적인 방법으로 데이터 변형이 이루어질 수 있음을 항상 인식하고 데이터베이스를 관리해야 한다.

데이터 검색 SELECT하기 I 6

데이터베이스에 저장된 데이터를 검색하기 위한 SQL 문으로 SELECT 문을 사용한다. SELECT는 "가져온다," "추출한다", "읽어온다", "리트리브 Retrieve한다" 또는 "셀렉트한다"라는 다양한 용어로 사용된다. 여러 가지 SQL 문 중에서 가장 많이 사용된다. 데이터베이스 관련 개발자라면 SELECT 문의 구문을 거의 완전하게 이해하고 적절히 응용 프로그래밍에서 활용할 수 있어야 한다.

SELECT 문의 기본 형식은 다음과 같이 복잡하다.

SELECT 문 기본 형식

```
SELECT
   [ALL | DISTINCT | DISTINCTROW]
   [HIGH_PRIORITY]
   [STRAIGHT_JOIN]
   [SQL_SMALL_RESULT] [SQL_BIG_RESULT] [SQL_BUFFER_RESULT]
   [SQL_CACHE | SQL_NO_CACHE] [SQL_CALC_FOUND_ROWS]
   select_expr [, select_expr ...]
   [ FROM table_references
     [WHERE where_condition]
       [GROUP BY {col_name | expr | position} [ASC | DESC], ... [WITH
ROLLUP]]
     [HAVING where_condition]
     [ORDER BY {col_name | expr | position} [ASC | DESC], ...]
       [LIMIT {[offset,] row_count | row_count OFFSET offset  [ROWS
EXAMINED rows_limit] } |
       [OFFSET start { ROW | ROWS }]
       [FETCH { FIRST | NEXT } [ count ] { ROW | ROWS } { ONLY | WITH TIES
}] ]
     procedure|[PROCEDURE procedure_name(argument_list)]
       [INTO OUTFILE 'file_name' [CHARACTER SET charset_name] [export_
options] |
       INTO DUMPFILE 'file_name' | INTO var_name [, var_name] ]
     [FOR UPDATE lock_option | LOCK IN SHARE MODE lock_option]

export_options:
   [{FIELDS | COLUMNS}
      [TERMINATED BY 'string']
      [[OPTIONALLY] ENCLOSED BY 'char']
      [ESCAPED BY 'char']
   ]
   [LINES
      [STARTING BY 'string']
      [TERMINATED BY 'string']
   ]

lock_option:
   [WAIT n | NOWAIT | SKIP LOCKED]
```

SELECT 문의 형식을 간단하게 자주 사용되는 부분만 요약하면 다음과 같다.

SELECT 문 형식(개요)

```
SELECT [ALL|DISTINCT]
      〈selection-list〉
  [ FROM { 〈table_source〉 } [, … n] ]
  [ WHERE 〈search-condition〉]
  [ GROUP BY  group_by_expression]
  [ HAVING 〈search_conditon〉 ]
  [ ORDER BY expression [ASC|DESC] ]
  [ LIMIT row_count  [OFFSET offset] ]
```

SELECT 문을 비롯한 SQL 문에서는 대소문자를 구분하지 않는다. 지금까지 살펴본 몇 가지 SQL 문에서 볼 수 있듯이 한 줄로 작성할 수도 있고 여러 줄로 나누어 작성할 수도 있다. SQL 문을 구성하는 구성 요소 절; clause이라 함는 각각은 하나 이상의 공백으로 구분되어야 하며, SQL 문의 끝은 ';' 문자로 끝나야 한다.

SQL 문을 구성하는 각각의 절은 나열하는 순서가 있다. 예를 들면, SELECT 문에서는 FROM 절, WHERE 절, GROUP BY 절, HAVING 절, ORDER BY 절, LIMIT 절의 순서로 작성되어야 한다.

실습을 통해 SELECT 문을 단계적으로 사용해 보자. HeidiSQL 창에서 '쿼리' 탭을 선택하고, 쿼리문 입력 영역에서 SELECT 쿼리문을 입력하는 방법으로 실습한다.

Note

쿼리 실행: **실행** F9
'쿼리' 탭의 쿼리 입력 영역에 있는 모든 쿼리문을 실행한다.

쿼리 실행: **선택 실행** Ctrl+F9
'쿼리' 탭의 쿼리 입력 영역에서 마우스로 드래그하여 선택한 부분의 쿼리문만을 실행한다.

쿼리 실행: **현재 쿼리 실행** Shift+Ctrl+F9
'쿼리' 탭의 쿼리 입력 영역에서 커서가 있는 행의 쿼리문만을 실행한다.

HeidiSQL 창에서 '쿼리' 탭을 선택하고 [그림 5.44]와 같이 다음의 SELECT 쿼리문을 입력하고 실행한다.

예 01: SELECT memid, memname FROM `members`;

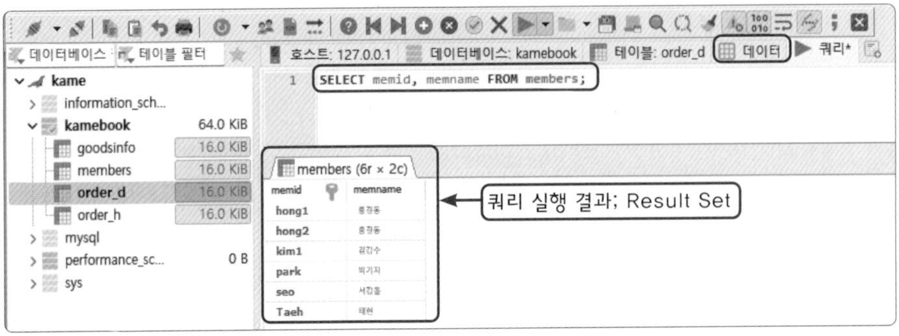

그림 5.44 • 쿼리문 실행 결과 보기

실행한 SELECT 문의 구조를 살펴보자.

SELECT memid, memname
└→ SQL 명령 └→ 검색하려는 열 이름의 목록; '*'을 사용하면 모든 열을 검색한다.

FROM members;
└→ 데이터를 검색하려는 테이블 이름 지정

'데이터' 탭 아래에 표시되는 SELECT 쿼리문의 실행 결과는 'Result Set; 결과 셋'이라 한다. 결과 셋의 탭 제목인 'members (6r × 2c)'는 `members` 테이블로부터 6행(6r) 2열(2c)의 데이터가 검색되었음을 의미한다.

앞서 실행했던 SELECT 문에서 열의 순서를 바꾸어 다음과 같은 SELECT 쿼리문을 입력하고, 입력한 SELECT 쿼리문을 마우스로 드래그하여 선택한 뒤에 Ctrl+F9 선택 실행로 실행한다.

```
예 01: SELECT memname, memid FROM `members`;
```

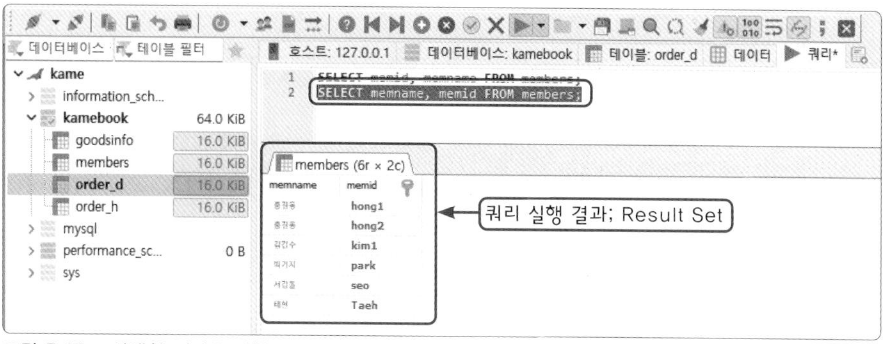

그림 5.45 • 선택한 쿼리문 실행

[그림 5.44]와 [그림 5.45]의 결과 셋을 비교해 보면, 테이블 생성할 때 열의 순서와는 관계없이 SELECT 쿼리문에서 나열된 열의 순서에 따라 결과가 출력되는 것을 확인할 수 있다. 즉 출력하려는 열의 순서를 SELECT 쿼리문에서 지정할 수 있음을 의미하는 것이다.

6.1 테이블의 모든 열 검색하기

다음의 SELECT 쿼리문을 입력하고 마우스로 드래그해서 선택한 뒤에 선택 실행 Ctrl+F9 한다. 다음 SELECT 쿼리문은 [그림 5.46]과 같이 모든 열의 데이터를 검색한다. 즉, 검색하려는 열의 목록을 나열하지 않고 '*'를 사용하면 모든 열을 의미한다.

```
예 01: SELECT * FROM `members`;
```

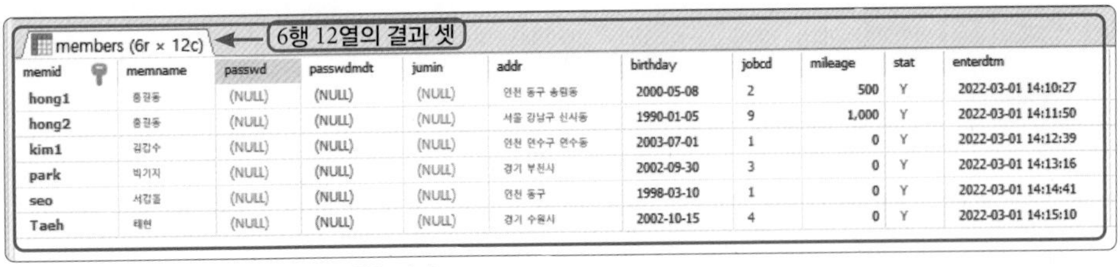

memid	memname	passwd	passwdmdt	jumin	addr	birthday	jobcd	mileage	stat	enterdtm
hong1	홍길동	(NULL)	(NULL)	(NULL)	인천 동구 송림동	2000-05-08	2	500	Y	2022-03-01 14:10:27
hong2	홍길동	(NULL)	(NULL)	(NULL)	서울 강남구 신사동	1990-01-05	9	1,000	Y	2022-03-01 14:11:50
kim1	김갑수	(NULL)	(NULL)	(NULL)	인천 연수구 연수동	2003-07-01	1	0	Y	2022-03-01 14:12:39
park	박기자	(NULL)	(NULL)	(NULL)	경기 부천시	2002-09-30	3	0	Y	2022-03-01 14:13:16
seo	서갑돌	(NULL)	(NULL)	(NULL)	인천 동구	1998-03-10	1	0	Y	2022-03-01 14:14:41
Taeh	태현	(NULL)	(NULL)	(NULL)	경기 수원시	2002-10-15	4	0	Y	2022-03-01 14:15:10

그림 5.46 • 모든 열 검색 쿼리문 실행 결과

6.2 결과 셋에 열 이름 지정하기: AS

앞서 실행한 SELECT 쿼리문의 결과 셋에 표시되는 각 열의 이름은 테이블을 생성할 때 사용된 열 이름을 그대로 표시한다. SELECT 쿼리문에서 열 이름을 변경해서 표시할 수 있다. 다음의 SELECT 쿼리문을 입력하고 입력한 쿼리문을 선택 실행 Ctrl+F9한다.

예 01: SELECT memname AS '회원명', memid AS '회원ID' FROM members;

[그림 5.47]의 결과를 보면, 이전의 SELECT 쿼리문의 실행 결과와는 다르게 각 열의 제목에 SELECT 쿼리문의 AS 절에서 지정한 이름이 표시되는 것을 확인할 수 있다. 결과에 표시할 열 이름을 지정할 때 키워드 "AS"는 생략할 수 있어, 다음과 같이 SELECT 쿼리문을 사용할 수도 있다. [그림 5.47]은 실행 결과이다.

예 01: SELECT memname '회원명', memid '회원ID' FROM members;

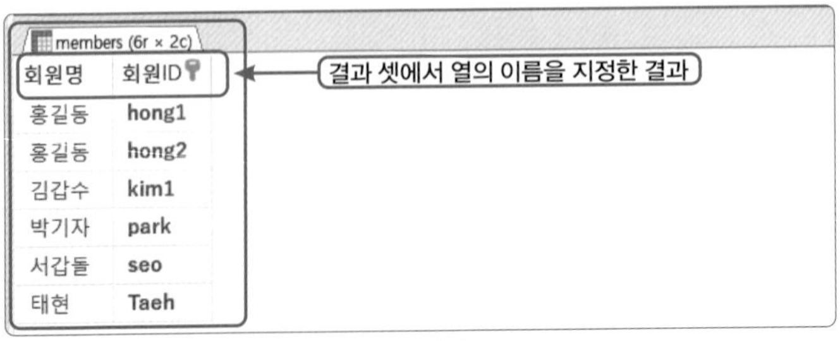

회원명	회원ID
홍길동	hong1
홍길동	hong2
김갑수	kim1
박기자	park
서갑돌	seo
태현	Taeh

그림 5.47 • 결과의 열 이름을 지정하여 검색

6.3 결과 셋의 데이터 정렬하기: ORDER BY

SELECT 쿼리문의 결과를 정렬해서 표시할 수 있다. SELECT 쿼리문에 ORDER BY 절을 추가해서 다음의 SELECT 쿼리문을 입력하고 선택 실행 Ctrl+F9한다. [그림 5.48]은 실행 결과이다. `memname` 열을 기준으로 오름차순으로 정렬된 결과를 확인할 수 있다.

```
예 01: SELECT memid, memname FROM `members` ORDER BY memname ASC;
```

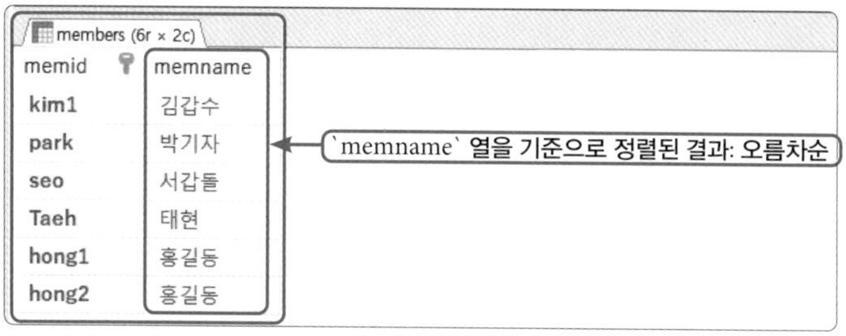

그림 5.48 • 결과 셋의 데이터 정렬: ORDER BY ... ASC

[그림 5.48]의 결과 셋을 보면 데이터가 `memname` 열을 기준으로 정렬되어 출력되었다. 데이터의 나열 순서를 지정하는 것이 ORDER BY 절이다. 검색하는 데이터의 결과 셋이 2행 이상이라면 ORDER BY 절을 기술하여 결과 셋의 데이터가 출력되는 순서를 지정해야 한다. ORDER BY 절을 사용하지 않으면 출력되는 데이터의 순서는 예측할 수 없다. ASC는 데이터의 정렬 순서를 오름차순 Ascending으로 지정한다.

다음의 SELECT 쿼리문을 입력하고 선택 실행 Ctrl+F9한다. [그림 5.49]는 실행 결과이다. [그림 5.48]의 결과와 비교해 보면, 결과 셋에 표시된 데이터의 순서가 바뀐 것을 확인할 수 있다.

```
예 01: SELECT memid, memname FROM members ORDER BY memname DESC;
```

DESC는 데이터의 정렬 순서를 내림차순 Descending으로 지정한다.

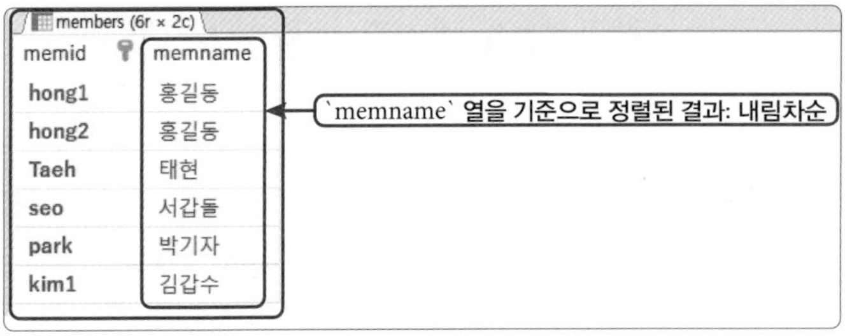

그림 5.49 • 결과 셋의 데이터 정렬: ORDER BY ... DESC

다음의 SELECT 쿼리문을 입력하고 선택 실행 Ctrl+F9한다. 결과 셋의 데이터 정렬을 위해 두 개의 열을 지정한 것이다.

예
```
SELECT memid, memname FROM members
      ORDER BY memname ASC, memid DESC;
```

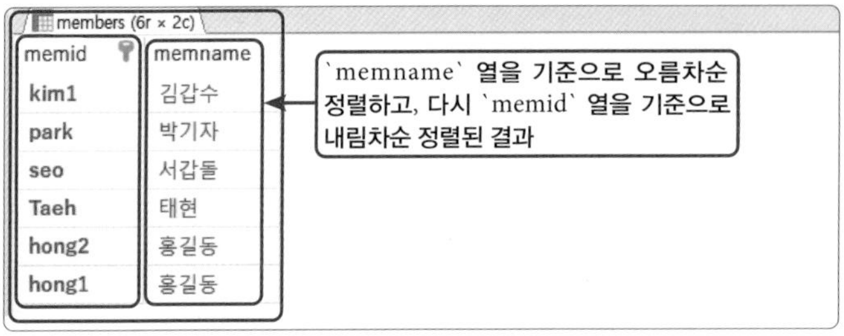

그림 5.50 • 결과 셋의 데이터 정렬: 두 개의 열 이용

ORDER BY 절에서 두 개의 열을 지정하는 경우, 첫 번째 지정된 열인 `memname` 열을 기준으로 오름차순 정렬하여 첫 번째 열에 같은 값이 있는 경우 두 번째 지정된 열인 `memid` 열을 기준으로 내림차순 정렬한다.

오름차순 또는 내림차순 정렬 기준은 ASCII American Standard Code for Information Interchange 코드를 기준으로 한다. [표 5.1]은 표준 ASCII 코드 표이다.

[표 5.1] ASCII 코드표

10진	16진	문자	10진	16진	문자	10진	16진	문자	10진	16진	문자
0	0	NULL	33	21	!	65	41	A	97	61	a
1	1	SOH	34	22	“	66	42	B	98	62	b
2	2	STX	35	23	#	67	43	C	99	63	c
3	3	ETX	36	24	$	68	44	D	100	64	d
4	4	EOT	37	25	%	69	45	E	101	65	e
5	5	ENQ	38	26	&	70	46	F	102	66	f
6	6	ACK	39	27	‘	71	47	G	103	67	g
7	7	BEL	40	28	(	72	48	H	104	68	h
8	8	BS	41	29	)	73	49	I	105	69	i
9	9	TAB	42	2a	*	74	4a	J	106	6a	j
10	a	LF	43	2b	+	75	4b	K	107	6b	k
11	b	VT	44	2c	,	76	4c	L	108	6c	l
12	c	FF	45	2d	–	77	4d	M	109	6d	m
13	d	CR	46	2e	.	78	4e	N	110	6e	n
14	e	SO	47	2f	/	79	4f	O	111	6f	o
15	f	SI	48	30	0	80	50	P	112	70	p
16	10	DLE	49	31	1	81	51	Q	113	71	q
17	11	DC1	50	32	2	82	52	R	114	72	r
18	12	DC2	51	33	3	83	53	S	115	73	s
19	13	DC3	52	34	4	84	54	T	116	74	t
20	14	DC4	53	35	5	85	55	U	117	75	u
21	15	NAK	54	36	6	86	56	V	118	76	v
22	16	SYN	55	37	7	87	57	W	119	77	w
23	17	ETB	56	38	8	88	58	X	120	78	x
24	18	CAN	57	39	9	89	59	Y	121	79	y
25	19	EM	58	3a	:	90	5a	Z	122	7a	z
26	1a	SUB	59	3b	;	91	5b	[	123	7b	{
27	1b	ESC	60	3c	〈	92	5c	₩	124	7c	|
28	1c	FS	61	3d	=	93	5d	]	125	7d	}
29	1d	GS	62	3e	〉	94	5e	^	126	7e	~
30	1e	FS	63	3f	?	95	5f	_	127	7f	DEL
31	1f	US	64	40	@	96	60	`			
32	20	space									

6.4 중복 데이터 하나만 보기: DISTINCT

SELECT 쿼리문의 결과 셋에서 동일한 값을 제거할 수 있다. 다음의 SELECT 쿼리문을 입력하고 선택 실행 Ctrl+F9한다. [그림 5.52]는 다음의 SELECT 쿼리문을 실행한 결과이다.

예 01: SELECT DISTINCT jobcd FROM members ORDER BY jobcd;

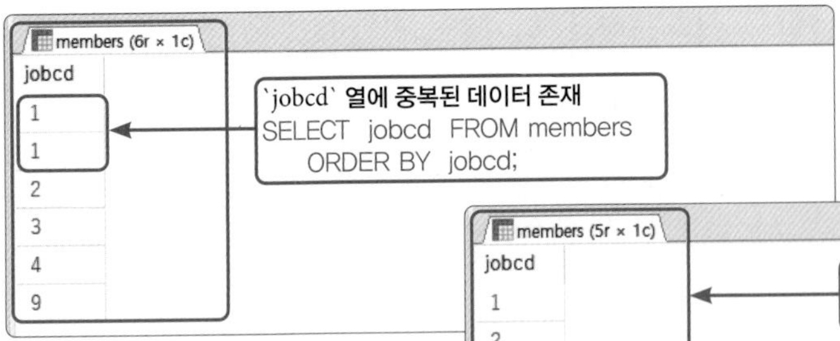

그림 5.51 • DISTINCT를 사용하지 않는 경우 중복 데이터 존재

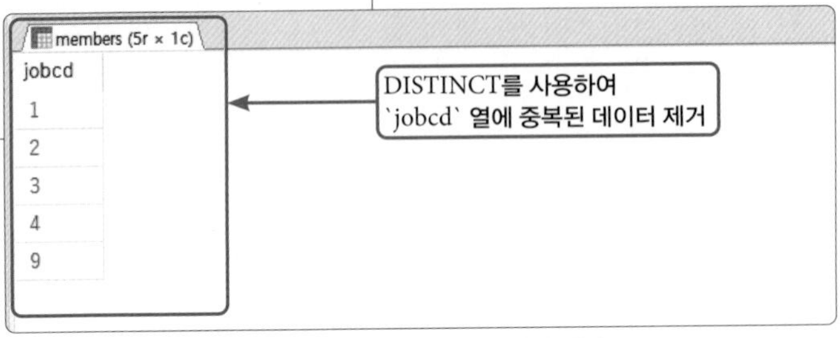

그림 5.52 • DISTINCT를 사용하여 중복되는 데이터 제거

SELECT 쿼리문에서 검색하려는 열 이름 앞에 DISTINCT를 지정하여 해당 열에서 중복되는 데이터를 제거할 수 있다. DISTINCT를 사용하여 특정 열의 도메인을 확인할 수 있다.

Note

도메인 domain

하나의 열이 가질 수 있는 값의 집합을 의미한다.

6.5 검색하는 행 수 제한하기: LIMIT ... OFFSET

SELECT 쿼리문에서 모든 행을 검색하는 것이 아니라, LIMIT ... OFFSET 절을 사용하여 검색을 시작하는 행의 위치를 지정하고 일정한 수의 행만 검색할 수 있다.

LIMIT ... OFFSET 절의 형식은 다음과 같다.

```
LIMIT [offset,] row_count
LIMIT row_count [OFFSET offset]
```

▷ row_count: 검색하려는 행의 수, 즉 SELECT 쿼리문이 반환하는 행의 수를 지정한다.
▷ offset: 첫 행부터 제외할 행의 수로 생략할 수 있다.

다음의 SELECT 쿼리문을 입력하고 선택 실행하여 결과를 확인해 보자. [그림 5.54]는 다음의 SELECT 쿼리문을 실행한 결과이다.

예
```
SELECT memid, memname FROM members
     ORDER BY memname LIMIT 3;
```

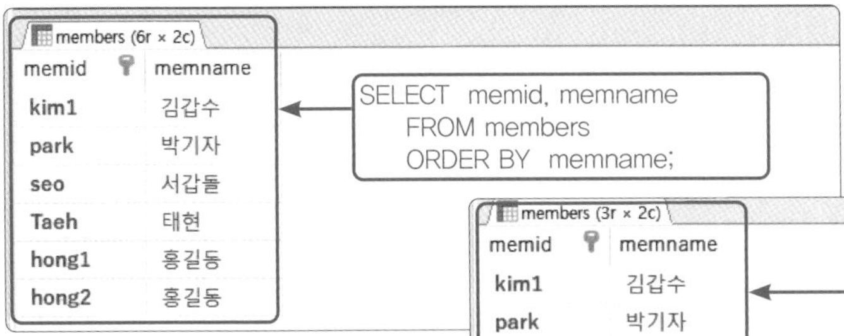

그림 5.53 • LIMIT 절을 사용하지 않으면 모든 행 검색

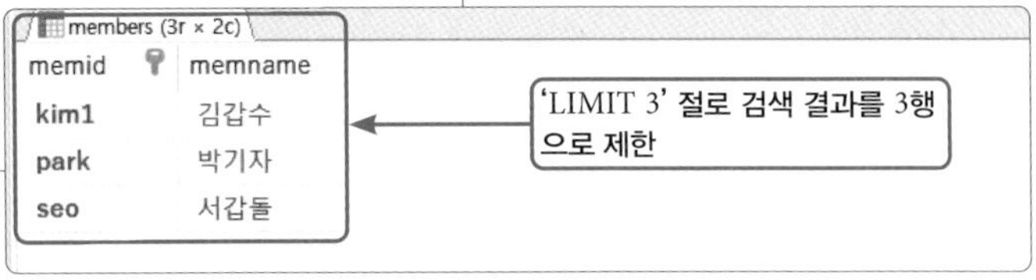

그림 5.54 • LIMIT 절 사용으로 행 수를 제한하여 검색 1

[그림 5.53]에는 `members` 테이블에 저장된 모든 데이터로 6개의 행이 검색된 결과를 확인할 수 있다. [그림 5.54]에는 SELECT 쿼리문에서 'LIMIT 3' 절을 사용하여 3개의 행이 검색된 결과, 즉 전체 6개의 행 중 처음부터 3개의 행만 검색된 결과이다.

다음의 SELECT 쿼리문을 실행하여 결과를 비교해 보자. 다음의 두 SELECT 쿼리문은 같은 결과를 나타낸다.

예
```
SELECT memid, memname FROM `members`
    ORDER BY memname LIMIT 3 OFFSET 2;

SELECT memid, memname FROM `members` ORDER BY memname LIMIT 2, 3;
```

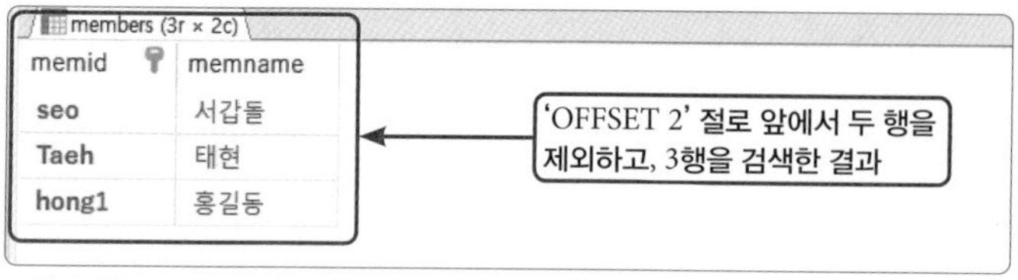

그림 5.55 • LIMIT 절 사용으로 행 수를 제한하여 검색 2

LIMIT 절을 사용하지 않고 모든 행의 검색한 결과인 [그림 5.53]과 [그림 5.55]를 비교해 보면, OFFSET 2 절에 의해서 처음부터 두 개의 행을 제외하고 LIMIT 3 절에 의해서 세 개의 행만을 결과에 나타내고 있다. OFFSET 키워드를 생략할 때 LIMIT 절에서 OFFSET을 지정하는 숫자를 행 수 앞에 기술하는 것에 주의한다.

LIMIT ... OFFSET 절을 사용하여 웹 페이지의 게시판과 같은 프로그램에서 페이지를 제어하는 기능을 구현할 수 있다.

6.6 연산 열 추가하기

SELECT 쿼리문에서는 테이블에서 검색하는 열의 값을 이용하여 연산이 가능하며, 연산의 결과를 결과 셋에 새로운 열로 추가할 수 있다.

다음의 SELECT 쿼리문을 입력하고 선택 실행하여 연산 결과를 결과 셋에 새로운 열로 추가해 보자. [그림 5.56]은 다음의 SELECT 쿼리문을 실행한 결과이다.

예
```
SELECT memid, memname, mileage + 10 AS '연산열' FROM members;
```

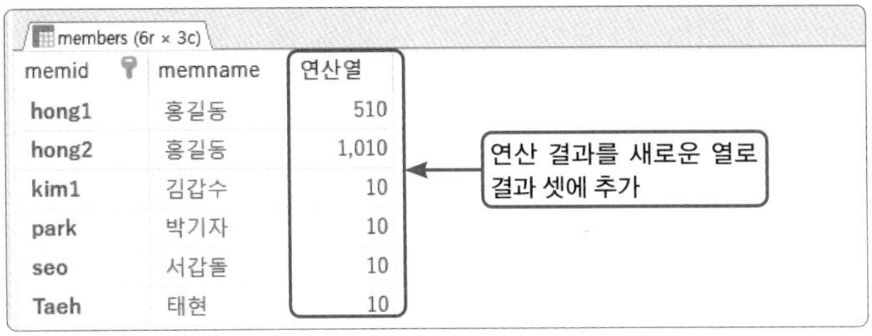

members (6r × 3c)

memid	memname	연산열
hong1	홍길동	510
hong2	홍길동	1,010
kim1	김갑수	10
park	박기자	10
seo	서갑돌	10
Taeh	태현	10

그림 5.56 • 연산 결과를 결과 셋에 열로 추가

테이블에 있는 `mileage`열의 값에 '+ 10'을 연산하여 연산 결과를 결과 셋에 열로 추가된 결과를 확인할 수 있다. 연산에 필요한 연산자의 종류는 5장의 "9. SQL에서 사용하는 연산자"에서 설명한다.

연산 결과를 열로 추가하는 방법에는 연산자를 이용한 연산 결과 뿐 아니라 다음 예와 같이 함수 호출의 결과를 열로 추가할 수도 있다.

다음의 SELECT 쿼리문을 입력하고 선택 실행하여 함수의 결과를 새로운 열로 추가해 보자. [그림 5.57]은 다음의 SELECT 쿼리문을 실행한 결과이다.

예
```
SELECT memid, memname, CONCAT(memid, memname)
      FROM `members`;
```

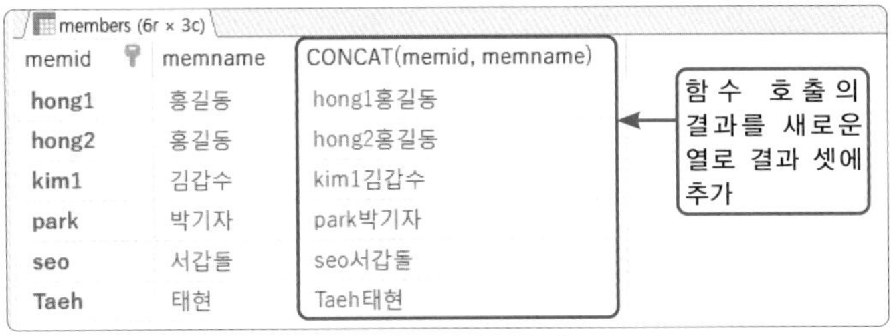

members (6r × 3c)

memid	memname	CONCAT(memid, memname)
hong1	홍길동	hong1홍길동
hong2	홍길동	hong2홍길동
kim1	김갑수	kim1김갑수
park	박기자	park박기자
seo	서갑돌	seo서갑돌
Taeh	태현	Taeh태현

그림 5.57 • 함수 호출 결과를 결과 셋에 열로 추가

CONCAT() 함수는 함수에 전달되는 인수의 내용을 문자열로 결합하는 기능을 제공한다. SELECT 쿼리문에 결과의 열 이름을 지정하는 AS 절이 없기 때문에 결과 셋에 열의 제목

으로 함수 호출 내용이 그대로 표시된다. 예에서 CONCAT() 함수의 결과는 문자열을 결합하는 기능을 보기 위한 것일 뿐, 함수 호출의 결과에 대한 의미는 없다. 함수에 대한 자세한 내용은 "6장 내장 함수"에서 설명한다.

6.7 검색 결과를 파일로 출력하기: SELECT ... INTO

SELECT 쿼리문의 결과 셋을 파일로 저장하는 하기 위해서 INTO 절을 사용한다.

SELECT 쿼리문을 사용하는 INTO 절의 간단한 형식은 다음과 같다.

```
SELECT ... INTO OUTFILE 'file_path';
SELECT ... INTO DUMPFILE 'file_path';
SELECT ... INTO variable;
```

▷ variable: SELECT 쿼리문의 결과 셋을 변수에 할당한다. 변수에 대한 자세한 내용은 9장에서 설명한다.

▷ DUMPFILE 'file_path': SELECT 쿼리문의 결과 셋이 BLOB 데이터 유형과 같은 이진 데이터일 때 'file_path'에서 지정하는 외부 파일로 저장한다.

▷ OUTFILE 'file_path': SELECT 쿼리문의 결과 셋을 외부 파일로 저장한다.

SELECT ... INTO 쿼리문의 기본 형식은 다음과 같다.

SELECT ... INTO 문 형식

```
SELECT ... INTO OUTFILE 'file_name'
      [CHARACTER SET charset_name]
      [export_options]
```

```
export_options:
  [{FIELDS | COLUMNS}
     [TERMINATED BY 'string']
     [[OPTIONALLY] ENCLOSED BY 'char']
     [ESCAPED BY 'char']
  ]
  [LINES
     [STARTING BY 'string']
     [TERMINATED BY 'string']
  ]
```

SELECT ... INTO 쿼리문을 사용하여 테이블에 저장된 데이터를 파일로 저장해 보자. 데이터를 백업하는 여러 가지 방법 중 하나이다. 지금 사용하는 데이터베이스의 테이블에 저장된 데이터는 실습하는 과정에서 데이터가 삭제되거나 변형될 수 있다. 백업해둔 데이터를 사용하여 복원할 수도 있다.

다음의 SELECT ... INTO 쿼리문을 입력하고 선택 실행하여 `members` 테이블의 데이터를 외부 파일로 저장한다.

예

```
SELECT * INTO OUTFILE 'D:\\Database\\Data\\members.dat'
    FIELDS TERMINATED BY ',' ENCLOSED BY '"'
    FROM `members`;
```

쿼리문에서 'file_path'로 경로 path를 지정할 때 사용되는 디렉터리는 미리 존재하고 있어야 한다. 디렉터리가 존재하지 않으면 쿼리문을 실행할 때 오류 Error가 발생한다. 또한 경로를 지정할 때 경로를 구분하는 '\' 문자는 '\\'처럼 두 번 사용하거나 '/' 문자를 사용한다. '\' 문자를 한 번 사용하면 경로를 구분하는 구분 문자로 인식하지 않는다.

[그림 5.58]은 저장된 파일을 '메모장'을 사용하여 확인해 본 것이다.

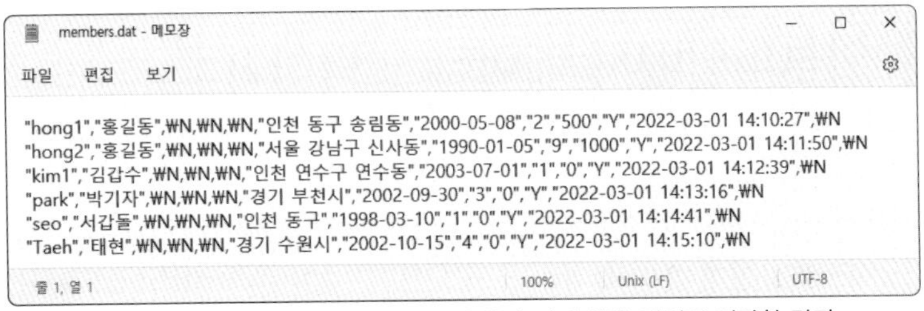

그림 5.58 · SELECT ... INTO 쿼리문을 사용하여 결과 셋을 파일로 저장한 결과

[그림 5.58]에서 보면 각 열의 값은 "hong1"과 같이 이중 따옴표를 사용하여 열의 값을 나타내고 있으며, 각 열의 값은 ',' 문자를 사용해서 구분하고 있다. 각 열의 값을 이중 따옴표를 사용하여 나타내는 것은 SELECT ... INTO 쿼리문에서 ENCLOSED BY '"' 절로 지정한 것이고, 열과 열의 값을 구분하는 ','는 FIELDS TERMINATED BY ',' 절에 의해 지정된 것이다.

참고로 테이블에 저장된 NULL 데이터는 이중 따옴표 없이 ₩N(\N)으로 파일에 저장된다.

다음의 SELECT ... INTO 쿼리문을 입력하고 선택 실행하여 `goodsinfo`, `order_h`, `order_d` 테이블을 외부 파일로 저장해 보자.

예
```
01: SELECT * INTO OUTFILE 'D:\\Database\\Data\\goodsinfo.dat'
02:      FIELDS TERMINATED BY ',' ENCLOSED BY '"'
03:      FROM `goodsinfo`;
```

예
```
01: SELECT * INTO OUTFILE 'D:\\Database\\Data\\order_h.dat'
02:      FIELDS TERMINATED BY ',' ENCLOSED BY '"'
03:      FROM `order_h`;
```

예
```
01: SELECT * INTO OUTFILE 'D:\\Database\\Data\\order_d.dat'
02:      FIELDS TERMINATED BY ',' ENCLOSED BY '"'
03:      FROM `order_d`;
```

파일로 저장된 각각의 테이블 데이터를 '메모장'을 사용하여 확인한 결과는 생략한다.

7 외부파일에서 데이터 입력하기

앞서 테이블의 데이터를 외부 파일로 백업해 둔 결과를 이용하여 파일로부터 테이블에 데이터를 입력해 보자.

7.1 테이블 데이터 삭제하기: 그래픽 모드

외부 파일로부터 데이터를 테이블로 입력하기 위해 테이블에는 데이터가 없어야 한다. 테이블을 삭제하는 것이 아니라, 테이블의 데이터만 삭제해야 한다.

[그림 5.59]에서와 같이 HeidiSQL 창의 세션 개체 목록에서 데이터를 삭제할 테이블을 마우스 오른쪽 버튼으로 클릭하여 표시되는 단축 메뉴에서 [테이블 비우기]를 선택한다.

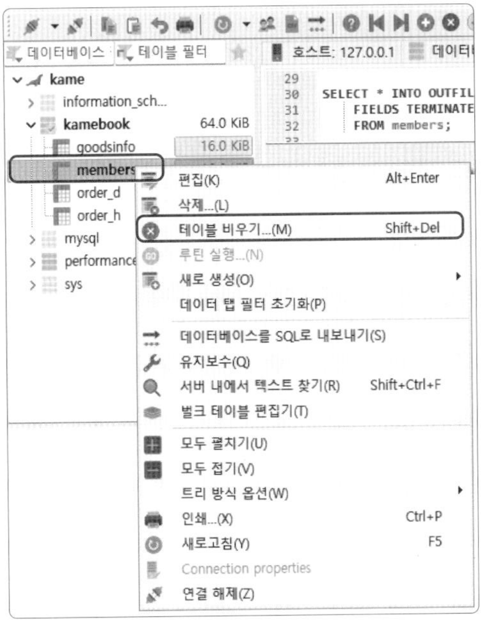

그림 5.59 • 테이블 비우기

[테이블 비우기] 메뉴를 선택하면 [그림 5.60]과 같은 팝업 창이 표시된다. [확인] 버튼을 클릭하면 테이블에서 데이터만 삭제된다.

그림 5.60 • 테이블 비우기 확인 팝업 창 1

다음의 SELECT 쿼리문을 입력하고 선택 실행하여 `members` 테이블의 데이터가 삭제된 결과를 확인해 보면, [그림 5.61]과 같이 결과 셋을 나타내는 영역에 열 이름만 보일 뿐 데이터는 보이지 않는다. 결과 셋을 나타내는 탭의 제목은 'members (0r × 12c)'로 '0r'은 검색된 데이터 행이 없음을 의미한다. `members` 테이블의 모든 데이터가 삭제된 것이다.

```
예 01: SELECT * FROM `members`;
```

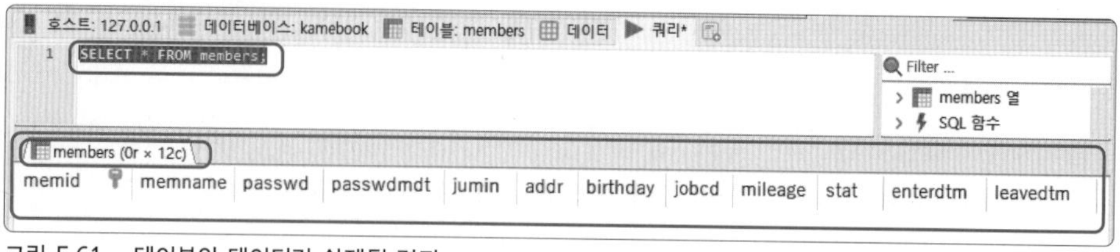

그림 5.61 • 테이블의 데이터가 삭제된 결과

7.2 테이블 데이터 삭제하기: SQL 문 사용

SQL 문을 사용하여 `goodsinfo` 테이블의 데이터를 삭제하는 방법을 사용해 보자. 다음의 SQL 쿼리문을 입력하여 선택 실행하면, [그림 5.62]와 같이 데이터 삭제를 확인하는 팝업 창이 표시된다. 팝업 창에서 [예] 버튼을 클릭하면 데이터가 삭제된다. 팝업 창의 내용은 테이블의 모든 데이터를 삭제하기 때문에 표시된 것이다.

```
예 01: DELETE FROM `goodsinfo`;
```

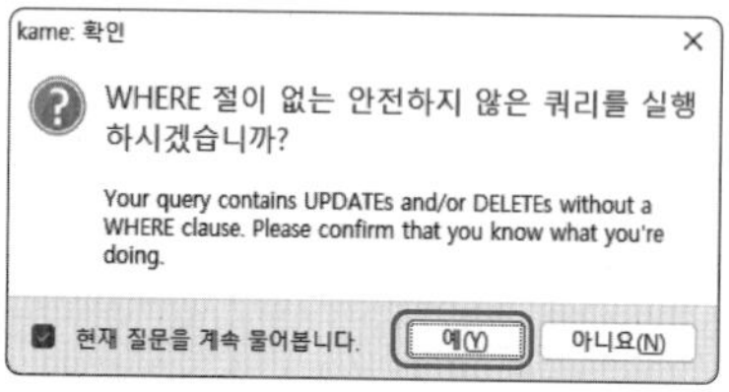

그림 5.62 • 테이블 비우기 확인 팝업 창 2

`goodsinfo` 테이블의 데이터가 삭제되었는지 확인하는 것은 `members` 테이블의 데이터 삭제 결과를 확인하는 것과 같은 방법으로 하면 된다.

외부 파일로부터 데이터 가져오기 7.3

데이터를 삭제한 두 개의 테이블에 앞서 백업해 두었던 외부 파일을 이용하여 데이터를 복원해 보자. 다음의 SQL 쿼리문을 입력하고 선택 실행한다.

예
```
LOAD DATA LOCAL INFILE 'D:\\Database\\Data\\members.dat'
     INTO TABLE `members`
     FIELDS TERMINATED BY ',' ENCLOSED BY '"';
```

`members` 테이블에 데이터가 정상적으로 복원되었는지는 다음의 SELECT 쿼리문을 입력하여 선택 실행하면 [그림 5.63]과 같이 데이터가 복원된 것을 확인할 수 있다.

예
```
SELECT * FROM `members`;
```

[그림 5.63]을 보면 결과 셋의 탭 제목은 'members (6r × 12c)'로 6개 행이 검색된 것을 의미한다. 데이터가 복원된 것을 확인할 수 있다.

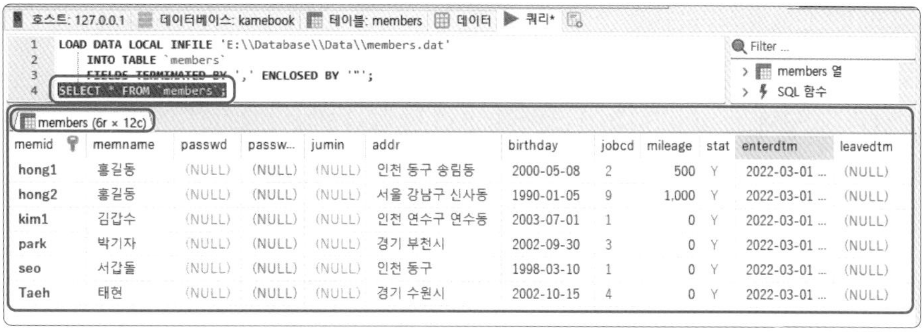

그림 5.63 • 테이블를 복원한 결과

`goodsinfo` 테이블의 데이터 또한 다음의 SQL 쿼리문을 사용하여 복원하고 정상적으로 복원되었는지 `members` 테이블의 데이터를 복원하고 결과를 확인할 때와 같은 방법으로 확인해 보기 바란다.

예
```
01: LOAD DATA LOCAL INFILE 'D:\\Database\\Data\\goodsinfo.dat'
02:     INTO TABLE `goodsinfo`
03:     FIELDS TERMINATED BY ',' ENCLOSED BY '"';
```

8 데이터 검색 SELECT하기 II

지금까지의 SELECT 쿼리문의 실습은 테이블에 저장된 모든 데이터를 가져오는 것이었다. 데이터베이스에 저장된 데이터의 개수는 아주 많을 수 있다. 사실 데이터의 양이 적을 때는 데이터베이스를 이용하는 것보다는 '엑셀 Excel'과 같은 도구를 이용하는 것이 더 쉽고 효율적이며 경제적일 수 있다.

데이터베이스에 저장된 대량의 데이터 중에서 어느 순간 이용하려는 데이터는 적은 양의 데이터가 대부분일 것이다. 대량의 데이터에서 필요한 데이터만을 검색할 수 있도록 SELECT 쿼리문에서 데이터 검색 조건을 지정하는 WHERE 절을 사용하여 필요한 데이터만 검색할 수 있다. 따라서 데이터 검색에서 WHERE 절을 많이 사용하게 되고, WHERE 절 없이 SELECT 쿼리문을 사용하는 경우는 극히 드물다.

검색 조건을 지정하는 WHERE 절의 문법은 복잡하지는 않다. 하지만, 데이터베이스의 구조, 데이터의 성격 그리고 도출하려는 결과의 요구사항을 명확히 이해하지 못하면 검색 조건을 작성하기 어려울 수 있다. 문법만을 안다고 해서 쉽게 조건문을 작성할 수 있는 것은 아니고, 다양한 경험으로 능력을 향상시킬 수 있으므로 꾸준한 노력이 필요함을 알고 있어야 한다.

8.1 조건 지정하여 데이터 검색하기: WHERE

다음의 SELECT 쿼리문을 입력하고 선택 실행한다. [그림 5.64]는 다음의 SELECT 쿼리문을 실행한 결과이다.

예
```
SELECT memid, memname, addr, birthday, jobcd, mileage
    FROM `members`
    WHERE `memid` = 'kim1';
```

members (1r × 6c)

memid	memname	addr	birthday	jobcd	mileage
kim1	김갑수	인천 연수구 연수동	2003-07-01	1	0

그림 5.64 • WHERE 절을 사용한 조건 검색 결과: 문자 리터럴

결과 셋에는 1개의 레코드가 있다. SELECT 쿼리문에 기술된 WHERE 조건절의 결과가 참 TRUE인 레코드만 검색한 결과이다.

조건절에서 'kim1'은 리터럴 literal이라고 한다. 문자형 리터럴은 단일 따옴표 '' 또는 이중 따옴표 ""를 사용하여 묶어 준다. memid 열의 데이터 유형은 VARCHAR, 즉 문자열이기 때문에 문자형 리터럴을 사용한 것이다.

조건절에서 '='는 연산자 operator라고 한다. '=' 연산자 왼쪽과 오른쪽에 있는 값이 같은지를 비교하는 연산자이다. 따라서 WHERE 조건절의 의미는 `memid` 열의 값이 문자 리터럴 'kim1'과 같은 행만을 검색하도록 하는 것이다.

Note

문자 리터럴

MariaDB에서는 단일 따옴표 '' 또는 이중 따옴표 ""를 사용하여 문자 리터럴을 표현할 수 있다.

하지만, MSSQL, ORACLE에서는 문자 리터럴을 나타내기 위해 이중 따옴표를 사용할 수 없다. MSSQL과 ORACLE에서 이중 따옴표를 사용하면 테이블 이름 또는 테이블의 열 이름으로 인식한다.

MariaDB에서는 테이블 이름 또는 열 이름을 구분하기 위해 '`' back tick 문자를 사용한다.

WHERE 절을 사용하는 순간부터는 필수적으로 결과를 검증해야 한다. 결과 셋이 나왔다는 사실이 중요한 것이 아니다. 항상 원하는 데이터가 빠짐없이 나왔는지를 스스로 검증할 수 있어야 한다. 나와야 할 데이터가 나오지 않을 수 있고, 나오지 말아야 할 데이터가 나올 수도 있다. 지금은 데이터 수가 적어서 쉽게 눈으로 보면서 검증할 수 있지만, 대량의 데이터를 저장하고 있는 테이블에서 가져온 결과를 눈으로 검증은 하기는 어려울 뿐 아니라 불가능에 가깝다. 앞으로 경험을 쌓아야 할 내용 중 하나는 검증하는 기술과 경험이다.

다음의 SELECT 쿼리문을 입력하고 선택 실행한다. [그림 5.65]는 다음의 SELECT 쿼리문을 실행한 결과이다.

예
```
SELECT memid, memname, addr, birthday, jobcd, mileage
     FROM `members`
     WHERE `jobcd` = '1'
     ORDER BY `memid`;
```

members (2r × 6c)

memid	memname	addr	birthday	jobcd	mileage
kim1	김갑수	인천 연수구 연수동	2003-07-01	1	0
seo	서갑돌	인천 동구	1998-03-10	1	0

그림 5.65 • WHERE ... ORDER BY 절을 사용한 조건 검색 결과

[그림 5.65]에서 처럼 결과 셋에 두 개 이상의 데이터 레코드가 나올 때는 ORDER BY 절을 사용하여 데이터 레코드가 나타나는 순서를 명확하게 지정해야 한다.

다음의 SELECT 쿼리문을 입력하고 선택 실행한다. [그림 5.66]은 다음의 SELECT 쿼리문을 실행한 결과이다.

예
```
SELECT memid, memname, addr, birthday, jobcd, mileage
     FROM `members`
     WHERE `mileage` = 500;
```

members (1r × 6c)

memid	memname	addr	birthday	jobcd	mileage
hong1	홍길동	인천 동구 송림동	2000-05-08	2	500

그림 5.66 • WHERE 절을 사용한 조건 검색 결과: 수치형 리터럴

검색 조건을 지정하는 WHERE 절에서 수치형 리터럴을 사용한 예이다. 조건에서 사용하는 `mileage` 열의 데이터 유형이 숫자이기 때문이다. 수치형 리터럴은 값을 나타낼 때 따옴표를 사용하지 않는다.

다음의 SELECT 쿼리문을 입력하고 선택 실행한다. [그림 5.67]은 다음의 SELECT 쿼리문을 실행한 결과이다.

예

```
SELECT memid, memname, addr, birthday, jobcd, mileage
    FROM `members`
    WHERE `birthday` = '2003/07/01';
```

members (1r × 6c)

memid	memname	addr	birthday	jobcd	mileage
kim1	김갑수	인천 연수구 연수동	2003-07-01	1	0

그림 5.67 • WHERE 절을 사용한 조건 검색 결과: 날짜형 리터럴

검색 조건을 지정하는 WHERE 절에서 날짜형 리터럴을 사용한 예이다. 조건절에서 사용하는 `birthday` 열의 데이터 유형이 DATE 형이기 때문이다. 날짜형 리터럴은 문자형 리터럴과 같이 리터럴을 사용할 때 따옴표를 사용하지만, 날짜형 리터럴은 다음과 같이 다양한 형식으로 표현할 수 있다. 모두 같은 날짜를 의미하는 날짜형 리터럴이다.

```
WHERE `birthday` = '2003/7/1'
WHERE `birthday` = '20030701';
WHERE `birthday` = '2003-7-1';
WHERE `birthday` = '2003-07-01';
WHERE `birthday` = '2003.7.1';
WHERE `birthday` = '2003.07.01';
```

날짜형 리터럴은 연월일을 구분하는 구분 문자로 '/', '–', '.' 등을 사용할 수 있으며 구분자를 사용하지 않아도 '연도 4자', '월 2자', '일 2자'로 총 8자인 '20030701'로 표현할 수 있다.

8.2 조건 지정하여 데이터 검색하기: WHERE ... BETWEEN

다음의 SELECT 쿼리문을 입력하고 선택 실행한다. [그림 5.68]은 다음의 SELECT 쿼리문을 실행한 결과이다.

예
```
SELECT memid, memname, mileage
      FROM `members`
      WHERE `mileage` BETWEEN 100 AND 1000
      ORDER BY `memid`;
```

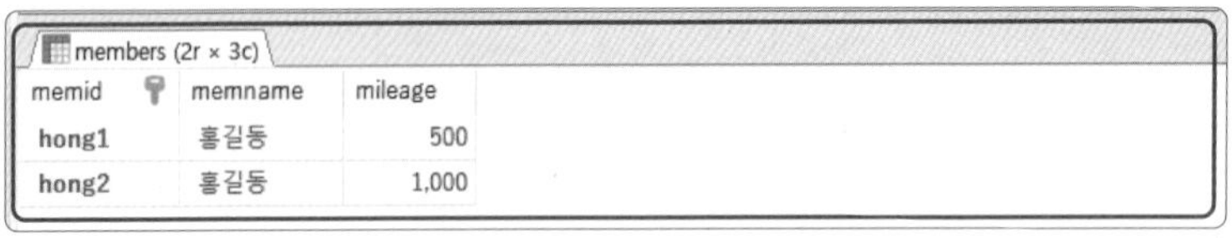
members (2r × 3c)

memid	memname	mileage
hong1	홍길동	500
hong2	홍길동	1,000

그림 5.68 • WHERE ... BETWEEN 절을 사용한 조건 검색 결과

BETWEEN ... AND ...는 비교할 값의 범위를 설정하는 것이다. 위의 SELECT 쿼리문의 WHERE 절은 다음과 같은 의미이다.

```
WHERE `mileage` >= 100 AND `mileage` <= 1000;
```

두 가지 조건을 기술하고 AND 연산자를 이용하면 두 가지 조건을 모두 만족하는 경우 조건절의 결과가 참 TRUE이 된다.

8.3 조건 지정하여 데이터 검색하기: WHERE ... LIKE

다음의 SELECT 쿼리문을 입력하고 선택 실행한다. [그림 5.69]는 다음의 SELECT 쿼리문을 실행한 결과이다.

예
```
SELECT memid, memname, mileage
     FROM `members`
     WHERE `memname` LIKE '홍%'
     ORDER BY `memid`;
```

members (2r × 3c)

memid	memname	mileage
hong1	홍길동	500
hong2	홍길동	1,000

그림 5.69 • WHERE ... LIKE 절을 사용한 조건 검색 결과 1

LIKE 절은 '%' 문자와 함께 사용한다. '%'는 와일드카드 wildcard 문자라고 한다. '%'는 모든 문자의 의미를 갖는다. 따라서 WHERE `memname` LIKE '홍%'는 `memname` 열의 값이 문자 '홍'으로 시작하는 모든 값이 검색 대상이 된다.

LIKE 절에서 '%' 문자를 사용하는 예로 '%동'은 열의 값 끝에 '동' 문자가 포함되어 있는 모든 값이 된다. '%길%'은 열의 값 중간에 '길' 문자가 포함되어 있거나 열의 값이 '길' 문자로 시작하는 값 또는 열의 값이 '길' 문자로 끝나는 모든 값이 된다.

다음의 SELECT 쿼리문을 입력하고 선택 실행한다. [그림 5.70]은 다음의 SELECT 쿼리문을 실행한 결과이다.

예
```
SELECT memid, memname, addr
     FROM `members`
     WHERE `addr` LIKE '%동구%'
     ORDER BY `memid`;
```

members (2r × 3c)

memid	memname	addr
hong1	홍길동	인천 동구 송림동
seo	서갑돌	인천 동구

그림 5.70 • WHERE ... LIKE 절을 사용한 조건 검색 결과 2

SELECT 쿼리문의 조건절 WHERE `addr` LIKE '%동구%'는 `addr` 열의 값에 문자열 '동구'가 포함되어 있는 모든 경우의 레코드를 검색한다. [그림 5.70]의 결과 셋을 보면 `addr` 열의 값이 문자열 '동구'로 끝나는 데이터도 검색된 것을 확인할 수 있다.

다음의 SELECT 쿼리문을 입력하고 선택 실행한다. [그림 5.71]은 다음의 SELECT 쿼리문을 실행한 결과이다.

예

```
SELECT memid, memname
    FROM `members`
    WHERE `memname` LIKE '%수';
```

members (1r × 2c)

memid	memname
kim1	김갑수

그림 5.71 • WHERE ... LIKE 절을 사용한 조건 검색 결과 3

SELECT 쿼리문의 조건절 WHERE `memname` LIKE '%수'는 `memname` 열의 값이 문자 '수'로 끝나는 모든 데이터를 검색한다.

8.4 조건 지정하여 데이터 검색하기: IN

다음의 SELECT 쿼리문을 입력하고 선택 실행한다. [그림 5.72]는 다음의 SELECT 쿼리문을 실행한 결과이다.

예
```sql
SELECT memid, memname, jobcd
     FROM `members`
     WHERE `jobcd` IN ('1', '3')
     ORDER BY `memid`;
```

memid	memname	jobcd
kim1	김갑수	1
park	박기자	3
seo	서갑돌	1

그림 5.72 · WHERE ... IN 절을 사용한 조건 검색한 결과

조건절 WHERE `jobcd` IN ('1', '3')는 `jobcd` 열의 값이 IN ('1', '3') 절에 나열된 값 중 하나와 같은 데이터를 검색한다. 즉, `jobcd`가 '1'이거나 '3'인 데이터가 결과 셋에 포함된다. 다음의 SELECT 쿼리문과 같이 OR 연산자를 사용하여 중복 조건을 지정하는 것과 같다. IN을 사용하는 것이 효과적일 것이다.

예
```sql
SELECT memid, memname, jobcd
     FROM `members`
     WHERE `jobcd` = '1' OR `jobcd` = '3';
```

조건 지정하여 데이터 검색하기: NOT 8.5

다음의 SELECT 쿼리문을 입력하고 선택 실행한다. [그림 5.73]은 다음의 SELECT 쿼리문을 실행한 결과이다.

예
```sql
SELECT memid, memname, jobcd
     FROM `members`
     WHERE NOT `jobcd` = '1'
     ORDER BY `memid`;
```

memid	memname	jobcd
hong1	홍길동	2
hong2	홍길동	9
park	박기자	3
Taeh	태현	4

그림 5.73 • WHERE NOT 절을 사용한 조건 검색한 결과

조건절 WHERE NOT `jobcd` = '1'은 기본 조건인 `jobcd` = '1'의 결과를 부정 NOT하는 것이다. 즉, `jobcd` 열의 값이 '1'이 아닌 모든 데이터를 검색한다. 다음의 SELECT 쿼리문을 사용하는 것과 같다.

예
```
SELECT memid, memname, jobcd
    FROM `members`
    WHERE `jobcd` != '1'
    ORDER BY `memid`;
```

8.6 조건 지정하여 데이터 검색하기: IS NULL

다음의 SELECT 쿼리문을 입력하고 선택 실행한다. [그림 5.74]는 다음의 SELECT 쿼리문을 실행한 결과이다.

예
```
SELECT memid, memname, jumin
    FROM `members`
    WHERE `jumin` IS NULL
    ORDER BY `memid`;
```

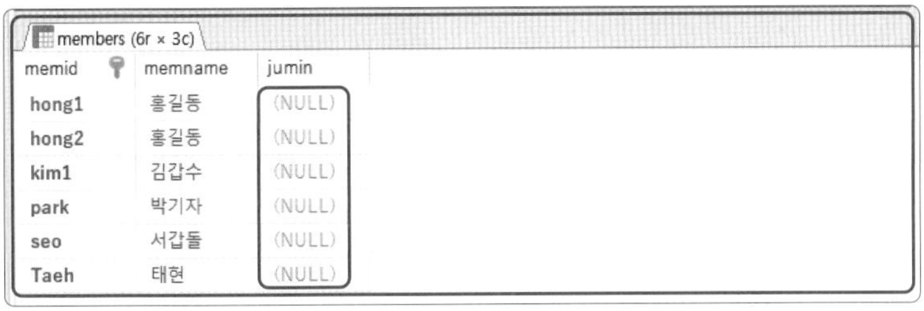

members (6r × 3c)

memid	memname	jumin
hong1	홍길동	(NULL)
hong2	홍길동	(NULL)
kim1	김갑수	(NULL)
park	박기자	(NULL)
seo	서갑돌	(NULL)
Taeh	태현	(NULL)

그림 5.74 • WHERE ... IS NULL 절을 사용한 조건 검색한 결과

조건절 WHERE `jumin` IS NULL은 `jumin` 열의 값이 NULL인 모든 데이터를 검색한다. 열의 값이 NULL인지를 확인할 때는 `jumin` = NULL의 조건으로는 확인할 수 없고, 반드시 IS NULL을 사용해야 한다. 반대로 NULL이 아닌 자료를 검색할 때의 조건절은 IS NOT NULL을 사용한다.

9 SQL 문에서 사용하는 연산자

앞서 SQL 문에서 사용하는 연산자 중 몇 가지를 사용해 보았지만, 연산자의 기능별로 상세하게 살펴보기로 한다.

9.1 산술 연산자 Arithmetic Operators

산술연산에 사용되는 연산자는 [표 5.2]와 같다.

[표 5.2] 산술 연산자

연산자	형식	설명
+	op1 + op2	• op1과 op2를 덧셈한다. • op1과 op2가 정수(integer)이면 연산 결과는 BIGINT이다. • op1과 op2에 부호가 없으면 결과에도 부호가 없다.

		예 SELECT 3 + 5; 결과 8 SELECT 3.66 + 1.333; 결과 4.993
–	op1 – op2	• op1에서 op2를 뺄셈한다. • op1과 op2가 정수(INTEGER)이면 연산 결과는 BIGINT이다. 예 SELECT 5 – 3; 결과 2
*	op1 * op2	• op1에서 op2를 곱셈한다. • op1과 op2가 정수(INTEGER)이면 연산 결과는 BIGINT이다. • op1과 op2에 부호가 없으면 결과에도 부호가 없다. 예 SELECT 3 * 5; 결과 15
/	op1 / op2	• op1을 op2로 나눗셈한다. op1은 분자이고 op2는 분모가 된다. • op2가 0이면 결과는 NULL이다. DBMS에 따라 오류가 발생하는 경우도 있다. • 나눗셈 연산의 결과는 기본적으로 소수점 이하 4자리까지 계산한다. 예 SELECT 20 / 5; 결과 4.0000 SELECT 3 / 5; 결과 0.6000 • 소수점 이하 자릿수를 변경하려면 시스템 변수 div_precision_increment를 다음과 같이 쿼리문을 입력하고 선택 실행한다. SET div_precision_increment = 6; 예 SELECT 3 / 5; 결과 0.600000
DIV	op1 DIV op2	• op1을 op2로 나눗셈해서 몫을 반환한다. • op2가 0이면 결과는 NULL이다. 예 SELECT 300 / 7; 결과 42
% MOD	op1 % op2 MOD(op1, op2)	• op1을 op2로 나눗셈해서 나머지를 반환한다. • op2가 0이면 결과는 NULL이다. 예 SELECT 25 % 4; 결과 1 SELECT MOD(25, 4); 결과 1 • MOD는 함수로 분류된다.

9.2 대입 연산자 Assignment Operators

대입연산에 관련된 연산자는 [표 5.3]과 같다. 대입 연산자는 할당 연산자라고도 한다.

[표 5.3] 대입 연산자

연산자	형식	설명
=	identifier = expr	• identifier는 변수일 수도 있고, 테이블을 구성하는 열 column 일 수도 있다. • expr의 값을 변수 또는 열에 대입한다. '넣는다' 또는 '저장한다'고 표현한다. 예 SET @x = 1, @y = 2; SELECT @x, @y; 결과 1 2
:=	var_name := expr	• expr의 값을 변수에 대입한다. '대입한다'는 표현은 '넣는다', '저장한다' 또는 '할당한다'라고도 표현한다. 예 SET @x := 1, @y := 2; SELECT @x, @y; 결과 1 2 예 SELECT @nm := memname FROM \`members\` WHERE \`memid\` = 'kim1' SELECT @nm; 결과 "김갑수"

9.3 비교 연산자 Comparison Operators

비교연산에 사용되는 연산자는 [표 5.4]와 같다.

[표 5.4] 비교 연산자

연산자	형식	설명
=	left_expr = right_expr	• left_expr의 값과 right_expr의 값이 같으면 1(True)을 반환하고 다르면 0(False)을 반환한다. • left_expr의 값 또는 right_expr의 값, 두 가지 중 하나라도 NULL이면 NULL을 반환한다. 예 SELECT 1 = 0, 1 = 1; 결과 0 1 SELECT 'a' = 'A'; 결과 1 ★ 문자 비교에서 대소문자를 구분하지 않는 것에 주의
〈〉 !=	left_expr 〈〉 right_expr	• left_expr의 값과 right_expr의 값이 같지 않으면 1(True)을 반환하고 같으면 0(False)을 반환한다. • left_expr의 값 또는 right_expr의 값, 두 가지 중 하나라도 NULL이면 NULL을 반환한다. 예 SELECT 1 != 0, 1 〈〉 1; 결과 1 0

<	left_expr < right_expr	• left_expr의 값이 right_expr의 값 보다 작으면 1(True)을 반환하고 아니면 0(False)을 반환한다. • left_expr의 값 또는 right_expr의 값, 두 가지 중 하나라도 NULL이면 NULL을 반환한다. 예 SELECT 2 < 2, 1 < 2; 결과 0 1 SELECT 'A' < 'A', 'A' < 'B'; 결과 0 1
>	left_expr > right_expr	• left_expr의 값이 right_expr의 값 보다 크면 1(True)을 반환하고 아니면 0(False)을 반환한다. • left_expr의 값 또는 right_expr의 값, 두 가지 중 하나라도 NULL이면 NULL을 반환한다. 예 SELECT 2 > 2, 2 > 1; 결과 0 1 SELECT 'A' > 'A', 'B' > 'A'; 결과 0 1
<=	left_expr <= right_expr	• left_expr의 값이 right_expr의 값 보다 작거나 같으면 1(True)을 반환하고 아니면 0(False)을 반환한다. • left_expr의 값 또는 right_expr의 값, 두 가지 중 하나라도 NULL이면 NULL을 반환한다. 예 SELECT 2 <= 2, 1 <= 2; 결과 1 1 SELECT 'A' <= 'A', 'A' <= 'B'; 결과 1 1
>=	left_expr >= right_expr	• left_expr의 값이 right_expr의 값 보다 크거나 같으면1(True)을 반환하고 아니면 0(False)을 반환한다. • left_expr의 값 또는 right_expr의 값, 두 가지 중 하나라도 NULL이면 NULL을 반환한다. 예 SELECT 2 >= 2, 1 >= 2; 결과 1 0 SELECT 'A' >= 'A', 'A' >= 'B'; 결과 1 0 ★문자 비교에서 대소문자를 구분하지 않는 것에 주의
<=>	left_expr <=> right_expr	• left_expr의 값이 right_expr의 값과 같으면 1(True)을 반환하고 아니면 0(False)을 반환한다. • left_expr의 값과 right_expr의 값이 모두 NULL 이면 1(True)을 반환한다. • left_expr의 값 또는 right_expr의 값, 두 가지 값 중 어느 한쪽이 NULL이면 0(False)을 반환한다. 예 SELECT 1 <=> 1, NULL <=> NULL, 1 <=> NULL; 결과 1 1 0
BETWEEN … AND	expr BETWEEN min AND max	• expr의 값이 min보다 크거나 같고 max보다 작거나 같으면 1(True)을 반환하고, 아니면 0(False)을 반환한다. 예 SELECT 1 BETWEEN 2 AND 3; 결과 0 SELECT 'b' BETWEEN 'a' AND 'c'; 결과 1

IN	expr IN (value_list)	• expr의 값이 value_list에 있으면 1(True)을 반환하고, 없으면 0(False)을 반환한다. 예 SELECT 2 IN (0, 3, 5, 7); 결과 0
IS	IS boolean_value	• boolean_value는 TRUE, FALSE, UNKNOWN일 수 있다. 예 SELECT 1 IS TRUE, 0 IS FALSE, NULL IS UNKNOWN; 결과 1 1 1
	IS NULL IS NOT NULL	예 SELECT 1 IS NULL, 0 IS NULL, NULL IS NULL; 결과 0 0 1 SELECT 1 IS NOT NULL, 0 IS NOT NULL, NULL IS NOT NULL 결과 1 1 0
LEAST	LEAST(value_list)	• value_list에 나열된 값 중 가장 작은 값을 반환한다. 예 SELECT LEAST('B', 'A', 'C'); 결과 'A'

논리 연산자 Logical Operators 9.4

논리 연산자를 사용하여 두 가지 이상의 조건을 확인하도록 하는 복합 조건식을 만들 수 있다. 논리연산에 관련된 연산자는 [표 5.5]와 같다.

[표 5.5] 논리 연산자

연산자	형식	설명
AND &&	expr1 AND expr2 expr1 && expr2	• expr1과 expr2가 모두 True이면 결과는 1(True)이고, 이외의 경우는 0(False)이다. 예 SELECT 1 && 1; 결과 1 SELECT TRUE && FALSE; 결과 0
OR ||	expr1 OR expr2 expr1 || expr2	• expr1과 expr2가 모두 False이면 결과는 0(False)이고, 이외의 경우는 1(True)이다. 예 SELECT 1 || 1; 결과 1 SELECT FALSE || FALSE; 결과 0
XOR	expr1 XOR expr2	• expr1의 값과 expr2의 값, 모두 True이거나 모두 False이면 0(False)을 반환하고, expr1의 값과 expr2의 값 중 하나만 True이면 1(True)을 반환한다.

		예 SELECT 1 XOR 1; 결과 0 SELECT 1 XOR 0; 결과 1 SELECT 0 XOR 1; 결과 1 SELECT 0 XOR 0; 결과 0
NOT !	NOT expr ! expr	예 SELECT NOT 1; 결과 0 SELECT NOT 0; 결과 1

논리 연산자의 AND(&&) 연산을 정리하면 다음과 같다.

expr1	expr2	결과
True	True	True
True	False	False
False	True	False
False	False	False

AND 연산은 두 가지 모두 True일 때만 결과가 True

논리 연산자의 OR(||) 연산을 정리하면 다음과 같다.

expr1	expr2	결과
True	True	True
True	False	True
False	True	True
False	False	False

OR 연산은 두 가지 모두 False일 때만 결과가 False

여러 연산자를 함께 사용할 때는 각각의 연산자에 우선순위가 있다. 연산자의 우선순위는 [표 5.6]과 같다.

[표 5.6] 연산자 우선순위

순위	연산자	비고
1	INTERVAL	날짜 유형과 시간 유형의 옵션으로 사용
2	BINARY, COLLATE	BINARY: 문자열을 이진 문자열로 비교 COLLATE: 문자 셋 지정
3	!	논리 연산 부정 NOT

4	–	단항 연산자로 음수를 나타내는 부호로 사용 비트 연산에서 not
5	^	비트 연산 XOR
6	*, /, DIV, %, MOD	산술 연산
7	–, +	산술 연산
8	〈〈, 〉〉	비트 SHIFT
9	&	비트 연산 AND
10	|	비트 연산 OR
11	=, 〈=〉, 〉=, 〈=, 〈, 〈〉, !=, IS, LIKE, REGEXP, IN	비교 연산
12	BETWEEN, CASE, WHEN, THEN, ELSE, END	비교 연산
13	NOT	논리 연산 부정
14	&&, AND	논리 연산
15	XOR	논리 연산
16	||, OR	논리 연산
17	=	할당(대입) 연산

연산자의 연산 우선순위를 변경하고자 할 때는 괄호 ( )를 사용하여 먼저 계산할 연산을 괄호로 묶는다. 괄호 속에 또 괄호가 있을 수 있다. 맨 안쪽의 괄호 안부터 바깥쪽 방향으로 차례대로 연산한다. 우선순위가 같은 연산의 경우는 왼쪽부터 오른쪽 방향으로 차례대로 연산한다. 함께 사용할 때 주의해야 할 연산자로 &&(AND) 연산과 ||(OR) 연산자는 우선순위의 차이가 있다는 점에 주의해야 한다. AND와 OR 연산자를 같이 사용하는 경우가 많기 때문에 주의해야 한다.

INSERT 쿼리문 사용하기 10

앞서 HeidiSQL의 그래픽 모드를 이용해서 테이블에 데이터를 입력해 보았고, 이때 HeidiSQL의 로그 영역에 표시되는 INSERT 쿼리문을 이용해서도 데이터를 입력해 보았다.

여기서는 조금 더 상세하게 INSERT 쿼리문에 대해 살펴보면서, INSERT 쿼리문을 이용하여 추가 데이터를 입력해 보기로 한다.

INSERT 쿼리문의 기본 형식은 다음과 같다.

INSERT 문 형식

```
INSERT [LOW_PRIORITY | DELAYED | HIGH_PRIORITY] [IGNORE]
   [INTO] tbl_name [PARTITION (partition_list)] [(col,...)]
   {VALUES | VALUE} ({expr | DEFAULT},...),(...),...
   [ON DUPLICATE KEY UPDATE
   col=expr
   [, col=expr] ... ] [RETURNING select_expr
   [, select_expr ...]]
```

INSERT 쿼리문의 간단한 형식은 다음과 같다.

INSERT 문 형식(개요)

```
INSERT INTO `테이블이름1
    [(`col_name`, ... )]
    VALUES ( valust_list) [, (value_list), ... ] ;
```

INSERT 쿼리문을 사용해서 `members` 테이블에 추가로 데이터를 입력해 보자. 다음의 INSERT 쿼리문을 입력하고 선택 실행 CTRL+F9한다.

예
```
INSERT INTO `members`
     (memid, memname)
     VALUES ('abcd', '추가자');
```

위의 INSERT 쿼리문을 실행하면, HeidiSQL 창의 로그 영역에 다음과 같은 메시지가 표시된다.

```
INSERT INTO `members` (memid, memname) VALUES ('abcd', '추가자');
/* 영향 받은 행: 1  찾은 행: 0  경고: 0  지속 시간 1 쿼리: 0.015 초 */
```

표시된 메시지에서 “영향 받은 행: 1”은 1행의 데이터가 정상적으로 추가되었음을 의미하는 것이다.

다음의 SELECT 쿼리문을 사용해서 추가된 데이터를 확인해 보자. [그림 5.75]에서와 같이 추가된 데이터를 확인할 수 있다.

예 01: SELECT * FROM `members` ORDER BY `memid`;

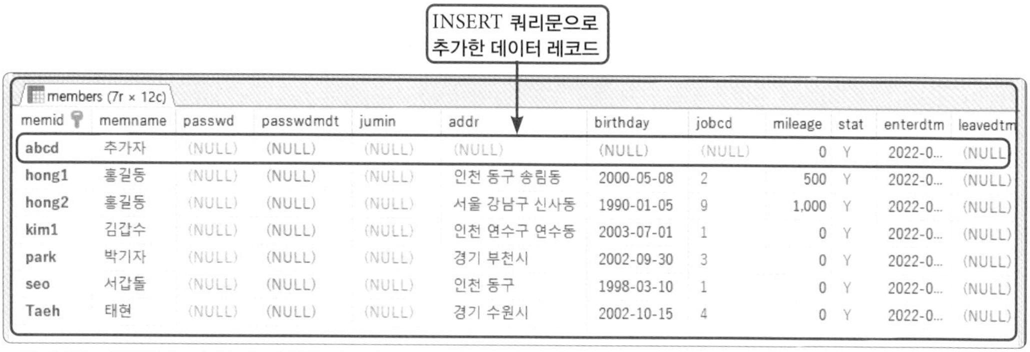

memid	memname	passwd	passwdmdt	jumin	addr	birthday	jobcd	mileage	stat	enterdtm	leavedtm
abcd	추가자	(NULL)	(NULL)	(NULL)	(NULL)	(NULL)	(NULL)	0	Y	2022-0...	(NULL)
hong1	홍길동	(NULL)	(NULL)	(NULL)	인천 동구 송림동	2000-05-08	2	500	Y	2022-0...	(NULL)
hong2	홍길동	(NULL)	(NULL)	(NULL)	서울 강남구 신사동	1990-01-05	9	1,000	Y	2022-0...	(NULL)
kim1	김갑수	(NULL)	(NULL)	(NULL)	인천 연수구 연수동	2003-07-01	1	0	Y	2022-0...	(NULL)
park	박기자	(NULL)	(NULL)	(NULL)	경기 부천시	2002-09-30	3	0	Y	2022-0...	(NULL)
seo	서갑돌	(NULL)	(NULL)	(NULL)	인천 동구	1998-03-10	1	0	Y	2022-0...	(NULL)
Taeh	태현	(NULL)	(NULL)	(NULL)	경기 수원시	2002-10-15	4	0	Y	2022-0...	(NULL)

그림 5.75 • INSERT 쿼리문을 실행한 결과 확인

[그림 5.75]에서 추가된 레코드의 데이터를 확인해 보면, INSERT 쿼리문에서 `memid` 열과 `memname` 열만 지정하여 데이터를 추가했기 때문에 나머지 열에는 테이블을 정의할 때 설정된 기본값으로 채워져 있음을 볼 수 있다. `mileage` 열에는 0, `stat` 열에는 ‘Y’, `enterdtm` 열에는 데이터가 입력된 시점의 시스템 일시가 채워져 있고, 나머지 열에는 NULL로 채워져 있다.

하나의 INSERT 쿼리문으로 두 개 이상의 데이터 레코드를 입력할 수 있다. 다음의 INSERT 쿼리문을 입력하고 선택 실행한다. [그림 5.76]은 다음의 INSERT 쿼리문을 실행하고, SELECT 쿼리문을 사용하여 입력된 데이터를 확인한 결과이다.

예
```
INSERT INTO `members`
     (memid, memname)
     VALUES ('abcd1', '추가자1'),
            ('abcd2', '추가자2');

SELECT * FROM `members` ORDER BY `memid`;
```

members (9r × 12c)

memid	memname	passwd	passwdmdt	jumin	addr	birthday	jobcd	mileage	stat	enterdtm	leavedtm
abcd	추가자	(NULL)	(NULL)	(NULL)	(NULL)	(NULL)	(NULL)	0	Y	2022-09...	(NULL)
abcd1	추가자1	(NULL)	(NULL)	(NULL)	(NULL)	(NULL)	(NULL)	0	Y	2022-09...	(NULL)
abcd2	추가자2	(NULL)	(NULL)	(NULL)	(NULL)	(NULL)	(NULL)	0	Y	2022-09...	(NULL)
hong1	홍길동	(NULL)	(NULL)	(NULL)	인천 동구 송림동	2000-05-08	2	500	Y	2022-03...	(NULL)
hong2	홍길동	(NULL)	(NULL)	(NULL)	서울 강남구 신사동	1990-01-05	9	1,000	Y	2022-03...	(NULL)
kim1	김갑수	(NULL)	(NULL)	(NULL)	인천 연수구 연수동	2003-07-01	1	0	Y	2022-03...	(NULL)
park	박기자	(NULL)	(NULL)	(NULL)	경기 부천시	2002-09-30	3	0	Y	2022-03...	(NULL)
seo	서갑돌	(NULL)	(NULL)	(NULL)	인천 동구	1998-03-10	1	0	Y	2022-03...	(NULL)
Taeh	태현	(NULL)	(NULL)	(NULL)	경기 수원시	2002-10-15	4	0	Y	2022-03...	(NULL)

그림 5.76 • INSERT 쿼리문 실행: 두 개 레코드 입력

두 개의 데이터를 입력하기 위해서 VALUES 절에 나열되는 값의 목록을 두 번 기술하면 된다. 각각의 목록은 콤마로 구분한다.

10.1 INSERT 쿼리문을 사용할 때 발생하는 오류 Errors

■ 기본키 Primary Key 중복 오류

앞서 실행했던 다음의 INSERT 쿼리문을 다시 한번 실행한다. [그림 5.77]과 같은 오류 메시지 창이 나타난다.

예
```
INSERT INTO `members`
     (memid, memname)
     VALUES ('abcd', '추가자');
```

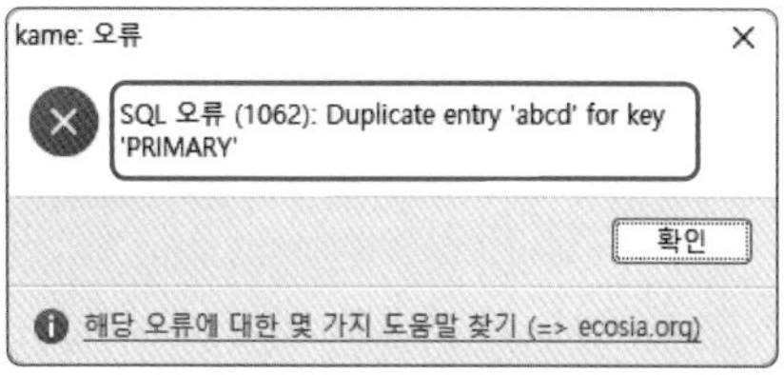

그림 5.77 • INSERT 쿼리문 실행: 기본키 중복 오류

같은 데이터를 두 번째 입력하면서 `members` 테이블에 정의된 기본키 Primary Key에 중복 Duplication이 발생한 것이다. 기본키는 유일 unique해야 하기 때문에 오류가 발생하게 되는 것이다.

다수의 인터넷 사이트에서 회원 가입할 때 "ID Check" 또는 "ID 중복 검사"라는 버튼이 있는 것을 보았을 것이다. 다수의 인터넷 사이트에서 사용자의 ID를 기본키로 설정하고 있기 때문에 기본키가 중복되는 것을 방지하기 위한 기능이다.

■ 열의 이름을 잘못 지정한 오류

다음의 INSERT 쿼리문을 입력하고 선택 실행한다. [그림 5.78]과 같은 오류 메시지 창이 나타난다.

예
```
INSERT INTO `members` (memdi, memname)
       VALUES ('abcde', '홍길동');
```

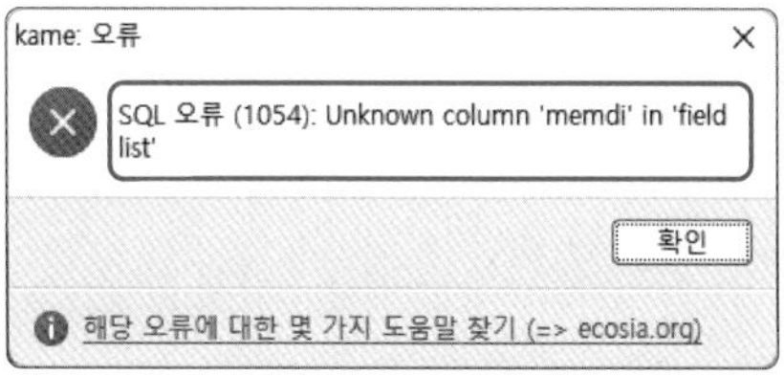

그림 5.78 • INSERT 쿼리문 실행: 열 이름 오류

사용한 INSERT 쿼리문에서 열 이름이 잘못된 경우 '알 수 없는 열 이름'이라는 의미의 "Unknown column 'memdi' in filed list" 메시지가 표시된다. 예의 쿼리문에서 사용된 `memdi`는 정의되지 않은 열 이름이다.

■ 열에 데이터가 입력되지 않은 오류

다음의 INSERT 쿼리문을 입력하고 선택 실행한다. [그림 5.79]와 같은 오류 메시지 창이 나타난다.

예
```
INSERT INTO `members` (memid)
     VALUES ('abcde');
```

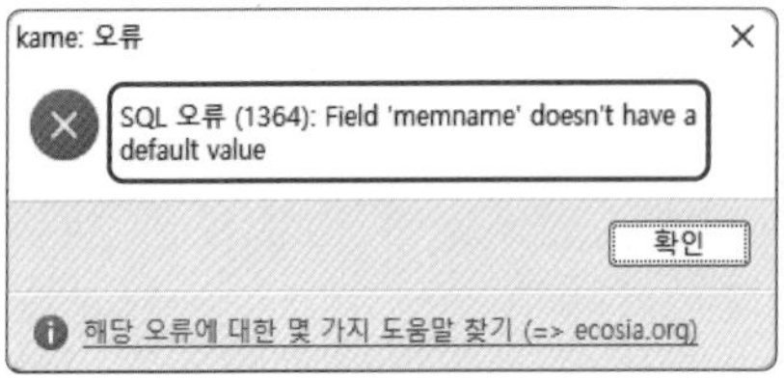

그림 5.79 • INSERT 쿼리문 실행: 데이터가 없는 열 오류

INSERT 쿼리문에는 `memid` 열의 값만 지정하여 데이터를 입력하려고 할 때 데이터가 입력되어야 하는 `memname` 열에 기본값이 없다는 의미의 오류 메시지이다. INSERT 쿼리문을 통해 데이터를 입력할 때 기본값 default value이 설정된 열에는 값을 입력하지 않아도 된다. 즉, 열에 값을 입력하지 않으면 해당 열에는 기본값이 적용된다. 하지만, 기본값이 설정되지 않은 열은 반드시 값을 입력해야 정상적인 INSERT 쿼리문 실행이 가능하다.

`members` 테이블을 생성할 때 `memid` 열과 `memname` 열에는 기본값을 설정하지 않았다. 따라서 INSERT 쿼리문을 사용해서 새로운 데이터를 입력할 때는 `memid` 열과 `memname` 열에는 반드시 값을 지정해야 하는데, `INSERT INTO `members` (memid) VALUES ('abcde');` 쿼리문에서는 `memid` 열만 다루었기 때문에 오류가 발생한 것이다.

■ 날짜 데이터 유형의 값이 잘못된 오류

다음의 INSERT 쿼리문을 입력하고 선택 실행한다. [그림 5.80]과 같은 오류 메시지 창이 나타난다.

예
```
INSERT INTO `members`
     (memid, memname, birthday)
     VALUES ('abcde', '홍길동', '1990-02-30');
```

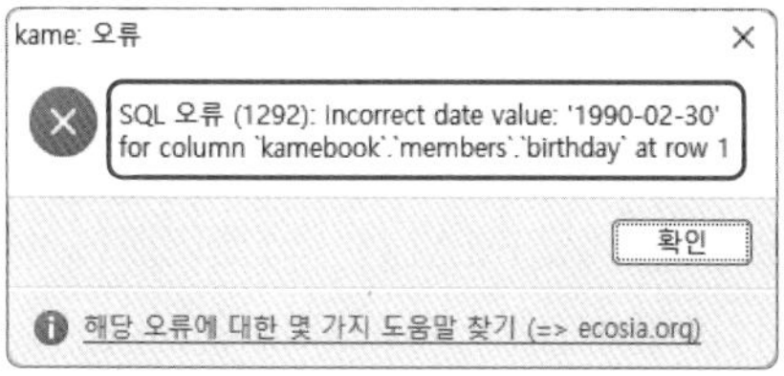

그림 5.80 • INSERT 쿼리문 실행: DATE 유형의 데이터가 잘못된 오류

INSERT 쿼리문을 통해 입력하는 DATE 유형의 데이터가 '1990-02-30'으로 입력되었다. 2월 30일은 달력에 없는 날짜이기 때문에 "Incorrect date value" 오류가 발생한 것이다.

DATETIME 유형의 데이터를 입력할 때도 존재하지 않는 날짜 또는 시간 표현을 사용하게 되면 같은 오류가 발생한다.

일반적으로 날짜를 입력받을 때 달력을 화면에 표시하여 날짜를 선택하도록 하는 이유도 이러한 오류를 방지하기 위한 것이다.

■ 표현 범위를 벗어나는 숫자 데이터 오류

다음의 INSERT 쿼리문을 입력하고 선택 실행한다. [그림 5.81]과 같은 오류 메시지 창이 나타난다.

예
```
INSERT INTO `members`
      (memid, memname, mileage)
      VALUES ('abcde', '홍길동', 12345678);
```

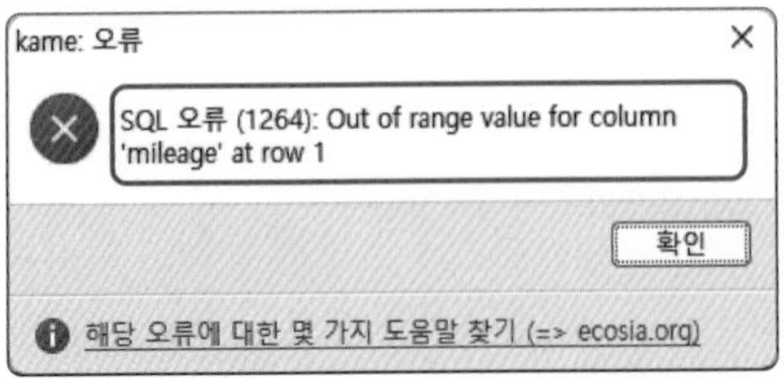

그림 5.81 • INSERT 쿼리문 실행: 숫자 데이터 유형의 데이터가 잘못된 오류

`members` 테이블에서 `mileage` 열의 데이터 유형은 DECIMAL(7, 0)로 정의되어 있다. 7자리 숫자로 소수점 이하는 사용하지 않는 것이다. INSERT 쿼리문에서 `mileage` 열에 입력하려는 값은 12345678로 8자리 숫자이기 때문에 값이 범위를 벗어났다는 의미의 "Out of range value" 오류가 발생한 것이다.

숫자 데이터 유형은 모두 사용할 수 있는 값의 범위가 있다. 따라서 필요에 따라 열의 데이터 유형을 변경해야 할 수도 있다.

■ 열거형 데이터에서 없는 데이터 사용 오류

다음의 INSERT 쿼리문을 입력하고 선택 실행한다. [그림 5.82]와 같은 오류 메시지 창이 나타난다.

예
```
INSERT INTO `members`
      (memid, memname, stat)
      VALUES ('abcde', '홍길동', 'X');
```

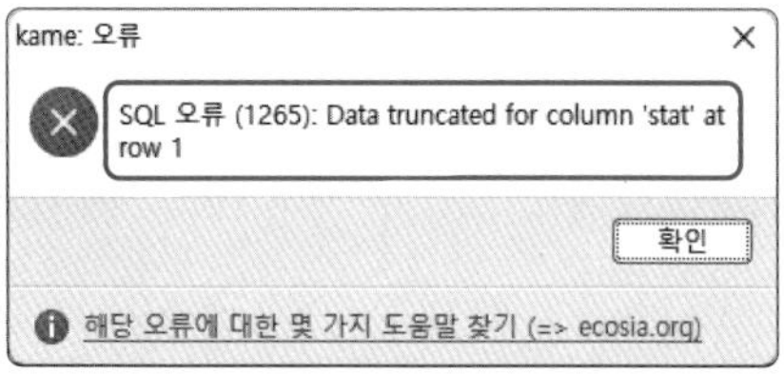

그림 5.82 • INSERT 쿼리문 실행: ENUM 유형의 데이터가 잘못된 오류

`members` 테이블에서 `stat` 열의 데이터 유형은 ENUM('Y', 'N')으로 정의되어 있다. ENUM 데이터 유형은 나열된 값 중 하나만 사용할 수 있다. INSERT 쿼리문에서 `stat` 열에 입력하려는 값은 'X'로 정의되지 않은 값을 사용하기 때문에 "Data truncated" 오류가 발생한 것이다.

■ 열의 개수와 값의 개수가 일치하지 않는 오류

다음의 INSERT 쿼리문을 입력하고 선택 실행한다. [그림 5.83]과 같은 오류 메시지 창이 나타난다.

예
```
INSERT INTO `members`
    (memid, memname, stat)
    VALUES ('abcde', '홍길동');
```

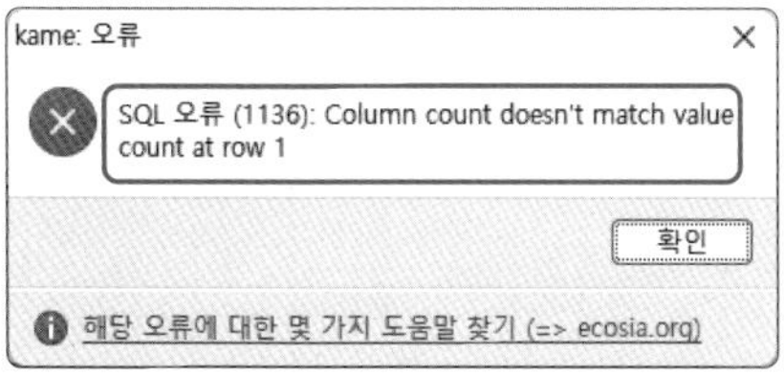

그림 5.83 • INSERT 쿼리문 실행: 열의 개수와 값의 개수가 일치하지 않는 오류

INSERT 쿼리문에서 세 개의 열에 데이터를 입력하고자 열 목록을 나열했다. 하지만, 각 열에 대응해야 하는 값의 목록에는 두 개의 값만이 기술되어 서로 개수가 일치하지 않는다는 의미의 "Column count doesn't match value count" 오류가 발생한 것이다.

■ 문법 오류

다음의 INSERT 쿼리문을 입력하고 선택 실행한다. [그림 5.84]와 같은 오류 메시지 창이 나타난다.

예
```
INSERT INTO `members`
    (memid__memname)
    VALUES ('abcde', '홍길동');
```

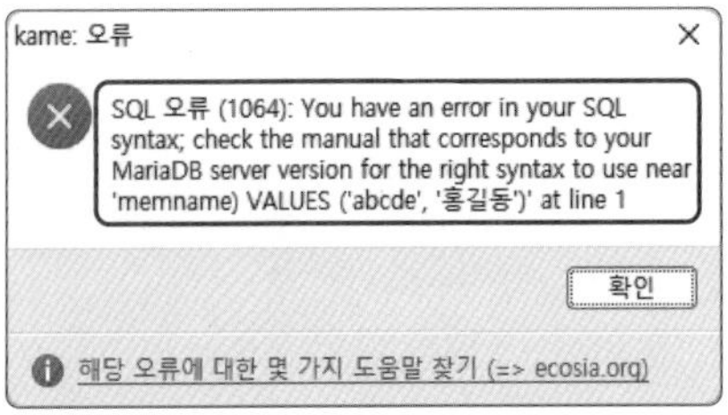

그림 5.84 • INSERT 쿼리문 실행: 문법 오류

"You hav an error in your SQL syntax" 오류는 SQL 문을 사용할 때 가장 흔하게 발생하는 오류이다. 구문 형식에 맞지 않는다는 의미이다. INSERT 쿼리문에서 데이터를 입력하려는 열 목록을 나열할 때 각각의 열은 콤마 문자로 구분되어야 한다. 하지만, 주어진 INSERT 쿼리문에는 열 목록에서 각 열을 구분하는 콤마 문자가 없기 때문에 오류가 발생한 것이다.

지금까지 살펴본 오류 외에도 다양한 오류가 발생할 수 있다. 오류를 이해하고 해결 방법을 아는 것이 곧 능력이 된다.

10.2 AUTO_INCREMENT 속성을 갖는 열에 데이터 입력하기

테이블을 구성하는 열 column 중 해당 테이블에 데이터를 입력할 때마다 열의 값이 자동으로 증가하도록 정의할 수 있다. 테이블을 만들때 열의 속성을 'AUTO_INCREMENT'로 설정하면 된다.

다음의 CREATE TABLE 쿼리문을 입력하고 선택 실행하여 테이블 `board`를 생성한다.

```
CREATE TABLE `board` (
    idx INT(11) NOT NULL AUTO_INCREMENT,
    title VARCHAR(50) NULL DEFAULT NULL
                COLLATE 'utf8mb4_general_ci',
    content TEXT NULL DEFAULT NULL
                COLLATE 'utf8mb4_general_ci',
    PRIMARY KEY (idx) USING BTREE
)
COLLATE='utf8mb4_general_ci'
ENGINE=InnoDB;
```

[그림 5.85]에서와 같이 HeidiSQL 창의 세션 개체 목록에서 `board` 테이블을 확인할 수 있으며, `board` 테이블을 클릭하면 오른쪽 영영의 '테이블' 탭에서 생성한 테이블의 구조를 확인할 수 있다.

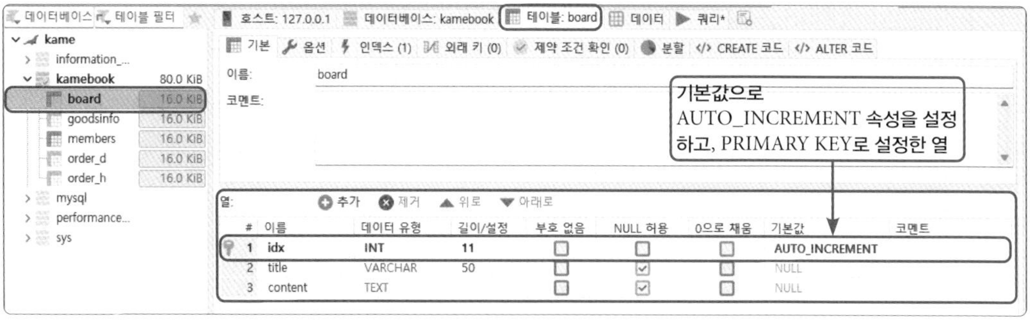

그림 5.85 • `board` 테이블의 구조 확인

AUTO_INCREMENT 속성을 지정하는 열의 데이터 유형은 정수 수치형으로 해야 한다. INSERT 쿼리문을 사용해서 데이터를 입력할 때는 AUTO_INCREMENT 속성이 설정된 열에는 입력할 데이터를 지정하지 않는다. 데이터베이스 내부에서 자동으로 열의 값이 할당된다.

다음의 INSERT 쿼리문을 입력하고 선택 실행하여 자동으로 값이 할당되는 열의 내용을 확인해 보자. [그림 5.86]은 데이터를 입력하고 확인한 결과이다.

예
```
INSERT INTO `board` (title, content)
    VALUES (
        'Auto Increment Test',
        'Auto Increment 속성이 지정된 열은 데이터베이스에서 자동으로 값을 채운다.');

SELECT * FROM  `board`;
```

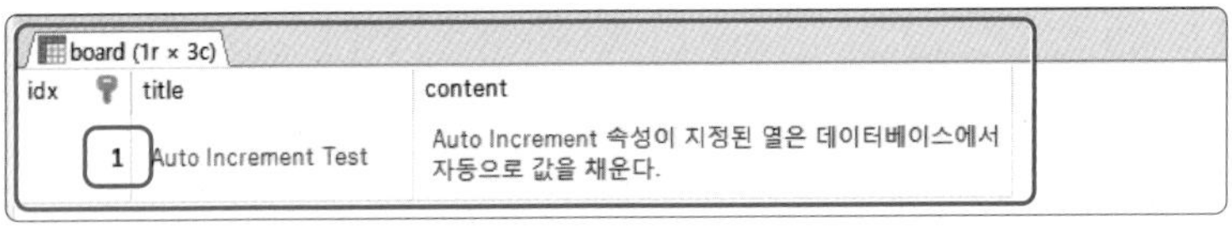

그림 5.86 • AUTO_INCREMENT 열의 값 확인 1

`board` 테이블에 첫 번째 데이터를 입력했다. INSERT 쿼리문에서 `idx` 열의 값을 입력하지 않았지만, 테이블에서 `idx` 열에 값 1이 입력되어 있는 것을 확인할 수 있다.

다음의 INSERT 쿼리문을 입력하고 선택 실행하여 `board` 테이블에 두 번째 데이터를 입력하고, 자동으로 값이 할당되는 열의 내용을 확인해 보자. [그림 5.87]은 데이터를 입력하고 확인한 결과이다.

예
```
INSERT INTO `board` (title, content)
        VALUES ('2번째 제목', '2번째 내용');

    SELECT * FROM `board`;
```

board (2r × 3c)

idx	title	content
1	Auto Increment Test	Auto Increment 속성이 지정된 열은 데이터베이스에서 자동으로 값을 채운다.
2	2번째 제목	2번째 내용

그림 5.87 • AUTO_INCREMENT 열의 값 확인 2

`board` 테이블에 두 번째 데이터를 입력했다. [그림 5.87]에서와 같이 두 번째 입력된 데이터에서 `idx` 열의 값은 2로 자동으로 할당된 것을 확인할 수 있다. AUTO_INCREMENT 속성이 설정된 열은 데이터를 입력할 때 마다 기본으로 값이 1씩 증가한다.

다음의 쿼리문을 입력하고 선택 실행하여 결과를 확인해 보자. [그림 5.88]은 다음의 쿼리문을 실행한 결과를 확인한 것이다.

예

```
SET insert_id = 10;
INSERT INTO `board` (title, content)
       VALUES ('3번째 제목', '3번째 내용');

SELECT * FROM `board`;
```

board (3r × 3c)

idx	title	content
1	Auto Increment Test	Auto Increment 속성이 지정된 열은 데이터베이스에서 자동으로 값을 채운다.
2	2번째 제목	2번째 내용
10	3번째 제목	3번째 내용

그림 5.88 • AUTO_INCREMENT 열의 값 확인 3

AUTO_INCREMENT 속성으로 채워지는 값은 데이터베이스 내부에서 시스템 변수 'insert_id'를 사용해서 관리한다. 'insert_id' 변수의 값은 기본으로 1로 되어 있고, INSERT 쿼리문이 실행될 때 AUTO_INCREMENT 속성을 사용하는 열에 'insert_id' 변수의 값을 전달한 뒤에 1씩 증가한다. 시스템 변수에 대한 상세한 내용은 https://mariadb.com/kb/en/system-variables/를 참조한다.

앞서 실행한 쿼리문 중 "SET insert_id = 10;" 문은 시스템 변수 'insert_id'의 값을 10으로 변경한다. 따라서 이후 실행되는 INSERT 쿼리문으로 입력되는 데이터의 AUTO_INCREMENT 속성을 사용하는 열에 10을 전달한 뒤에 자동 증가하여 'insert_id' 변수의 값은 11이 되는 것이다. 참고로 시스템 변수 'insert_id'는 테이블마다 별도로 관리된다.

SET 문을 사용하여 'insert_id' 변수의 값을 변경하는 것은 일반적으로 사용하지 않으며, AUTO_INCREMENT 속성은 게시판과 같은 형태의 데이터를 관리하는 테이블에서 주로 사용한다.

11 UPDATE 쿼리문 사용하기

지금까지 데이터베이스를 만들어 데이터베이스 내부에 테이블을 생성하고, 테이블 내에 INSERT 쿼리문을 사용하여 데이터를 입력하고, SELECT 쿼리문을 사용하여 테이블에 저장된 데이터를 검색해 보았다.

여기서는 테이블에 저장된 데이터를 변경하는 방법을 살펴보기로 한다. 테이블에 저장된 데이터를 변경할 때는 UPDATE 쿼리문을 사용한다.

UPDATE 쿼리문을 사용하여 모든 행의 특정 열의 데이터를 변경하거나 특정행의 특정 열의 데이터를 변경할 수 있다. UPDATE 쿼리문을 사용하여 모든 행, 모든 열의 데이터 또한 변경할 수 있지만, 이 경우 모든 데이터를 삭제하고 INSERT 쿼리문을 이용하여 입력하는 것이 효율적일 것이다.

UPDATE 쿼리문을 사용하여 데이터 변경이 이루어진 이후에는 되돌리는 기능은 없다. 따라서 UPDATE 쿼리문을 사용할 때는 주의가 필요하다. 잘못된 변경으로 인해 시간 비용과 금전 비용 등 막대한 손해가 발생할 수도 있다.

발생할 수도 있는 손해를 사전에 막을 수 있는 몇 가지 방법이 있다. 일반적으로 사용하는 세 가지 방법을 알아보자.

▷ 테이블에 저장된 데이터를 텍스트 형식의 파일로 저장하는 방법이다.
이 방법은 앞서 살펴보았다. 하지만, 번거로운 방법이다.

▷ **데이터베이스**(예 MariaDB 등)에서 제공하는 백업 및 복원 기능을 이용하는 방법이다. 공공기관, 금융기관 또는 기업체 등 데이터베이스를 사용하는 많은 곳에서 백업을 위한 데이터 관리 비용이 증가함에도 여러 가지 방법으로 데이터베이스를 백업하고 있다.

▷ 개발용 데이터베이스 서버와 업무용 데이터베이스 서버를 분리해서 사용한다. 개발용 서버에서 데이터베이스 관련 소프트웨어를 개발하고 완전한 검증이 이루어진 뒤에 업무용 데이터베이스 서버로 관련 소프트웨어를 이관하여 운영하는 방법이다. 개발용 데이터베이스 서버에서는 실제 업무용 데이터가 아닌 테스트 데이터만 사용하는 것이다. 실수로 데이터가 잘못되어도 큰 문제가 발생하지 않는다.

일반적으로 위와 같은 세 가지 방법을 모두 활용하여 데이터베이스 관련 소프트웨어를 개발하고 운영하고 있다고 이해하면 된다.

프로그램 소스 코드의 백업도 중요하지만,
데이터베이스의 데이터 백업도 중요함을 기억해야 한다.

앞서, SELECT INTO OUTFILE 쿼리문을 사용하여 사용하는 데이터베이스에 포함된 4개의 테이블을 텍스트 형식의 파일로 백업했다. UPDATE 쿼리문을 실습하기 위해 `order_h` 테이블을 사용하여 데이터를 변경하는 실습을 한 뒤에 백업 파일을 사용하여 데이터를 UPDATE 쿼리문을 실습하기 이전 상태로 복구할 것이다.

UPDATE 쿼리문을 실습을 진행하기 전에 다음의 SELECT 쿼리문을 이용하여 `order_h` 테이블의 현재 상태를 확인해 보자. [그림 5.89]는 다음의 쿼리문을 실행한 결과이다.

```
SELECT * FROM `order_h`;
```

order_h (9r × 8c)

orderno	orddt	memid	ordamt	cancelyn	canceldtm	insdtm	moddtm
202201001	2022-01-24	seo	10,000	N	(NULL)	2022-03-01 14:49:07	(NULL)
202201002	2022-01-24	hong2	15,000	N	(NULL)	2022-03-01 14:50:35	(NULL)
202201003	2022-01-25	hong1	20,000	N	(NULL)	2022-03-01 14:51:19	(NULL)
202201004	2022-01-25	kim1	10,000	N	(NULL)	2022-03-01 14:51:58	(NULL)
202201005	2022-01-25	park	5,000	Y	2022-01-25 00:00:00	2022-03-01 14:53:12	(NULL)
202202001	2022-02-01	hong1	30,000	N	(NULL)	2022-03-01 14:54:09	(NULL)
202202002	2022-02-01	hong1	1,000	N	(NULL)	2022-03-01 14:54:40	(NULL)
202202003	2022-02-02	park	10,000	N	(NULL)	2022-03-01 14:55:28	(NULL)
202202004	2022-02-02	abcd	500	N	(NULL)	2022-03-01 14:56:03	(NULL)

그림 5.89 • `order_h` 테이블의 데이터 확인

UPDATE 쿼리문의 기본 형식은 다음과 같다.

UPDATE 문 형식

```
UPDATE table_reference
  SET col1={expr1|DEFAULT} [,col2={expr2|DEFAULT}] ...
  [WHERE where_condition]
```

다음의 UPDATE 쿼리문을 입력하고 선택 실행하면, [그림 5.90]과 같은 경고 메시지를 표시하는 창이 나타난다.

```
예 01: UPDATE `order_h` SET `ordamt` = 0;
```

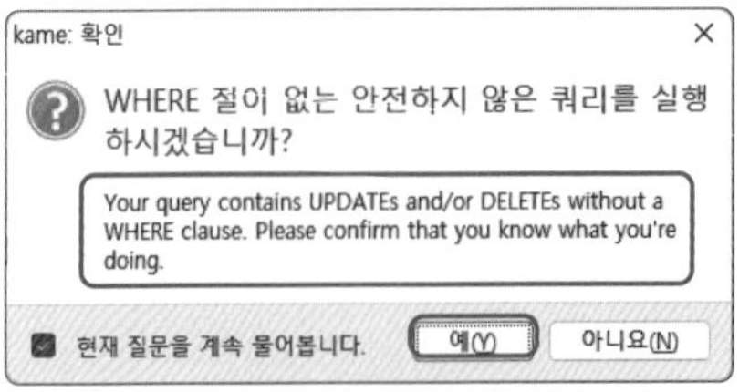

그림 5.90 • UPDATE 쿼리문의 경고 메시지

메시지의 내용은 WHERE 절 없이 UPDATE 쿼리문 또는 DELETE 쿼리문을 사용하기 때문에 표시되는 것이다. WHERE 절 없이 UPDATE 또는 DELETE 쿼리문을 사용하면 모든 행에 적용되기 때문에 실수를 방지하기 위해서 쿼리문을 실행할 것인지를 확인하는 것이다. [예] 버튼을 클릭하여 UPDATE 쿼리문을 실행한다.

실행한 UPDATE 쿼리문에서 `order_h`는 데이터를 업데이트할 테이블 이름을 지정한 것이고, SET `ordamt` = 0은 업데이트할 열 이름을 `ordamt`로 지정한 것이고, 0은 업데이트할 값이다. 결과적으로 `order_h` 테이블에 있는 모든 행의 `ordamt` 열의 값이 0으로 업데이트된다.

다음의 SELECT 쿼리문으로 업데이트된 결과를 확인해 본다. [그림 5.91]은 업데이트된 결과를 확인한 것이다.

```
SELECT * FROM `order_h`;
```

order_h (9r × 8c)

orderno	orddt	memid	ordamt	cancelyn	canceldtm	insdtm	moddtm
202201001	2022-01-24	seo	0	N	(NULL)	2022-03-01 14:49:07	(NULL)
202201002	2022-01-24	hong2	0	N	(NULL)	2022-03-01 14:50:35	(NULL)
202201003	2022-01-25	hong1	0	N	(NULL)	2022-03-01 14:51:19	(NULL)
202201004	2022-01-25	kim1	0	N	(NULL)	2022-03-01 14:51:58	(NULL)
202201005	2022-01-25	park	0	Y	2022-01-25 00:00:00	2022-03-01 14:53:12	(NULL)
202202001	2022-02-01	hong1	0	N	(NULL)	2022-03-01 14:54:09	(NULL)
202202002	2022-02-01	hong1	0	N	(NULL)	2022-03-01 14:54:40	(NULL)
202202003	2022-02-02	park	0	N	(NULL)	2022-03-01 14:55:28	(NULL)
202202004	2022-02-02	abcd	0	N	(NULL)	2022-03-01 14:56:03	(NULL)

그림 5.91 • `order_h` 테이블에서 모든 행의 `ordamt` 열을 업데이트한 결과

[그림 5.91]에서 `order_h` 테이블에서 `ordamt` 열의 값이 모든 행에서 0으로 변경된 것을 확인할 수 있다.

다음은 WHERE 절을 사용하여 특정 행, 특정 열의 데이터를 변경해 보자 WHERE 절을 사용하면 앞의 예와 다르게 경고 메시지는 나타나지 않는다.

다음의 UPDATE와 SELECT 쿼리문을 입력하고 선택 실행한다. [그림 5.92]는 다음의 쿼리문을 실행한 결과이다.

예
```
UPDATE `order_h`
    SET `ordamt` = 1000
    WHERE `orderno` = '202201001';

SELECT * FROM `order_h`;
```

order_h (9r × 8c)

orderno	orddt	memid	ordamt	cancelyn	canceldtm	insdtm	moddtm
202201001	2022-01-24	seo	1,000	N	(NULL)	2022-03-01 14:49:07	(NULL)
202201002	2022-01-24	hong2	0	N	(NULL)	2022-03-01 14:50:35	(NULL)
202201003	2022-01-25	hong1	0	N	(NULL)	2022-03-01 14:51:19	(NULL)
202201004	2022-01-25	kim1	0	N	(NULL)	2022-03-01 14:51:58	(NULL)
202201005	2022-01-25	park	0	Y	2022-01-25 00:00:00	2022-03-01 14:53:12	(NULL)
202202001	2022-02-01	hong1	0	N	(NULL)	2022-03-01 14:54:09	(NULL)
202202002	2022-02-01	hong1	0	N	(NULL)	2022-03-01 14:54:40	(NULL)
202202003	2022-02-02	park	0	N	(NULL)	2022-03-01 14:55:28	(NULL)
202202004	2022-02-02	abcd	0	N	(NULL)	2022-03-01 14:56:03	(NULL)

그림 5.92 • `order_h` 테이블에서 특정 행의 `ordamt` 열을 업데이트한 결과

UPDATE 쿼리문에서는 열의 값을 NULL로 변경할 수도 있다. 다음의 UPDATE와 SELECT 쿼리문을 입력하고 선택 실행한다. [그림 5.93]은 다음의 쿼리문을 실행한 결과이다.

예
```
UPDATE `order_h` SET `canceldtm` = NULL
    WHERE `orderno` = '202201005';

SELECT * FROM `order_h`;
```

order_h (9r × 8c)

orderno	orddt	memid	ordamt	cancelyn	canceldtm	insdtm	moddtm
202201001	2022-01-24	seo	1,000	N	(NULL)	2022-03-01 14:49:07	(NULL)
202201002	2022-01-24	hong2	0	N	(NULL)	2022-03-01 14:50:35	(NULL)
202201003	2022-01-25	hong1	0	N	(NULL)	2022-03-01 14:51:19	(NULL)
202201004	2022-01-25	kim1	0	N	(NULL)	2022-03-01 14:51:58	(NULL)
202201005	2022-01-25	park	0	Y	(NULL)	2022-03-01 14:53:12	(NULL)
생략							
202202004	2022-02-02	abcd	0	N	(NULL)	2022-03-01 14:56:03	(NULL)

그림 5.93 • `order_h` 테이블에서 특정 행의 `ordamt` 열의 값을 NULL로 업데이트한 결과

WHERE 조건절 `orderno` = '202201005'의 결과가 참 True인 특정 행에서 `canceldtm` 열의 값을 NULL로 변경한 것을 확인할 수 있다.

UPDATE 쿼리문에서 두 개 이상의 열을 동시에 변경할 수도 있다. 다음의 UPDATE와 SELECT 쿼리문을 입력하고 선택 실행한다. [그림 5.94]는 다음의 쿼리문을 실행한 결과이다.

예
```
UPDATE `order_h`
    SET `cancelyn` = 'Y', canceldtm = CURRENT_TIMESTAMP()
    WHERE `orderno` = '202201005';

SELECT * FROM `order_h`;
```

order_h (9r × 8c)

orderno	orddt	memid	ordamt	cancelyn	canceldtm	insdtm	moddtm
202201001	2022-01-24	seo	1,000	N	(NULL)	2022-03-01 14:49:07	(NULL)
202201002	2022-01-24	hong2	0	N	(NULL)	2022-03-01 14:50:35	(NULL)
202201003	2022-01-25	hong1	0	N	(NULL)	2022-03-01 14:51:19	(NULL)
202201004	2022-01-25	kim1	0	N	(NULL)	2022-03-01 14:51:58	(NULL)
202201005	2022-01-25	park	0	Y	2022-03-07 14:06:47	2022-03-01 14:53:12	(NULL)
202202001	2022-02-01	hong1	0	N	(NULL)	2022-03-01 14:54:09	(NULL)
202202002	2022-02-01	hong1	0	N	(NULL)	2022-03-01 14:54:40	(NULL)
202202003	2022-02-02	park	0	N	(NULL)	2022-03-01 14:55:28	(NULL)
202202004	2022-02-02	abcd	0	N	(NULL)	2022-03-01 14:56:03	(NULL)

그림 5.94 • `order_h` 테이블에서 특정 행의 두 개 열의 값을 업데이트한 결과

UPDATE 쿼리문에서 `canceldtm` 열의 값을 업데이트하기 위해 사용한 CURRENT_TIMESTAMP() 함수는 컴퓨터의 내부 시계로부터 현재 일시를 가져오는 함수이다.

UPDATE 쿼리문을 이해하기 위해 몇 가지 예를 실습했다. 예제를 통해 UPDATE 쿼리문의 기본적인 사용 방법을 이해했을 것이다. UPDATE 쿼리문을 실행할 때도 앞서 INSERT 쿼리문을 실행할 때와 같은 다양한 오류 메시지를 만날 수 있다. 오류가 발생하지 않도록 다양한 방법으로 입력 값을 검증해야 한다.

UPDATE 쿼리문을 사용할 때 주의할 사항이 있다. UPDATE 쿼리문을 사용하여 기본키로 설정된 열의 값은 변경하지 않아야 한다. 많은 웹 사이트에서 회원의 아이디를 기본키로

설정하고 회원 정보를 관리한다. 회원의 아이디를 변경하도록 허용하는 사이트는 없다. 회원 아이디 변경을 허용하면 변경 전의 아이디로 사이트 이용 내역을 검색하기 어려울 것이다. 즉, 기본키를 변경하면 기본키를 이용하는 관련 정보를 관리하기가 어렵기 때문에 기본키는 변경하지 않는 것이다.

12 DELETE 쿼리문 사용하기

DELETE 쿼리문은 테이블의 데이터를 삭제한다. DELETE 쿼리문의 기본 형식은 다음과 같다.

DELETE 문 형식

```
DELETE
   FROM  tbl_name
   [WHERE where_condition]
```

DELETE 쿼리문은 테이블의 모든 행의 데이터를 삭제하거나 특정 행의 데이터만 삭제할 수 있다. 앞서 보았던 UPDATE 쿼리문과 마찬가지로 DELETE 쿼리문을 실행한 뒤에 삭제된 행의 데이터를 되돌리는 기능은 없기 때문에 주의해서 사용해야 한다.

다음의 DELETE 쿼리문을 입력하고 선택 실행하면, 앞서 WHERE 조건절을 사용하지 않고 UPDATE 쿼리문을 실행할 때와 같이 [그림 5.95]와 같은 경고 메시지를 표시하는 창이 나타난다.

예

```
DELETE FROM `order_h` ;
```

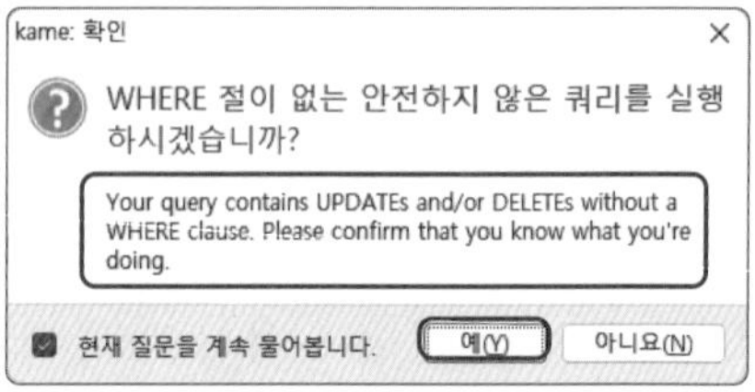

그림 5.95 • DELETE 쿼리문의 경고 메시지

WHERE 절 없이 DELETE 쿼리문을 사용하면 모든 행에 삭제가 적용되기 때문에 실수를 방지하기 위해서 쿼리문을 실행할 것인지를 확인하는 것이다. [예] 버튼을 클릭하여 DELETE 쿼리문을 실행하고, 다음의 SELECT 쿼리문을 실행하여 데이터를 검색해 본다. [그림 5.96]은 모든 데이터를 삭제한 뒤에 해당 테이블의 모든 데이터를 검색한 결과이다.

```
SELECT * FROM `order_h`;
```

order_h (0r × 8c)

orderno	orddt	memid	ordamt	cancelyn	canceldtm	insdtm	moddtm
검색 결과 없음							

그림 5.96 • DELETE 쿼리문 실행 후, SELECT 쿼리문을 사용하여 검색한 결과

모든 행의 데이터가 삭제되었기 때문에 아무것도 검색되지 않은 결과를 확인할 수 있다.

다음의 LOAD DATA 문을 사용하여 앞서 백업해 두었던 텍스트 파일을 이용하여 데이터를 복원한다.

```
LOAD DATA LOCAL INFILE 'D:\\Database\\Data\\order_h.dat'
    INTO TABLE `order_h`
    FIELDS TERMINATED BY ',' ENCLOSED BY '"' ;
```

LOAD DATA 문을 실행하여 데이터를 복원하고, 다음의 SELECT 쿼리문을 실행하여 확인한 결과는 [그림 5.97]과 같다.

order_h (9r × 8c)

orderno	orddt	memid	ordamt	cancelyn	canceldtm	insdtm	moddtm
202201001	2022-01-24	seo	10,000	N	(NULL)	2022-03-01 14:49:07	(NULL)
202201002	2022-01-24	hong2	15,000	N	(NULL)	2022-03-01 14:50:35	(NULL)
202201003	2022-01-25	hong1	20,000	N	(NULL)	2022-03-01 14:51:19	(NULL)
202201004	2022-01-25	kim1	10,000	N	(NULL)	2022-03-01 14:51:58	(NULL)
202201005	2022-01-25	park	5,000	Y	2022-01-25 00:00:00	2022-03-01 14:53:12	(NULL)
202202001	2022-02-01	hong1	30,000	N	(NULL)	2022-03-01 14:54:09	(NULL)
202202002	2022-02-01	hong1	1,000	N	(NULL)	2022-03-01 14:54:40	(NULL)
202202003	2022-02-02	park	10,000	N	(NULL)	2022-03-01 14:55:28	(NULL)
202202004	2022-02-02	abcd	500	N	(NULL)	2022-03-01 14:56:03	(NULL)

그림 5.97 • `order_h` 테이블의 데이터 확인

다음 실습을 위해 `members` 테이블에 INSERT 쿼리문을 실습하면서 추가한 데이터를 다음의 DELETE 쿼리문을 입력하고 선택 실행한다.

예
```
01: DELETE FROM `members` WHERE `memid` = 'abcd';
02: DELETE FROM `members` WHERE `memid` = 'abcd1';
03: DELETE FROM `members` WHERE `memid` = 'abcd2';
```

위의 DELETE 쿼리문을 실행한 결과는 다음의 SELECT 쿼리문을 사용하여 확인할 수 있다. [그림 5.98]은 `members` 테이블의 내용을 확인한 것이다.

```
SELECT * FROM `members`;
```

members (6r × 12c)

memid	memname	passwd	passwdmdt	jumin	addr	birthday	jobcd	mileage	stat	enterdtm	leavedtm
hong1	홍길동	(NULL)	(NULL)	(NULL)	인천 동구 송림동	2000-05-08	2	500	Y	2022-0...	(NULL)
hong2	홍길동	(NULL)	(NULL)	(NULL)	서울 강남구 신사동	1990-01-05	9	1,000	Y	2022-0...	(NULL)
kim1	김갑수	(NULL)	(NULL)	(NULL)	인천 연수구 연수동	2003-07-01	1	0	Y	2022-0...	(NULL)
park	박기자	(NULL)	(NULL)	(NULL)	경기 부천시	2002-09-30	3	0	Y	2022-0...	(NULL)
seo	서갑돌	(NULL)	(NULL)	(NULL)	인천 동구	1998-03-10	1	0	Y	2022-0...	(NULL)
Taeh	태현	(NULL)	(NULL)	(NULL)	경기 수원시	2002-10-15	4	0	Y	2022-0...	(NULL)

그림 5.98 • `members` 테이블의 데이터 확인

DELETE 쿼리문의 조건절에서 지정한 세 개 `memid` 열의 값이 삭제된 것을 확인할 수 있다.

13 TRUNCATE TABLE 쿼리문 사용하기

TRUNCATE TABLE 쿼리문은 논리적으로 WHERE 조건절 없이 DELETE 쿼리문을 실행하여 테이블의 모든 데이터를 삭제하는 것과 같다. 차이점으로 TRUNCATE TABLE 쿼리문은 삭제하려는 테이블의 열로 외래키 Foregin Key 제약사항이 설정되어 있으면 오류가

발생한다. TRUNCATE TABLE 쿼리문을 실행하는 것은 내부적으로 DROP TABLE 쿼리문을 실행하여 지정된 테이블을 삭제하고, CREATE 쿼리문을 사용하여 삭제한 테이블과 같은 규격으로 테이블을 다시 생성한다. 처리 속도가 빨라서 대량의 데이터를 삭제할 때 유용하게 사용할 수 있다.

TRUNCATE TABLE 쿼리문의 기본 형식은 다음과 같다.

TRUNCATE TABLE 문 형식

```
TRUNCATE [TABLE] tbl_name
```

다음의 TRUNCATE TABLE 쿼리문을 입력하고 선택 실행하여 `order_h` 테이블의 데이터를 일괄 삭제해 보자. SELECT 쿼리문은 결과를 확인하기 위한 것이다. [그림 5.99]는 다음의 쿼리문을 실행한 결과이다.

예

```
TRUNCATE TABLE `order_h` ;

SELECT * FROM `order_h` ;
```

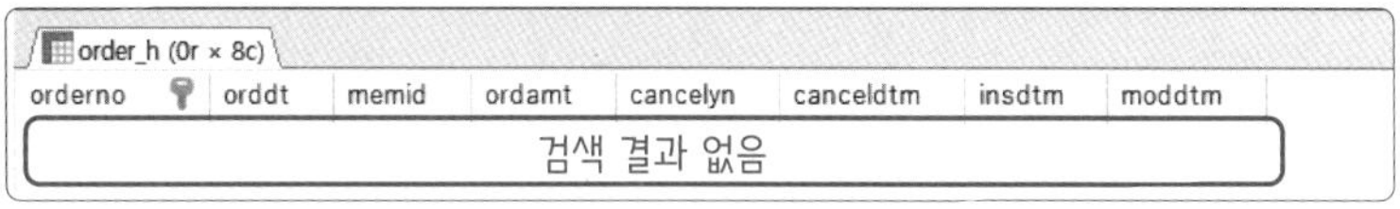

그림 5.99 • TRUNCATE TABLE 쿼리문 실행 후, SELECT 쿼리문을 사용하여 검색한 결과

데이터가 삭제된 것을 확인했으면, 차후 실습을 위해 다음의 LOAD DATA 문을 사용하여 데이터를 복원한다. 데이터를 복원한 결과는 스스로 확인해 보기 바란다.

```
LOAD DATA LOCAL INFILE 'D:\\Database\\Data\\order_h.dat'
    INTO TABLE `order_h`
    FIELDS TERMINATED BY ',' ENCLOSED BY '"' ;
```

지금까지 테이블을 생성하고 테이블에 직접 데이터를 추가하거나 데이터를 변경하고 삭제했다. 사실 이러한 방법으로 테이블의 데이터를 다루는 것은 매우 위험한 방법이다. 지금은 학습하는 과정에서 임시로 사용한 방법이다. 향후 데이터베이스에 데이터를 추가할 때는 INSERT 쿼리문을 작성하고 사용하려는 프로그래밍 언어에서 INSERT 쿼리문을 호출하여 실행하는 방법으로 사용해야 한다. 쿼리문을 프로그램 내에서 호출하는 방법에 대해서는 "13장 Python 프로그램에서 MariaDB 사용하기"에서 설명할 것이다.

CHAPTER 6

내장 함수

함수 Functions는 특정 기능을 수행하는 작은 프로그램이다. 모듈 Module이라고도 한다. 앞서 시스템 내부에서 사용하는 시계로부터 현재 일시를 반환하는 기능을 제공하는 CURRENT_TIMESTAMP() 함수를 사용해 보았다. 데이터베이스에서 제공하는 많은 함수가 있다. MariaDB에 내장되어 기능을 제공하기 때문에 내장 함수 Built-in Functions 라고 한다. 함수를 적절하게 사용하면 프로그래밍이 간결하고 쉬워진다.

함수는 다음과 같은 형식으로 사용한다.

함수의 형식

```
함수명(인수1, 인수2, ...)
```

함수 사용은 함수명으로 호출한다. 함수명을 따르는 괄호 () 안에 함수에 전달할 인수를 기술한다. 함수에 따라 인수가 없는 경우도 있다. 함수를 호출하면 함수에 따라 결과로 값을 반환하는 함수도 있고, 값을 반환하지 않는 함수도 있다.

함수는 함수에서 제공하는 기능과 역할에 따라 다음과 같이 분류한다.

- ▷ 문자 함수 String Functions: 문자열을 다루어 연산하고, 문자열을 반환한다.
- ▷ 날짜와 시간 함수 Date & Time Functions: 날짜와 시간을 연산하고, 결과를 문자열 형식으로 반환한다.
- ▷ 수치 함수 Numeric Functions: 수치 데이터를 다루어 연산하고, 결과를 수치 데이터로 반환한다.
- ▷ 제어 함수 Control Flow Functions: 조건에 따라 데이터를 연산하거나 처리 순서를 제어한다. 특별히 반환하는 값은 없다.
- ▷ 집계 함수 Aggregate Functions: GROUP BY 절과 함께 사용하여, 그룹별 집계 결과를 반환한다.
- ▷ 정보 함수 Information Functions: 데이터베이스의 각종 정보를 반환한다.
- ▷ 암호 함수 Encryption Functions: 데이터를 암호화하거나 복호화하여 결과를 반환한다.

Note

함수 Functions

MariaDB에서 제공하는 함수가 많아 처음부터 모두 이해하고, 모든 함수의 형식을 외우려고 할 필요는 없다. 다만, 함수가 어떤 역할을 하는지 정도만 이해하면 된다. 함수의 역할만 이해해도 쉽게 다른 책이나 도움말 사이트를 찾아볼 수 있다.

1 문자 함수 String Functions

문자 함수는 문자열을 조작하는 함수로 SQL 문에서 많이 사용되는 함수이며, 다른 분류와 비교하여 함수의 종류도 많다. 자주 사용되는 문자열 함수를 확인해 본다.

1.1 LEFT( ) 함수

LEFT() 함수의 형식은 다음과 같다.

LEFT() 함수의 형식

```
LEFT(문자열 상수 | 변수 | 열, 문자 수)
```

LEFT() 함수는 인수로 주어진 문자열 상수 또는 변수/열의 값 왼쪽에서부터 문자 수만큼의 부분 문자열을 반환한다. 첫 번째 인수가 NULL이면 NULL을 반환한다.

LEFT() 함수 사용 예

SELECT LEFT('MariaDB', 5);	결과 "Maria"
SELECT LEFT('MariaDB', 0);	결과 "" (빈 문자열; Empty String)
SELECT LEFT('MariaDB', 10);	결과 "MariaDB" (주어진 문자열의 길이보다 긴 문자 수를 지정하면 문자열 전체를 반환)

SELECT LEFT('MariaDB', −2); 결과 "" (빈 문자열; Empty String)
★ 문자 수로 음수를 지정하는 경우 MariaDB는 빈 문자열을 반환하지만, 다른 데이터베이스에서는 오류가 발생할 수 있다.

SELECT LEFT("데이터베이스", 3); 결과 "데이터"
★ LEFT( ) 함수에서 지정하는 문자 수는 영문/한글 관계없이 글자 수를 의미한다.

SELECT LEFT("데이터베이스", 2.7); 결과 "데이터"
★ LEFT( ) 함수에서 지정하는 문자 수로 소수점을 포함하는 실수를 사용하면 반올림하여 정수로 글자 수를 지정한다. 예에서 문자 수 2.7은 반올림하여 3이 된다. 문자 수를 2.3으로 지정하면 2가 된다.

Note

함수의 구문 형식을 모두 기억하는 것은 어렵다. 그렇다고 매번 책을 보거나 도움말을 찾는 것은 번거롭고 시간도 많이 소요된다. 자주 사용하다 보면 자연히 머릿속에 남아 있을 것이다. 함수의 형식을 기억하려는 노력 대신에 함수가 하는 역할을 이해하면 자연스럽게 구문 형식도 오랫동안 기억에 남을 것이다. 함수 하나를 다양한 예제로 실습하면 완전한 이해에 도움이 된다.

테이블의 데이터를 사용하여 LEFT() 함수를 사용해 보자. 다음의 SELECT 쿼리문을 입력하고 선택 실행하여 함수를 사용한 결과를 확인해 보자. 조회하는 열의 값에 LEFT() 함수를 사용한 예이다.

```
예 01: SELECT LEFT(`orderno`, 6) FROM `order_h`;
```

그림 6.1 • LEFT( ) 함수를 사용한 결과 1

다음의 SELECT 쿼리문을 입력하고 선택 실행하여 함수를 사용한 결과를 확인해 보자. WHERE 절에서 LEFT() 함수를 사용한 예이다.

예
```
SELECT orderno, memid, ordamt
     FROM `order_h`
     WHERE LEFT(`orderno`, 6) = '202201';
```

order_h (5r × 3c)

orderno	memid	ordamt
202201001	seo	10,000
202201002	hong2	15,000
202201003	hong1	20,000
202201004	kim1	10,000
202201005	park	5,000

그림 6.2 • LEFT( ) 함수를 사용한 결과 2

1.2 RIGHT( ) 함수

RIGHT() 함수의 형식은 다음과 같다.

RIGHT() 함수의 형식

```
RIGHT(문자열 상수 | 변수 | 열, 문자 수)
```

RIGHT() 함수는 인수로 주어진 문자열 상수 또는 변수/열의 값 오른쪽에서부터 문자 수 만큼의 부분 문자열을 반환한다. 첫 번째 인수가 NULL이면 NULL을 반환한다. 방향만 다를 뿐 LEFT() 함수와 같기 때문에 예는 생략하기로 한다.

1.3 SUBSTRING( ) • SUBSTR( ) • MID( ) 함수

SUBSTRING() • SUBSTR() • MID() 함수의 형식은 다음과 같다.

SUBSTRING() 함수의 형식 SUBSTR() • MID()

SUBSTRING(문자열 상수 | 변수 | 열 FROM 위치 FOR 문자 수)
SUBSTRING(문자열 상수 | 변수 | 열, 위치, 문자 수])
SUBSTRING(문자열 상수 | 변수 | 열 FROM 위치)
SUBSTRING(문자열 상수 | 변수 | 열, 위치)

SUBSTRING() • SUBSTR() • MID() 함수는 함수 이름만 다를 뿐 모두 같은 기능의 함수이다. 인수로 주어진 문자열 상수 또는 변수/열의 값에서 지정한 위치부터 문자 수만큼의 부분 문자열을 반환하고, 문자 수를 생략하면 지정한 위치부터 문자열 끝까지의 부분 문자열을 반환한다. 첫 번째 인수가 NULL이면 NULL을 반환한다.

SUBSTRING() 함수의 사용 예

SELECT SUBSTRING('DATABASE IS IMPORTANT!' FROM 13 FOR 9);
결과 "IMPORTANT"

SELECT SUBSTRING('DATABASE IS IMPORTANT!', 13, 9); 결과 "IMPORTANT"

SELECT SUBSTRING('DATABASE IS IMPORTANT!', 13); 결과 "IMPORTANT!"

SELECT SUBSTRING('DATABASE IS IMPORTANT!', −10, 9); 결과 "IMPORTANT"
★ 위치를 음수로 지정하면, 주어진 값의 오른쪽 끝부터 왼쪽 방향으로 위치를 계산한다. 즉, 예에서는 위치가 −10, 길이가 9이기 때문에 주어진 문자열의 오른쪽 끝에서 왼쪽 방향으로 10번째 문자부터 9자의 부분 문자열이 된다.

SELECT SUBSTRING('DATABASE IS IMPORTANT!', −10); 결과 "IMPORTANT!"
★ 위치를 음수로 지정하면, 주어진 값의 오른쪽 끝부터 위치를 계산한다. 즉, 예에서는 위치가 −10, 길이가 생략되었기 때문에 주어진 문자열의 오른쪽 끝에서 왼쪽 방향으로 10번째 문자부터 문자열의 끝까지에 해당하는 부분 문자열이 된다.

SELECT SUBSTRING('대한민국', 3); 결과 "민국"
★ 지정하는 위치와 문자 수는 영문/한글 관계없이 글자 수를 의미한다.

테이블의 데이터를 사용하여 SUBSTRING() 함수를 사용해 보자. 다음의 SELECT 쿼리문을 입력하고 선택 실행하여 함수를 사용한 결과를 확인해 보자. 조회하는 열의 값에 SUBSTRING() 함수를 사용한 예이다. [그림 6.3]은 다음의 SELECT 쿼리문을 실행한 결과이다.

예
```
01: SELECT SUBSTRING(`orderno`, 5, 2) FROM `order_h`;
```

그림 6.3 · SUBSTRING( ) 함수를 사용한 결과

SUBSTRING_INDEX( ) 함수 1.4

SUBSTRING_INDEX() 함수의 형식은 다음과 같다.

SUBSTRING_INDEX() 함수의 형식

SUBSTRING_INDEX(문자열 상수 | 변수 | 열, 구분 문자, 개수)

SUBSTRING_INDEX() 함수는 주어진 문자열 또는 변수/열의 값 왼쪽부터 두 번째 인수로 주어진 '구분 문자'를 찾고 주어진 문자열 또는 변수/열의 값 왼쪽부터 세 번째 인수인 '개수' 번째에 해당하는 구분 문자가 있는 위치 전까지의 부분 문자열을 반환한다.

SUBSTRING_INDEX() 함수 사용 예

SELECT SUBSTRING_INDEX("www.mariadb.org", '.', 2); 결과 "www.mariadb"

SELECT SUBSTRING_INDEX("www.mariadb.org", '.', −2); 결과 "mariadb.org"
★ 개수를 음수로 지정하면, 문자열 또는 변수/열의 값 오른쪽부터 '개수' 번째에 해당하는 구분 문자가 있는 위치 다음부터 오른쪽 끝까지의 부분 문자열을 반환한다.

SELECT SUBSTRING_INDEX("testdata.xls", '.', 1); 결과 "testdata"
SELECT SUBSTRING_INDEX("testdata.xlsx", '.', 1); 결과 "testdata"
★ 파일 확장자의 길이에 관계없이 파일 이름만을 구분할 수 있다.

SUBSTRING_INDEX() 함수와 비슷한 기능의 함수로 다음과 같은 함수가 있다.

▷ INSTR(문자열 | 변수 | 열, 부분 문자열) 함수는 첫 번째 인수의 값에서 두 번째 인수의 값이 시작하는 위치를 찾아 반환한다.
▷ LOCATE(부분 문자열, 문자열 | 변수 | 열[, 위치]) 함수는 두 번째 인수의 값에서 첫 번째 인수의 부분 문자열이 시작하는 위치를 찾아 반환한다. 세 번째 인수는 두 번째 인수 값에서 첫 번째 부분 문자열을 검색하는 시작 위치를 지정한다.
▷ POSITION(부분 문자열 IN 문자열 | 변수 | 열) 함수는 LOCATE() 함수와 같다.

1.5 ELT()•FIELD()•FIND_IN_SET() 함수

ELT() 함수의 형식은 다음과 같다.

ELT() 함수의 형식

ELT(숫자, 문자열 목록)

ELT() 함수는 두 번째 인수로 주어진 문자열 목록 중에서 첫 번째 인수인 숫자 번째 위치의 문자열을 반환한다.

ELT() 함수 사용 예

SELECT ELT(2, '월', '화', '수', '목', '금', '토');	결과 "화"
SELECT ELT(7, '월', '화', '수', '목', '금', '토'); ★ 지정한 '숫자' 번째의 항목이 없으면 NULL을 반환한다.	결과 NULL

FIELD() 함수의 형식은 다음과 같다.

FIELD() 함수의 형식

FIELD(문자열, 문자열 목록)

FIELD() 함수는 두 번째 인수부터 주어지는 문자열 목록 중에서 첫 번째 인수인 문자열과 일치하는 항목이 몇 번째에 있는지 위치를 반환한다.

FIELD() 함수 사용 예

SELECT FIELD('수', '월', '화', '수', '목', '금', '토');	결과 3
SELECT FIELD('일', '월', '화', '수', '목', '금', '토'); ★ 첫 번째 인수인 문자열과 일치하는 항목이 없으면 0을 반환한다.	결과 0

FIND_IN_SET() 함수의 형식은 다음과 같다.

FIND_IN_SET() 함수의 형식

```
FIELD_IN_SET(문자열1, 문자열2)
```

FIND_IN_SET() 함수에서 두 번째 인수인 문자열2는 콤마 문자로 구분된 문자열 목록을 하나의 문자열로 구성한다. 첫 번째 인수인 문자열1을 두 번째 인수인 문자열2에서 찾아 몇 번째 항목에 있는지 위치를 반환한다.

FIND_IN_SET() 함수 사용 예

SELECT FIND_IN_SET('목', '월,화,수,목,금,토');	결과 4
SELECT FIND_IN_SET('일', '월,화,수,목,금,토'); ★ 찾는 문자열이 없으면 0을 반환한다.	결과 0
SELECT FIND_IN_SET('▒목', '월,▒화,▒수,▒목,▒금,▒토'); ★ ▒ 는 빈칸을 의미한다.	결과 4
SELECT FIND_IN_SET('일', '월,▒화,▒수,▒목,▒금,▒토,▒일'); ★ 구분 문자인 콤마 다음부터 다음 콤마 전까지를 하나의 요소로 판단하여 찾는 문자열이 없다. 두 번째 인수인 문자열2에서 첫 번째 요소는 첫 번째 콤마 전까지인 '월'이 되고, 마지막 요소는 마지막 콤마 다음부터 끝까지인 '▒일'이 된다.	결과 0

1.6 LOWER( )•LCASE( ) 함수

LOWER() 함수와 LCASE() 함수의 형식은 다음과 같다.

LOWER() • LCASE() 함수의 형식

```
LOWER(문자열 | 변수 | 열)
LCASE(문자열 | 변수 | 열)
```

LOWER() 함수와 LCASE() 함수는 같은 기능의 함수로 인수로 주어진 문자열 또는 변수/열의 값을 소문자로 변환한 값을 반환한다. 인수로 주어진 값에서 영문자에만 적용된다.

LOWER() • LCASE() 함수 사용 예

SELECT LOWER('MariaDB');	결과 "mariadb"
SELECT LCASE('MariaDB');	결과 "mariadb"

1.7 UPPER( )•UCASE( ) 함수

UPPER() 함수와 UCASE() 함수의 형식은 다음과 같다.

UPPER() • UCASE() 함수의 형식

```
UPPER(문자열 | 변수 | 열)
UCASE(문자열 | 변수 | 열)
```

UPPER() 함수와 UCASE() 함수는 같은 기능의 함수로 인수로 주어진 문자열 또는 변수/열의 값을 대문자로 변환한 값을 반환한다. 인수로 주어진 값에서 영문자에만 적용된다.

UPPER() • UCASE() 함수 사용 예

SELECT UPPER('MariaDB');	결과 "MARIADB"
SELECT UCASE('MariaDB');	결과 "MARIADB"

LTRIM( )•RTRIM( )•TRIM( ) 함수 1.8

LTRIM() • RTRIM() • TRIM() 함수의 형식은 다음과 같다.

LTRIM() • RTRIM() • TRIM() 함수의 형식

```
LTRIM(문자열 | 변수 | 열)
RTRIM(문자열 | 변수 | 열)
TRIM((문자열 | 변수 | 열)
```

LTRIM() 함수는 인수로 주어진 문자열 또는 변수/열의 값 왼쪽에 있는 빈칸을 제거한 결과를 반환한다.

RTRIM() 함수는 인수로 주어진 문자열 또는 변수/열의 값 오른쪽에 있는 빈칸을 제거한 결과를 반환한다.

TRIM() 함수는 인수로 주어진 문자열 또는 변수/열의 값 왼쪽과 오른쪽에 있는 빈칸을 제거한 결과를 반환한다. 값의 중간에 포함된 빈칸은 제거되지 않는다.

LTRIM() • RTRIM() • TRIM() 함수 사용 예

SELECT LTRIM('▒▒▒▒Maria▒DB▒▒▒▒'); ★ ▒ 는 빈칸을 의미한다.	결과 "Maria▒DB▒▒▒▒"
SELECT RTRIM('▒▒▒▒Maria▒DB▒▒▒▒');	결과 "▒▒▒▒Maria▒DB"
SELECT TRIM('▒▒▒▒Maria▒DB▒▒▒▒');	결과 "Maria▒DB"

문자열 데이터를 입력할 때 불필요하게 문자열의 앞과 뒤에 공백을 입력하거나, 앞서 살펴본 SUBTRING() 함수로 문자열을 잘라 낼 때에도 잘라낸 문자열의 앞과 뒤에 공백이 있을 수 있다. 공백 문자는 눈으로 보이지는 않지만, ASCII 값으로 16진수 x20의 값을 갖는다. 이런 공백으로 인하여 비교 연산자를 사용할 때 예상치 못한 결과가 나올 수 있기 때문에 LTRIM() • RTRIM() • TRIM() 함수를 이용하여 먼저 유효하지 않은 공백 제거할 필요가 있다. 특히 문자열의 길이를 계산할 때 주의해야 한다.

1.9 CHAR_LENGTH( )•CHARACTER_LENGTH( ) 함수

CHAR_LENGTH() • CHARACTER_LENGTH() 함수의 형식은 다음과 같다.

CHAR_LENGTH() • CHARACTER_LENGTH() 함수의 형식

```
CHAR_LENGTH(문자열 | 변수 | 열)
CHARACTER_LENGTH(문자열 | 변수 | 열)
```

CHAR_LENGTH() 함수와 CHARACTER_LENGTH() 함수는 같은 기능의 함수이다. 인수로 주어진 문자열 또는 변수/열 값의 길이 즉, 문자수를 반환한다.

CHAR_LENGTH() • CHARACTER_LENGTH() 함수 사용 예

SELECT CHAR_LENGTH('MariaDB');	결과 7
SELECT CHARACTER_LENGTH('MariaDB');	결과 7
SELECT CHAR_LENGTH("데이터베이스SQL😊😊"); ★ 한글, 한자 또는 이모지 문자를 저장하는 크기와 관계없이 모두 1글자씩으로 처리된다.	결과 11
SELECT CHAR_LENGTH(' MariaDB ');	결과 11
SELECT CHAR_LENGTH(TRIM(' MariaDB ')); ★ 함수의 인수로 함수를 사용할 수 있다. 인수로 전달된 함수가 먼저 실행되어 반환되는 결과가 바깥쪽 함수의 인수로 사용된다. 예에서는 TRIM( ) 함수가 먼저 실행되어 주어진 문자열의 앞과 뒤에 빈칸을 제거한 결과를 CHAR_LENGTH( ) 함수의 인수로 전달되어 문자열의 길이를 반환한다.	결과 7

1.10 LENGTH( )•LENGTHB( ) 함수

LENGTH() • LENGTHB() 함수의 형식은 다음과 같다.

LENGTH() • LENGTHB() 함수의 형식

```
LENGTH(문자열 | 변수 | 열)
LENGTHB(문자열 | 변수 | 열)
```

LENGTH() 함수와 LENGTHB() 함수는 같은 기능의 함수이다. 인수로 주어진 문자열 또는 변수/열 값의 길이를 바이트 단위로 반환한다.

LENGTH() • LENGTHB() 함수 사용 예

SELECT LENGTH('MariaDB');	결과 7
SELECT LENGTHB('MariaDB');	결과 7
SELECT LENGTH("데이터베이스SQL😊😊");	결과 29

★ MariaDB를 설치할 때 기본 CHARACTER SET을 UTF8로 설정했다. MariaDB 10.10은 utf8mb4가 기본값이 되어 한글과 한자는 1글자를 표현하기 위해 3바이트를 사용하고, 이모지 문자는 4바이트를 사용한다.

★ MySQL에는 LENGTHB( ) 함수가 없다.

1.11 CONCAT( ) • CONCAT_WS( ) 함수

CONCAT() 함수의 형식은 다음과 같다.

CONCAT() • CONCAT_WS() 함수의 형식

```
CONCAT(문자열1, 문자열2[, 문자열3, ... ])
CONCAT(변수/열, ... )
CONCAT_WS(구분 문자, 문자열1, 문자열2[, 문자열3, ... ])
CONCAT_WS(구분 문자, 변수/열, ... )
```

CONCAT() 함수는 인수로 주어진 문자열 또는 변수/열의 값을 결합해서 하나의 문자열로 반환한다. CONCAT_WS() 함수는 첫 번째 인수로 전달된 구분 문자를 두 번째 인수 이하의 문자열을 결합할 때 각 인수 사이에 구분 문자를 함께 결합한 문자열로 반환한다.

CONCAT() • CONCAT_WS() 함수 사용 예

SELECT CONCAT('Maria', 'DB');	결과 "MariaDB"
SELECT CONCAT('Maria', '/', 'DB');	결과 "Maria/DB"
SELECT CONCAT_WS("/", "Maria", "DB");	결과 "Maria/DB"

테이블의 데이터를 이용하여 CONCAT_WS() 함수를 사용해 보자. 다음의 SELECT 쿼리문을 입력하고 선택 실행한다. [그림 6.4]는 다음의 SELECT 쿼리문을 실행한 결과이다.

예
```
SELECT CONCAT_WS('/', orderno, memid) FROM `order_h`;
```

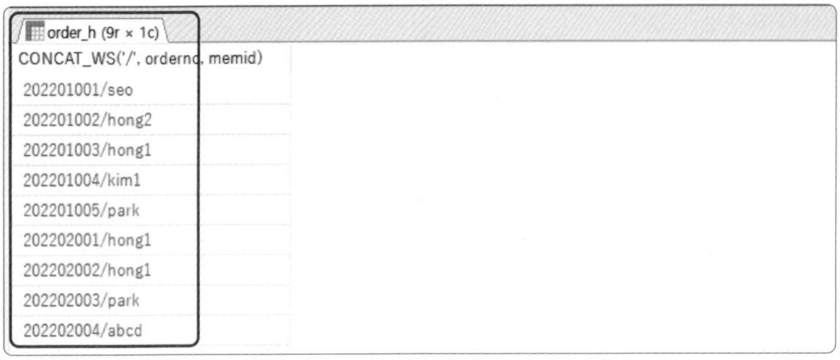

order_h (9r × 1c)

CONCAT_WS('/', orderno, memid)
202201001/seo
202201002/hong2
202201003/hong1
202201004/kim1
202201005/park
202202001/hong1
202202002/hong1
202202003/park
202202004/abcd

그림 6.4 • CONCAT_WS( ) 함수를 사용한 결과

[그림 6.4]에서 SELECT 쿼리문의 결과로 `orderno` 열의 값과 `memid` 열의 값을 결합하면서 구분 문자가 중간에 결합된 것을 볼 수 있다.

1.12 CAST( )•CONVERT( ) 함수

CAST() 함수와 CONVERT() 함수의 형식은 다음과 같다.

CAST() • CONVERT() 함수의 형식

```
CAST(문자열 | 변수 | 열 AS 데이터유형)
CONVERT(문자열1 | 변수 | 열, 데이터유형)
```

CAST() 함수와 CONVERT() 함수는 같은 기능의 함수로 문자열 또는 변수/열 값의 데이터 유형을 두 번째 인수로 지정한 데이터 유형으로 변경한다. CAST()와 CONVERT() 함수는 여러 가지 연산을 실행할 때 연산에 사용되는 데이터의 유형을 일치시키기 위해 많이 사용한다.

CAST() • CONVERT() 함수 사용 예

SELECT CAST(123 AS VARCHAR(5));	결과 '123' # 수치형을 문자형으로 변환
SELECT CONVERT(123, VARCHAR(5));	결과 '123'

★ MySQL에서는 VARCHAR 유형으로 CAST() 또는 CONVERT() 함수를 사용할 수 없다. CHAR 유형을 사용해야 한다.

테이블의 데이터를 이용하여 CAST() 함수와 CONVERT() 함수를 사용해 보자. 다음의 SELECT 쿼리문을 입력하고 선택 실행한다. [그림 6.5]는 다음의 SELECT 쿼리문을 실행한 결과이다.

예
```
SELECT  CAST(orddt  AS CHAR(7))
     FROM `order_h`
     WHERE `orderno` = '202201001';
```

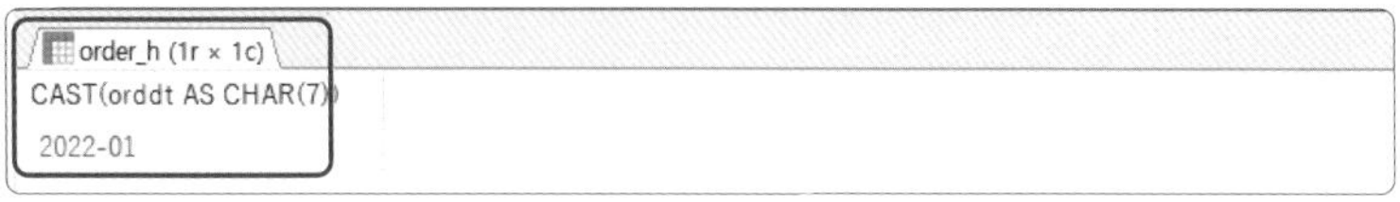

그림 6.5 • CAST() 함수를 사용한 결과

[그림 6.5]에서 CAST() 함수를 사용하여 DATE 유형인 `orddt` 열의 값 '2022-01-24'를 CHAR(7) 데이터 유형인 '2022-01'로 변경한 결과를 확인할 수 있다.

다음의 SELECT 쿼리문을 입력하고 선택 실행한다. CONVERT() 함수를 사용한 결과는 [그림 6.5]와 같다.

예
```
SELECT CONVERT(orddt, CHAR(7))
     FROM `order_h`
     WHERE `orderno` = '202201001';
```

1.13 LPAD( )•RPAD( ) 함수

LPAD() 함수와 RPAD() 함수의 형식은 다음과 같다.

LPAD() • RPAD() 함수의 형식

```
LPAD(문자열 | 변수 | 열, 길이 [, 패딩 문자열])
RPAD(문자열 | 변수 | 열, 길이 [, 패딩 문자열])
```

LPAD() 함수는 첫 번째 인수로 주어진 문자열 또는 변수/열의 값을 두 번째 인수로 주어진 길이만큼 문자열의 길이를 왼쪽 부분에서 늘린다. 이때 문자열의 길이가 늘어나는 부분은 세 번째 인수로 주어진 패딩 문자열로 채운다. 세 번째 인수인 패딩 문자열이 생략되면 공백 문자를 패딩 문자로 사용한다. 두 번째 인수로 주어지는 길이가 첫 번째 인수의 길이보다 작으면 LEFT() 함수를 실행한 결과가 된다.

RPAD() 함수는 첫 번째 인수로 주어진 문자열 또는 변수/열의 값을 두 번째 인수로 주어진 길이만큼 문자열의 길이를 오른쪽 부분에서 늘린다. 두 번째 인수로 주어지는 길이가 첫 번째 인수의 길이보다 작으면 LPAD() 함수와 마찬가지로 LEFT() 함수를 실행한 결과가 된다.

LPAD() • RPAD() 함수 사용 예

SELECT LPAD('MariaDB', 10, '@');	결과 '@@@MariaDB'
SELECT LPAD('MariaDB', 10, '!@'); ★ 패딩 문자열이 두 자 이상이면 반복하면서 채운다.	결과 '!@!MariaDB'
SELECT LPAD('MariaDB', 10); ★ ▮는 공백 문자를 의미한다. 패딩 문자가 생략되어 공백 문자로 패딩한다.	결과 '▮▮▮MariaDB'
SELECT LPAD('MariaDB', 2); ★ 지정한 길이가 문자열의 길이보다 작으면 LEFT( ) 함수를 실행한 결과가 된다.	결과 'Ma'
SELECT RPAD('MariaDB', 10, '@');	결과 'MariaDB@@@'
SELECT RPAD('MariaDB', 10, '!@');	결과 'MariaDB!@!'
SELECT RPAD('MariaDB', 10);	결과 'MariaDB▮▮▮'
SELECT RPAD('MariaDB', 2);	결과 'Ma'

INSERT( ) 함수 1.14

INSERT() 함수의 형식은 다음과 같다.

INSERT() 함수의 형식

```
INSERT(문자열 | 변수 | 열, 위치, 길이, 문자열2)
```

INSERT() 함수는 첫 번째 인수로 주어진 문자열 또는 변수/열의 값에서 두 번째 인수로 주어진 위치부터 세 번째 인수로 주어진 길이만큼의 부분 문자열을 삭제하고 네 번째 인수로 주어진 문자열2를 해당 위치에 삽입한 결과를 반환한다.

INSERT() 함수 사용 예

```
SELECT  INSERT('MariaSQL은 OpenDB이다.', 6, 4, 'DB는');
```

결과 'MariaDB는 OpenDB이다.'

★ 6번째 위치부터 4글자를 삭제하고 해당 위치에 문자열 'DB는'을 삽입한다.

REPLACE( ) 함수 1.15

REPLACE() 함수의 형식은 다음과 같다.

REPLACE() 함수의 형식

```
REPLACE(문자열 | 변수 | 열, 문자열1, 문자열2)
```

REPLACE() 함수는 첫 번째 인수로 주어진 문자열 또는 변수/열의 값에서 두 번째 인수로 주어진 문자열1을 찾아 세 번째 인수로 주어진 문자열2로 대체한 결과를 반환한다. REPLACE() 함수는 문자열을 찾을 때 대소문자를 구분하며, 찾는 문자열이 없는 경우 첫 번째 인수의 값을 그대로 반환한다.

REPLACE() 함수 사용 예

```
SELECT  REPLACE('이것은 MariaDB', '이것은', 'This is');
                                        결과  'This is MariaDB'
```
★ 첫 번째 인수의 문자열에서 두 번째 인수의 문자열을 찾아 세 번째 문자열로 대체한다.

```
SELECT  REPLACE('This is Maria-db',  '-DB', 'DB');
                                        결과  'This is Maria-db'
```
★ REPLACE( ) 함수는 대소문자를 구분하여 문자열을 찾는다.

1.16 REPEAT( ) 함수

REPEAT() 함수의 형식은 다음과 같다.

REPEAT() 함수의 형식

```
REPEAT(문자열 | 변수 | 열, 반복횟수)
```

REPEAT() 함수는 첫 번째 인수로 주어진 문자열 또는 변수/열의 값을 두 번째 인수에서 주어진 반복 횟수만큼 반복한 문자열을 만들어 반환한다.

REPEAT() 함수 사용 예

```
SELECT  REPEAT('@#', 5);                    결과  '@#@#@#@#@#'
```

1.17 REVERSE( ) 함수

REVERSE() 함수의 형식은 다음과 같다.

REVERSE() 함수의 형식

```
REVERSE(문자열 | 변수 | 열)
```

REVERSE() 함수는 인수로 주어진 문자열 또는 변수/열 값의 문자 나열 순서를 역순으로 만든 문자열을 반환한다.

REVERSE() 함수 사용 예

```
SELECT REVERSE('ABCDE');                결과  'EDCBA'
```

SPACE( ) 함수 1.18

SPACE() 함수의 형식은 다음과 같다.

SAPCE() 함수의 형식

```
SPACE(숫자)
```

SPACE() 함수는 인수로 주어진 숫자만큼의 공백 문자를 반환한다.

SPACE() 함수 사용 예

```
SELECT CONCAT('대한', SPACE(3), '민국');      결과  '대한▒▒▒민국'
★ ▒는 공백 문자를 의미한다.
```

FORMAT( ) 함수 1.19

FORMAT() 함수의 형식은 다음과 같다.

FORMAT() 함수의 형식

```
FORMAT(수치형 데이터, 소수점 아래 자릿수[, 로케일])
```

FORMAT() 함수는 첫 번째 인수로 주어진 수치형 데이터의 값을 출력을 위한 문자열 형식으로 변환한다. 두 번째 인수로 소수점 아래 자릿수를 지정하고, 생략 가능한 세 번째 인수인 로케일을 지정하여 일반적으로 콤마 문자를 사용하는 1,000단위를 나타내는 국가별 구분 문자를 지정한다.

FORMAT() 함수 사용 예

SELECT FORMAT(12345.6789, 2); 결과 '12,345.68'

★ 지정한 소수점 이하 자릿수 아래에서 반올림한다. 로케일을 생략하면 1,000단위 구분 문자는 콤마 문자를 사용한다.

SELECT FORMAT(12345.6789, 2, 'es_ES'); 결과 '12.345,68'

★ 세 번째 인수인 'es_ES'는 스페인 로케일이다. 스페인은 소수점을 나타내기 위해 콤마 문자를 사용하고, 1,000단위 구분 문자로 마침표를 사용한다.

★ 로케일 문자열은 https://mariadb.com/kb/en/server-locale/을 참고한다.

1.20 ACSII( ) 함수

ACSII() 함수의 형식은 다음과 같다.

ASCII() 함수의 형식

ASCII(문자열 | 변수 | 열)

ASCII() 함수는 첫 번째 인수로 주어진 문자열 또는 변수/열의 값에서 첫 번째 글자에 대한 ASCII 코드값을 반환한다.

FORMAT() 함수 사용 예

SELECT ASCII('A'); 결과 65

SELECT ASCII('AB'); 결과 65

★ 첫 번째 문자의 ASCII 코드값을 반환한다.

CHR( )•CHAR( ) 함수 1.21

CHR() • CHAR() 함수의 형식은 다음과 같다.

CHR() • CHAR() 함수의 형식

```
CHR(숫자)
CHAR(숫자[, 숫자, ... ] [USING character_set])
```

CHR() 함수는 인수로 주어진 숫자를 ASCII 코드값으로 간주하여 이에 해당하는 문자를 반환한다. CHAR() 함수는 인수로 나열된 숫자를 ASCII 코드값으로 간주하여 각 숫자에 해당하는 문자열을 반환한다. CHAR() 함수는 USING 인수를 사용하여 문자 셋 character_set을 지정할 수 있다.

CHR() • CHAR() 함수 사용 예

SELECT CHR(65); 결과 'A'
★ MySQL에는 CHR( ) 함수가 없다.

SELECT CHAR(65, 66, 67); 결과 'ABC'
★ 이 예의 경우 MySQL에서는 결과가 BLOB 데이터 유형이 된다. 같은 결과를 얻으려면, SELECT CONVERT(CHAR(75, 66, 67), CHAR(3));로 사용해야 한다.

SELECT LENGTH(CHAR(65, 66, 67 USING utf16)); 결과 6
★ CHAR( ) 함수에서 USING utf16을 사용했기 때문에 3글자, 6바이트의 문자열 길이를 확인한다.

HEX( )•UNHEX( ) 함수 1.22

HEX() • UNHEX() 함수의 형식은 다음과 같다.

HEX() • UNHEX() 함수의 형식

```
HEX(숫자 | 문자열 | 변수 | 열)
UNHEX(16진수 문자열)
```

HEX() 함수는 인수로 주어진 숫자를 16진수로 변환하여 반환하거나, 문자열 또는 변수/열의 값을 16진수로 변환하여 반환한다.

UNHEX() 함수는 인수로 주어진 16진수 문자열을 ASCII 문자열로 변환하여 반환한다.

HEX() • UNHEX() 함수 사용 예

SELECT HEX('ABCD');	결과 '41424344'
SELECT UNHEX('41424344');	결과 'ABCD'

★ 16진수 문자열은 두 자리가 한 문자를 나타낸다.
★ 이 예의 경우 MySQL에서는 결과가 BLOB 데이터 유형이 된다. 같은 결과를 얻으려면, SELECT CONVERT(UNHEX('41424344'));로 사용해야 한다.

1.23 TO_CHAR( ) 함수

TO_CHAR() 함수의 형식은 다음과 같다.

TO_CHAR() 함수의 형식

TO_CHAR(날짜 또는 시간 유형의 데이터, 형식 문자열)

TO_CHAR() 함수는 첫 번째 인수로 주어진 DATE, DATETIME, TIME, TIMESTAMP 유형의 데이터를 두 번째 인수의 형식으로 변환한 문자열을 반환한다.

형식을 지정하기 위해서는 [표 6.1]의 형식 문자를 사용한다. 각각의 형식 문자는 단독으로 사용되는 것이 아니라 조합해서 사용된다.

[표 6.1] TO_CHAR() 함수에서 사용하는 형식 문자

형식 문자	내용	비고
YYYY, YYY, YY	연도를 4자리, 3자리, 2자리로 표현	
RRRR, RR	연도를 4자리, 2자리로 표현	

MM	월을 두 자리 숫자로 표현	01 ~ 12
MON	월 이름을 약자로 표현	1월 ~ 12월(Jan ~ Dec)
MONTH	월 이름을 표현	일월 ~ 십이월 (January ~ December)
DD	일을 두 자리 숫자로 표현	01 ~ 31
DY	요일 이름을 약자로 표현	월 ~ 일(Mon ~ Sun)
DAY	요일 이름을 표현	월요일 ~ 일요일 (Monday ~ Sunday)
HH, HH12, HH24	시간을 2자리로 표현(12시간, 24시간)	00 ~ 12, 00 ~ 24
MI	분을 2자리로 표현	00 ~ 59
SS	초를 2자리로 표현	00 ~ 59

TO_CHAR() 함수 사용 예

```
SELECT  TO_CHAR('2022-03-01 14:50:39', 'YYYY/MM/DD');
                                  결과  '2022/03/01'
```

```
SET lc_time_names = 'en_US';
SELECT  TO_CHAR('2022-03-01 14:50:39', 'RRRR MON DY');
                                  결과  '2022 Mar Tue'
```

```
SET lc_time_names = 'ko_KR';
SELECT  TO_CHAR('2022-03-01 14:50:39', 'RRRR MON DY');
                                  결과  '2022 3월 화'
```

```
SELECT  TO_CHAR('2022-03-01 13:50:39', 'HH MI SS');
                                  결과  '01 50 39'
```

```
SELECT  TO_CHAR('2022-03-01 13:50:39', 'HH12 MI SS');
                                  결과  '01 50 39'
```

```
SELECT  TO_CHAR('2022-03-01 13:50:39', 'HH24 MI SS');
                                  결과  '13 50 39'
```

★ MySQL에는 TO_CHAR( ) 함수가 없다.

날짜 및 시간 함수 Date & Time Functions 2

날짜 및 시간 함수는 날짜 및 시간 형식의 데이터를 변환하거나 연산하는 함수이다.

2.1 ADDDATE( )•DATE_ADD( ) 함수

ADDDATE() • DATE_ADD() 함수의 형식은 다음과 같다.

ADDDATE() • DATE_ADD() 함수의 형식

```
ADDDATE(날짜 유형의 데이터, 증감숫자)
ADDDATE(날짜 시간 유형의 데이터, INTERVAL  증감숫자  단위)
DATE_ADD(날짜 시간 유형의 데이터, INTERVAL  증감숫자  단위)
```

ADDDATE() 함수는 첫 번째 인수로 주어진 DATE 유형의 데이터에 두 번째 인수가 양수이면 덧셈하여 날짜를 계산하고, 음수이면 뺄셈하여 날짜를 계산하여 반환한다.

ADDDATE() 함수와 DATE_ADD()에서 INTERVAL을 사용하면, 첫 번째 인수는 날짜 유형뿐 아니라 시간 유형의 데이터까지 사용할 수 있다. INTERVAL에 주어진 숫자를 덧셈하거나 뺄셈하여 새로운 날짜 또는 시간을 계산하여 반환한다.

ADDDATE() 함수와 DATE_ADD() 함수에서 사용하는 '단위'는 [표 6.2]와 같다.

[표 6.2] ADDDATTE() 함수와 DATE_ADD() 함수에서 사용하는 '단위'

단위	설명
YEAR	연도를 증감
QUARTER	분기 단위를 증감, 3개월 단위
MONTH	월을 증감
WEEK	주 단위로 증감
DAY	날 수를 증감
HOUR	시 단위를 증감
MINUTE	분 단위를 증감
SECOND	초 단위를 증감
YEAR_MONTH	두 단위를 합성한 단위 ★ MySQL에서는 지원하지 않음

ADDDATE() • DATE_ADD() 함수 사용 예
SELECT ADDDATE('2022-01-01', 31); 결과 '2022-02-01'
SELECT ADDDATE('2022-01-01', -1); 결과 '2021-12-31' ★ 두 번째 인수가 음수이면 날 수를 뺄셈한다.
SELECT ADDDATE('2022-01-01', INTERVAL 31 DAY); 결과 '2022-02-01' ★ INTERVAL에서 지정한 단위가 DAY이므로 날 수를 덧셈한다.
SELECT ADDDATE('2022-01-01', INTERVAL 2 MONTH); 결과 '2022-03-01' ★ INTERVAL에서 지정한 단위가 MONTH이므로 월 수를 덧셈한다.
SELECT ADDDATE('2022-01-01', INTERVAL 5 WEEK); 결과 '2022-02-05' ★ INTERVAL에서 지정한 단위가 WEEK이므로 주 수를 덧셈한다.
SELECT ADDDATE('2022-01-01', INTERVAL '1 2' YEAR_MONTH); 결과 '2023-03-01' ★ INTERVAL에서 지정한 단위가 YEAR_MONTH이므로 INTERVAL에 주어진 '1 2'에서 '1'은 년 수를 덧셈하고, '2'는 월 수를 덧셈한다.
SELECT ADDDATE('2022-01-01', INTERVAL '-1 2' YEAR_MONTH); 결과 '2020-11-01' ★ INTERVAL에서 지정한 단위가 YEAR_MONTH이므로 INTERVAL에 주어진 '-1 2'에서 '-1'은 년 수를 뺄셈하고, '2' 또한 월 수를 뺄셈한다. 결과적으로 1년 2개월 전의 날짜를 나타낸다.
SELECT ADDDATE('2022-01-01', INTERVAL '1 -2' YEAR_MONTH); 결과 '2023-03-01' ★ INTERVAL에서 지정한 단위가 YEAR_MONTH이므로 INTERVAL에 주어진 '1 -2'에서 '1'은 년 수를 덧셈하고, '-2'는 음수이지만 월 수를 덧셈한다. 두 번째 숫자에 포함된 음수는 적용되지 않는다. 결과적으로 1년 2개월 후의 날짜를 나타낸다.
SELECT ADDDATE('2022-01-01 13:50:39', INTERVAL 10 HOUR); 결과 '2022-01-01 23:50:39'

2.2 SUBDATE() • DATE_SUB() 함수

SUBDATE() • DATE_SUB() 함수의 형식은 다음과 같다.

SUBDATE() • DATE_SUB() 함수의 형식
SUBDATE(날짜 유형의 데이터, 증감숫자) SUBDATE(날짜 시간 유형의 데이터, INTERVAL 증감숫자 단위) DATE_SUB(날짜 시간 유형의 데이터, INTERVAL 증감숫자 단위)

SUBDATE() • DATE_SUB() 함수는 ADDDATE() • DATE_ADD() 함수와는 반대이다. 증감 숫자가 양수이면 뺄셈이 되어 이전 날짜를 계산하고, 음수이면 덧셈이 되어 이후 날짜를 계산하여 반환한다.

2.3 CURDATE() • CURRENT_DATE() 함수

CURDATE() • CURRENT_DATE() 함수의 형식은 다음과 같다.

CURDATE() • CURRENT_DATE() 함수의 형식

```
CURDATE()
CURRENT_DATE()
```

CURDATE() • CURRENT_DATE() 함수는 사용하는 컴퓨터 시스템으로부터 현재 날짜를 확인하여 반환한다.

CURDATE() • CURRENT_DATE() 함수 사용 예

SELECT CURDATE();	결과 '2022-03-01'
SELECT CURRENT_DATE();	결과 '2022-03-01'
SELECT CURRENT_DATE; ★ () 없이 사용할 수도 있다.	결과 '2022-03-01'
SELECT CURRENT_DATE() + 0; ★ CURRENT_DATE() 함수의 결과와 덧셈 연산을 통해 결과는 수치가 된다. 날짜를 표현하는 수치가 그대로 숫자 형식으로 표현된다.	결과 20,220,301

2.4 CURTIME() • CURRENT_TIME() 함수

CURTIME() • CURRENT_TIME() 함수의 형식은 다음과 같다.

CURTIME() • CURRENT_TIME() 함수의 형식

```
CURTIME([정확도])
CURRENT_TIME([정확도])
```

CURTIME() • CURRENT_TIME() 함수는 사용하는 컴퓨터 시스템으로부터 현재 시각을 확인하여 반환한다. 생략 가능한 인수로 정확도를 사용하여 초 단위 이하의 시각을 나타내는 자릿수를 지정할 수 있다. 지정 가능한 정확도는 최대 자릿수 6이다.

CUTIME() • CURRENT_TIME() 함수 사용 예

SELECT CURTIME();	결과 '13:35:07'
SELECT CURRENT_TIME();	결과 '13:35:12'
SELECT CURRENT_TIME; ★ () 없이 사용할 수도 있다.	결과 '13:35:27'
SELECT CURRENT_TIME() + 0; ★ CURRENT_TIME() 함수의 결과와 덧셈 연산을 통해 결과는 수치가 된다. 시간을 표현하는 수치가 그대로 숫자 형식으로 표현된다.	결과 133,542
SELECT CURRENT_TIME(2);	결과 '13:35:12.05'

2.5 NOW()•CURRENT_TIMESTAMP()•SYSDATE()•LOCALTIME()•LOCALTIMESTAMP() 함수

NOW() • CURRENT_TIMESTAMP() • SYSDATE() • LOCALTIMESTAMP() • LOCALTIME() 함수의 형식은 다음과 같다.

NOW() • CURRENT_TIMESTAMP() • SYSDATE() • LOCALTIME() • LOCALTIMESTAMP() 함수의 형식

```
NOW([정확도])
CURRENT_TIMESTAMP([정확도])
SYSDATE([정확도])
LOCALTIME([정확도])
LOCALTIMESTAMP([정확도])
```

NOW() • CURRENT_TIMESTAMP() • SYSDATE() • LOCALTIMESTAMP() • LOCALTIME() 함수는 모두 사용하는 컴퓨터 시스템으로부터 현재 시각을 확인하여 반환한다. 반환하는 형식은 'YYYY-MM-DD HH:MM:SS'이다. 생략 가능한 인수인 정확도를 사용하여 초 단위 이하의 시각을 나타내는 자릿수를 지정할 수 있다. 지정 가능한 정확도는 최대 자릿수 6이다.

NOW() • CURRENT_TIMESTAMP() • SYSDATE() • LOCALTIME() • LOCALTIMESTAMP() 함수 사용 예	
SELECT NOW();	결과 '2022-03-01 11:28:49'
SELECT NOW(2);	결과 '2022-03-01 11:28:49.07'
SELECT CURRENT_TIMESTAMP();	결과 '2022-03-01 11:31:22'
SELECT CURRENT_TIMESTAMP; ★ () 없이 사용할 수도 있다.	결과 '2022-03-01 11:31:22'
SELECT CURRENT_TIMESTAMP(3);	결과 '2022-03-01 11:31:22.253'
SELECT SYSDATE();	결과 '2022-03-01 11:33:01'
SELECT SYSDATE(4);	결과 '2022-03-01 11:33:01.9654'
SELECT LOCALTIME();	결과 '2022-03-01 12:50:04'
SELECT LOCALTIME(5);	결과 '2022-03-01 12:50:04.18162'
SELECT LOCALTIME; ★ () 없이 사용할 수도 있다.	결과 '2022-03-01 12:50:04'
SELECT LOCALTIMESTAMP();	결과 '2022-03-01 13:07:19'
SELECT LOCALTIMESTAMP(6);	결과 '2022-03-01 13:07:19.715464'
SELECT LOCALTIMESTAMP; ★ () 없이 사용할 수도 있다.	결과 '2022-03-01 13:07:19'

2.6 YEAR( ) • MONTH( ) • DAY( ) • HOUR( ) • MINUTE( ) • SECOND( ) • MICROSECOND( ) 함수

YEAR() • MONTH() • DAY() • HOUR() • MINUTE() • SECOND() • MICROSECOND() 함수의 형식은 다음과 같다.

YEAR() • MONTH() • DAY() • HOUR() • MINUTE() • SECOND() • MICROSECOND() 함수의 형식

```
YEAR(날짜형 상수 | 날짜형 변수 | 날짜형 열)
MONTH(날짜형 상수 | 날짜형 변수 | 날짜형 열)
DAY(날짜형 상수 | 날짜형 변수 | 날짜형 열)
HOUR(날짜 시간형 상수 | 날짜 시간형 변수 | 날짜 시간형 열)
MINUTE(날짜 시간형 상수 | 날짜 시간형 변수 | 날짜 시간형 열)
SECOND(날짜 시간형 상수 | 날짜 시간형 변수 | 날짜 시간형 열)
MICROSECOND(날짜 시간형 상수 | 날짜 시간형 변수 | 날짜 시간형 열)
```

YEAR() • MONTH() • DAY() 함수는 인수로 주어진 날짜형 데이터에서 각각 연 • 월 • 일에 해당하는 결과를 숫자로 반환한다. DAY() 함수는 DAYOFMONTH() 함수와 같다.

HOUR() • MINUTE() • SECOND() • MICROSECOND() 함수는 주어진 날짜 시간형 데이터에서 각각 시 • 분 • 초 • 백만분의 1초(초 단위 이하 6자리)에 해당하는 결과를 숫자로 반환한다.

YEAR() • MONTH() • DAY() • HOUR() • SECOND() • MICROSECOND() 함수 사용 예

SELECT YEAR('2022-03-01');	결과 2022
SELECT MONTH('2022-03-01');	결과 3
SELECT DAY('2022-03-01');	결과 1
SET @nowtime = NOW(6) SELECT HOUR(@nowtime); SELECT MINUTE(@nowtime); SELECT SECOND(@nowtime); SELECT MICROSECOND(@nowtime);	 결과 14 결과 18 결과 54 결과 300051

★ 현재 날짜와 시각을 반환하는 now( ) 함수의 결과를 변수에 저장하고, 변수를 사용하여 각 함수의 결과를 확인한다.

2.7 DAYOFYEAR( )•DAYOFMONTH( )•DAYOFWEEK( )• MONTHNAME( ) 함수

DAYOFYEAR() • DAYOFMONTH() • DAYOFWEEK() 함수의 형식은 다음과 같다.

DAYOFYEAR() • DAYOFMONTH() • DAYOFWEEK() • MONTHNAME() 함수의 형식

```
DAYOFYEAR(날짜형 상수 | 날짜형 변수 | 날짜형 열)
DAYOFMONTH(날짜형 상수 | 날짜형 변수 | 날짜형 열)
DAYOFWEEK(날짜형 상수 | 날짜형 변수 | 날짜형 열)
MONTHNAME(날짜형 상수 | 날짜형 변수 | 날짜형 열)
```

DAYOFYEAR() 함수는 인수로 주어진 날짜형 데이터가 해당 연도의 1월 1일부터 몇 번째 날인가 확인하여 수치형 결과를 반환한다. 예로 2월 1일은 해당 연도의 32일째가 된다. DAYOFYEAR() 함수의 반환값은 1~366이 된다.

DAYOFMONTH() 함수는 인수로 주어진 날짜형 데이터가 해당 월의 1일부터 몇 번째 날인가를 확인하여 수치형 결과를 반환한다. DAY() 함수의 결과와 같다.

DAYOFWEEK() 함수는 인수로 주어진 날짜형 데이터가 어떤 요일인지를 확인하여 수치형 데이터를 반환한다. 일요일은 1, 월요일은 2, … , 토요일은 7을 반환한다.

MONTHNAME() 함수는 인수로 주어진 날짜형 데이터의 월 이름을 문자열로 반환한다.

DAYOFYEAR() • DAYOFMONTH() • DAYOFWEEK() • MONTHNAME() 함수 사용 예

SELECT DAYOFYEAR('2022-03-01');	결과 60
SELECT DAYOFMONTH('2022-03-01');	결과 1
SELECT DAYOFWEEK('2022-03-01'); ★ 결과 3은 화요일을 의미한다.	결과 3

```
SET lc_time_names = 'en_US';
SELECT MONTHNAME('2022-03-01');                결과 'March'
★ 'en_US' 로케일로 설정하면 미국 표현으로 월 이름이 영어로 표시된다.
SET lc_time_names = 'ko_KR';
SELECT MONTHNAME('2022-03-01');                결과 '삼월'
★ 'ko_KR' 로케일로 설정하면 한국 표현으로 월 이름이 한글로 표시된다.
```

2.8 DATE( ) • TIME( ) 함수

DATE() • TIME() 함수의 형식은 다음과 같다.

DATE( ) • TIME() 함수의 형식

```
DATE(DATETIME 유형의 상수 | DATETIME 유형의 변수 | DATETIME 유형의 열)
TIME(DATETIME 유형의 상수 | DATETIME 유형의 변수 | DATETIME 유형의 열)
```

DATE() 함수는 인수로 주어진 DATETIME 유형의 데이터에서 '연-월-일'을 문자열로 반환하고, TIME() 함수는 인수로 주어진 DATETIME 유형의 데이터에서 '시:분:초'를 문자열로 반환한다. TIME() 함수의 인수로 DATE 유형의 데이터를 전달하면 DATE 유형으로 주어진 날짜의 시는 0, 연도를 분과 초로 처리하여 문자열로 반환한다.

DATE() • TIME() 함수 사용 예

```
SELECT DATE(NOW());                            결과 '2022-03-01'
SELECT TIME(NOW());                            결과 '15:59:37'
SELECT TIME('2022-03-01');                     결과 '00:20:22'
```

2.9 DATEDIFF( ) • TIMEDIFF( ) 함수

DATEDIFF() • TIMEDIFF() 함수의 형식은 다음과 같다.

DATEDIFF() • TIMEDIFF() 함수의 형식

```
DATEDIFF(날짜 유형의 상수 | 날짜 유형의 변수 | 날짜 유형의 열,
         날짜 유형의 상수 | 날짜 유형의 변수 | 날짜 유형의 열)
TIMEDIFF(시간 유형의 상수 | 시간 유형의 변수 | 시간 유형의 열,
         시간 유형의 상수 | 시간 유형의 변수 | 시간 유형의 열)
```

DATEDIFF() 함수는 첫 번째 인수로 주어진 날짜 유형의 상수 또는 변수/열의 값에서 두 번째 인수로 주어진 날짜 유형의 상수 또는 변수/열의 값을 뺄셈하여 두 인수의 날 수 차이를 계산해서 결과를 수치형으로 반환한다.

TIMEDIFF() 함수는 첫 번째 인수로 주어진 시간 유형의 상수 또는 변수/열의 값에서 두 번째 인수로 주어진 시간 유형의 상수 또는 변수/열의 값을 뺄셈하여 두 인수의 시간 차이를 계산해서 결과를 시간 형식으로 반환한다.

DATEDIFF() • TIMEDIFF() 함수 사용 예

SELECT DATEDIFF('2022-03-01', '2021-03-01');	결과 365
SELECT DATEDIFF('2021-03-01', '2022-03-01'); ★ (첫 번째 인수 값 - 두 번째 인수 값)으로 계산하기 때문에 음수가 된다.	결과 -365
SELECT DATEDIFF('2022-03-01', '2022-03-01');	결과 0
SELECT TIMEDIFF('23:10:20', '20:00:00');	결과 '03:10:20'
SELECT TIMEDIFF('20:00:00', '23:10:20');	결과 '-03:10:20'
SELECT TIMEDIFF(NOW( ), '2022-02-28'); ★ 두 번째 인수의 값이 시간 유형이 아니기 때문에 TIMEDIFF( ) 함수는 NULL을 반환한다.	결과 (NULL)

2.10 LAST_DAY( ) 함수

LAST_DAY() 함수의 형식은 다음과 같다.

LAST_DAY() 함수의 형식

```
LAST_DAY(날짜 유형의 상수 | 날짜 유형의 변수 | 날짜 유형의 열)
```

LAST_DAY() 함수는 주어진 날짜형 데이터에 해당하는 월의 마지막 날짜를 날짜 형식의 문자열로 반환한다. 종종 사용되는 유용한 함수이다.

LAST_DAY() 함수 사용 예

SELECT LAST_DAY('2022-02-02');	결과	'2022-02-28'
SELECT LAST_DAY('2024-02-02');	결과	'2024-02-29'

★ LAST_DAY( ) 함수를 사용하여 인수로 주어진 날짜 유형의 데이터가 윤년 또는 평년인지를 판단할 수 있다.

2.11 MAKEDATE( ) 함수

MAKEDATE() 함수의 형식은 다음과 같다.

MAKEDATE() 함수의 형식

```
MAKEDATE(연도를 나타내는 숫자 | 날짜 유형 데이터, 숫자)
```

MAKEDATE() 함수는 첫 번째 인수를 숫자로 전달하면 연도로 간주하고, 해당 연도에서 두 번째 인수 번째 날의 날짜를 계산하여 날짜 유형의 문자열로 반환한다. 첫 번째 인수가 날짜 유형으로 주어지면 주어진 날짜의 연도에서 두 번째 인수 번째 날의 날짜를 계산하여 날짜 유형의 문자열로 반환한다.

MAKEDATE() 함수 사용 예

SELECT MAKEDATE(2022, 60); ★ 2022년 60번째 날의 날짜	결과	'2022-03-01'
SELECT MAKEDATE('2022-03-01', 60); ★ 첫 번째 인수인 '2022-03-01'에서 연도인 2022년의 60번째 날의 날짜	결과	'2022-03-01'

2.12 MAKETIME( ) 함수

MAKETIME() 함수의 형식은 다음과 같다.

MAKETIME() 함수의 형식

```
MAKETIME(숫자1, 숫자2, 숫자3)
```

MAKETIME() 함수는 첫 번째 인수를 시, 두 번째 인수를 분, 세 번째 인수를 초를 나타내는 값으로 하여 시각 유형의 데이터를 만들어 반환한다. 첫 번째 인수의 숫자 크기는 관계없지만, 두 번째 인수와 세 번째 인수는 0~60 범위의 숫자 이어야 한다. 범위를 넘는 숫자를 사용하면 NULL을 반환한다.

MAKETIME() 함수 사용 예

SELECT MAKETIME(13, 20, 30);	결과 '13:20:30'
SELECT MAKETIME(25, 20, 30);	결과 '25:20:30'
SELECT MAKETIME(25, 61, 30); ★ 분 단위에 해당하는 두 번째 인수의 값이 0~60 범위를 초과하기 때문에 NULL을 반환한다.	결과 (NULL)

2.13 QUARTER( ) 함수

QUARTER() 함수의 형식은 다음과 같다.

QUARTER() 함수의 형식

```
QUARTER(날짜 유형의 상수 | 날짜 유형의 변수 | 날짜 유형의 열)
```

QUARTER() 함수는 주어진 날짜 유형의 상수 또는 변수/열 값의 날짜가 해당 연도의 몇 번째 분기인지 확인하여 숫자를 반환한다.

QUARTER() 함수 사용 예

```
SELECT QUARTER('2022-04-01');
```

결과 2

2.14 DATE_FORMAT( ) 함수

DATE_FORMAT() 함수의 형식은 다음과 같다.

DATE_FORMAT() 함수의 형식

```
DATE_FORMAT(날짜 유형의 상수 | 날짜 유형의 변수 | 날짜 유형의 열,
            형식 문자 [, 로케일] )
```

DATE_FORMAT() 함수는 첫 번째 인수로 주어진 날짜를 두 번째 인수인 형식 문자를 사용하여 문자열로 표현한다. 생략 가능한 세 번째 인수로 로케일이 사용되면 해당 로케일의 문자열로 표현한다. MySQL에서는 DATE_FORMAT() 함수의 로케일 인수가 없다.

[표 6.3]은 DATE_FORMAT() 함수에서 사용할 수 있는 형식 문자를 알파벳 순서로 정리한 것이다.

[표 6.3] DATE_FORMAT() 함수에서 사용하는 형식 문자

형식 문자	설명
%a	요일 이름을 문자로 나타낸다.로케일인 'ko_KR'이면 '일', '월' 등의 한 문자로 표현하고, 'en_US'이면 'Sun', 'Mon' 등 세 글자 영문으로 표현한다.
%b	월 이름을 문자로 나타낸다. 로케일이 'ko_KR'이면 '1월', '2월', … , '12월'로 표현하고, 'en_US'이면 'Jan', 'Feb', … , 'Dec'로 표현한다.
%c	월을 1자리 또는 2자리 숫자로 표현한다.
%D	날을 의미하는 숫자 뒤에 1st, 2nd, 3rd, 4th, … 형식으로 표현한다.
%d	날을 2자리 숫자로 표현한다.
%e	날을 1자리 또는 2자리 숫자로 표현한다.
%f	초 이하의 단위를 6자리로 표현한다.
%H	시간에서 시 단위를 00~23 범위의 2자리 숫자로 표현한다.
%h	시간에서 시 단위를 00~12 범위의 2자리 숫자로 표현한다.

%I	시간에서 시 단위를 00~12 범위의 2자리 숫자로 표현한다.
%i	시간에서 분 단위를 00~59 범위의 2자리 숫자로 표현한다.
%j	날짜가 해당 연도에서 몇 번째 날인지를 3자리 숫자로 표현한다.
%k	시간에서 시 단위를 0~23 범위의 1자리 또는 2자리 숫자로 표현한다.
%l	시간에서 시 단위를 0~12 범위의 1자리 또는 2자리 숫자로 표현한다.
%M	월 이름을 문자로 나타낸다. 로케일이 'ko_KR'이면 '일월', '이월', ... , '십이월'로 표현하고, 'en_US'이면 'January', ... , 'December'로 표현한다.
%m	월을 두 자리 숫자로 표현한다.
%p	시간이 오전이면 'AM', 오후이면 'PM'을 나타낸다.
%r	시간을 나타내면서 뒤에 'AM' 또는 'PM'을 붙인다. '%I:%i:%S %p'를 함께 사용한 것과 같다.
%S	시간에서 초 단위를 00~59 범위의 2자리 숫자로 표현한다.
%s	시간에서 초 단위를 00~59 범위의 2자리 숫자로 표현한다.
%T	시간을 24시간 형식으로 표현한다. '%H:%i:%S'를 함께 사용한 것과 같다.
%U	날짜에 대한 주차를 01~53 범위의 2자리 숫자로 표현한다. '일요일'을 한 주의 시작으로 할 때 사용한다.
%u	날짜에 대한 주차를 01~53 범위의 2자리 숫자로 표현한다. '월요일'을 한 주의 시작으로 할 때 사용한다.
%V	날짜에 대한 주차를 01~53 범위의 2자리 숫자로 표현한다. '일요일'을 한 주의 시작으로 사용할 때 사용하며, '%X'와 함께 사용한다.
%v	날짜에 대한 주차를 01~53 범위의 2자리 숫자로 표현한다. '월요일'을 한 주의 시작으로 사용할 때 사용하며, '%x'와 함께 사용한다.
%W	요일 이름을 나타낸다. 로케일이 'ko_KR'이면 '일요일', '월요일', ... , '토요일'로 표현하고, 'en_US'이면 'Sunday', 'Monday', ... , 'Saturday'로 표현한다.
%w	요일을 숫자로 표현한다. '일요일' 또는 'Sunday'는 0, ... , '토요일' 또는 'Saturday'는 6으로 표현한다.
%X	연도를 4자리 숫자로 표현한다. '일요일'을 한 주의 시작으로 할 때 사용하며, '%V'와 함께 사용한다.
%x	연도를 4자리 숫자로 표현한다. '월요일'을 한 주의 시작으로 할 때 사용하며, '%v'와 함께 사용한다.
%Y	연도를 4자리 숫자로 표현한다.
%y	연도를 2자리 숫자로 표현한다. 4자리 연도 표현 중, 오른쪽 2자리가 된다.

[표 6.3]의 형식 문자는 하나만 사용하기보다는 표현하려는 데이터에 따라 형식 문자를 조합해서 사용한다.

DATE_FORMAT() 함수 사용 예	
SELECT DATE_FORMAT('2022-03-01', '%y/%c/%e');	결과 '22/3/1'
SELECT DATE_FORMAT('2022-03-01', '%m/%d/%Y');	결과 '03/01/2022'
SELECT DATE_FORMAT('2022-03-01', '%b %d, %Y', 'ko_KR');	결과 '3월 01, 2022'
★ MySQL에서는 DATE_FORMAT( ) 함수에서 로케일 인수를 지원하지 않는다. SET lc_time_names = 'ko_KR'로 시스템 변수의 값을 설정하는 방법을 사용해야 한다.	
SELECT DATE_FORMAT('2022-03-01', '%b %d, %Y', 'en_US');	결과 'Mar 01, 2022'

수치 함수 Numeric Functions 3

수치 함수는 수학적 연산을 수행하는 함수이다.

ABS( ) 함수 3.1

ABS() 함수의 형식은 다음과 같다.

ABS() 함수의 형식

```
ABS(수치형 데이터)
```

ABS() 함수는 인수로 주어진 수치형 데이터의 절대값을 반환한다.

ABS() 함수 사용 예	
SELECT ABS(-10);	결과 10

3.2 SIGN( ) 함수

SIGN() 함수의 형식은 다음과 같다.

SIGN() 함수의 형식

```
SIGN(수치형 데이터)
```

SIGN() 함수는 인수로 주어진 수치형 데이터의 부호를 반환한다. 양수이면 1, 음수이면 −1, 0이면 0을 반환한다.

SIGN() 함수 사용 예

SELECT SIGN(10);	결과 1
SELECT SIGN(0);	결과 0
SELECT SIGN(−10);	결과 −1

3.3 CEILING( ) • CEIL( ) • FLOOR( ) • TRUNCATE( ) 함수

CEILING() • CEIL() • FLOOR() • TRUNCATE() 함수의 형식은 다음과 같다.

CEILING() • CEIL() • FLOOR() • TRUNCATE() 함수의 형식

```
CEILING(수치형 데이터)
CEIL(수치형 데이터)
FLOOR(수치형 데이터)
TRUNCATE(수치형 데이터, 소수 이하 자릿수)
```

CEILING() 함수와 CEIL() 함수는 같은 기능의 함수로 인수로 주어진 수치형 데이터보다 작지 않은 가장 작은 정수를 반환한다. 즉, 실수값에서 소수 이하를 무조건 올림 처리하여 정수로 반환한다. 결과적으로 주어진 값의 오른쪽 정수를 반환하는 것이다.

FLOOR() 함수는 인수로 주어진 수치형 데이터보다 크지 않은 가장 큰 정수를 반환한다. 즉, 실수값에서 소수 이하를 무조건 버림 처리하여 정수로 반환한다. 결과적으로 주어진 값의 왼쪽 정수를 반환하는 것이다.

TRUNCATE() 함수는 첫 번째 인수로 주어진 실수값에서 두 번째 인수로 주어진 소수 이하 자릿수까지만 남기고 나머지를 버림 처리한다. 두 번째 인수가 음수이면 소수점 위에서 지정한 자릿수만큼 0으로 채운 정수를 반환한다.

CEILING() • CEIL() • FLOOR() • TRUNCATE() 함수 사용 예

SELECT CEILING(2.34);	결과 3
SELECT CEILING(-2.34);	결과 -2
SELECT FLOOR(2.34);	결과 2
SELECT FLOOR(-2.34);	결과 -3
SELECT TRUNCATE(1.234, 1);	결과 1.2
SELECT TRUNCATE(1.567, 1);	결과 1.5
SELECT TRUNCATE(-2.99, 1);	결과 -2.9
SELECT TRUNCATE(123, -2);	결과 100
SELECT TRUNCATE(123.456, -2);	결과 100

MOD( ) 함수 3.4

MOD() 함수의 형식은 다음과 같다.

MOD() 함수의 형식

```
MOD(수치형 데이터1, 수치형 데이터2)
(수치형 데이터1) MOD (수치형 데이터2)
```

MOD() 함수는 첫 번째 인수의 수치형 데이터를 두 번째 인수의 수치형 데이터로 나눗셈을 수행한 나머지를 반환한다. 두 번째 인수의 값이 0이면 NULL을 반환한다.

MOD() 함수 사용 예	
SELECT MOD(32, 5);	결과 2
SELECT 32 MOD 5;	결과 2
SELECT MOD(32, 0);	결과 (NULL)
SELECT MOD(3.5, 1.2);	결과 1.1
SELECT MOD(3.5, -1.2);	결과 1.1
SELECT MOD(-3.5, 1.2);	결과 -1.1
SELECT MOD(-3.5, -1.2);	결과 -1.1

3.5 ROUND( ) 함수

ROUND() 함수의 형식은 다음과 같다.

ROUND() 함수의 형식

```
ROUND(수치형 데이터)
ROUND(수치형 데이터, 소수 이하 자릿수)
```

ROUND() 함수는 하나의 인수를 사용할 때는 인수로 주어진 값을 소수점 아래 첫 번째 자리에서 반올림하여 정수를 반환한다. 두 개의 인수를 사용할 때는 첫 번째 인수의 값에서 두 번째 인수의 소수 이하 자릿수까지를 반환한다. 이때 잘림이 발생하는 첫 번째 자리에서 반올림된다.

ROUND() 함수 사용 예	
SELECT ROUND(1.234);	결과 1
SELECT ROUND(1.567);	결과 2

SELECT ROUND(1.567, 0); ★ 두 번째 인수가 0이면, 소수 이하 자릿수가 없기 때문에, 소수 이하 첫 번째 자리에서 반올림된다. 즉, 두 번째 인수가 0이면 생략하는 것과 같다.	결과 2
SELECT ROUND(1.567, 2); ★ 소수 이하 두 번째 자리까지 반환하기 때문에, 소수 이하 세 번째 자리에서 반올림된다.	결과 1.57
SELECT ROUND(123.456, -2); ★ 두 번째 인수가 음수이면 TRUNCATE() 함수를 실행한 결과와 같다. 소수점 왼쪽으로 지정한 자릿수만큼 0으로 대체한다.	결과 100

3.6 POW()•POWER() 함수

POW() • POWER() 함수의 형식은 다음과 같다.

POW() • POWER() 함수의 형식

```
POW(수치형 데이터1, 수치형 데이터2)
POWER(수치형 데이터1, 수치형 데이터2)
```

POW() • POWER() 함수는 같은 기능의 함수로, 첫 번째 인수를 X라고 하고, 두 번째 인수를 Y라고 할 때 X^Y을 계산하여 반환한다.

POW() • POWER() 함수 사용 예

SELECT POW(2, 3);	결과 8
SELECT POW(2.1, 3);	결과 9.261000000000001

3.7 SQRT()•PI() 함수

SQRT() • PI() 함수의 형식은 다음과 같다.

SQRT() • PI() 함수의 형식

```
SQRT(수치형 데이터)
PI()
```

SQRT() 함수는 인수로 주어진 수치형 데이터를 X라고 하면, $\sqrt{x}$를 계산하여 반환한다. SQRT() 함수의 인수가 음수이면 NULL을 반환한다.

PI() 함수는 인수없이 사용하며, π 즉, 3.141593 값을 반환한다.

SQRT() • PI() 함수 사용 예

SELECT SQRT(9);	결과 3
SELECT SQRT(-9);	결과 (NULL)
SELECT PI(); ★ PI() 함수는 소수점 이하 6자리까지 반환한다.	결과 3.141593
SELECT PI() + 0.0000000000; ★ 원하는 소수점 이하 자릿수를 사용하는 실수값을 더하는 방법으로 PI() 함수의 정밀도를 지정할 수 있다. 예에서는 소수점 이하 10자리를 나타내는 0 값을 더하여 정밀도 10자리까지의 결과를 만들었다.	결과 3.1415926536

3.8 GREATEST()•LEAST() 함수

GREATEST() • LEAST() 함수의 형식은 다음과 같다.

GREATEST() • LEAST() 함수의 형식

```
GREATEST(콤마로 구분하는 값의 목록)
LEAST(콤마로 구분하는 값의 목록)
```

GREATEST() 함수는 인수로 주어진 값의 목록에서 가장 큰 값을 찾아 반환하고, LEAST() 함수는 인수로 주어진 값의 목록에서 가장 작은 값을 찾아 반환한다.

GREATEST() • LEAST() 함수 사용 예

SELECT GREATEST(30, 10, 5, 40);	결과 40
SELECT GREATEST('D', 'A', 'C', 'B');	결과 'D'
SELECT GREATEST('ABC', 'acc', 'aBd'); ★ GREATEST() 함수는 영문 대소문자를 구분하지 않는다.	결과 'acc'
SELECT GREATEST('ABC', 30, 'acc', 40); ★ 문자형 데이터와 수치형 데이터가 혼합된 경우, 수치형 데이터를 기준으로 최대값을 찾는다.	결과 40
SELECT LEAST(30, 10, 5, 40);	결과 5
SELECT LEAST('D', 'A', 'C', 'B');	결과 'A'

3.9 DEGREES() • RADIANS() 함수

DEGREES() • RADIANS() 함수의 형식은 다음과 같다.

DEGREES() • RADIANS() 함수의 형식

```
DEGREES(수치형 데이터)
RADIANS(수치형 데이터)
```

DEGREES() 함수는 인수로 주어진 수치 값을 라디안 값으로 간주하고, 해당 라디안 값을 각도 값으로 변환하여 반환한다.

RADIANS() 함수는 인수로 주어진 수치 값을 각도 값으로 간주하고, 해당 각도 값을 라디안 값으로 변환하여 반환한다.

DEGREES() • RADIANS() 함수 사용 예

SELECT DEGREES(PI());	결과 180
SELECT RADIANS(180);	결과 3.141592653589793

3.10 RAND( ) 함수

RAND() 함수의 형식은 다음과 같다.

RAND() 함수의 형식

```
RAND( [수치형 데이터] )
```

RAND() 함수는 인수 없이 사용하면 0과 1 사이의 임의의 난수를 생성하여 반환한다. 인수를 사용하는 경우 인수를 난수 생성을 위한 종자값으로 사용하여 0과 1 사이의 난수를 생성하여 반환한다.

테이블을 사용하여 RAND() 함수를 사용하는 예를 살펴보자. 다음의 쿼리문을 입력하고 선택 실행한다. [그림 6.6]은 다음의 쿼리문을 실행한 결과이다.

예
```
CREATE TABLE t (i INT) ;
INSERT INTO t VALUES (1), (2), (3) ;
SELECT i, RAND() FROM t ;
```

그림 6.6 • RAND( ) 함수 사용 예 1

쿼리문은 RAND() 함수를 연속하여 테스트하기 위해 한 개의 열을 갖는 테이블을 만들고, 순번으로 사용하기 위한 세 개의 레코드를 테이블에 추가한다. 마지막으로 `i` 열과 함께 RAND() 함수의 결과를 SELECT 쿼리문으로 조회하면 RAND() 함수는 세 번 실행된 결과를 표시한다.

다음의 SELECT 쿼리문을 입력하고 선택 실행한다. [그림 6.7]은 다음의 SELECT 쿼리문을 실행한 결과이다. 인수로 종자값을 전달하는 RAND() 함수를 사용한 것이다.

```
예 01: SELECT i, RAND(3) FROM t;
```

t (3r × 2c)

i	RAND(3)
1	0.9057697559760601
2	0.37307905813034536
3	0.14808605345719125

그림 6.7 · RAND( ) 함수 사용 예 2

종자값으로 3을 전달하는 RAND() 함수를 사용하여 난수가 생성된 것을 확인할 수 있다.

다음의 SELECT 쿼리문을 입력하고 선택 실행한다. [그림 6.8]은 다음의 SELECT 쿼리문을 실행한 결과이다. 인수 없이 다시 한번 RAND() 함수를 사용한 것이다.

```
예 01: SELECT i, RAND() FROM t;
```

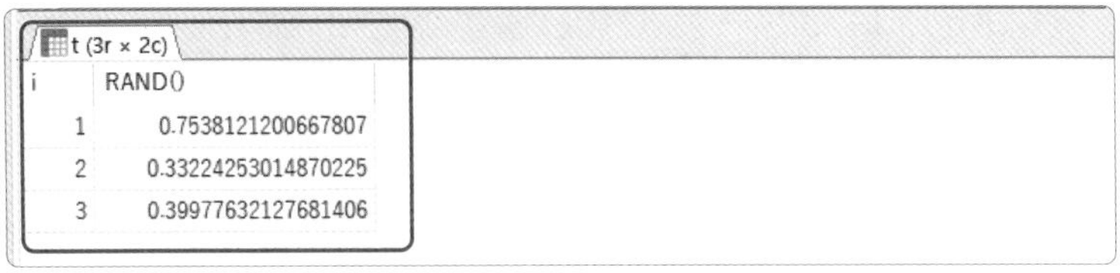
t (3r × 2c)

i	RAND()
1	0.7538121200667807
2	0.33224253014870225
3	0.39977632127681406

그림 6.8 · RAND( ) 함수 사용 예 3

종자값 없이 RAND() 함수를 두 번째 사용한 결과는 [그림 6.6]과 다른 것을 확인할 수 있다.

다음의 SELECT 쿼리문을 입력하고 선택 실행한다. [그림 6.9]는 다음의 SELECT 쿼리문을 실행한 결과이다. 인수로 종자값을 전달하는 RAND() 함수를 두 번째 사용한 것이다.

예
```
SELECT i, RAND(3) FROM t;
```

t (3r × 2c)

i	RAND(3)
1	0.9057697559760601
2	0.37307905813034536
3	0.14808605345719125

그림 6.9 · RAND( ) 함수 사용 예 4

종자값을 전달하며 RAND() 함수를 두 번째 사용한 결과인 [그림 6.9]는 같은 종자값을 사용한 결과인 [그림 6.7]과 같다. 같은 종자값을 전달하면서 RAND() 함수를 사용하면 몇 번을 사용해도 같은 결과를 반환한다. 하지만, 종자값을 전달하지 않고 RAND() 함수를 사용하면 사용할 때마다 다른 결과를 반환한다.

지금까지 살펴본 수치 함수 이외에도 수학적 삼각함수와 관련된 함수로 SIN() • COS() • TAN() • ASIN() • ACOS() • ATAN() 등의 함수가 있고, 수학적 로그함수와 관련된 함수로 EXP() • LN() • LOG() • LOG2() • LOG10() 등의 함수가 있다.

4 제어 흐름 함수 Control Flow Functions

MariaDB에서는 SQL 쿼리문의 실행 순서를 제어하기 위한 연산자 또는 함수를 제공한다.

CASE 연산자 4.1

CASE 연산자를 사용하는 기본적인 문장 형식은 다음과 같다.

CASE 연산자 사용 문장 형식

```
CASE value
    WHEN [compare_value] THEN result
   [WHEN [compare_value] THEN result ...]
   [ELSE result]
END

CASE
   WHEN [condition] THEN result
   WHEN [condition] THEN result ...]
   [ELSE result]
END
```

테이블에 저장된 데이터를 사용하여 CASE 연산자를 이용하는 SELECT 쿼리문을 실행해보자. 다음의 SELECT 쿼리문을 입력하고 선택 실행한다. [그림 6.10]은 다음의 SELECT 쿼리문을 실행 결과이다.

예
```
SELECT
        memid,
        memname,
        CASE `jobcd`
            WHEN '1' THEN '학생'
            WHEN '2' THEN '회사원'
            WHEN '3' THEN '공무원'
            WHEN '4' THEN '교사'
            ELSE '기타'
        END
        AS job
    FROM `members`;
```

members (6r × 3c)

memid	memname	job
hong1	홍길동	회사원
hong2	홍길동	기타
kim1	김갑수	학생
park	박기자	공무원
seo	서갑돌	학생
Taeh	태현	교사

그림 6.10 • CASE 연산자를 사용한 결과

`members` 테이블의 `jobcd` 열에는 직업 코드를 나타내는 '1', '2', '3', '4', '9'의 값이 있다. 이러한 직업 코드의 값을 보고는 어떤 직업인지 알 수 없을 것이다. CASE 연산자를 이용하여 코드값을 명칭으로 변환하여 표현할 수 있어 검색 결과에 대한 이해도를 높일 수 있다.

실행한 SELECT 쿼리문에서는 CASE 연산자에 기술된 열의 값과 WHEN 절에 기술된 값을 비교하여 같으면 해당하는 THEN 절에 기술된 값을 사용하는 방법으로 열의 값을 대체하여 결과에 나타낸다.

Note

쿼리문의 유지보수

CASE 연산자를 사용하여 검색 결과에 대한 이해도를 높일 수 있다는 점은 있지만, 코드의 종류가 늘어나거나 코드의 명칭이 변경될 때마다 SELECT 쿼리문을 담고 있는 프로그램을 수정해야 한다는 문제점이 있다. 만약 같은 SELECT 쿼리문을 사용하는 여러 프로그램이 있다면 모두 수정해야 올바른 결과를 얻을 수 있다. 같은 SELECT 쿼리문을 사용하는 프로그램 중 하나라도 수정이 되지 않는다면 프로그램의 신뢰도를 떨어뜨리게 된다.

이렇게 프로그램을 수정하는 과정을 "유지보수"라고 한다. 개발자는 이러한 유지보수를 위한 비용을 최소화하는 방법으로 프로그램을 개발해야 한다.

다음의 SELECT 쿼리문을 입력하고 선택 실행하여 `order_h` 테이블에 저장된 데이터를 확인해 본다. [그림 6.11]은 다음의 SELECT 쿼리문을 실행한 결과이다.

```
SELECT orderno, orddt, ordamt, cancelyn FROM `order_h`;
```

order_h (9r × 4c)

orderno	orddt	ordamt	cancelyn
202201001	2022-01-24	1,000	N
202201002	2022-01-24	15,000	N
202201003	2022-01-25	20,000	N
202201004	2022-01-25	10,000	N
202201005	2022-01-25	5,000	Y
202202001	2022-02-01	30,000	N
202202002	2022-02-01	1,000	N
202202003	2022-02-02	10,000	N
202202004	2022-02-02	500	N

그림 6.11 • `order_h` 테이블의 데이터 확인 결과

[그림 6.11]에서 볼 수 있듯이 `order_h` 테이블에는 '정상 주문'과 '취소 주문'을 구분하는 `cancelyn` 열이 있다. CASE 연산자와 `cancelyn` 열의 값을 이용하여 '정상 주문'의 금액과 '취소 주문'의 금액을 분리해서 출력해 보자. 다음의 SELECT 쿼리문을 입력하고 선택 실행한다. [그림 6.12]는 다음의 SELECT 쿼리문을 실행한 결과이다.

예

```
SELECT orderno,
       CONVERT(orddt, CHAR(10)) AS Order_Date,
       CASE WHEN cancelyn = 'N' THEN ordamt ELSE 0 END AS 'Normal',
       CASE WHEN cancelyn = 'Y' THEN ordamt ELSE 0 END AS 'Cancel'
   FROM `order_h` ORDER BY `orderno`;
```

[그림 6.12]의 SELECT 쿼리문을 실행한 결과를 보면, '정상 주문'과 '취소 주문'에 대한 금액을 각각의 열로 분리하여 '정상 주문'의 금액은 'Normal' 열로 나타내고, '취소 주문'의 금액은 'Cancel' 열로 분리된 것을 확인할 수 있다. 이렇게 `cancelyn` 열처럼 하나의 열에 성격이 다른 데이터를 저장하고 프로그래밍을 통해서 분리해서 사용할 수 있다.

order_h (9r × 4c)

orderno	Order_Date	Normal	Cancel
202201001	2022-01-24	10,000	0
202201002	2022-01-24	15,000	0
202201003	2022-01-25	20,000	0
202201004	2022-01-25	10,000	0
202201005	2022-01-25	0	5,000
202202001	2022-02-01	30,000	0
202202002	2022-02-01	1,000	0
202202003	2022-02-02	10,000	0
202202004	2022-02-22	500	0

그림 6.12 • `order_h` 테이블의 `cancelyn` 열의 값에 따라 `ordamt` 열을 분리한 결과

4.2 DECODE_ORACLE() 함수

DECODE_ORACLE() 함수의 형식은 다음과 같다.

DECODE_ORACLE() 함수 형식

```
DECODE_ORACLE(expr, search_expr,
              result_expr [, search_expr2, result_expr2 ...] [default_expr])
```

DECODE_ORACLE() 함수는 Oracle 데이터베이스에서 가져온 함수로, CASE 연산자와 같은 기능이다. MySQL에서는 지원하지 않는다.

다음의 SELECT 쿼리문을 입력하고 선택 실행한다. [그림 6.13]은 다음의 SELECT 쿼리문을 실행한 결과이다.

예

```
SELECT memid, memname, jobcd,
       DECODE_ORACLE(jobcd,
                     '1', '학생',
                     '2', '회사원',
                     '3', '공무원',
                     '4', '교사',
                     '기타' ) jobname
   FROM `members` ORDER BY `memid`;
```

members (6r × 4c)

memid	memname	jobcd	jobname
hong1	홍길동	2	회사원
hong2	홍길동	9	기타
kim1	김갑수	1	학생
park	박기자	3	공무원
seo	서갑돌	1	학생
Taeh	태현	4	교사

그림 6.13 • DECODE_ORACLE( ) 함수를 사용한 결과

4.3 IF( ) 함수

IF() 함수의 형식은 다음과 같다.

IF() 함수 형식

```
IF(조건, 값1, 값2)
```

IF() 함수는 첫 번째 인수로 주어진 조건의 결과가 참이면 두 번째 인수인 값1을 선택하고, 거짓이면 세 번째 인수인 값2를 선택한다.

IF() 함수 사용 예

SELECT IF(1 < 2, 'Yes', 'No');	결과 'Yes'
SELECT IF(1 = 2, 'Yes', 'No');	결과 'No'

IF() 함수를 사용하는 다음의 SELECT 쿼리문을 입력하고 선택 실행한다. [그림 6.14]는 다음의 SELECT 쿼리문을 실행한 결과이다.

예

```
SELECT orderno,
        IF(cancelyn = 'N', '정상 주문', '취소 주문')
    FROM `order_h` ORDER BY `orderno`;
```

order_h (9r × 2c)

orderno	IF(cancelyn = 'N', '정상 주문', '취소 주문')
202201001	정상 주문
202201002	정상 주문
202201003	정상 주문
202201004	정상 주문
202201005	취소 주문
202202001	정상 주문
202202002	정상 주문
202202003	정상 주문
202202004	정상 주문

그림 6.14 • IF( ) 함수를 사용한 결과

`order_h` 테이블의 `cancelyn` 열의 값에 따라 '정상 주문'과 '취소 주문'으로 열의 내용을 변경하여 출력한 결과를 볼 수 있다.

4.4 IFNULL( )•NVL( ) 함수

IFNULL()와 NVL() 함수의 형식은 다음과 같다.

IFNULL() • NVL()함수 형식

```
IFNULL(값1, 값2)
NVL(값1, 값2)
```

IFNULL() 함수는 NVL() 함수와 같은 기능의 함수이다. 두 함수 모두 첫 번째 인수인 값1이 NULL이 아니면 첫 번째 인수인 값1을 반환하고, 첫 번째 인수인 값1이 NULL이면 두 번째 인수인 값2를 반환한다. MySQL에서는 NVL() 함수를 지원하지 않는다.

IFNULL() • NVL() 함수 사용 예

SELECT IFNULL(1, 0);	결과 1
SELECT IFNULL(NULL, 10);	결과 10

SELECT IFNULL(1/0, '분모가 0이다.');	결과 '분모가 0이다.'
★ 나눗셈에서 분모가 0이면 NULL을 반환한다. 따라서 첫 번째 인수가 NULL이 되어, 두 번째 인수값을 반환한다.	
SELECT NVL(NULL, 10);	결과 10

IFNULL() 함수를 사용하는 다음의 SELECT 쿼리문을 입력하고, 선택 실행한다. [그림 6.15]는 다음의 SELECT 쿼리문을 실행한 결과이다.

예
```
SELECT  memid, memname,
        IFNULL(leavedtm, '현재 활동 중인 사용자')
    FROM `members` ORDER BY `memid`;
```

members (6r × 3c)

memid	memname	IFNULL(leavedtm, '현재 활동 중인 사용자')
hong1	홍길동	현재 활동 중인 사용자
hong2	홍길동	현재 활동 중인 사용자
kim1	김갑수	현재 활동 중인 사용자
park	박기자	현재 활동 중인 사용자
seo	서갑돌	현재 활동 중인 사용자
Taeh	태현	현재 활동 중인 사용자

그림 6.15 • IFNULL( ) 함수를 사용한 결과

`members` 테이블의 `leavedtm` 열의 값을 IFNULL() 함수로 확인하여 NULL이면 문자열 '현재 활동 중인 사용자'로 바꾸어 나타낸 결과를 확인할 수 있다.

NULLIF( )•NVL2( ) 함수 4.5

NULLIF()와 NVL2() 함수의 형식은 다음과 같다.

NULLIF() • NVL2()함수 형식

```
NULLIF(값1, 값2)
NVL2(값1, 값2, 값3)
```

NULLIF() 함수는 첫 번째 인수인 값1과 두 번째 인수인 값2가 같으면 NULL을 반환하고, 다르면 첫 번째 인수인 값1을 반환한다.

NVL2() 함수는 첫 번째 인수인 값1이 NULL이면 세 번째 인수인 값3을 반환하고, 첫 번째 인수인 값1이 NULL이 아니면 두 번째 인수인 값2를 반환한다. MySQL에서는 NVL2() 함수를 지원하지 않는다.

NULLIF() • NVL2() 함수 사용 예		
SELECT NULLIF(1, 1);	결과	(NULL)
SELECT NULLIF(1, 2);	결과	1
SELECT NVL2(NULL, 1, 2);	결과	2
SELECT NVL2('x', 1, 2);	결과	1

5 정보함수 Information Functions

정보함수는 데이터베이스 내의 각종 정보를 제공하는 함수이다.

5.1 ROWNUM( ) 함수

ROWNUM() 함수는 조회하는 결과 셋에서 행 번호를 반환한다.

ROWNUM() 함수를 사용하는 다음의 SELECT 쿼리문을 입력하고 선택 실행한다. 쿼리문을 실행한 결과는 [그림 6.16]과 같다.

예
```
SELECT ROWNUM(), memid, memname
    FROM members ORDER BY memid;
```

members (6r × 3c)

ROWNUM()	memid	memname
1	hong1	홍길동
2	hong2	홍길동
3	kim1	김갑수
4	park	박기자
5	seo	서갑돌
6	Taeh	태현

그림 6.16 • ROWNUM( ) 함수를 사용한 결과 1

위의 SELECT 쿼리문에서 ORDER BY 절을 다음의 SELECT 쿼리문과 같이 변경하여 결과를 비교해 본다. 실행 결과는 [그림 6.17]과 같다.

예
```
SELECT ROWNUM(),
       memid,
       memname
  FROM members ORDER BY memid DESC;
```

members (6r × 3c)

ROWNUM()	memid	memname
6	Taeh	태현
5	seo	서갑돌
4	park	박기자
3	kim1	김갑수
2	hong2	홍길동
1	hong1	홍길동

그림 6.17 • ROWNUM( ) 함수를 사용한 결과 2

[그림 6.17]의 결과에서 보면 ORDER BY 절에서 DESC를 지정하여 행 번호까지 역순으로 정리된 것을 확인할 수 있다. ROWNUM() 함수로 행 번호가 부여된 뒤에 DESC가 적용된 것이다.

5.2 ROW_COUNT( ) 함수

ROW_COUNT() 함수를 사용하는 SELECT 쿼리문을 실행하기 직전에 실행한 INSERT, UPDATE, DELETE 쿼리문이 실행하면서 영향을 미친 행 수를 반환한다.

다음의 INSERT 쿼리문과 SELECT 쿼리문을 입력하고 실행한다. 지금까지 쿼리문을 입력하고 '선택 실행'하는 방법과는 실행 방법에 차이가 있다.

예

```
INSERT INTO members (memid, memname)
        VALUES('test1', '테스트1');

SELECT ROW_COUNT();
```

쿼리문을 입력하고, '선택 실행'하기 전에 HeidiSQL의 쿼리 실행 옵션을 변경해야 한다. [그림 6.18]과 같이 HeidiSQL 창의 도구에서 ①쿼리실행 옵션 버튼을 클릭하고 표시되는 메뉴에서 ②일괄 보내기 메뉴를 선택한 뒤에, 입력한 두 가지 쿼리문을 드래그하여 선택하고 실행한다. SELECT 쿼리문만을 선택하여 실행한다면 정상적인 결과를 얻을 수 없다.

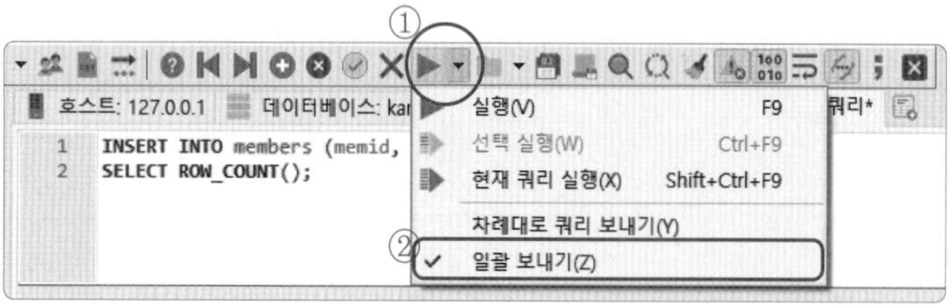

그림 6.18 • 쿼리실행 옵션 변경

두 개의 쿼리문을 모두 선택하고, '일괄 보내기'로 선택 실행한 결과는 [그림 6.19]와 같다.

그림 6.19 • ROW_COUNT( ) 함수를 사용한 결과

쿼리문을 실행할 때 HeidiSQL 창의 하단에 실행 기록에는 [그림 6.20]과 같이 INSERT 쿼리문과 SELECT 쿼리문이 실행된 기록을 확인할 수 있다.

```
INSERT INTO members (memid, memname) VALUES ('test1', '테스트1'); SELECT ROW_COUNT();
/* 영향 받은 행: 1  찾은 행: 1  경고: 0  지속 시간 2 쿼리: 0.000 초 */
```

그림 6.20 • 쿼리문의 실행 기록 1

다음의 UPDATE 쿼리문과 SELECT 쿼리문을 입력하고 '일괄 보내기'로 선택 실행한다.

예
```
UPDATE members
    SET memname = 'up test'
    WHERE  memid = 'test1';
SELECT  ROW_COUNT();
```

UPDATE 쿼리문에 의해서 데이터를 업데이트하고, UPDATE 쿼리문으로 영향 받은 행 수를 SELECT 쿼리문에서 출력한다. 결과는 1일 것이다. 같은 UPDATE 쿼리문과 SELECT 쿼리문을 다시 한번 실행한다. HeidiSQL 창의 실행 기록인 [그림 6.21]을 보면, 첫 번째 실행할 때는 "영향 받은 행: 1"을 확인할 수 있지만, 같은 쿼리문을 두 번째 실행할 때는 "영향 받은 행: 0"으로 표시된 것을 볼 수 있다. 두 번째 실행할 때와 같이 동일한 데이터로 UPDATE를 실행하면 실제 UPDATE가 이루어지지 않는다.

```
UPDATE members SET memname = 'up test' WHERE memid = 'test1'; SELECT ROW_COUNT();
/* 영향 받은 행: 1  찾은 행: 1  경고: 0  지속 시간 2 쿼리: 0.000 초 */
UPDATE members SET memname = 'up test' WHERE memid = 'test1'; SELECT ROW_COUNT();
/* 영향 받은 행: 0  찾은 행: 1  경고: 0  지속 시간 2 쿼리: 0.000 초 */
UPDATE members SET memname = 'up test' WHERE memid = 'test1';
```

그림 6.21 • 쿼리문의 실행 기록 2

다음의 DELETE 쿼리문과 SELECT 쿼리문을 입력하고 실행하여 실습을 위해 추가한 데이터를 삭제한다. 실행 결과는 생략한다.

예
```
DELETE FROM members WHERE memid = 'test1';
SELECT ROW_COUNT();
```

5.3 DEFAULT( ) 함수

DEFAULT() 함수는 인수로 지정하는 이름의 열에 설정된 기본값을 반환한다. 기본값으로 CURRENT_TIMESTAMP() 함수를 사용하는 경우는 현재 일시를 반환한다.

DEFAULT() 함수를 사용하는 다음의 SELECT 쿼리문을 실행하여 결과값을 확인해 본다.

예
```
SELECT DEFAULT(stat),
       DEFAULT(mileage),
       DEFAULT(enterdtm)
  FROM `members`
  WHERE memid = 'kim1' ;
```

SELECT 쿼리문은 `members` 테이블의 `stat`, `mileage`, `enterdtm` 열에 설정된 기본값을 확인한다. 결과는 [그림 6.22]와 같다.

members (1r × 3c)

DEFAULT(stat)	DEFAULT(mileage)	DEFAULT(enterdtm)
Y	0	2022-03-19 17:05

그림 6.22 • DEFAULT( ) 함수를 사용한 결과

테이블을 정의할 때 기본값을 설정하지 않은 열을 DEFAULT() 함수에서 사용하면 [그림 6.23]과 같은 오류 메시지 창이 표시된다. 다음의 SELECT 쿼리문은 `members` 테이블의 `memid` 열을 DEFAULT() 함수에서 사용한 것이다. 다음의 SELECT 쿼리문을 실행하여 결과를 확인해 본다.

예
```
SELECT  DEFAULT(memid)
  FROM members
  WHERE memid = 'kim1';
```

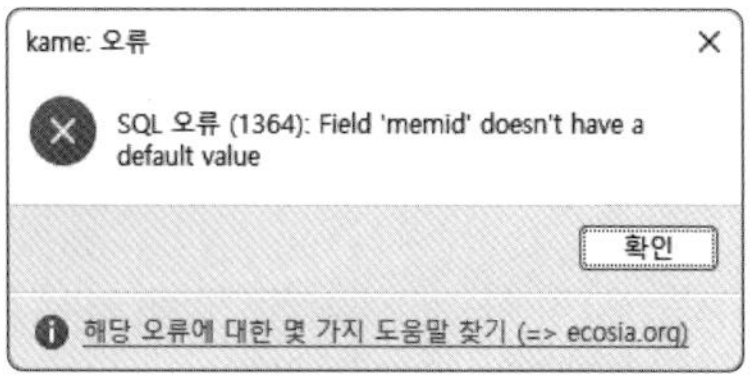

그림 6.23 • 기본값이 없는 열을 DEFAULT( ) 함수에서 사용한 결과

`memid` 열에는 기본값이 설정되어 있지 않기 때문에 발생한 오류 메시지이다.

DEFAULT() 함수의 인수로 AUTO_INCREMENT 속성이 설정된 열을 사용하면 0을 반환한다.

5.4 LAST_INSERT_ID( ) 함수

LAST_INSERT_ID() 함수는 테이블에 AUTO_INCREMENT 속성을 갖는 열이 있을 때 사용할 수 있다. AUTO_INCREMENT 속성의 열을 포함하는 테이블에 새로운 데이터가 INSERT 되었을 때 마지막 INSERT된 데이터의 AUTO_INCREMENT 열의 값을 반환한다.

LAST_INSERT_ID() 함수의 결과를 확인하기 위해 앞서 실습 과정에서 생성된 `board` 테이블의 현재 상태를 다음의 SELECT 쿼리문으로 확인한다. [그림 6.24]는 실행 결과이다.

```
SELECT * FROM board;
```

board (3r × 3c)

idx	title	content
1	Auto Increment Test	Auto Increment 속성이 지정된 열은 데이터베...
2	2번째 제목	2번째 내용
10	3번째 제목	3번째 내용

그림 6.24 • `board` 테이블이 현재 상태 확인

[그림 6.24]를 보면, `board` 테이블의 마지막 데이터에서 `idx` 열의 값은 10이다. `idx` 열은 AUTO_INCREMENT 속성이 설정되어 있다.

다음의 INSERT 쿼리문과 LAST_INSERT_ID() 함수를 사용하는 SELECT 쿼리문을 일괄 선택 실행한다. [그림 6.25]는 쿼리문을 실행한 결과이다.

예
```
INSERT INTO  board (title, content)
        VALUES('LAST_INSERT_ID()', 'LAST_INSERT_ID() 테스트');

SELECT LAST_INSERT_ID();
```

`board` 테이블에 한 건의 데이터를 추가하고, SELECT 쿼리문에서 LAST_INSERT_ID() 함수를 사용한 것이다.

그림 6.25 • LAST_INSERT_ID( ) 함수를 사용한 결과

INSERT 쿼리문을 실행하여 데이터를 추가하고, 이어서 LAST_INSERT_ID() 함수를 사용하는 SELECT 쿼리문을 통해 테이블에 마지막으로 추가된 행의 AUTO_INCREMENT 속성이 설정된 열의 값을 [그림 6.25]에서 확인할 수 있다.

LAST_INSERT_ID() 함수를 사용하는 다음의 DELETE 쿼리문을 사용하여 마지막으로 추가된 데이터를 삭제할 수 있다.

예
```
DELETE FROM board WHERE idx = LAST_INSERT_ID();
```

USER()•CURRENT_USER() 함수 5.5

USER() 함수와 CURRENT_USER() 함수는 같은 기능의 함수로 데이터베이스에 로그인하여 데이터베이스를 사용 중인 현재 사용자의 정보를 반환한다.

다음의 SELECT 쿼리문을 입력하고 선택 실행하여 함수의 결과를 확인한다. [그림 6.26]은 실행 결과이다.

예
```
01: SELECT USER(), CURRENT_USER();
```

결과 #1 (1r × 2c)

USER()	CURRENT_USER()
root@localhost	root@localhost

그림 6.26 • USER()·CURRENT_USER() 함수를 사용한 결과

DATABASE()•VERSION() 함수 5.6

DATABASE() 함수는 현재 사용 중인 데이터베이스의 이름을 반환하고, VERSION() 함수는 데이터베이스 시스템의 버전을 반환한다. 다음의 SELECT 쿼리문을 입력하고 선택 실행하여 DATABASE() 함수와 VERSION() 함수의 결과를 확인한다. [그림 6.27]은 실행 결과이다.

예
```
01: SELECT DATABASE(), VERSION();
```

결과 #1 (1r × 2c)

DATABASE()	VERSION()
kamebook	10.10.2-MariaDB

그림 6.27 • DATABASE()·VERSION() 함수를 사용한 결과

5.7 JSON_OBJECT() 함수

JSON_OBJECT() 함수는 함수의 인수로 지정된 열을 조회하여 JSON 데이터 형식으로 만들어 반환한다. JSON JavaScript Object Notation은 웹과 모바일 프로그램에서 데이터를 교환하기 위한 개방형 표준 데이터 표현 형식이다.

다음의 SELECT 쿼리문을 실행하여 JSON_OBJECT() 함수의 결과를 확인해 보자. [그림 6.28]은 실행 결과이다.

예
```
SELECT JSON_OBJECT("member_id", memid,
                   "member_name", memname) AS js
    FROM `members`
    ORDER BY memid;
```

members (6r × 1c)

js
{"member_id": "hong1", "member_name": "홍길동"}
{"member_id": "hong2", "member_name": "홍길동"}
{"member_id": "kim1", "member_name": "김갑수"}
{"member_id": "park", "member_name": "박기자"}
{"member_id": "seo", "member_name": "서갑돌"}
{"member_id": "Taeh", "member_name": "태현"}

그림 6.28 · JSON_OBJECT() 함수를 사용한 결과

JSON 데이터 형식은 Key와 Value의 쌍으로 표현한다. JSON_OBJECT() 함수의 홀수 번째 인수는 Key, 짝수 번째 인수는 Value로 테이블에서 조회된 값이 된다. [그림 6.28]에서와 같이 JSON 데이터는 한 건의 데이터를 { }를 이용하여 구분하고, {"Key": "Value"} 형식에 맞추어 첫 번째 데이터의 경우 {"member_id": "hong1", "member_name": "홍길동"} 형식으로 표현한다.

묵시적 데이터 유형 변환 Implicit Data Type Conversion

연산을 위해서는 피연산자 operand들의 데이터 유형이 일치해야 한다. 피연산자의 데이터 유형이 일치하지 않으면 데이터 유형을 변환한 뒤에 연산을 해야 한다. 데이터 유형 변환은 명시적 데이터 유형 변환 Explicit Data Type Conversion과 묵시적 데이터 유형 변환 Implicit Data Type Conversion이 있다.

명시적 데이터 유형 변환은 앞서 설명한 CAST(), CONVERT() 등의 함수를 이용하여 데이터 유형을 변환한다.

묵시적 데이터 유형 변환은 상황에 따라 자동으로 데이터 유형 변환이 이루어진다. 연산 유형별로 나누어 자동으로 데이터 유형 변환이 이루어지는 상황을 살펴보자.

묵시적 데이터 유형 변환 예

SELECT '100' + '200'; 결과 300

★ 산술 연산에서 두 개의 피연산자가 문자열로 수치형이 아니다. 숫자로만 구성된 문자열이 산술 연산에 사용되면 수치형으로 자동 변환되어 덧셈 연산을 실행하고 결과 300을 표시한다.

★ 데이터베이스에 따라 문자열을 합성하여 '100200'을 반환하는 경우도 있다.

SELECT 100 + '200'; 결과 300

★ 산술 연산에서 하나의 피연산자가 문자열로 수치형이 아니다. 숫자로만 구성된 문자열이 산술 연산에 사용되면 수치형으로 자동 변환되어 덧셈 연산을 실행하고 결과 300을 표시한다.

SELECT 100 + '200GIGA'; 결과 300

★ 산술 연산의 하나의 피연산자가 숫자로 시작하는 문자열이다. 숫자로 시작하는 문자열이 산술 연산에 사용되면 앞부분의 숫자만이 산술 연산에 사용된다.

SELECT 100 + 'GIGA200', 100 + 'GI200GA'; 결과 100 100

★ 산술 연산에서 하나의 피연산자가 숫자로 끝나거나 중간에 숫자를 포함하는 문자열이다. 숫자로 끝나는 문자열, 중간에 숫자를 포함하는 문자열 또는 숫자를 포함하지 않는 문자열이 산술 연산에 사용되면 해당 문자열은 0으로 변환된다.

SELECT 0 = '0GIGA'; 결과 1

★ 비교 연산에서 한 쪽이 문자열일 때, 숫자로 시작하는 문자열이면 앞부분의 숫자만이 비교 연산에 사용된다. 따라서 두 값이 같기 때문에 결과는 1(TRUE)이 된다.

SELECT '0' = 'GIGA200'; 결과 0

★ 비교 연산의 왼쪽과 오른쪽 모두 문자열이기 때문에 데이터 유형 변환은 없다. 따라서 두 문자열의 값이 다르기 때문에 결과는 0(FALSE)이 된다.

SELECT '5' = 5;	결과 1
★ 비교 연산에서 한 쪽이 문자열이고 숫자로 시작하는 문자열은 수치형으로 자동 변환되어 두 값은 같은 결과가 된다.	
SELECT TIME'10:20:30' + 1;	결과 102,031
★ 산술 연산에서 한 쪽은 시간 유형의 데이터이다. 시간 유형의 데이터는 수치형으로 변환되어 102,030이 된다. 따라서 결과는 102,031이다.	
SELECT TIME'10:20:30' + INTERVAL 1 SECOND;	결과 '10:20:31'
★ 산술 연산의 결과를 시간 유형으로 원하는 경우는 INTERVAL을 사용하거나 DATE_ADD() 함수 또는 DATE_SUB() 함수를 사용해야 한다.	
SELECT 2.2 / 3;	결과 0.73333
★ 산술 연산 나눗셈에서 두 피연산자 모두 수치형이다. 정확하게 하나는 Float 형이고 하나는 Integer 형이다. 결과는 Float 형이 된다.	
SELECT "2.2" / 3;	결과 0.7333333333333334
★ 산술 연산 나눗셈에서 두 피연산자 모두 수치형이다. 정확하게 하나는 숫자만 포함하는 문자열이고 하나는 Integer 형이다. 숫자만 포함하는 문자열에 소수점이 있어 Double 형으로 자동 변환되고, 결과는 Double 형이다.	

MariaDB

CHAPTER 7

고급 SQL

지금까지는 하나의 테이블을 이용하여 실습을 했다. 앞서 2장에서 모델링을 통해서 하나의 거래명세서를 4개의 개체로 나누는 개념적인 설계를 했고, 개체들의 관계 Relation를 정의했다. 이러한 개념적인 설계 결과를 바탕으로 4장에서 데이터베이스를 생성하고 4개의 물리적인 테이블을 생성하여 실습용 데이터를 입력했다. 이를 바탕으로 SELECT 쿼리문, INSERT 쿼리문, UPDATE 쿼리문, DELETE 쿼리문 등을 실습했다.

한 개의 테이블만 이용하여 데이터를 검색할 때는 한계점이 있다. 예를 들어, `order_h` 테이블의 `memid` 열에는 회원 ID 데이터만 있을 뿐, 회원 이름이나 회원 주소 데이터는 알 수 없다. 데이터 무결성을 유지하기 위해 중복되는 데이터를 제거하는 방법으로 테이블을 분리했기 때문이다.

`order_h` 테이블에 있는 데이터의 '주문자 이름'을 알려면, 먼저 `order_h` 테이블에서 SELECT 쿼리문을 사용하여 데이터를 검색하여 '주문자 ID'를 찾은 뒤에 다음 단계로 찾은 '주문자 ID' 정보를 이용하여 다시 `members` 테이블에서 SELECT 쿼리문을 사용하여 '주문자 이름'을 가져와야 한다. 이러한 방법으로 여러 테이블 간의 데이터를 조회하기는 번거로울 수 있다.

이제부터는 하나의 SELECT 쿼리문을 사용하여 두 개 이상의 테이블을 함께 사용하는 방법을 알아볼 것이다.

1 SELECT에서 JOIN 절 사용하기

하나의 SELECT 쿼리문을 사용하여 두 개 이상의 테이블을 사용하려면 JOIN 절을 사용해야 한다. 실무에서는 하나의 테이블에서 데이터를 검색하는 경우는 거의 없다고 할 수 있다. JOIN 절을 사용하여 검색하는 것이 대부분이다. JOIN 절을 모르면 SQL 쿼리문을 모르는 것이라고 해도 지나친 이야기는 아니다.

JOIN에는 CROSS JOIN, INNER JOIN, OUTER JOIN, SELF JOIN 등이 있으며, 주로 INNER JOIN과 OUTER JOIN을 사용한다.

JOIN 절을 사용하는 기본 구문은 다음과 같다.

JOIN 절의 기본 형식

```
SELECT 열 목록
   FROM 테이블명1 {INNER | OUTER | CROSS} JOIN 테이블명2
   ON 〈조인 조건〉
```

JOIN 절의 기본 형식을 보면 '테이블명1'과 '테이블명2'가 사용된다. 두 개의 테이블을 연결하여 사용하는 것이다.

1.1 CROSS JOIN 상호 조인

CROSS JOIN의 기본 형식은 다음과 같다.

CROSS JOIN의 기본 형식

```
SELECT  열 목록
   FROM 테이블명1 CROSS JOIN 테이블명2

SELECT  열 목록
   FROM 테이블명1 , 테이블명2
```

다음의 SELECT 쿼리문은 두 개의 테이블을 사용한다. 쿼리문을 입력하고 선택 실행한다. [그림 7.1]은 다음의 SELECT 쿼리문을 실행한 결과이다.

예

```
SELECT ROWNUM() AS 'NO',
        order_h.orderno, order_h.orddt, order_h.memid, order_h.ordamt,
        members.memid, members.memname, members.addr
    FROM `order_h`, `members` ;
```

결과 #1 (54r × 8c)

NO	orderno	orddt	memid	ordamt	memid	memname	addr
1	202201001	2022-01-24	seo	1,000	hong1	홍길동	인천 동구 송림동
2	202201001	2022-01-24	seo	1,000	hong2	홍길동	서울 강남구 신사동
3	202201001	2022-01-24	seo	1,000	kim1	김갑수	인천 연수구 연수동
4	202201001	2022-01-24	seo	1,000	park	박기자	경기 부천시
5	202201001	2022-01-24	seo	1,000	seo	서갑돌	인천 동구
6	202201001	2022-01-24	seo	1,000	Taeh	태현	경기 수원시
7	202201002	2022-01-24	hong2	15,000	hong1	홍길동	인천 동구 송림동
8	202201002	2022-01-24	hong2	15,000	hong2	홍길동	서울 강남구 신사동
9	202201002	2022-01-24	hong2	15,000	kim1	김갑수	인천 연수구 연수동
10	202201002	2022-01-24	hong2	15,000	park	박기자	경기 부천시
11	202201002	2022-01-24	hong2	15,000	seo	서갑돌	인천 동구
12	202201002	2022-01-24	hong2	15,000	Taeh	태현	경기 수원시
13	202201003	2022-01-25	hong1	20,000	hong1	홍길동	인천 동구 송림동
14	202201003	2022-01-25	hong1	20,000	hong2	홍길동	서울 강남구 신사동
15	202201003	2022-01-25	hong1	20,000	kim1	김갑수	인천 연수구 연수동
16	202201003	2022-01-25	hong1	20,000	park	박기자	경기 부천시
17	202201003	2022-01-25	hong1	20,000	seo	서갑돌	인천 동구
18	202201003	2022-01-25	hong1	20,000	Taeh	태현	경기 수원시
19	202201004	2022-01-25	kim1	10,000	hong1	홍길동	인천 동구 송림동
20	202201004	2022-01-25	kim1	10,000	hong2	홍길동	서울 강남구 신사동
21	202201004	2022-01-25	kim1	10,000	kim1	김갑수	인천 연수구 연수동
22	202201004	2022-01-25	kim1	10,000	park	박기자	경기 부천시
23	202201004	2022-01-25	kim1	10,000	seo	서갑돌	인천 동구
24	202201004	2022-01-25	kim1	10,000	Taeh	태현	경기 수원시
25	202201005	2022-01-25	park	5,000	hong1	홍길동	인천 동구 송림동
26	202201005	2022-01-25	park	5,000	hong2	홍길동	서울 강남구 신사동
27	202201005	2022-01-25	park	5,000	kim1	김갑수	인천 연수구 연수동
28	202201005	2022-01-25	park	5,000	park	박기자	경기 부천시
29	202201005	2022-01-25	park	5,000	seo	서갑돌	인천 동구
30	202201005	2022-01-25	park	5,000	Taeh	태현	경기 수원시
31	202202001	2022-02-01	hong1	30,000	hong1	홍길동	인천 동구 송림동
32	202202001	2022-02-01	hong1	30,000	hong2	홍길동	서울 강남구 신사동
33	202202001	2022-02-01	hong1	30,000	kim1	김갑수	인천 연수구 연수동
34	202202001	2022-02-01	hong1	30,000	park	박기자	경기 부천시
35	202202001	2022-02-01	hong1	30,000	seo	서갑돌	인천 동구
36	202202001	2022-02-01	hong1	30,000	Taeh	태현	경기 수원시
37	202202002	2022-02-01	hong1	1,000	hong1	홍길동	인천 동구 송림동
38	202202002	2022-02-01	hong1	1,000	hong2	홍길동	서울 강남구 신사동
39	202202002	2022-02-01	hong1	1,000	kim1	김갑수	인천 연수구 연수동
40	202202002	2022-02-01	hong1	1,000	park	박기자	경기 부천시
41	202202002	2022-02-01	hong1	1,000	seo	서갑돌	인천 동구
42	202202002	2022-02-01	hong1	1,000	Taeh	태현	경기 수원시
43	202202003	2022-02-02	park	10,000	hong1	홍길동	인천 동구 송림동
44	202202003	2022-02-02	park	10,000	hong2	홍길동	서울 강남구 신사동
45	202202003	2022-02-02	park	10,000	kim1	김갑수	인천 연수구 연수동
46	202202003	2022-02-02	park	10,000	park	박기자	경기 부천시
47	202202003	2022-02-02	park	10,000	seo	서갑돌	인천 동구
48	202202003	2022-02-02	park	10,000	Taeh	태현	경기 수원시
49	202202004	2022-02-22	abcd	500	hong1	홍길동	인천 동구 송림동
50	202202004	2022-02-22	abcd	500	hong2	홍길동	서울 강남구 신사동

그림 7.1 • CROSS JOIN 결과 계속

51	202202004	2022-02-22	abcd	500	kim1	김갑수	인천 연수구 연수동
52	202202004	2022-02-22	abcd	500	park	박기자	경기 부천시
53	202202004	2022-02-22	abcd	500	seo	서갑돌	인천 동구
54	202202004	2022-02-22	abcd	500	Taeh	태현	경기 수원시

그림 7.1 • CROSS JOIN 결과

`order_h` 테이블과 `members` 테이블의 데이터가 결합되어 마치 하나의 테이블인 것처럼 검색 결과가 표시되었다. `order_h` 테이블에는 8개 열로 구성된 9개의 행이 있고, `members` 테이블에는 12개 열로 구성된 6개의 행이 있다. 두 개의 테이블로부터 모든 열을 검색하면 결과에 표시할 열의 개수가 많아 일부만 SELECT 쿼리문에서 확인한 것이다. 두 개의 테이블로부터 일부 열만 검색할 때는 "order_h.orderno" 형식으로 검색하려는 열 이름 앞에 테이블 이름을 붙여야 한다.

[그림 7.1]의 결과에서 'NO' 열은 변수를 사용하여 검색한 결과에 행 번호를 반환하는 ROWNUM() 함수를 사용하여 일련번호를 만든 것이다. 다음 4개의 열은 `order_h` 테이블의 정보이고, 오른쪽 끝에 있는 3개의 열은 `members` 테이블의 정보이다. `order_h` 테이블의 9개 행 × `members` 테이블의 6개 행 = 54개 행의 결과를 확인할 수 있다.

[그림 7.1]의 결과에서 1~6행, 7~12행, 13~18행, 19~24행, 25~30행, 31~36행, 37~42행, 43~48행, 49~54행을 블록 단위로 보면 `order_h` 테이블에서 가져온 결과는 모두 같다. 즉, `order_h` 테이블의 한 행에 `members` 테이블의 6개 행이 결합되어 모두 54개의 결과 행이 표시된 것이다. [그림 7.1]에서 ▭ 표시된 행이 논리적으로 올바른 결과 행이 된다.

두 개의 테이블을 함께 사용하는 방법을 JOIN이라 하고, 단순하게 두 개 테이블 이름을 나열하는 위와 같은 방법을 CROSS JOIN이라 한다. SELECT 쿼리문의 FROM 절에서 명시적으로 CROSS JOIN임을 기술하여 다음과 같이 사용할 수도 있다.

```
SELECT  ...
   FROM `order_h` CROSS JOIN `members`;
```

JOIN 절의 기본 형식에서 볼 수 있는 JOIN 조건을 지정하는 ON 절은 CROSS JOIN에서는 사용되지 않는다. 또한, 불필요한 많은 결과 행이 만들어지기 때문에 CROSS JOIN은 일반적으로 사용되지 않는다.

1.2 INNER JOIN 내부 조인

INNER JOIN의 기본 형식은 다음과 같다.

INNER JOIN의 기본 형식

```
SELECT 열 목록
FROM 테이블명1, 테이블명2
WHERE 〈조인 조건〉

SELECT 열 목록
FROM 테이블명1 INNER JOIN 테이블명2 ON 〈조인 조건〉
```

다음의 SELECT 쿼리문을 입력하고 선택 실행한다. [그림 7.2]는 다음의 SELECT 쿼리문을 실행한 결과이다.

예
```
SELECT ROWNUM() AS NO,
       order_h.orderno, order_h.orddt, order_h.memid, order_h.ordamt,
       members.memid, members.memname, members.addr
    FROM `order_h`, `members`
    WHERE `order_h`.`memid` = `members`.`memid`;
```

결과 #1 (8r × 8c)

NO	orderno	orddt	memid	ordamt	memid	memname	addr
1	202201001	2022-01-24	seo	1,000	seo	서갑돌	인천 동구
2	202201002	2022-01-24	hong2	15,000	hong2	홍길동	서울 강남구 신사동
3	202201003	2022-01-25	hong1	20,000	hong1	홍길동	인천 동구 송림동

그림 7.2 · INNER JOIN 결과 1 계속

4	**202201004**	2022-01-25	kim1	10,000	**kim1**	김갑수	인천 연수구 연수동
5	**202201005**	2022-01-25	park	5,000	**park**	박기자	경기 부천시
6	**202202001**	2022-02-01	hong1	30,000	**hong1**	홍길동	인천 동구 송림동
7	**202202002**	2022-02-01	hong1	1,000	**hong1**	홍길동	인천 동구 송림동
8	**202202003**	2022-02-02	park	10,000	**park**	박기자	경기 부천시

그림 7.2 • INNER JOIN 결과 1

[그림 7.2]에는 [그림 7.1]에서 ▭ 표시된 행만이 결과에 표시되었다. 위의 SELECT 쿼리문에서 INNER JOIN을 명시적으로 기술하여 FROM 절 이하의 부분을 다음과 같이 사용할 수도 있다.

예
```
01: SELECT  ...
02:     FROM `order_h` INNER JOIN `members`
03:          ON `order_h`.`memid` = `members`.`memid`;
```

WHERE 조건절 또는 ON 조건절에서 지정한 조건에 따라 각각의 테이블에서 `memid` 열의 값이 같은 행만 출력된 것이다.

이러한 방법으로 여러 개의 테이블로 분리된 데이터를 하나의 SELECT 쿼리문으로 가져올 수 있다.

[그림 7.2]의 결과에는 8개 행만 표시되었다. `order_h` 테이블에는 9개의 행이 있다. `order_h` 테이블에서 1개 행의 데이터는 표시되지 않았다. 정확하게 `order_h` 테이블에서 `memid` 열의 값이 'abcd'인 행은 표시되지 않은 것이다. INNER JOIN의 조건절에 만족하지 않은 데이터이기 때문이다. 즉, `order_h` 테이블의 `memid` 열의 값이 'abcd'인 데이터는 `members` 테이블에 존재하지 않는 데이터인 것이다.

INNER 조인을 하면 이처럼 조인 조건을 만족하지 않은 데이터는 출력되지 않기 때문에 반드시 결과에 대한 검증이 필요하다. 데이터가 없어서 표시되지 않은 것인지 또는 조인 조건을 만족하지 못해서 표시되지 않은 것인지를 확인하여 원하는 데이터가 정확하게 나왔는지를 판단해야 한다. 이는 데이터베이스 관련 개발자의 임무이다.

Note

두 개의 테이블을 사용할 때 열 이름을 구분하는 방법

`order_h`.`memid`는 `테이블이름`.`열이름` 형식이다. 하나의 SQL 문에서 여러 테이블을 사용할 때 `열이름`의 명확한 구분을 위해 `테이블이름`을 붙여서 사용한다. 예로, `memid` 열은 `order_h` 테이블과 `members` 테이블에 모두 존재하기 때문에 어떤 테이블의 열 이름인지를 명확하게 구분하는 것이다.

테이블 이름에 별명 alias을 지정해서 사용할 수 있다. 다음의 SELECT 쿼리문을 입력하고 선택 실행한다. [그림 7.3]은 다음의 SELECT 쿼리문을 실행한 결과이다.

예

```
SELECT a.orderno,
       a.memid,
       b.memname
    FROM `order_h` AS a, `members` AS b
    WHERE a.`memid` = b.`memid`;
```

order_h (8r × 3c)

orderno	memid	memname
202201001	seo	서갑돌
202201002	hong2	홍길동
202201003	hong1	홍길동
202201004	kim1	김갑수
202201005	park	박기자
202202001	hong1	홍길동
202202002	hong1	홍길동
202202003	park	박기자

그림 7.3 • INNER JOIN 결과 2

SELECT 쿼리문에 기술한 열 이름 'a.orderno', 'a.memid', 'b.memname'은 테이블의 열을 구분하는 방법인 "테이블이름.열이름" 규칙에서 테이블 이름을 대신하는 별명을 만들어 사용한 것이다. FROM 절에서 "`order_h` AS a"는 테이블 이름 `order_h`를 대신하는 별명 alias을 'a'로 지정한 것이다. 같은 방법으로 테이블 이름 `members`를 대신하는 별명 alias을 'b'로 지정한 것이다. 테이블 이름이 길 때 단순화하기 위해 자주 사용되는 별명을 지정하는 방법이다. 별명 alias을 지정할 때 'AS'는 생략할 수 있다.

SELECT 쿼리문에서 사용하는 열 이름이 두 개 테이블에 모두 존재하는 경우 반드시 열 이름에 테이블 이름을 함께 사용하여 SELECT 쿼리문에 나열되는 열을 구분해야 한다. 하지만, 다음의 SELECT 쿼리문과 같이 테이블 이름 없이 열 이름을 사용할 수도 있다.

예
```
SELECT orderno,
       a.memid,
       memname
    FROM `order_h` AS a, `members` AS b
    WHERE a.`memid` =  b.`memid`;
```

SELECT 쿼리문에서 사용한 열 이름 `orderno`와 `memname`에는 해당 열이 존재하는 테이블 이름을 지정하지 않았다. SELECT 쿼리문에서 사용하는 두 개의 테이블 중 `orderno` 열은 `order_h` 테이블에만 있고, `memname` 열은 `members` 테이블에만 있기 때문이다. 즉, 열의 소속이 분명할 때는 열이 속하는 테이블 이름을 생략할 수 있다.

다음의 SELECT 쿼리문을 입력하고 선택 실행하면 [그림 7.4]와 같은 오류 메시지가 표시된다.

예
```
SELECT orderno, memid, memname
    FROM `order_h` a, `members` b
    WHERE a.`memid` = b.`memid` ;
```

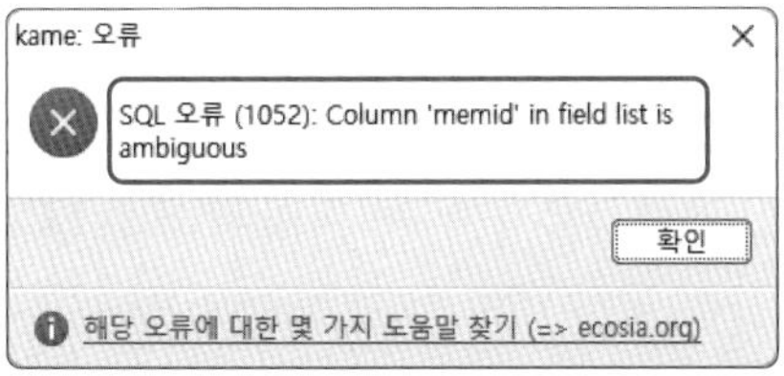

그림 7.4 · INNER JOIN에서 오류가 발생하는 경우

[그림 7.4]의 오류 메시지의 내용은 "Column 'memid' in field list is ambiguous"는 "'memid' 열이 애매하다."는 의미로 열이 속하는 테이블을 결정할 수 없다는 뜻이다. 'memid' 열은 두 개 테이블에 모두 존재하기 때문에 오류 메시지가 표시된 것이다.

이후 실습에서는 INNER JOIN을 명확하게 하기 위해서 WHERE 조건절을 사용하지 않고 다음과 같이 ON 조건절을 사용할 것이다. 이때 'INNER'는 생략할 수 있다.

예
```
SELECT a.orderno, a.memid, b.memname
    FROM `order_h` AS a JOIN `members` AS b
        ON a.`memid` =  b.`memid`;
```

조인 조건은 테이블을 설계할 때 테이블 간의 관계를 어떻게 설정하였는지, 무엇을 얻고자 하는지를 명확히 이해해야 설정할 수 있다. JOIN 구문의 문법을 알고 있다고 해서 조인 조건이 쉽게 정의되지 않을 수 있다. 다양한 조건을 스스로 정의하고 그것을 구현하여 실행하고 결과를 검증해 보는 많은 경험을 쌓아야 한다.

1.3 OUTER JOIN 외부 조인

OUTER JOIN의 기본 형식은 다음과 같다.

OUTER JOIN의 기본 형식

```
SELECT 열 목록
   FROM 테이블명1 {LEFT | RIGHT} OUTER JOIN 테이블명2
   ON 〈조인 조건〉
```

다음의 SELECT 쿼리문을 입력하고, 선택 실행한다. [그림 7.5]는 다음의 SELECT 쿼리문을 실행한 결과이다.

예
```
SELECT a.orderno,
       a.memid,
       b.memname
    FROM `order_h` a LEFT OUTER JOIN `members` b
        ON a.`memid` =  b.`memid`
    ORDER BY a.orderno;
```

order_h (9r × 3c)

orderno	memid	memname
202201001	seo	서갑돌
202201002	hong2	홍길동
202201003	hong1	홍길동
202201004	kim1	김갑수
202201005	park	박기자
202202001	hong1	홍길동
202202002	hong1	홍길동
202202003	park	박기자
202202004	abcd	(NULL)

그림 7.5 · LEFT OUTER JOIN의 결과

LEFT OUTER JOIN의 결과인 [그림 7.5]를 보면 9개 행이 표시되었다. LEFT OUTER JOIN은 ON 조건절의 조건을 만족하는 데이터와 조건을 만족하지 않더라도 JOIN 절의 왼쪽 테이블에 있는 모든 행을 가져온다. `memid` 열의 값이 'abcd'인 행은 `members` 테이블에 해당 데이터가 없기 때문에 `memname` 열의 값이 NULL로 표시된 것이다.

OUTER JOIN을 사용하는 경우 열의 값이 NULL로 표시되면 실제 NULL인지, OUTER JOIN 조건을 만족하지 못하여 NULL로 표시된 것인지를 분명하게 판단해야 한다. 이는 반드시 기억해야 한다.

Note

다른 데이터베이스에서 OUTER JOIN은 다음과 같은 형식으로 사용되기도 한다.

Note 계속

```
SELECT a.orderno, a.memid, b.memname
    FROM `order_h` a, `members` b
    WHERE a.`memid` *= b.`memid` ;
```

RIGHT OUTER JOIN은 어떻게 달라지는지 확인해 보자. 다음의 SELECT 쿼리문을 입력하고, 선택 실행한다. [그림 7.6]은 다음의 SELECT 쿼리문을 실행한 결과이다.

예

```
SELECT a.orderno,
       a.memid,
       b.memname
    FROM `order_h` a RIGHT OUTER JOIN `members` b
       ON a.`memid` =  b.`memid`
    ORDER BY a.orderno;
```

order_h (9r × 3c)

orderno	memid	memname
(NULL)	(NULL)	태현
202201001	seo	서갑돌
202201002	hong2	홍길동
202201003	hong1	홍길동
202201004	kim1	김갑수
202201005	park	박기자
202202001	hong1	홍길동
202202002	hong1	홍길동
202202003	park	박기자

그림 7.6 • RIGHT OUTER JOIN의 결과

RIGHT OUTER JOIN의 결과인 [그림 7.6]을 보면, 9개 행이 표시되었다. RIGHT OUTER JOIN은 ON 조건절의 조건을 만족하는 데이터와 만족하지 않더라도 JOIN 절의 오른쪽 테이블에 있는 모든 행을 가져온다. `memname` 열의 값이 '태현'인 행은 JOIN 절의 오른쪽 테이블인 `members`에는 값이 있지만, JOIN 절의 왼쪽 테이블인 `order_h` 테이블에는 값이 없기 때문에 `orderno` 열과 `memid` 열의 값이 NULL로 표시된 것이다.

LEFT OUTER JOIN과 RIGHT OUTER JOIN을 선택적으로 사용하는 것보다는 항상 LEFT OUTER JOIN을 사용하고 필요에 따라 JOIN 절 왼쪽의 테이블 이름과 오른쪽의 테이블 이름을 바꾸어 사용하는 것이 덜 혼란스럽다.

Note

INNER JOIN과 OUTER JOIN 중 어느 JOIN을 사용해야 할까?

INNER JOIN을 할 것인지, OUTER JOIN을 할 것인지에 대해서 정해진 답은 없다. 테이블 구조와 데이터 성격 그리고 결과를 얻고자 하는 목적에 따라서 선택적으로 사용할 뿐이다.

2장의 [그림 2.4]에서 '개체 관계도'를 나타내면서 개체 간의 관계를 -○< 기호와 -|< 기호를 사용했다. -|< 기호 관계에서 INNER JOIN의 결과와 OUTER JOIN의 결과는 항상 같다. 하지만, -○< 기호 관계에서 INNER JOIN의 결과와 OUTER JOIN의 결과는 데이터에 따라서 다를 수 있다. 따라서 ERD 개체 관계도를 잘 작성해야 하고, 데이터베이스 관련 개발자는 항상 ERD를 참조하여 올바른 결과를 만들어 낼 수 있어야 한다.

JOIN 절을 사용하여 두 개의 테이블로부터 검색된 데이터가 모두 필요한 것은 아닐 것이다. WHERE 절을 추가해서 필요한 데이터만 추출할 수 있어야 한다. 또한, ORDER BY 절을 추가해서 결과 데이터의 순서를 정렬해야 한다.

다음과 같은 상황의 데이터를 검색해 보자.

> 주문총액이 3,000보다 크고, 주문자의 직업코드가 '1' 또는 '2'인 회원이 주문한 주문내용으로 '주문번호', '주문자 ID', '주문자 이름', '주문총액', '직업코드'를 조회한다. 결과 데이터는 주문번호의 오름차순으로 정렬해서 표시한다.

앞의 상황에서 조회하려는 내용이 `order_h` 테이블에 있는 주문번호 orderno, 주문자 ID memid, 주문총액 ordamt과 `members` 테이블에 있는 주문자 ID memid, 주문자 이름 memname, 직업코드 jobcd이다. 다음과 같이 SELECT 쿼리문을 작성할 수 있다.

```
SELECT a.orderno, a.memid, b.memname, a.ordamt, b.jobcd
    FROM order_h a LEFT OUTER JOIN members b ON a.memid = b.memid
```

조회하려는 데이터가 두 개의 테이블에 나뉘어 있어 JOIN 절을 사용한다. 주문총액이 3000보다 크고, 주문자의 직업코드가 '1' 또는 '2'인 회원이 주문한 주문내용을 조회하기 때문에 JOIN된 결과에 WHERE 조건절을 사용해야 한다. 이어서 결과 데이터는 주문번호의 오름차순으로 정렬하기 때문에 ORDER BY 절을 사용하여 다음과 같이 WHERE 절과 ORDER BY 절을 작성할 수 있다.

```
WHERE a.ordamt > 3000 AND (b.jobcd = '1' OR b.jobcd = '2')
ORDER BY a.orderno
```

작성된 부분 쿼리문을 완성하면 다음과 같은 SELECT 쿼리문이 된다. 다음의 SELECT 쿼리문을 입력하고 선택 실행한다. [그림 7.7]은 다음의 SELECT 쿼리문을 실행한 결과이다.

예
```
SELECT a.orderno, a.memid, b.memname, a.ordamt, b.jobcd
    FROM order_h a LEFT OUTER JOIN members b
        ON a.memid = b.memid
    WHERE a.ordamt > 3000 AND (b.jobcd = '1' OR b.jobcd = '2')
    ORDER BY a.orderno ;
```

order_H (4r × 5c)

orderno	memid	memname	ordamt	jobcd
202201001	seo	서갑돌	10,000	1
202201003	hong1	홍길동	20,000	2
202201004	kim1	김갑수	10,000	1
202202001	hong1	홍길동	30,000	2

그림 7.7 • JOIN 결과에 WHERE 절과 ORDER BY 절 추가한 결과 1

위의 SELECT 쿼리문의 WHERE 조건절에서 다음과 같이 AND 이하의 조건 중 ( )를 빼고 SELECT 쿼리문을 작성했다면 결과는 어떻게 될지 확인해 보자. [그림 7.8]은 다음의 SELECT 쿼리문을 실행한 결과이다.

예
```
SELECT a.orderno, a.memid, b.memname, a.ordamt, b.jobcd
    FROM order_h a LEFT OUTER JOIN members b
         ON a.memid = b.memid
    WHERE a.ordamt > 3000 AND b.jobcd = '1' OR b.jobcd = '2'
    ORDER BY  a.orderno;
```

order_H (5r × 5c)

orderno	memid	memname	ordamt	jobcd
202201001	seo	서갑돌	10,000	1
202201003	hong1	홍길동	20,000	2
202201004	kim1	김갑수	10,000	1
202202001	hong1	홍길동	30,000	2
202202002	hong1	홍길동	1,000	2

그림 7.8 • JOIN 결과에 WHERE 절과 ORDER BY 절 추가한 결과 2

[그림 7.7]과 [그림 7.8]을 비교하면 차이가 있다. [그림 7.8]의 결과에는 주문총액이 3,000보다 크지 않은 데이터가 포함되었다. 데이터 검색을 위해 주어진 조건에 위반된 데이터가 포함된 것이다. 주문총액 ordamt이 잘못되었지만, 직업코드 jobcd가 '2'이기 때문에 결과에 포함된 것이다.

연산자의 연산 우선순위에서 문제가 발생한 것이다. AND 연산자는 OR 연산자보다 연산 우선순위가 높다. 따라서 WHERE 조건절에서 "a.ortamt > 3000 AND b.jobcd = '1'" 조건 부분이 먼저 실행되고, 이어서 "OR b.jobcd = '2'"가 실행되어 주문총액과는 관계없이 직업코드가 '2'이면 결과에 포함될 수 있는 것이다. 조건절을 구현할 때는 사용되는 연산자의 연산 우선순위에 주의해야 한다.

다른 경우의 JOIN을 실습해 보기 위해 다음과 같은 상황의 데이터를 검색해 보자.

> 주문의 기본정보를 담고 있는 'order_h' 테이블과 주문의 상세정보를 담고 있는 'order_d' 테이블을 JOIN하여 상세 주문내역을 조회한다. JOIN 조건은 두 테이블의 주문번호가 같음으로 한다. 조회할 열은 주문번호, 주문일자, 주문자 ID, 상품코드, 주문수량, 주문금액이다.

앞의 상황에서 조회할 열 목록이 주문번호 orderno, 주문일자 orddt, 주문자 ID memid, 상품코드 goodscd, 주문수량 qty, 주문금액 amt이므로 다음과 같이 SELECT 쿼리문의 부분을 구현할 수 있다. 두 개의 테이블을 사용하기 때문에 JOIN 절의 왼쪽에 `order_h` 테이블을 별명 a로 하고, 오른쪽에 `order_d` 테이블을 별명 b로 하여 FROM 절 부분을 완성한다.

```
SELECT a.orderno,      -- 주문번호
       a.orddt,        -- 주문일자
       a.memid,        -- 주문자 ID
       b.goodscd,      -- 상품코드
       b.qty,          -- 주문수량
       b.amt           -- 주문금액
  FROM `order_h` a INNER JOIN `order_d` b  -- 두 개의 테이블을 INNER JOIN
```

JOIN 조건은 두 테이블의 주문번호가 같음으로 하기 때문에 다음과 같이 JOIN 조건을 작성하고, 결과의 순서를 정렬하기 위해 ORDER BY 절을 사용한다.

```
        ON  a.orderno = b.orderno      -- JOIN 조건절
  ORDER BY a.orderno                   -- 검색 결과의 정렬 순서
```

Note

쿼리문의 유지보수

위의 쿼리문에서 SELECT 쿼리문을 사용하여 조회하는 열 목록을 행 단위로 구분하고, 적당히 들여쓰기를 했다. 지금까지 몇 번 사용한 형식이다. 이런 형식의 소스 코드는 전체 쿼리문의 길이가 길어지고, 키보드 입력이 많아지는 단점이 있지만, 차후 열 목록에 열을 추가하거나 열을 삭제하기가 편리하며 읽기가 편리하다는 장점이 있다. 또한, 이러한 형식은 유지보수 비용을 절감할 수 있다는 장점도 있다.

각 열 목록 뒤에 '--'로 시작하는 내용은 행 단위의 설명문이다. 즉, '--'부터 행의 끝까지를 설명으로 해석한다. 이러한 설명문의 사용은 쿼리문에 대한 이해도를 높일 수 있어 유지보수 비용을 절감하는 방법이 될 수 있다.

앞의 두 쿼리 부분을 합하면 다음과 같은 쿼리문을 완성할 수 있다. [그림 7.11]은 다음의 SELECT 쿼리문을 실행한 결과이다.

예

```
SELECT a.orderno,      -- 주문번호
       a.orddt,        -- 주문일자
       a.memid,        -- 주문자 ID
       b.goodscd,      -- 상품코드
       b.qty,          -- 주문수량
       b.amt           -- 주문금액
  FROM `order_h` a INNER JOIN `order_d` b   -- 두 개의 테이블을 INNER JOIN
    ON  a.orderno = b.orderno               -- JOIN 조건절
  ORDER BY a.orderno                        -- 검색 결과의 정렬 순서
```

order_h (15r × 6c)

orderno	orddt	memid	goodscd	qty	amt
202201001	2022-01-24	seo	GDS01	10	20,000
202201001	2022-01-24	seo	GDS02	50	5,000
202201001	2022-01-24	seo	GDS03	1	5,000
202201002	2022-01-24	hong2	GDS01	5	5,000
202201002	2022-01-24	hong2	GDS03	10	50,000
202201003	2022-01-25	hong1	GDS04	50	25,000
202201004	2022-01-25	kim1	GDS05	10	10,000
202201005	2022-01-25	park	GDS02	50	5,000
202201005	2022-01-25	park	GDS03	4	20,000
202202001	2022-02-01	hong1	GDS01	10	20,000
202202001	2022-02-01	hong1	GDS03	1	5,000
202202001	2022-02-01	hong1	GDS05	20	20,000
202202003	2022-02-02	park	GDS01	10	20,000
202202003	2022-02-02	park	GDS07	20	40,000
202202004	2022-02-02	abcd	GDS01	10	20,000

그림 7.9 • `order_h`와 `order_d` 테이블을 INNER JOIN한 결과

주문번호가 '202202002'인 데이터는 `order_h` 테이블에는 있지만, `order_d` 테이블에는 없는 데이터이기 때문에 [그림 7.9]의 결과에는 표시되지 않았다.

앞의 SELECT 쿼리문에서 INNER JOIN을 LEFT OUTER JOIN으로 변경하여 조회되는 결과를 비교해 보자. LEFT OUTER JOIN을 사용하는 다음의 SELECT 쿼리문을 입력하고 선택 실행한다. [그림 7.10]은 다음의 SELECT 쿼리문을 실행한 결과이다.

예
```
SELECT a.orderno,      -- 주문번호
       a.orddt,        -- 주문일자
       a.memid,        -- 주문자 ID
       b.goodscd,      -- 상품코드
       b.qty,          -- 주문수량
       b.amt           -- 주문금액
    FROM `order_h` a LEFT OUTER JOIN `order_d` b
                       -- 두 개의 테이블을 OUTER JOIN
      ON  a.orderno = b.orderno       -- JOIN 조건절
    ORDER BY a.orderno                -- 검색 결과의 정렬 순서
```

order_h (16r × 6c)

orderno	orddt	memid	goodscd	qty	amt
202201001	2022-01-24	seo	GDS01	10	20,000
202201001	2022-01-24	seo	GDS02	50	5,000
202201001	2022-01-24	seo	GDS03	1	5,000
202201002	2022-01-24	hong2	GDS01	5	5,000
202201002	2022-01-24	hong2	GDS03	10	50,000
202201003	2022-01-25	hong1	GDS04	50	25,000
202201004	2022-01-25	kim1	GDS05	10	10,000
202201005	2022-01-25	park	GDS02	50	5,000
202201005	2022-01-25	park	GDS03	4	20,000
202202001	2022-02-01	hong1	GDS01	10	20,000
202202001	2022-02-01	hong1	GDS03	1	5,000
202202001	2022-02-01	hong1	GDS05	20	20,000
202202002	2022-02-01	hong1	(NULL)	(NULL)	(NULL)
202202003	2022-02-02	park	GDS01	10	20,000
202202003	2022-02-02	park	GDS07	20	40,000
202202004	2022-02-22	abcd	GDS01	10	20,000

그림 7.10 • `order_h`와 `order_d` 테이블을 LEFT OUTER JOIN한 결과

주문번호가 '202202002'인 데이터는 `order_h` 테이블에는 있고 `order_d` 테이블에는 없는 데이터이기 때문에 검색 결과에서 일부 열의 값이 NULL로 표시된 것을 [그림 7.10]에서 확인할 수 있다.

SELF JOIN 자체 조인 1.4

SELF JOIN은 INNER JOIN 또는 OUTER JOIN 절의 왼쪽과 오른쪽에 같은 테이블 이름을 기술하여 자기 자신을 JOIN하는 것이다.

SELF JOIN을 실습하기 위해서 `members` 테이블의 구조를 변경하고, 데이터를 업데이트 한다. 테이블 구조를 변경하기 위한 SQL 문은 아직 살펴보지 않았지만, 여기서는 간단하게 테이블 구조를 변경하는 쿼리문을 사용해 보자.

다음의 ALTER 쿼리문은 `members` 테이블에 열을 추가한다. 열 이름은 'recommender', 열의 데이터 유형은 VARCHAR(10), 추가하는 열의 위치는 `stat` 열 뒤로 한다.

```
ALTER TABLE members
        ADD COLUMN recommender VARCHAR(10) AFTER stat;
```

다음의 UPDATE 쿼리문을 실행하여 `members` 테이블의 데이터를 업데이트한다. `members` 테이블의 데이터 중 `memid` 열의 값이 'seo'인 행에서 앞서 추가한 `recommender` 열의 값을 'kim1'으로 업데이트하는 것이다.

```
UPDATE members
    SET recommender = 'kim1'
    WHERE memid = 'seo' ;
```

테이블 구조를 변경하여 열을 추가하고, 추가한 열의 데이터를 업데이트한 결과를 SELECT 쿼리문을 사용하여 확인해 보자. 다음의 SELECT 쿼리문을 입력하고, 선택 실행한다. [그림 7.11]은 다음의 SELECT 쿼리문을 실행한 결과이다.

```
SELECT memid, recommender
    FROM  `members`
    WHERE  memid = 'seo' ;
```

members (1r × 2c)

memid	recommender
seo	kim1

그림 7.11 • 테이블 구조 변경후, 업데이트한 결과

[그림 7.11]을 통해 `members` 테이블에 추가한 열과, 데이터를 업데이트한 결과를 확인할 수 있다.

SELF JOIN을 실습해 보기 위한 준비가 되었다. 다음의 SELECT 쿼리문을 입력하고 실행하여 SELF JOIN을 확인해 보자.

SELF JOIN을 이용하여 `members` 테이블에서 `recommender` 열의 값을 이용하여 같은 테이블의 `memname` 열의 값을 조회한 것이다. [그림 7.12]는 `members` 테이블을 이용하여 SELF JOIN을 실행한 결과이다.

예

```
SELECT a.memid, a.memname, b.memname '추천자'
     FROM `members` a LEFT OUTER JOIN `members`  b
                         ON a.recommender = b.memid
     ORDER BY `memid`;
```

members (6r × 3c)

memid	memname	추천자
hong1	홍길동	(NULL)
hong2	홍길동	(NULL)
kim1	김갑수	(NULL)
park	박기자	(NULL)
seo	서갑돌	김갑수
Taeh	태현	(NULL)

그림 7.12 • SELF JOIN의 결과

1.5 NESTED JOIN 다중 조인

지금까지는 2개의 테이블을 JOIN하여 결과를 검색했다. 3개의 테이블을 JOIN하여 테이블을 검색해 보자. 3개 이상의 테이블을 이용하는 JOIN을 NESTED JOIN이라 한다.

NESTED JOIN을 실습하기 위해 다음과 같은 상황의 데이터를 검색해 보자.

> 주문의 기본정보를 담고 있는 'order_h' 테이블과 주문의 상세정보를 담고 있는 'order_d' 테이블을 JOIN하여 상세 주문내역을 조회한다. 조회할 열은 주문번호, 주문일자, 주문자 ID, 주문자 이름, 상품코드, 주문수량, 주문금액이다. 'order_h' 테이블과 'order_d' 테이블의 JOIN 조건은 두 테이블의 주문번호가 같음으로 하고, 'order_h' 테이블과 'members' 테이블의 JOIN 조건은 주문자 ID가 같음으로 한다. 결과는 주문번호를 기준으로 오름차순 정렬한다.

SELECT 쿼리문에서 조회할 열 목록부터 작성해 본다. 테이블 이름은 별명을 사용한다.

예
```
SELECT a.orderno,          -- 주문번호, order_h
       a.orddt,            -- 주문일자, order_h
       a.memid,            -- 주문자 ID, order_h
       c.memname,          -- 주문자 이름, members
       b.goodscd,          -- 상품코드, order_d
       b.qty,              -- 주문수량, order_d
       b.amt               -- 주문금액, order_d
```

데이터를 가져올 테이블 이름을 지정하는 FROM/JOIN 절과 JOIN 조건을 지정하는 ON 절은 다음과 같다. 3개의 테이블을 사용하기 때문에 JOIN 절을 두 번 사용하고, 결과 데이터를 정렬하기 위해 ORDER BY 절을 사용한다.

예
```
FROM order_h a INNER JOIN order_d b
     ON  a.orderno = b.orderno
     INNER JOIN  members  c  ON  a.memid = c.memid
ORDER BY a.orderno;
```

두 부분으로 나누어진 SELECT 쿼리문을 입력하고 선택 실행한다. [그림 7.13]은 완성된 SELECT 쿼리문을 실행한 결과이다.

order_h (14r × 7c)

orderno	orddt	memid	memname	goodscd	qty	amt
202201001	2022-01-24	seo	서갑돌	GDS02	50	5,000
202201001	2022-01-24	seo	서갑돌	GDS01	10	20,000
202201001	2022-01-24	seo	서갑돌	GDS03	1	5,000
202201002	2022-01-24	hong2	홍길동	GDS03	10	50,000
202201002	2022-01-24	hong2	홍길동	GDS01	5	5,000
202201003	2022-01-25	hong1	홍길동	GDS04	50	25,000
202201004	2022-01-25	kim1	김갑수	GDS05	10	10,000
202201005	2022-01-25	park	박기자	GDS02	50	5,000
202201005	2022-01-25	park	박기자	GDS03	4	20,000
202202001	2022-02-01	hong1	홍길동	GDS03	1	5,000
202202001	2022-02-01	hong1	홍길동	GDS01	10	20,000
202202001	2022-02-01	hong1	홍길동	GDS05	20	20,000
202202003	2022-02-02	park	박기자	GDS07	20	40,000
202202003	2022-02-02	park	박기자	GDS01	10	20,000

그림 7.13 • 3개 테이블을 사용하는 Nested JOIN의 결과 1

INNER JOIN을 사용하였기 때문에 `order_h` 테이블과 `order_d` 테이블에 존재하는 데이터 중 주문번호가 '202202004'인 데이터에서 `memid` 열의 값 'abcd'는 `members` 테이블에는 존재하지 않는 데이터이기 때문에 [그림 7.13]의 결과에 표시되지 않는다.

위의 SELECT 쿼리문에서 JOIN 절을 간단히 하면 다음과 같이 작성할 수도 있다.

```
SELECT  ···
    FROM order_h a INNER JOIN (order_d b, members c)
         ON  a.orderno = b.orderno  AND  a.memid = c.memid
    ORDER BY a.orderno;
```

"5장. 데이터 검색하기 II"에서 이미 설명한 바와 같이 결과 데이터가 2개 행 이상일 때, 특히 다중 조인할 때는 ORDER BY 절을 반드시 사용하여 결과 데이터의 정렬 순서를 명확하게 해야 한다. 결과 데이터가 표시되는 순서를 예측할 수 없기 때문이다.

앞선 예에서는 3개의 테이블을 JOIN하기 위해 두 번의 INNER JOIN을 사용했다. 앞선 예에서 첫 번째 JOIN은 INNER JOIN을 사용하고, 두 번째 JOIN은 LEFT OUTER JOIN으로 변경해서 결과를 비교해 보자. [그림 7.14]는 다음의 SELECT 쿼리문을 실행한 결과이다.

예

```
SELECT a.orderno,        -- 주문번호, order_h
       a.orddt,          -- 주문일자, order_h
       a.memid,          -- 주문자 ID, order_h
       c.memname,        -- 주문자 이름, members
       b.goodscd,        -- 상품코드, order_d
       b.qty,            -- 주문수량, order_d
       b.amt             -- 주문금액, order_d
  FROM order_h a INNER JOIN order_d b      ON a.orderno = b.orderno
                 LEFT OUTER JOIN members c ON a.memid   = c.memid
                 -- 첫 번째 JOIN은 INNER JOIN
                 -- 두 번째 JOIN은 LEFT OUTER JOIN
  ORDER BY a.orderno; -- 결과 데이터의 순서 정렬
```

order_h (15r × 7c)

orderno	orddt	memid	memname	goodscd	qty	amt
202201001	2022-01-24	seo	서갑돌	GDS03	1	5,000
202201001	2022-01-24	seo	서갑돌	GDS02	50	5,000
202201001	2022-01-24	seo	서갑돌	GDS01	10	20,000
202201002	2022-01-24	hong2	홍길동	GDS01	5	5,000
202201002	2022-01-24	hong2	홍길동	GDS03	10	50,000
202201003	2022-01-25	hong1	홍길동	GDS04	50	25,000
202201004	2022-01-25	kim1	김갑수	GDS05	10	10,000
202201005	2022-01-25	park	박기자	GDS02	50	5,000
202201005	2022-01-25	park	박기자	GDS03	4	20,000
202202001	2022-02-01	hong1	홍길동	GDS01	10	20,000
202202001	2022-02-01	hong1	홍길동	GDS05	20	20,000
202202001	2022-02-01	hong1	홍길동	GDS03	1	5,000
202202003	2022-02-02	park	박기자	GDS07	20	40,000
202202003	2022-02-02	park	박기자	GDS01	10	20,000
202202004	2022-02-22	abcd	(NULL)	GDS01	10	20,000

그림 7.14 • 3개 테이블을 사용하는 Nested JOIN의 결과 2

`order_h` 테이블과 `members` 테이블을 LEFT OUTER JOIN을 했기 때문에 `order_h` 테이블에 존재하는 `orderno` 열의 값이 '202202004'인 데이터에서 `memid` 열의 값은 `members` 테이블에 존재하지 않는 데이터이기 때문에 `memname` 열의 값이 NULL로 표시된 것을 [그림 7.14]에서 확인할 수 있다.

앞의 SELECT 쿼리문에서 FROM 절 이하를 다음과 같이 변경해서 작성할 수도 있다.

```
예 01:     FROM (order_h a LEFT OUTER JOIN members c ON a.memid = c.memid)
   02:                    INNER JOIN order_d b       ON a.orderno = b.orderno
   03:     ORDER BY a.orderno;
```

() 연산자를 사용하여 우선순위를 지정한 것이다. 즉, `order_h` 테이블과 `members` 테이블의 LEFT OUTER JOIN을 실행하고, OUTER JOIN의 결과와 `order_d` 테이블을 INNER JOIN하는 것을 명시적으로 나타낸 것이다.

또 다른 경우의 JOIN을 실습해 보기 위해 다음과 같은 상황을 가정한 데이터를 검색해 보자.

> 주문 상세정보를 담고 있는 `order_d` 테이블에는 '상품이름'이 없다. 주문 상세정보를 담고 있는 `order_d` 테이블과 `goodsinfo` 테이블을 JOIN하여 주문 상세정보에 '상품이름'을 표시할 수 있도록 한다.
>
> 조회할 열은 주문번호, 상품코드, 상품이름, 주문수량, 주문금액이다. `order_d` 테이블과 `goodsinfo` 테이블의 JOIN 조건은 두 테이블의 상품코드가 같음으로 한다. 결과는 주문번호를 기준으로 오름차순 정렬한다.

작성해야할 SELECT 쿼리문에서 조회할 열 목록부터 작성해 보자.

```
예 01: SELECT a.orderno,          -- 주문번호, order_d
   02:        a.goodscd,          -- 상품코드, order_d
   03:        b.goodsname,        -- 상품이름, goodsinfo
   04:        a.qty,              -- 주문수량, order_d
   05:        a.amt               -- 주문금액, order_d
```

`order_d` 테이블과 `goodsinfo` 테이블은 LEFT OUTER JOIN을 실행하고 두 테이블의 `goodscd` 열이 같음이므로 다음과 같이 FROM 절 이하 부분을 작성할 수 있다.

```
예 06:     FROM order_d a LEFT OUTER JOIN goodsinfo b
   07:                    ON a.goodscd = b.goodscd
   08:     ORDER BY a.orderno, a.goodscd;
```

두 부분의 쿼리문을 결합하여 입력하고 선택 실행하면, [그림 7.15]와 같은 결과를 확인할 수 있다.

order_d (16r × 5c)

orderno	goodscd	goodsname	qty	amt
202201001	GDS01	노트	10	20,000
202201001	GDS02	연필	50	5,000
202201001	GDS03	복사지	1	5,000
202201002	GDS01	노트	5	5,000
202201002	GDS03	복사지	10	50,000
202201003	GDS04	볼펜	50	25,000
202201004	GDS05	네임펜	10	10,000
202201005	GDS02	연필	50	5,000
202201005	GDS03	복사지	4	20,000
202201006	GDS01	노트	1	2,000
202202001	GDS01	노트	10	20,000
202202001	GDS03	복사지	1	5,000
202202001	GDS05	네임펜	20	20,000
202202003	GDS01	노트	10	20,000
202202003	GDS07	(NULL)	20	40,000
202202004	GDS01	노트	10	20,000

그림 7.15 • \`order_d\` 테이블과 \`goodsinfo\` 테이블을 LEFT OUTER JOIN한 결과

\`order_d\` 테이블에서 \`orderno\` 열의 값이 '202202003'인 데이터는 \`goodsname\` 열의 값이 NULL로 표시되었다. \`goodscd\` 열의 값이 'GDS07'인 데이터는 \`goodsinfo\` 테이블에 존재하지 않기 때문이다.

주문의 기본정보를 담고 있는 \`order_h\` 테이블과 주문의 상세정보를 담고 있는 \`order_d\` 테이블 그리고 '상품이름'을 포함하는 \`goodsinfo\` 테이블까지 3개의 테이블을 JOIN해 보기 위해 다음과 같은 상황의 데이터를 검색해 보자.

> 주문의 기본정보를 담고 있는 \`order_h\` 테이블과 주문의 상세정보를 담고 있는 \`order_d\` 테이블을 JOIN하여 상세 주문내역을 조회한다.
>
> 조회할 열은 주문번호, 주문일자, 주문자 ID, 상품코드, 상품이름, 주문수량, 주문금액이다.
>
> \`order_h\` 테이블과 \`order_d\` 테이블의 JOIN 조건은 두 테이블의 주문번호가 같음으로 하고, \`order_d\` 테이블과 \`goodsinfo\` 테이블의 JOIN 조건은 상품코드가 같음으로 한다.
>
> 결과 데이터는 주문번호의 오름차순으로 정렬하여 표시한다.

SELECT 쿼리문에서 조회할 열 목록부터 작성해 보자.

예
```
SELECT a.orderno,          -- 주문번호, order_h
       a.orddt,            -- 주문일자, order_h
       a.memid,            -- 주문자ID, order_h
       b.goodscd,          -- 상품코드, order_d
       c.goodsname,        -- 상품이름, goodsinfo
       b.qty,              -- 주문수량, order_d
       b.amt               -- 주문금액, order_d
```

`order_h` 테이블과 `order_d` 테이블은 INNER JOIN을 실행하고 JOIN 조건은 주문번호가 같음으로 한다. 다시 `goodsinfo` 테이블을 INNER JOIN으로 실행하고 JOIN 조건은 상품코드가 같음으로 하여 다음과 같이 FROM 절 이하 부분을 작성할 수 있다.

예
```
  FROM order_h a INNER JOIN order_d b   ON a.orderno = b.orderno
                 INNER JOIN goodsinfo c ON b.goodscd = c.goodscd
 ORDER BY a.orderno;
```

두 부분의 쿼리문을 결합하여 입력하고 선택 실행하면, [그림 7.16]과 같은 결과를 확인할 수 있다.

order_h (14r × 7c)

orderno	orddt	memid	goodscd	goodsname	qty	amt
202201001	2022-01-24	seo	GDS01	노트	10	20,000
202201001	2022-01-24	seo	GDS02	연필	50	5,000
202201001	2022-01-24	seo	GDS03	복사지	1	5,000
202201002	2022-01-24	hong2	GDS01	노트	5	5,000
202201002	2022-01-24	hong2	GDS03	복사지	10	50,000
202201003	2022-01-25	hong1	GDS04	볼펜	50	25,000
202201004	2022-01-25	kim1	GDS05	네임펜	10	10,000
202201005	2022-01-25	park	GDS02	연필	50	5,000
202201005	2022-01-25	park	GDS03	복사지	4	20,000
202202001	2022-02-01	hong1	GDS01	노트	10	20,000
202202001	2022-02-01	hong1	GDS03	복사지	1	5,000
202202001	2022-02-01	hong1	GDS05	네임펜	20	20,000
202202003	2022-02-02	park	GDS01	노트	10	20,000
202202004	2022-02-22	abcd	GDS01	노트	10	20,000

그림 7.16 • 3개의 테이블을 INNER JOIN한 결과

2장에서 설계한 개체 관계도에 따라 4장에서 4개의 테이블을 생성했다. 4개의 테이블을 모두 JOIN해 보자.

4개의 테이블을 JOIN하는 실습을 위해 다음과 같은 상황의 데이터를 검색해 보자.

> 주문의 기본정보를 담고 있는 'order_h' 테이블과 주문의 상세정보를 담고 있는 'order_d' 테이블을 JOIN하여 상세 주문내역을 조회한다. 조회할 열은 주문번호, 주문일자, 주문자 ID, 주문자 이름, 상품코드, 상품명, 주문수량, 주문금액이다.
>
> 'order_h' 테이블과 'order_d' 테이블의 JOIN 조건은 두 테이블의 주문번호가 같음으로 하고, 'members' 테이블의 JOIN 조건은 주문자 ID가 같음으로 하며, 'goodsinfo' 테이블의 JOIN 조건은 상품코드가 같음으로 한다.
>
> 결과는 주문번호를 기준으로 오름차순 정렬한다.

SELECT 쿼리문으로 조회할 열 목록부터 작성해 본다.

예
```
SELECT a.orderno,          -- 주문번호, order_h
       a.orddt,            -- 주문일자, order_h
       a.memid,            -- 주문자ID, order_h
       c.memname,          -- 주문자이름, members
       b.goodscd,          -- 상품코드, order_d
       d.goodsname,        -- 상품이름, goodsinfo
       b.qty,              -- 주문수량, order_d
       b.amt               -- 주문금액, order_d
```

데이터를 가져올 테이블 이름을 지정하는 FROM/JOIN 절과 JOIN 조건을 지정하는 ON 절은 다음과 같다. 4개의 테이블을 사용하기 때문에 JOIN 절을 세 번 사용하고, 결과 데이터를 정렬하기 위해 ORDER BY 절을 사용한다.

예
```
  FROM order_h a INNER JOIN order_d b   ON a.orderno = b.orderno
                 INNER JOIN members c   ON a.memid = c.memid
                 INNER JOIN goodsinfo d ON b.goodscd = d.goodscd
 ORDER BY a.orderno;
```

두 부분으로 나뉘어진 SELECT 쿼리문을 입력하고 선택 실행한다. [그림 7.17]은 완성된 SELECT 쿼리문을 실행한 결과이다.

order_h (13r × 8c)

orderno	orddt	memid	memname	goodscd	goodsname	qty	amt
202201001	2022-01-24	seo	서갑돌	GDS01	노트	10	20,000
202201001	2022-01-24	seo	서갑돌	GDS02	연필	50	5,000
202201001	2022-01-24	seo	서갑돌	GDS03	복사지	1	5,000
202201002	2022-01-24	hong2	홍길동	GDS01	노트	5	5,000
202201002	2022-01-24	hong2	홍길동	GDS03	복사지	10	50,000
202201003	2022-01-25	hong1	홍길동	GDS04	볼펜	50	25,000
202201004	2022-01-25	kim1	김갑수	GDS05	네임펜	10	10,000
202201005	2022-01-25	park	박기자	GDS02	연필	50	5,000
202201005	2022-01-25	park	박기자	GDS03	복사지	4	20,000
202202001	2022-02-01	hong1	홍길동	GDS01	노트	10	20,000
202202001	2022-02-01	hong1	홍길동	GDS03	복사지	1	5,000
202202001	2022-02-01	hong1	홍길동	GDS05	네임펜	20	20,000
202202003	2022-02-02	park	박기자	GDS01	노트	10	20,000

그림 7.17 • 4개의 테이블을 INNER JOIN한 결과

설계 과정에서 하나의 거래명세서에 기록되는 데이터를 테이블 정규화 과정을 통해 데이터 무결성을 확보하면서 4개의 테이블로 나누었지만, 위와 같은 JOIN 과정을 통해 논리적으로 나누어진 테이블을 마치 1개의 테이블인 것처럼 결합하여 데이터를 조회할 수 있다.

JOIN을 구현할 때는 다음과 같은 경우를 주의해야 한다. [그림 7.18]과 [그림 7.19]는 4개의 테이블을 JOIN하는 경우를 나타낸 것이다.

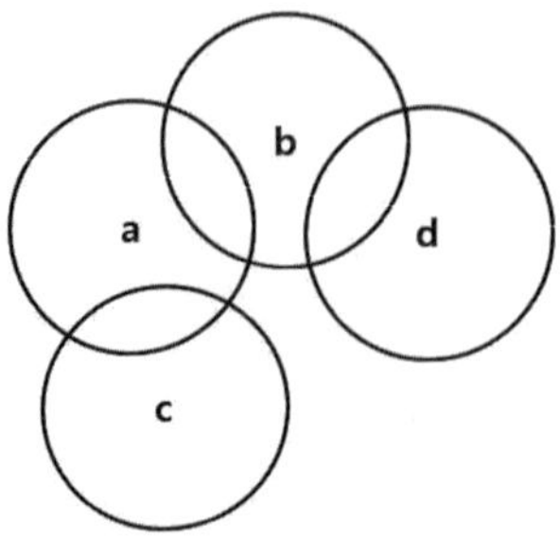

그림 7.18 • 4개 테이블 JOIN 1

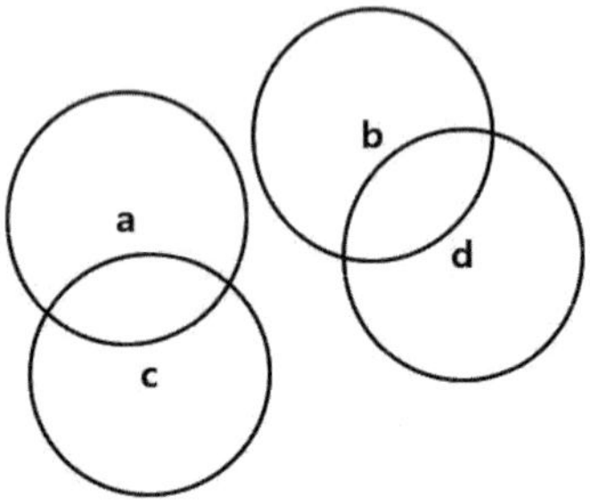

그림 7.19 • 4개 테이블 JOIN 2

[그림 7.18]에서 4개의 테이블 중 a와 b는 공통부분이 있다. 또한 a와 c 그리고 b와 d 사이에 서로 간의 공통부분이 있다. a와 d는 직접적인 공통부분은 없지만, 4개의 테이블이 공통부분을 갖게 된다. [그림 7.19]에서는 a와 c, b와 d에 공통부분이 있지만, a와 b 또는 c와 d, a와 d에는 공통부분이 없다. 그러면 a와 b의 JOIN 결과와 c와 d의 JOIN 결과로 CROSS JOIN이 된다. 이와 같이 원하지 않는 JOIN이 되지 않도록 주의해야 한다.

테이블을 JOIN하는 목적과 방법을 이해했다면, JOIN하는 방법적인 면에서 어려움은 없을 것이다. 다만, JOIN 조건을 어떻게 설정하는지가 가장 큰 관건이 된다. 다양한 경험이 답이 된다.

Note

다중 조인 NESTED JOIN에서 JOIN 조건의 순서

다중조인에서 어느 조인조건을 먼저 기술하는 것에 따라 쿼리문의 처리 속도에 차이가 날 수 있다. 이는 간단한 문제는 아니다.

조인조건 및 처리할 데이터 수에 따라서 달라질 수 있다. 뒷장에서 설명할 쿼리문의 실행계획을 살펴보아야 한다. 이 책에서는 쿼리문 실행 속도에 관계없이 쿼리문의 처리 목적에 따라 이해하기 쉬운 순서대로 쿼리문의 예제들을 작성하였다.

다양한 경우의 JOIN을 실습하기 위해 두 가지 테이블을 추가한다. 앞선 실습에서 '직업 코드'를 '직업 이름'으로 표현하기 위해서 CASE 연산자를 사용했다. 비슷한 성격의 데이터가 있다. `goodsinfo` 테이블의 `unitcd` 열로 상품의 단위를 구분하기 위한 '단위 코드'이다. '단위 코드'를 검색 결과에 표현할 때는 '단위 이름'으로 표현해야 결과 데이터에 대한 가독성을 높일 수 있다.

'직업 코드'와 '단위 코드'를 각각 별도의 테이블로 분리하여 '직업 이름'과 '단위 이름'을 저장하고, 필요할 때 JOIN을 사용하여 '직업 이름'과 '단위 이름'을 표현할 수 있도록 해보자.

먼저 직업 코드와 직업 이름을 저장할 수 있도록 다음의 CREATE 쿼리문을 입력하고 선택 실행하여 테이블을 생성한다. 테이블 이름은 'jobinfo'로 한다.

```
CREATE TABLE `jobinfo` (
    jobcd   CHAR(1) NOT NULL,
    jobname VARCHAR(20) NULL DEFAULT NULL,
    PRIMARY KEY (jobcd)
)
COLLATE='utf8mb4_general_ci'
ENGINE=INNODB;
```

오류 없이 정상적으로 테이블이 생성되었으면, 다음의 INSERT 쿼리문을 입력하고 선택 실행하여 테이블에 데이터를 추가한다.

```
INSERT INTO `jobinfo`
       VALUES ('1', '학생'), ('2', '회사원'), ('3', '공무원'),
              ('4', '교사'), ('9','기타');
```

5건의 데이터를 추가했다. 다음의 SELECT 쿼리문을 입력하고 선택 실행하여 입력된 데이터를 확인해 보자. [그림 7.20]은 다음의 SELECT 쿼리문을 실행한 결과이다.

```
SELECT * FROM `jobinfo`;
```

jobcd	jobname
1	학생
2	회사원
3	공무원
4	교사
9	기타

그림 7.20 • `jobinfo` 테이블 확인

`members` 테이블과 `jobinfo` 테이블을 JOIN하여 직업 코드와 직업 이름을 표현해 보자. 다음의 SELECT 쿼리문을 입력하고 선택 실행한다. [그림 7.21]은 다음의 SELECT 쿼리문을 실행한 결과이다.

예
```
SELECT a.memid, a.memname, a.jobcd, b.jobname
    FROM `members` a LEFT OUTER JOIN `jobinfo` b
                     ON a.jobcd = b.jobcd;
```

members (6r × 4c)

memid	memname	jobcd	jobname
hong1	홍길동	2	회사원
hong2	홍길동	9	기타
kim1	김갑수	1	학생
park	박기자	3	공무원
seo	서갑돌	1	학생
Taeh	태현	4	교사

그림 7.21 • `members`와 `jobinfo` 테이블을 JOIN한 결과

이와 같은 방법으로 프로그램과 데이터를 독립적으로 관리할 수 있게 되었다. 직업 코드가 변경되어도 이전에 실습했던 CASE 연산자를 사용하지 않아, `jobinfo` 테이블의 데이터만 변경하면 된다.

같은 방법으로 `goodsinfo` 테이블에서 사용하는 `unitcd` 열을 사용하여 '단위 이름'을 표시할 수 있도록 '단위 코드'와 '단위 이름'을 관리하는 테이블을 생성한다. 다음의 CREATE 쿼리문을 입력하고 선택 실행한다. '단위 코드'의 열 이름은 'unitcd', '단위 이름'의 열 이름은 'unitname'로 하고, 테이블 이름은 'unitinfo'로 한다.

```
CREATE TABLE unitinfo (
    unitcd   CHAR(2) NOT NULL,
    unitname VARCHAR(20) NULL DEFAULT NULL,
    PRIMARY KEY  (unitcd)
    )
COLLATE='utf8mb4_general_ci'
ENGINE=INNODB;
```

오류 없이 정상적으로 테이블이 생성되었으면, 다음의 INSERT 쿼리문을 입력하고 선택 실행하여 테이블에 데이터를 추가한다.

```
INSERT INTO `unitinfo`
       VALUES ('01', '권'), ('02', 'EA'),
              ('03', 'BOX'), ('99', '기타');
```

4건의 데이터를 추가했다. 다음의 SELECT 쿼리문을 입력하고 선택 실행하여 입력된 데이터를 확인해 보자. [그림 7.22]는 다음의 SELECT 쿼리문을 실행한 결과이다.

```
SELECT * FROM `unitinfo`;
```

unitinfo (4r × 2c)

unitcd	unitname
01	권
02	EA
03	BOX
99	기타

그림 7.22 • `unitinfo` 테이블 확인

`goodsinfo` 테이블과 `unitinfo` 테이블을 JOIN하여 단위 코드와 단위 이름을 표현해 보자. 다음의 SELECT 쿼리문을 입력하고 선택 실행한다. [그림 7.23]은 다음의 SELECT 쿼리문을 실행한 결과이다.

예

```
SELECT a.goodscd, a.goodsname, a.unitcd, b.unitname
     FROM `goodsinfo` a LEFT OUTER JOIN `unitinfo` b
                        ON a.unitcd = b.unitcd;
```

goodsinfo (6r × 4c)

goodscd	goodsname	unitcd	unitname
GDS01	노트	01	권
GDS02	연필	02	EA
GDS03	복사지	03	BOX
GDS04	볼펜	02	EA
GDS05	네임펜	02	EA
GDS06	크레파스	02	EA

그림 7.23 • `goodsinfo` 테이블과 `unitinfo` 테이블을 JOIN한 결과

이제 모두 6개의 테이블이 생성되었다. 6개 테이블을 모두 JOIN해 보자. 다음의 SELECT 쿼리문을 입력하고 선택 실행한다. [그림 7.24]는 다음의 SELECT 쿼리문을 실행한 결과이다.

예

```
SELECT a.orderno,              -- 주문번호, order_h
       a.orddt,                -- 주문일자, order_h
       a.memid,                -- 주문자ID, order_h
       c.memname,              -- 주문자이름, members
       e.jobname,              -- 직업이름, jobinfo
       b.goodscd,              -- 상품코드, order_h
       d.goodsname,            -- 상품이름, goodsinfo
       f.unitname,             -- 단위이름, unitinfo
       b.qty,                  -- 주문수량, order_d
       b.amt                   -- 주문금액, order_d
    FROM `order_h` a
         INNER JOIN `order_d` b        ON a.orderno = b.orderno
         INNER JOIN `members` c        ON a.memid   = c.memid
         INNER JOIN `goodsinfo` d      ON b.goodscd = d.goodscd
         LEFT OUTER JOIN `jobinfo` e   ON c.jobcd   = e.jobcd
         LEFT OUTER JOIN `unitinfo` f ON d.unitcd  = f.unitcd
    ORDER BY a.orderno;
```

order_h (13r × 10c)

orderno	orddt	memid	memname	jobname	goodscd	goodsname	unitname	qty	amt
202201001	2022-01-24	seo	서갑돌	학생	GDS01	노트	권	10	20,000
202201001	2022-01-24	seo	서갑돌	학생	GDS03	복사지	BOX	1	5,000
202201001	2022-01-24	seo	서갑돌	학생	GDS02	연필	EA	50	5,000
202201002	2022-01-24	hong2	홍길동	기타	GDS01	노트	권	5	5,000
202201002	2022-01-24	hong2	홍길동	기타	GDS03	복사지	BOX	10	50,000
202201003	2022-01-25	hong1	홍길동	회사원	GDS04	볼펜	EA	50	25,000
202201004	2022-01-25	kim1	김갑수	학생	GDS05	네임펜	EA	10	10,000
202201005	2022-01-25	park	박기자	공무원	GDS03	복사지	BOX	4	20,000
202201005	2022-01-25	park	박기자	공무원	GDS02	연필	EA	50	5,000
202202001	2022-02-01	hong1	홍길동	회사원	GDS05	네임펜	EA	20	20,000
202202001	2022-02-01	hong1	홍길동	회사원	GDS03	복사지	BOX	1	5,000
202202001	2022-02-01	hong1	홍길동	회사원	GDS01	노트	권	10	20,000
202202003	2022-02-02	park	박기자	공무원	GDS01	노트	권	10	20,000

그림 7.24 • 6개의 테이블을 JOIN한 결과

여러 테이블을 JOIN하면 복잡할 것 같지만, 기본은 항상 두 개의 테이블을 JOIN하는 것이다. [그림 7.18] 또는 [그림 7.19]에서와 같이 테이블 간의 공통부분을 이용하여 조인 절에서 ON 조건을 설정하는 것이다.

Note

각종 코드를 일괄 관리하는 방법

데이터 변경으로 인해서 매번 SQL 문을 사용하는 프로그램 코드를 변경해야 한다면, 유지보수 비용이 증가하게 된다. 이러한 이유로 데이터와 프로그램은 각각 독립적으로 운영될 수 있도록 해야 한다.

한 가지 방법으로 앞서 실습한 직업 정보 또는 단위 정보를 별도의 테이블로 관리하고, 필요할 때 JOIN 절을 이용하여 데이터를 사용하는 방법을 보았다.

문제는 실무 환경에서 이러한 코드를 관리하는 테이블은 수십, 수백 개의 테이블이 만들어질 수 있다는 것이다. 이 또한 많은 유지보수 비용을 필요로 하게 된다.

다른 방법으로 코드와 코드 이름으로 구성되는 여러 테이블의 데이터를 모아 하나의 테이블로 통합 관리하는 방법이 있다.

여러 코드 관리 테이블을 하나의 테이블로 관리하는 방법을 구현해 본다. 코드의 통합 관리를 위한 테이블 이름을 'comm_codeinfo'라 하고 [표 7.1]과 같이 테이블을 설계한다.

[표 7.1] 'comm_codeinfo' 테이블 구조

컬럼 명	데이터 유형	길이	NULL 허용	기본키	비고
prefix	varchar	5	NO	YES	공통코드 분류
comm_cd	vahrchar	10	NO	YES	공통코드
comm_nm	varchar	30	NO		공통코드 이름
rsrv1	varchar	10			예비1
rsrv2	varchar	10			예비2
rsrv3	varchar	10			예비3
insdtm	datetime	8			등록일시(기본값은 시스템 일시)
moddtm	datetime	8			변경일시

Note 계속

[표 7.2]는 각 칼럼의 의미를 설명한다.

[표 7.2] 'comm_codeinfo' 테이블의 열에 대한 설명

항목	설명
공통코드 분류	여러 종류의 코드를 하나의 테이블에서 관리하므로 공통 코드를 구분하기 위한 분류번호로 사용한다. 예에서는 3자리 숫자로 정의한다. 예 직업 코드: 100, 단위 코드: 200 이 항목은 중요한 의미는 없다. 단지 코드 종류를 분류할 수 있으면 된다. 공통코드 분류는 프로그램에서 상수로 사용하기 때문에 한 번 정의하면 수정하지 말아야 한다.
공통코드	최대 10자리를 넘지 않도록 제한한다. 예 직업 코드: '1', '2', ...
공통코드 이름	최대 30자리를 넘지 않도록 제한한다. 예 직업 이름: '학생', '회사원', ...
예비 1, 2, 3	코드 분류에 따라 코드 이름 외에 다른 목적으로 사용할 수 있도록 하는 여분 항목이다.
등록일시	공통코드 정보를 등록할 때 자동으로 시스템 일시를 기본값으로 사용한다.
변경일시	공통코드 정보를 변경할 때 시스템 일시를 사용하여 업데이트한다.

다음의 CREATE 쿼리문을 입력하고 선택 실행하여 테이블을 생성한다.

```
CREATE TABLE `comm_codeinfo` (
    `prefix`   VARCHAR(5)  NOT NULL COMMENT '공통코드분류',
    `comm_cd`  VARCHAR(10) NOT NULL COMMENT '공통코드',
    `comm_nm`  VARCHAR(30) NOT NULL COMMENT '공통코드명',
    `rsrv1`    VARCHAR(10) NULL DEFAULT NULL COMMENT '예비1',
    `rsrv2`    VARCHAR(10) NULL DEFAULT NULL COMMENT '예비2',
    `rsrv3`    VARCHAR(10) NULL DEFAULT NULL COMMENT '예비3',
    `insdtm`   DATETIME  NULL DEFAULT current_timestamp()
                   COMMENT '등록일시',
    `moddtm`   DATETIME NULL DEFAULT NULL,
    PRIMARY KEY (`prefix`, `comm_cd`)
)
COLLATE='utf8mb4_general_ci'
ENGINE=InnoDB;
```

Note 계속

다음의 INSERT 쿼리문을 입력하고 선택 실행하여 데이터를 추가한다.

```
INSERT INTO `comm_codeinfo`
    (`prefix`, `comm_cd`, `comm_nm`)
    VALUES
    (‘100’, ‘1’, ‘학생’), (‘100’, ‘2’, ‘회사원’),
    (‘100’, ‘3’, ‘공무원’), (‘100’, ‘4’, ‘교사’),
    (‘100’, ‘9’, ‘기타’), (‘200’, ‘01’, ‘권’),
    (‘200’, ‘02’, ‘EA’), (‘200’, ‘03’, ‘BOX’),
    (‘200’, ‘99’, ‘기타’);
```

다음의 SELECT 쿼리문을 입력하고 선택 실행하여 데이터를 확인한다. [그림 7.25]는 다음의 SELECT 쿼리문을 실행한 결과이다.

```
SELECT  prefix,
        comm_cd,
        comm_nm
    FROM comm_codeinfo
    ORDER BY  prefix, comm_cd;
```

comm_codeinfo (9r × 3c)

prefix	comm_cd	comm_nm
100	1	학생
100	2	회사원
100	3	공무원
100	4	교사
100	9	기타
200	01	권
200	02	EA
200	03	BOX
200	99	기타

그림 7.25 • `comm_codeinfo` 테이블 확인

다음의 SELECT 쿼리문을 입력하고 선택 실행하여, `members` 테이블과

Note 계속

`comm_codeinfo` 테이블을 JOIN한 결과를 확인해 보자. [그림 7.26]은 다음의 SELECT 쿼리문을 실행한 결과이다.

```
SELECT a.memid,
       a.memname,
       a.jobcd,
       b.comm_nm AS jobname
    FROM members a LEFT OUTER JOIN comm_codeinfo b
                ON a.jobcd = b.comm_cd AND prefix = '100'
    ORDER BY a.memid;
```

members (6r × 4c)

memid	memname	jobcd	jobname
hong1	홍길동	2	회사원
hong2	홍길동	9	기타
kim1	김갑수	1	학생
park	박기자	3	공무원
seo	서갑돌	1	학생
Taeh	태현	4	교사

그림 7.26 • JOIN을 이용한 `jobname` 열 확인

다음의 SELECT 쿼리문을 입력하고 실행하여,`goodsinfo` 테이블과 `comm_codeinfo` 테이블을 JOIN한 결과를 확인해 보자. [그림 7.27]은 다음의 SELECT 쿼리문을 실행한 결과이다.

```
SELECT a.goodscd,
       a.goodsname,
       a.unitcd,
       b.comm_nm AS unitname
    FROM goodsinfo a LEFT OUTER JOIN comm_codeinfo b
                ON a.unitcd = b.comm_cd AND prefix = '200'
    ORDER BY a.goodscd;
```

Note 계속

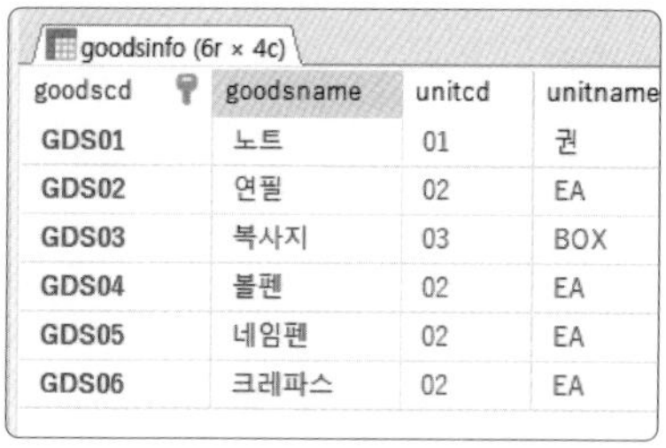

goodsinfo (6r × 4c)

goodscd	goodsname	unitcd	unitname
GDS01	노트	01	권
GDS02	연필	02	EA
GDS03	복사지	03	BOX
GDS04	볼펜	02	EA
GDS05	네임펜	02	EA
GDS06	크레파스	02	EA

그림 7.27 • JOIN을 이용한 'unitname' 열 확인

앞서 4개의 기본 데이터 테이블과 2개의 코드 테이블을 사용하여 6개의 테이블을 JOIN한 것을 4개의 기본 데이터 테이블과 `comm_codeinfo` 테이블을 JOIN하여 SELECT 쿼리문을 다음과 같이 다시 작성할 수 있다. 다음의 SELECT 쿼리문을 실행한 결과는 [그림 7.24]와 같다.

```
SELECT a.orderno,
       a.orddt,
       a.memid,
       c.memname,
       e.comm_nm jobname,
       b.goodscd,
       d.goodsname,
       f.comm_nm unitname,
       b.qty,
       b.amt
   FROM order_h a
          INNER JOIN order_d b   ON a.orderno = b.orderno
          INNER JOIN members c   ON a.memid = c.memid
          INNER JOIN goodsinfo d ON b.goodscd = d.goodscd
          LEFT OUTER JOIN comm_codeinfo e
                  ON c.jobcd = e.comm_cd AND e.prefix = '100'
          LEFT OUTER JOIN comm_codeinfo f
                 ON d.unitcd = f.comm_cd AND f.prefix = '200'
  ORDER BY a.orderno;
```

Note 계속

이 방법을 사용하여 코드를 통합관리할 때 주의해야 할 점은 SELECT 쿼리문에서 `prefix` 열에 해당하는 값을 '100' 또는 '200'의 상수로 사용하기 때문에 `prefix` 열에 해당하는 값을 임의로 변경하지 말아야 한다는 것이다.

SELECT에서 서브 쿼리 사용하기 2

서브 쿼리 Sub Query는 SELECT, INSERT, UPDATE, DELETE 등의 쿼리문 안에 포함 중첩되는 SELECT 쿼리문이다. 서브 쿼리는 '부질의' 또는 '하위 쿼리'라고 부르기도 한다. 이 책에서는 '서브 쿼리'로 통일할 것이다.

단일 행 서브 쿼리 2.1

단일 행 서브 쿼리는 서브 쿼리의 결과가 단일 값 또는 단일 행이어야 한다. 서브 쿼리를 사용하는 다음의 SELECT 쿼리문의 결과를 확인해 보자.

예
```
SELECT memid,
          memname
     FROM `members`
     WHERE memid = (SELECT memid FROM `order_h` LIMIT 5, 1);
```

WHERE 조건절에서 비교 연산을 사용한 예이다. '=' 연산자는 왼쪽과 오른쪽에서 각각 하나의 값을 기술하여 두 값이 같은지를 비교한다. 예에서는 '=' 연산자 오른쪽의 비교할 값을 서브 쿼리의 결과로 지정한 것이다.

서브 쿼리는 위의 예에서와 같이 서브 쿼리문 전체를 괄호 ()를 이용하여 묶어 주어야 한다. 서브 쿼리 부분만 실행하여 서브 쿼리의 결과를 확인해 보면, 예의 쿼리문이 어떻게 완성되는지 확인할 수 있다. [그림 7.28]은 서브 쿼리만을 실행한 결과이다.

```
SELECT memid FROM `order_h` LIMIT 5, 1;
```

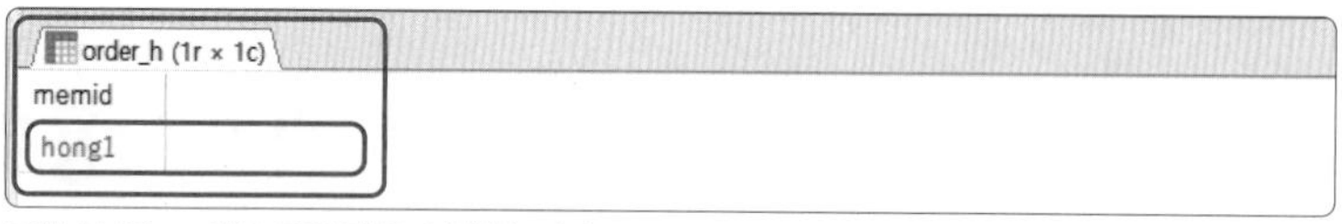

그림 7.28 • 서브 쿼리만을 실행한 결과

서브 쿼리 부분은 `order_h` 테이블로부터 LIMIT 절에 의해서 5번째 행부터 1개 행만 조회하고, 조회할 열 목록에는 `memid` 열만 있지만 실행한 결과는 1개의 값으로 'hong1'이 조회된 것을 [그림 7.28]에서 확인할 수 있다. 서브 쿼리를 통해 조회된 결과 값을 주 쿼리문에 대치하면 위의 SELECT 쿼리문은 다음과 같은 쿼리문이 된다. [그림 7.29]는 서브 쿼리를 사용하는 SELECT 쿼리문의 결과를 보인 것이다.

```
SELECT memid,
       memname
    FROM `members`
    WHERE memid = ('hong1');
```

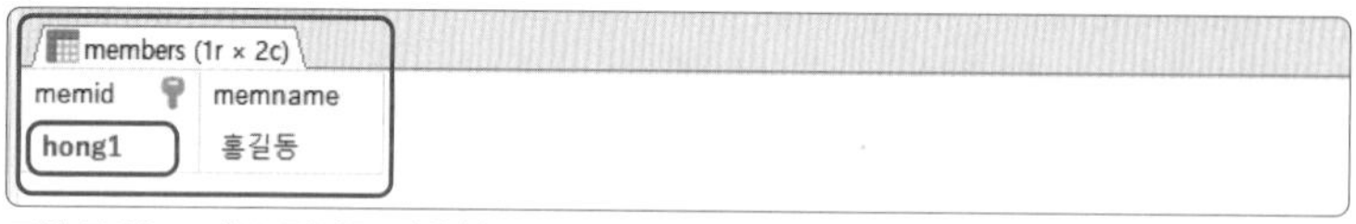

그림 7.29 • 서브 쿼리를 사용한 SELECT 쿼리문의 결과

단일 행 서브 쿼리를 사용할 때는 주의할 점이 있다. 다음의 SELECT 쿼리문을 입력하고 선택 실행하면, [그림 7.30]과 같은 오류 메시지가 표시된다.

예
```
SELECT memid,
       memname
   FROM `members`
   WHERE memid = (SELECT memid FROM `order_h` LIMIT 5, 2);
```

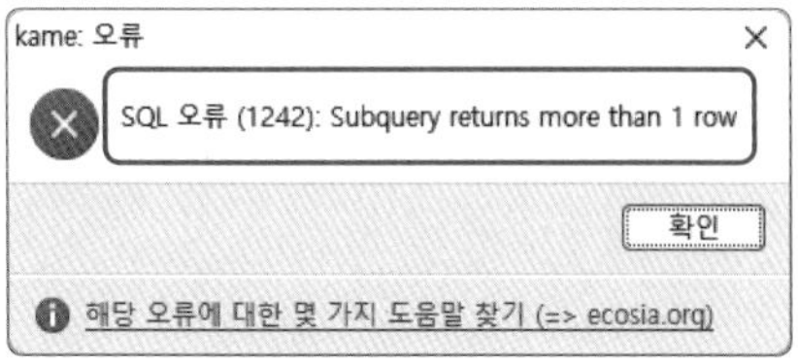

그림 7.30 • 서브 쿼리를 사용한 SELECT 쿼리문의 오류

오류 메시지 "Subquery returns more than 1 row"는 서브 쿼리에서 1 행 이상의 결과를 반환했다는 의미이다. 단일 행 서브 쿼리 형식을 사용할 때 서브 쿼리의 결과값은 반드시 1개행 그리고 1개 열의 값이어야 한다.

EXISTS와 서브 쿼리 2.2

EXISTS 연산자와 서브 쿼리를 함께 사용한다. EXISTS 연산자는 주어진 값이 존재하는 경우 1 True을 반환한다. 반대로 NOT EXISTS는 주어진 값이 존재하지 않는 경우 1 True을 반환한다. 단일 행 서브 쿼리와 다르게 [NOT] EXISTS를 사용하는 서브 쿼리는 여러 행의 결과값을 사용할 수 있다.

[NOT] EXISTS 서브 쿼리를 실습하기 위해 다음과 같은 상황의 데이터를 검색해 보자.

> 주문의 기본정보를 담고 있는 'order_h' 테이블의 데이터 중 'members' 테이블에 주문자 ID가 존재하지 않는 데이터의 주문번호 orderno, 주문일자 orddt, 주문자 ID memid, 주문총액 ordamt을 조회한다.

다음과 같이 SELECT 쿼리문을 작성할 수 있다.

예

```
SELECT orderno,
       orddt,
       a.memid,
       ordamt
    FROM order_h  a
    WHERE NOT EXISTS (SELECT *
                         FROM `members` b
                         WHERE a.memid = b.memid);
```

서브 쿼리의 WHERE 절에서 두 테이블 `order_h`와 `members`에서 `memid` 열의 값이 같은 데이터의 목록이 만들어진다. NOT EXIST 연산자에 의해서 목록에 없는 데이터를 주 쿼리의 `order_h` 테이블에서 검색한다. [그림 7.31]은 위의 SELECT 쿼리문을 실행한 결과이다.

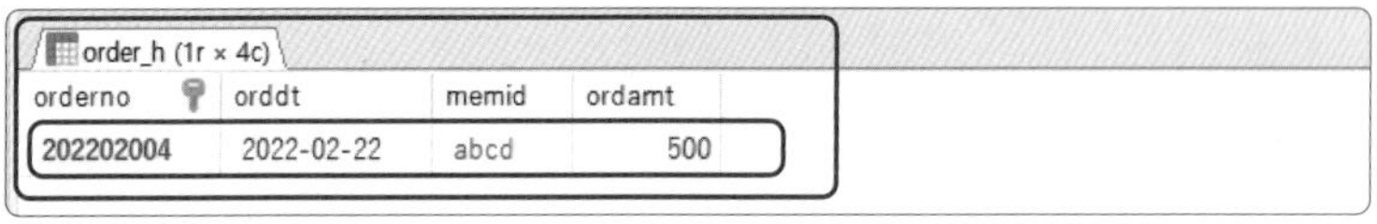

그림 7.31 • [NOT] EXISTS와 서브 쿼리를 사용한 결과 1

두 번째 [NOT] EXISTS 서브 쿼리를 실습하기 위해 다음과 같은 상황의 데이터를 검색해 보자.

> 회원정보를 담고 있는 `members` 테이블에 등록은 되어 있지만, 한 번도 주문하지 않은 회원이 누구인지 회원 ID memid와 회원이름 memname을 조회한다.

다음과 같이 SELECT 쿼리문을 작성할 수 있다.

예

```
SELECT a.memid,
       memname
    FROM members  a
    WHERE  NOT EXISTS (SELECT *
```

```
                          FROM order_h b
                          WHERE a.memid = b.memid);
```

서브 쿼리의 WHERE 절에서 두 테이블 `members`와 `order_h`에서 `memid` 열의 값이 같은 데이터 목록이 만들어진다. NOT EXISTS 연산자에 의해서 목록에 없는 데이터를 주 쿼리의 `members` 테이블에서 검색한다. [그림 7.32]는 위의 SELECT 쿼리문을 실행한 결과이다.

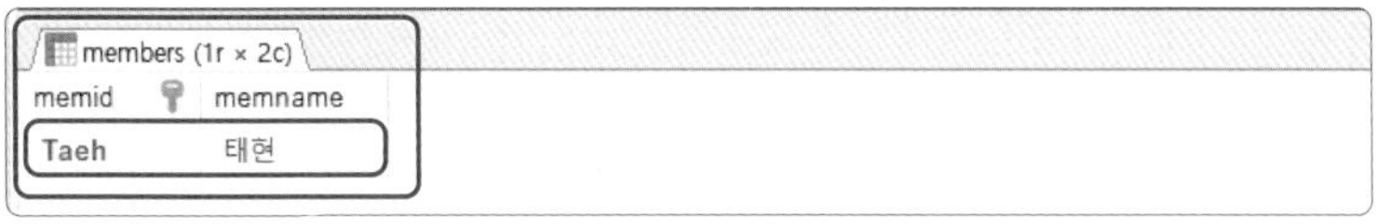

그림 7.32 • [NOT] EXISTS와 서브 쿼리를 사용한 결과 2

세 번째 [NOT] EXISTS 서브 쿼리를 실습하기 위해 다음과 같은 상황의 데이터를 검색해 보자.

> 주문의 기본정보를 담고 있는 `order_h` 테이블에 존재하는 주문번호가 `order_d` 테이블에 존재하지 않는 주문 건에 대한 `order_h` 테이블에서 주문번호 orderno, 주문일자 orddt, 주문자 ID memid, 주문총액 ordamt을 조회한다.

예

```
SELECT orderno,
       orddt,
       memid,
       ordamt
   FROM order_h a
   WHERE NOT EXISTS (SELECT *
                       FROM order_d  b
                       WHERE a.orderno = b.orderno);
```

서브 쿼리의 WHERE 절에서 두 테이블 `order_h`와 `order_d`에서 `orderno` 열의 값이 같은 데이터 목록이 만들어진다. NOT EXISTS 연산자에 의해서 목록에 없는 데이터를 주 쿼리의 `order_h` 테이블에서 검색한다. [그림 7.33]은 위의 SELECT 쿼리문을 실행한 결과이다.

order_h (1r × 4c)

orderno	orddt	memid	ordamt
202202002	2022-02-01	hong1	1,000

그림 7.33 • [NOT] EXISTS와 서브 쿼리를 사용한 결과 3

앞의 [NOT] EXISTS 서브 쿼리 실습 내용의 상황을 변경하여 다음과 같은 상황의 데이터를 검색해 보자.

> 주문의 상세정보를 담고 있는 `order_d` 테이블에 존재하는 주문번호가 `order_h` 테이블에 존재하지 않는 주문 건에 대한 `order_d` 테이블에서 주문번호 orderno, 상품코드 goodscd, 주문수량 qty, 주문금액 amt을 조회한다.

예

```
SELECT orderno,
       goodscd,
       qty,
       amt
    FROM   order_d  a
    WHERE  NOT EXISTS (SELECT *
                       FROM order_h  b
                       WHERE  a.orderno  =  b.orderno);
```

서브 쿼리의 WHERE 절에서 두 테이블 `order_d`와 `order_h`에서 `orderno` 열의 값이 같은 데이터 목록이 만들어 진다. NOT EXISTS 연산자에 의해서 목록에 없는 데이터를 주 쿼리의 `order_d` 테이블에서 검색한다. [그림 7.34]는 위의 SELECT 쿼리문을 실행한 결과이다.

order_d (1r × 4c)

orderno	goodscd	qty	amt
202201006	GDS01	1	2,000

그림 7.34 • [NOT] EXISTS와 서브 쿼리를 사용한 결과 4

[NOT] EXISTS와 서브 쿼리를 사용하는 방법에 익숙해지기 위해 추가로 다음과 같은 상황의 데이터를 검색해 보자.

> 주문의 상세정보를 담고 있는 `order_d` 테이블에 존재하는 데이터 중 상품코드가 상품정보를 담고 있는 `goodsinfo` 테이블에 존재하지 않는 주문의 주문번호 orderno와 상품코드 goodscd를 조회한다.
>
> 상품정보를 담고 있는 `goodsinfo` 테이블의 모든 데이터가 쇼핑몰에 진열되어 있다고 가정한다. 쇼핑몰에 진열은 되었지만, 한 번도 주문되지 않은 상품의 상품코드 goodscd와 상품이름 goodsname을 조회한다.

예
```
SELECT orderno, a.goodscd
    FROM order_d  a
    WHERE NOT EXISTS (SELECT * FROM goodsinfo b
                          WHERE a.goodscd = b.goodscd );
```

예
```
SELECT a.goodscd, goodsname
    FROM goodsinfo  a
    WHERE NOT EXISTS (SELECT * FROM order_d b
                          WHERE a.goodscd = b.goodscd);
```

첫 번째 SELECT 쿼리문에서는 서브 쿼리의 WHERE 절에서 두 테이블 `order_d`와 `goodsinfo`에서 `goodscd` 열의 값이 같은 데이터 목록이 만들어진다. NOT EXISTS 연산자에 의해서 목록에 없는 데이터를 주 쿼리의 `order_d` 테이블에서 검색한다. [그림 7.35]는 위의 첫 번째 SELECT 쿼리문을 실행한 결과이다.

order_d (1r × 2c)

orderno	goodscd
202202003	GDS07

그림 7.35 • [NOT] EXISTS와 서브 쿼리문을 사용한 결과 5

두 번째 SELECT 쿼리문에서는 서브 쿼리의 WHERE 절에서 두 테이블 `goodsinfo`와 `order_d`에서 `goodscd` 열의 값이 같은 데이터 목록이 만들어진다. NOT EXISTS

연산자에 의해서 목록에 없는 데이터를 주 쿼리인 `goodsinfo` 테이블에서 검색한다. [그림 7.36]은 위의 두 번째 SELECT 쿼리문을 실행한 결과이다.

goodsinfo (1r × 2c)

goodscd	goodsname
GDS06	크레파스

그림 7.36 • [NOT] EXISTS와 서브 쿼리문을 사용한 결과 6

"2.2 EXISTS와 서브 쿼리"의 예제들은 테이블 간의 관계에서 논리적으로 모순되는 데이터를 쿼리문으로 조회할 수 있음을 보여주는 것이다.

2.3 서브 쿼리와 ALL • ANY

앞서 서브 쿼리를 사용하는 비교 연산에서 서브 쿼리의 결과가 반드시 1개 행, 1개 값이어야 했다. 이때 서브 쿼리에서 2행 이상의 데이터가 조회되면 오류가 발생하는 것을 [그림 7.30]에서 확인했다.

서브 쿼리와 ALL • ANY를 실습하기 위해서 사용할 `members` 테이블의 데이터를 다음의 SELECT 쿼리문을 사용하여 확인해 보자. [그림 7.37]은 `members` 테이블의 데이터를 표시한 것이다. 모두 6행의 데이터를 확인할 수 있다.

```
SELECT memid, memname, addr, birthday,
       jobcd, mileage, enterdtm, leavedtm
   FROM `members`
   ORDER BY memid;
```

members (6r × 8c)

memid	memname	addr	birthday	jobcd	mileage	enterdtm	leavedtm
hong1	홍길동	인천 동구 송림동	2000-05-08	2	500	2022-03-01 14:10:27	(NULL)
hong2	홍길동	서울 강남구 신사동	1990-01-05	9	1,000	2022-03-01 14:11:50	(NULL)

그림 7.37 • `members` 테이블의 데이터 확인 계속

kim1	김갑수	인천 연수구 연수동	2003-07-01	1	0	2022-03-01 14:12:39	(NULL)
park	박기자	경기 부천시	2002-09-30	3	0	2022-03-01 14:13:16	(NULL)
seo	서갑돌	인천 동구	1998-03-10	1	0	2022-03-01 14:08:41	(NULL)
Taeh	태현	경기 수원시	2002-10-15	4	0	2022-03-01 14:15:10	(NULL)

그림 7.37 • `members` 테이블의 데이터 확인

서브 쿼리를 사용하여 다음과 같은 상황의 데이터를 검색해 보자.

> 회원정보를 담고 있는 `members` 테이블에서 주소가 '인천'인 회원의 직업코드보다 크거나 같은 직업코드를 갖는 회원의 회원 ID memid, 회원이름 memname, 주소 addr, 직업코드 jobcd를 조회한다.

예
```
SELECT memid,
       memname,
       addr,
       jobcd
   FROM members
   WHERE jobcd >= (SELECT jobcd
                     FROM members
                     WHERE addr LIKE '%인천%');
```

서브 쿼리의 WHERE 절에서는 `members` 테이블로부터 LIKE '%인천%' 연산자에 의해서 `addr` 열에 '인천'이 포함된 데이터를 검색한다. 서브 쿼리에 두 개의 열 `memid`와 `addr`을 추가해서 실행하면 [그림 7.38]과 같이 3행의 데이터가 조회되는 것을 확인할 수 있다. 서브 쿼리만 실행한 결과로 주소가 '인천'인 회원의 직업코드는 '1'과 '2'이다.

members (3r × 3c)

memid	addr	jobcd
hong1	인천 동구 송림동	2
kim1	인천 연수구 연수동	1
seo	인천 동구	1

그림 7.38 • 서브 쿼리의 결과가 여러 행인 것을 확인

[그림 7.38]의 결과처럼 3행의 데이터가 주 쿼리문의 비교 연산에 사용되기 때문에 전체 SELECT 쿼리문을 실행하면 [그림 7.30]에서와 같이 오류 메시지 "Subquery returns more than 1 row"가 표시된다. 비교 연산에는 하나의 값만 사용될 수 있지만, 서브 쿼리의 결과로 3행의 결과가 전달되기 때문이다. 전체 쿼리문을 다음의 쿼리문과 같이 수정하여 다시 실행해 보자. 서브 쿼리 앞에 'ANY' 연산자를 추가한 것이다. [그림 7.39]는 ANY와 서브 쿼리를 사용한 SELECT 쿼리문을 실행한 결과이다.

예
```
SELECT memid,
       memname,
       addr,
       jobcd
    FROM members
    WHERE jobcd >= ANY (SELECT jobcd
                            FROM members
                            WHERE addr LIKE '%인천%');
```

ANY 연산자는 여러 행의 데이터를 반환하는 서브 쿼리의 결과를 모두 사용하도록 하여, 주 쿼리의 WHERE 절을 다음과 같이 변경하여 실행하게 된다.

```
WHERE jobcd >= '1' OR jobcd >= '2'
```

결과적으로 직업코드가 '1'보다 크거나 같고 또는 '2'보다 크거나 같은 데이터를 조회하게 된다. ANY는 '서브 쿼리의 결과 중 어떤 것이라도 만족한다.'의 의미가 된다.

members (6r × 4c)

memid	memname	addr	jobcd
hong1	홍길동	인천 동구 송림동	2
hong2	홍길동	서울 강남구 신사동	9
kim1	김갑수	인천 연수구 연수동	1
park	박기자	경기 부천시	3
seo	서갑돌	인천 동구	1
Taeh	태현	경기 수원시	4

그림 7.39 • ANY와 서브 쿼리를 사용한 결과

앞서 실행한 서브 쿼리를 사용하는 SELECT 쿼리에서 ANY 연산자를 ALL로 변경하여 다음과 같은 SELECT 쿼리문을 입력하고 선택 실행한다.

예

```
SELECT memid,
       memname,
       addr,
       jobcd
   FROM members
   WHERE jobcd >= ALL (SELECT jobcd
                            FROM members
                            WHERE addr LIKE '%인천%');
```

ALL 연산자는 여러 행의 데이터를 반환하는 서브 쿼리의 결과를 모두 사용하는 점에서는 ANY 연산자와 같지만, 주 쿼리의 WHERE 절을 다음과 같이 변경하는 면에서 차이가 있다.

```
WHERE jobcd >= '1' AND jobcd >= '2'
```

결과적으로 직업코드가 '1'보다 크거가 같고 그리고 '2'보다 크거나 같은 데이터, 즉 직업코드가 '2'보다 크거나 같은 데이터를 조회하게 된다. ALL은 '서브 쿼리의 결과를 모두 만족한다.'의 의미가 된다.

[그림 7.40]은 ALL 연산자와 서브 쿼리를 사용하는 SELECT 쿼리문을 실행한 결과이다.

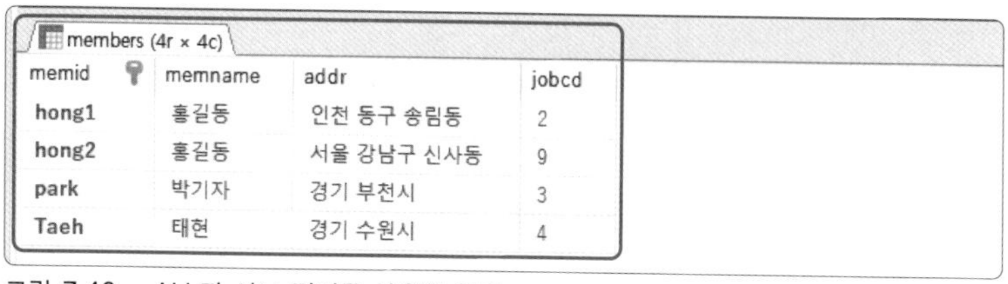

members (4r × 4c)

memid	memname	addr	jobcd
hong1	홍길동	인천 동구 송림동	2
hong2	홍길동	서울 강남구 신사동	9
park	박기자	경기 부천시	3
Taeh	태현	경기 수원시	4

그림 7.40 • ALL과 서브 쿼리를 사용한 결과

ANY 또는 ALL을 함께 사용할 수 있는 연산자는 비교 연산자로 =, >, <, >=, <=, <>, != 이다. 앞의 예에서는 비교 연산자 '>='를 사용한 것이다.

3 DELETE에서 서브 쿼리 사용하기

서브 쿼리는 SELECT 쿼리문에서만 사용되는 것은 아니다. INSERT, UPDATE, DELETE 쿼리문과도 함께 사용할 수 있다.

주문 기본정보를 담고 있는 `order_h` 테이블에는 논리적인 오류 데이터가 2행이 있다. 서브 쿼리와 함께 DELETE 쿼리문을 사용하여 논리적인 오류 데이터를 삭제해 보자.

`order_h` 테이블에서 논리적인 오류 데이터를 삭제하기 전에 다음의 SELECT 쿼리문을 실행하여 `order_h` 테이블의 전체 데이터를 조회하고 오류 데이터를 확인해 보자. [그림 7.41]은 다음의 SELECT 쿼리문을 실행한 결과이다.

```
SELECT orderno, orddt, memid, ordamt, cancelyn, canceldtm
    FROM order_h;
```

order_h (9r × 6c)

orderno	orddt	memid	ordamt	cancelyn	canceldtm
202201001	2022-01-24	seo	10,000	N	(NULL)
202201002	2022-01-24	hong2	15,000	N	(NULL)
202201003	2022-01-25	hong1	20,000	N	(NULL)
202201004	2022-01-25	kim1	10,000	N	(NULL)
202201005	2022-01-25	park	5,000	Y	2022-01-25 00:00:00
202202001	2022-02-01	hong1	30,000	N	(NULL)
202202002	2022-02-01	hong1	1,000	N	(NULL)
202202003	2022-02-02	park	10,000	N	(NULL)
202202004	2022-02-22	abcd	500	N	(NULL)

그림 7.41 • `order_h` 테이블의 데이터 확인

[그림 7.41]의 결과에서 주문번호 '202202004'인 행의 데이터에서 주문자 ID는 'abcd'로 `members` 테이블에는 존재하지 않는 데이터이다. 논리적 오류이다.

DELETE 쿼리문과 함께 서브 쿼리를 사용하여 주문자 ID로 'abcd'를 사용하는 행을 삭제해 보자. 다음의 서브 쿼리를 사용하는 DELETE 쿼리문을 입력하고 실행한다.

```
예 01: DELETE FROM `order_h`
           WHERE memid IN
                    (SELECT memid
                        FROM order_h  a
                        WHERE NOT EXISTS
                           (SELECT * FROM members b
                               WHERE a.memid = b.memid));
```

두 번의 서브 쿼리가 사용되었다. 중첩 Nested 서브 쿼리를 사용한 것이다. 위의 쿼리문이 실행되는 과정을 상세하게 살펴보자.

3	DELETE FROM `order_h` WHERE memid IN
2	(SELECT memid FROM order_h a WHERE NOT EXISTS
1	(SELECT * FROM members b WHERE a.memid = b.memid));

앞의 서브 쿼리를 포함하는 DELETE 쿼리문을 실행하면, 1에 해당하는 안쪽 서브 쿼리부터 실행하여 `order_h` 테이블과 `members` 테이블에서 `memid` 열의 값이 같은 데이터를 조회한다. 조회 결과의 `memid` 열만 확인하면, 'hong1', 'hong2', 'kim1', 'park', 'seo'로 5개 행의 데이터 목록이 만들어진다. 두 테이블을 JOIN한 것이다. 이어서 2에 해당하는 바깥쪽 서브 쿼리를 실행한다. 2는 NOT EXISTS에 의해서 1의 결과 목록에 존재하지 않는 `memid` 열을 `order_h` 테이블에서 검색하여 목록이 만들어진다. 결과는 `memid` 열의 값이 'abcd'인 것만이 조회된다. 3에서는 IN에 의해서 2의 목록에 해당하는 데이터를 `order_h` 테이블에서 DELETE 쿼리문으로 삭제한다. 즉, `memid` 열의 값이 'abcd'인 행이 삭제되는 것이다.

Note

MySQL에서 NOT EXISTS 연산자

MySQL에서는 NOT EXISTS 연산자 하위에 서브 쿼리를 지원하지 않는다.

Note 계속

앞의 예와 같은 결과를 얻으려면 다음과 같이 쿼리문을 작성할 수 있다.

```
DELETE FROM `order_h`
    WHERE memid NOT IN
                (SELECT DISTINCT  a.memid FROM
                    (SELECT order_h.memid
                         FROM order_h INNER JOIN  members
                         WHERE order_h.memid = members.memid )
                     AS a);
```

또 다른 논리적 오류 데이터로 [그림 7.41]에서 주문번호 '202202002'인 행의 데이터는 주문 상세정보를 담고 있는 `order_d` 테이블에는 존재하지 않는 데이터이다. DELETE 쿼리문과 함께 서브 쿼리를 사용하여 주문 상세정보가 존재하지 않는 주문번호가 '202202002'인 데이터를 삭제해 보자. 다음의 서브 쿼리를 사용하는 DELETE 쿼리문을 입력하고 실행한다.

예
```
DELETE FROM `order_h`
    WHERE orderno IN
                (SELECT orderno
                      FROM order_h   a
                      WHERE NOT EXISTS
                             (SELECT * FROM order_d b
                                WHERE a.orderno = b.orderno));
```

위의 쿼리문이 실행되는 과정을 상세하게 살펴보자.

3	DELETE FROM `order_h` WHERE orderno IN
2	(SELECT orderno FROM order_h a WHERE NOT EXISTS

```
[1]                 (SELECT * FROM order_d b
                      WHERE a.orderno = b.orderno));
```

위의 서브 쿼리를 포함하는 DELETE 쿼리문을 실행하면 [1]에 해당하는 안쪽 서브 쿼리부터 실행하여 `order_h` 테이블과 `order_d` 테이블에서 `orderno` 열의 값이 같은 데이터를 조회한다. 조회 결과의 `orderno` 열만 확인하면, '202201001', '202201002', '202201003', '202201004', '202201005', '202202001', '202202003'으로 7개의 데이터 목록이 만들어진다. 이어서 [2]에 해당하는 바깥쪽 서브 쿼리를 실행한다. [2]는 NOT EXISTS에 의해서 [1]의 결과 목록에 존재하지 않은 `orderno` 열을 `order_h` 테이블에서 검색하여 목록이 만들어진다. 결과는 `orderno` 열의 값이 '202202002'인 것만이 조회된다. [3]에서는 IN에 의해서 [2]의 목록에 해당하는 데이터를 `order_h` 테이블에서 DELETE 쿼리문으로 삭제한다. 즉, `orderno` 열의 값이 '202202002'인 행이 삭제되는 것이다.

Note

MySQL에서 `order_h` 테이블의 주문번호 '202202002'인 행을 삭제하려면 다음과 같은 쿼리문을 사용한다.

```
DELETE FROM `order_h`
    WHERE orderno NOT IN
                  (SELECT DISTINCT a.orderno FROM
                      (SELECT order_h.orderno
                          FROM order_h INNER JOIN order_d
                          WHERE order_h.orderno = order_d.orderno)
                      AS a);
```

다음의 SELECT 쿼리문을 실행하여 `order_h` 테이블에서 논리적인 오류 데이터가 삭제된 결과를 확인해 보자. [그림 7.42]는 논리적 오류 데이터를 삭제한 결과이다. 논리적인 오류 데이터를 삭제하기 전 `order_h` 테이블을 확인한 결과인 [그림 7.41]과 비교하면 논리적인 오류 데이터가 삭제된 것을 확인할 수 있다.

```
SELECT orderno, orddt, memid, ordamt, cancelyn, canceldtm
    FROM order_h;
```

order_h (7r × 6c)

orderno	orddt	memid	ordamt	cancelyn	canceldtm
202201001	2022-01-24	seo	10,000	N	(NULL)
202201002	2022-01-24	hong2	15,000	N	(NULL)
202201003	2022-01-25	hong1	20,000	N	(NULL)
202201004	2022-01-25	kim1	10,000	N	(NULL)
202201005	2022-01-25	park	5,000	Y	2022-01-25 00:00:00
202202001	2022-02-01	hong1	30,000	N	(NULL)
202202003	2022-02-02	park	10,000	N	(NULL)

그림 7.42 • 논리적 오류 데이터를 삭제한 `order_h` 테이블 확인

주문 상세정보를 담고 있는 `order_d` 테이블에도 논리적인 오류 데이터가 3행이 있다. `order_h` 테이블에서 논리적인 오류 데이터를 삭제하기 전에 다음의 SELECT 쿼리문을 실행하여 테이블의 전체 데이터를 조회하고 오류 데이터를 확인해 보자. [그림 7.43]은 다음의 SELECT 쿼리문을 실행한 결과이다.

```
SELECT orderno, goodscd, qty, amt
    FROM order_d;
```

[그림 7.43]에서 `orderno` 열의 값인 주문번호가 '202201006'인 데이터는 주문 기본 정보를 담고 있는 `order_h` 테이블에 존재하지 않는 데이터이다. 또한, 주문번호가 '200202003'인 데이터의 상품코드는 상품정보를 담고 있는 `goodsinfo` 테이블에 존재하지 않는 데이터이다. 마지막으로 주문번호가 '202202004'인 데이터는 주문 기본 정보를 담고 있는 `order_h` 테이블에서 존재하지 않는 주문자 ID를 사용하는 행으로 앞선 실습에서 `order_h` 테이블에서 삭제했다. 따라서 주문번호가 '202202004'인 데이터 또한 `order_h` 테이블에 존재하지 않는 논리적으로 오류가 있는 데이터가 된다.

order_d (16r × 4c)

orderno	goodscd	qty	amt
202201001	GDS01	10	20,000
202201001	GDS02	50	5,000
202201001	GDS03	1	5,000
202201002	GDS01	5	5,000
202201002	GDS03	10	50,000
202201003	GDS04	50	25,000
202201004	GDS05	10	10,000
202201005	GDS02	50	5,000
202201005	GDS03	4	20,000
202201006	GDS01	1	2,000
202202001	GDS01	10	20,000
202202001	GDS03	1	5,000
202202001	GDS05	20	20,000
202202003	GDS01	10	20,000
202202003	GDS07	20	40,000
202202004	GDS01	10	20,000

그림 7.43 • `order_d` 테이블의 데이터 확인

중첩된 서브 쿼리를 함께 사용하는 DELETE 쿼리문을 사용하여 `order_d` 테이블에서 논리적인 오류 데이터를 삭제한다.

다음의 DELETE 쿼리문은 잘못된 상품코드를 사용하는 주문번호가 '202202003'인 논리적인 오류 데이터를 `order_d` 테이블에서 삭제한다.

예

```
DELETE FROM order_d
    WHERE goodscd IN
              (SELECT goodscd
                   FROM order_d a
                   WHERE NOT EXISTS
                         (SELECT *
                              FROM goodsinfo b
                              WHERE a.goodscd = b.goodscd));
```

Note

MySQL에서 `order_d` 테이블의 주문번호 '202202003'인 행을 삭제하려면 다음과 같은 쿼리문을 사용한다.

Note 계속

```
DELETE FROM order_d
    WHERE goodscd NOT IN
                (SELECT DISTINCT a.goodscd FROM
                    (SELECT order_d.goodscd
                        FROM order_d INNER JOIN goodsinfo
                     WHERE order_d.goodscd =
                          goodsinfo.goodscd)
                 AS a);
```

다음의 DELETE 쿼리문은 `order_h` 테이블에 존재하지 않는 주문번호 '202201006'과 '202202004'인 논리적 오류 데이터를 `order_d` 테이블에서 삭제한다.

예

```
DELETE FROM order_d
    WHERE orderno IN
                (SELECT orderno
                    FROM order_d a
                    WHERE NOT EXISTS
                        (SELECT *
                            FROM order_h b
                            WHERE a.orderno = b.orderno));
```

Note

MySQL에서 `order_d` 테이블의 주문번호 '202201006'과 '202202004'인 행을 삭제하려면 다음과 같은 쿼리문을 사용한다.

```
DELETE FROM order_d
    WHERE orderno NOT IN
                (SELECT DISTINCT a.orderno FROM
                    (SELECT order_d.orderno
                        FROM order_d INNER JOIN order_h
                        WHERE order_d.orderno =
                             order_h.orderno)
                 AS a);
```

4 INSERT에서 서브 쿼리 사용하기

INSERT 문에서 서브 쿼리를 사용하여 테이블에 데이터를 추가하는 경우의 예를 살펴보자. 테이블에 데이터를 추가하기 위해 다음의 CREATE 쿼리문과 SELECT 쿼리문을 입력하고 선택 실행하여 테이블을 생성한다. 테이블 이름은 'customer'로 한다.

다음 쿼리문을 입력할 때 주의할 점은 CREATE 쿼리문이 끝나는 부분에 세미콜론을 입력하면 안 된다는 점이다. SELECT 쿼리문까지가 한 문장의 쿼리문이다. INSERT 쿼리문의 서브 쿼리로 SELECT 쿼리문이 실행되기 때문이다.

예
```
CREATE TABLE `customer` (
    `custid` VARCHAR(10) NOT NULL,
    `custnm` VARCHAR(20) NOT NULL,
    PRIMARY KEY (`custid`) USING BTREE
)
COLLATE='utf8mb4_general_ci'
ENGINE=INNODB
SELECT memid custid, memname custnm FROM members;
```

SELECT 쿼리문에서 조회되는 `memid` 열의 별명 alias을 `custid`로 하고, `memname` 열의 별명을 `custnm`으로 하여 조회된 결과 셋은 같은 이름의 열을 갖는 `customer` 테이블로 입력된다.

다음의 SELECT 쿼리문으로 `customer`에 추가된 데이터를 확인해 보면, `members` 테이블의 `memid`와 `memname` 열이 `custid`와 `custnm` 열로 추가된 것을 볼 수 있다. [그림 7.44]는 다음의 SELECT 쿼리문을 실행한 결과이다.

```
SELECT * FROM customer;
```

customer (6r × 2c)

custid	custnm
hong1	홍길동
hong2	홍길동
kim1	김갑수
park	박기자
seo	서갑돌
Taeh	태현

그림 7.44 • `customer` 테이블의 데이터 확인

`customer` 테이블의 데이터를 다음의 DELETE 쿼리문을 사용하여 모두 삭제하고, 테이블에 데이터를 입력하는 다른 방법을 살펴보자. 다음의 DELETE 쿼리문을 실행할 때 나타나는 오류 메시지 창의 의미는 생각해야 할 것이다.

```
DELETE FROM `customer`;   # TRUNCATE `customer`;
```

`customer` 테이블에 있는 모든 데이터를 삭제했으면, 다음의 서브 쿼리와 함께하는 INSERT 쿼리문을 입력하고 선택 실행한다.

예
```
01: INSERT INTO `customer` (custid, custnm)
02:     SELECT memid, memname FROM `members`;
```

서브 쿼리 SELECT에 의해 `members` 테이블로부터 조회된 데이터 목록이 만들어지고, 만들어진 목록의 데이터를 `customer` 테이블에 입력하는 것이다. 'VALUES' 절은 사용되지 않는다. 결과를 검색해 보면 [그림 7.44]와 같다.

5 UNION · EXCEPT · INTERSECT

UNION • EXCEPT • INTERSECT 절은 SELECT 쿼리문의 결과 셋을 통합하는 기능을 제공한다. 통합하는 방법에 차이가 있다.

UNION 절 사용하기 5.1

UNION 절은 복수의 SELECT 쿼리문의 결과 셋을 하나의 결과 셋으로 통합하는 기능이다. UNION 절의 기본 형식은 다음과 같다.

UNION의 기본 형식

```
SELECT ...
UNION [ALL | DISTINCT] SELECT ...
[UNION [ALL | DISTINCT] SELECT ...]
[ORDER BY [column [, column ...]]]
[LIMIT {[offset,] row_count | row_count OFFSET offset}]
```

실습을 위해 다음의 UPDATE 쿼리문을 이용하여 `customer` 테이블의 데이터를 일부 변경한다. [그림 7.45]는 변경된 결과이다.

예
```
UPDATE `customer`
    SET custid = 'park1',
        custnm = '박선수'
    WHERE custid = 'park';
```

customer (6r × 2c)

custid	custnm
hong1	홍길동
hong2	홍길동
kim1	김갑수
park1	박선수
seo	서갑돌
Taeh	태현

그림 7.45 · `customer` 테이블의 데이터를 UPDATE한 결과

UNION 절을 사용하는 다음의 SELECT 쿼리문을 입력하고 선택 실행한다. [그림 7.46]은 다음의 SELECT 쿼리문을 실행한 결과이다.

예

```
SELECT memid, memname FROM `members`
UNION ALL
SELECT custid, custnm FROM `customer`
    ORDER BY memname ;
```

UNION은 UNION 절 앞과 뒤에 있는 SELECT 쿼리문의 각각의 결과 셋을 합하여 하나의 결과 셋으로 만든다. 통합된 결과 셋의 열 이름은 첫 번째 SELECT 쿼리문의 열 이름을 따르기 때문에 각 SELECT 쿼리문의 열 이름은 달라도 된다. 하지만, 열의 데이터 유형과 열의 개수가 같아야 한다.

UNION ALL은 앞뒤 SELECT 쿼리문의 결과 셋을 단순히 합하여 데이터 행 수는 앞뒤 SELECT 쿼리문의 데이터 행 수를 합한 것이 된다.

ORDER BY 절에서 사용하는 열 이름은 첫 번째 SELECT 쿼리문의 열 이름을 사용하여 "ORDER BY memname"으로 하거나, 열 이름 대신에 SELECT 쿼리문에 기술된 열 목록의 순번을 사용하여 "ORDER BY 2"로 할 수도 있다.

members (12r × 2c)

memid	memname
kim1	김갑수
kim1	김갑수
park	박기자
park1	박선수
seo	서갑돌
seo	서갑돌
Taeh	태현
Taeh	태현
hong1	홍길동
hong1	홍길동
hong2	홍길동
hong2	홍길동

그림 7.46 • UNION ALL을 사용한 결과

[그림 7.46]의 결과에서 `members` 테이블에서 6행의 데이터와 `customer` 테이블에서 6행의 데이터를 합해서 모두 12행의 결과를 확인할 수 있다.

앞서 실습했던 UNION을 사용하는 쿼리문을 다음과 같이 수정하여 결과를 확인해 보자. UNION ALL에서 ALL을 생략한 것이다.

예
```
SELECT memid, memname FROM `members`
UNION
SELECT custid, custnm FROM `customer`
    ORDER BY memname;
```

UNION 절에서 ALL을 생략하면, UNION DISTINCT를 사용하는 것과 같으며, 두 테이블의 결과 셋을 합하면서 같은 데이터의 행은 최종 결과 셋에서 하나만 표시된다. 따라서 최종 결과 셋은 [그림 7.47]에서와 같이 UNION 절 앞뒤의 테이블에서 같은 데이터 5행과 각각의 테이블에서 다른 데이터 각 1행씩, 모두 7행의 데이터가 표시된 결과를 확인할 수 있다.

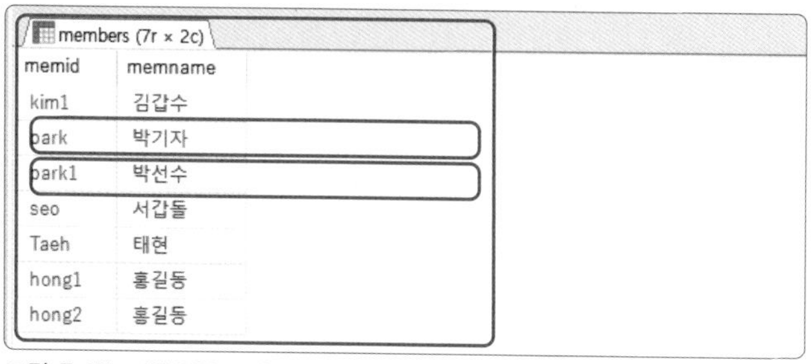
members (7r × 2c)

memid	memname
kim1	김갑수
park	박기자
park1	박선수
seo	서갑돌
Taeh	태현
hong1	홍길동
hong2	홍길동

그림 7.47 • UNION 또는 UNION DISTINCT를 사용한 결과

UNION 절을 사용하는 쿼리문을 다음과 같이 수정하여 결과를 확인해 보자. 다음의 쿼리문에는 '구분' 열을 추가했다. 테이블에는 없는 열이지만, 문자열 상수를 이용하여 결과 셋에 열을 포함할 수 있다. 그리고 LIMIT 절을 추가하여 조회되는 데이터의 개수를 제한했다. 다음의 쿼리문을 입력하고 선택 실행한다. [그림 7.48]은 실행 결과이다.

예
```
SELECT '1' AS `구분`, memid, memname FROM `members`
UNION ALL
SELECT '2' AS `구분`, custid, custnm FROM `customer`
    ORDER BY 3
    LIMIT 5;
```

추가된 '구분' 열 때문에 두 테이블에서 같은 데이터는 없다. LIMIT 절에 의해서 결과 셋의 내용 중 처음 5행의 데이터만 결과에 표시된다.

members (5r × 3c)

구분	memid	memname
1	kim1	김갑수
2	kim1	김갑수
1	park	박기자
2	park1	박선수
1	seo	서갑돌

그림 7.48 • UNION과 LIMIT 절을 사용한 결과

5.2 EXCEPT 절 사용하기

EXCEPT 절은 UNION 절과 다르게, EXCEPT 절 앞의 SELECT 쿼리문의 결과 셋에서 같은 값을 갖는 EXCEPT 절 뒤의 SELECT 쿼리문의 결과 셋을 제외한 나머지 행만으로 최종 결과 셋을 나타낸다. MySQL에서는 EXCEPT 절을 지원하지 않는다.

EXCEPT 절의 기본 형식은 다음과 같다.

EXCEPT의 기본 형식

```
SELECT ...
EXCEPT  [ALL | DISTINCT] SELECT ...
[EXCEPT [ALL | DISTINCT] SELECT ...]
[ORDER BY [column [, column ...]]]
[LIMIT {[offset,] row_count | row_count OFFSET offset}]
```

EXCEPT 절을 사용하는 다음의 쿼리문을 입력하고 선택 실행한다. [그림 7.49]는 다음의 쿼리문을 실행한 결과이다.

예
```
SELECT memid, memname FROM members
EXCEPT
SELECT custid, custnm FROM customer
    ORDER BY 2;
```

EXCEPT 절 앞에 있는 SELECT 쿼리문의 결과 셋에서 같은 값을 갖는 EXCEPT 절 뒤에 있는 SELECT 쿼리문의 결과 셋을 제외한 결과를 확인할 수 있다. 같은 값을 제외하기 때문에 EXCEPT ALL과 EXCEPT DISTINCT의 차이는 없다.

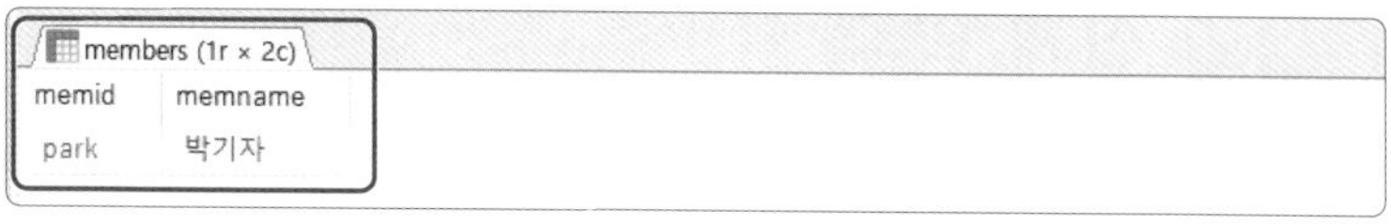

그림 7.49 • EXCEPT를 사용한 결과

INTERSECT 절 사용하기 5.3

INTERSECT 절은 INTERSECT 절 앞의 SELECT 쿼리문의 결과 셋과 뒤의 SELECT 쿼리문의 결과 셋에서 같은 행, 즉 중복되는 행만 최종 결과 셋에 나타내는 기능으로 EXCEPT와는 반대되는 기능이다. MySQL에서는 INTERSECT 절은 지원하지 않는다.

INTERSECT 절을 사용하는 다음의 쿼리문을 입력하고 선택 실행한다. [그림 7.50]은 다음의 쿼리문을 실행한 결과이다.

예
```
SELECT memid, memname FROM members
INTERSECT
SELECT custid, custnm FROM customer
    ORDER BY 2;
```

members (5r × 2c)

memid	memname
kim1	김갑수
seo	서갑돌
Taeh	태현
hong1	홍길동
hong2	홍길동

그림 7.50 • INTERSECT를 사용한 결과

6 GROUP BY 절과 집계 함수

GROUP BY 절은 SELECT 쿼리문에서 함께 사용되어 SELECT 쿼리문의 결과 셋 중 하나 이상의 열에서 같은 값을 갖는 행을 그룹화하여 하나의 행으로 만든다. 그룹화를 통해 여러 행의 데이터를 하나의 행으로 만들면서 여러 행의 값에 대한 합계를 계산하거나 평균을 계산하는 등의 집계 함수 Aggregate Functions를 사용할 수 있다.

6.1 집계 함수: SUM( )

SUM() 함수의 기본 형식은 다음과 같다.

SUM( ) 함수의 형식

```
SUM( [DISTINCT] 열이름 )
```

SUM() 함수는 그룹화된 각 그룹에서 인수로 지정한 열의 값에 대한 합계를 계산한다. 인수로 지정한 열에 그룹화된 데이터가 없으면 NULL을 반환한다. SUM() 함수의 인수에 DISTINCT를 함께 사용하면 인수로 지정한 열에서 같은 값은 합계에 포함되지 않는다.

다음의 SUM() 함수 사용 예를 확인하면서 SUM() 함수의 기능을 확인해 보자.

SUM( ) 함수 사용 예

SELECT SUM(ordamt) FROM order_h; 결과 100,000

★ order_h 테이블에서 ortamt 열의 값에 대한 합계 결과를 나타내는 1행을 결과 셋에 표시한다. SELECT 쿼리문의 검색 결과 전체가 하나의 그룹으로 취급된다.

SELECT SUM(ordamt) FROM order_h
WHERE orderno = '202201000'; 결과 (NULL)

★ order_h 테이블에서 주문번호가 '202201000'인 데이터가 없기 때문에 결과 셋에 NULL을 표시한다.

SELECT memid, SUM(ordamt) FROM order_h; 결과 'seo' 100,000

★ 합계를 계산하는 SUM( ) 함수 때문에 결과 셋의 행 수는 1이다. 따라서 memid 열의 결과는 전체 데이터 중 일반적으로 첫 번째 데이터가 표시된다. 집계 함수와 함께 임의의 열 이름을 사용하는 SELECT 쿼리문의 결과에서 임의의 열에 대한 결과는 의미가 없다.

SUM() 함수와 함께 "over (PARTITION BY 열이름)" 절을 함께 사용해 보자. "over (PARTITION BY 열이름)" 절은 지정된 열 이름의 같은 데이터끼리 그룹화하는 기능이 있다.

다음의 SELECT 쿼리문을 입력하고 선택 실행한다. [그림 7.52]는 다음의 SELECT 쿼리문을 실행한 결과이다.

예
```
SELECT memid,
       SUM(ordamt) over (PARTITION BY memid) AS total
  FROM order_h
  ORDER BY memid;
```

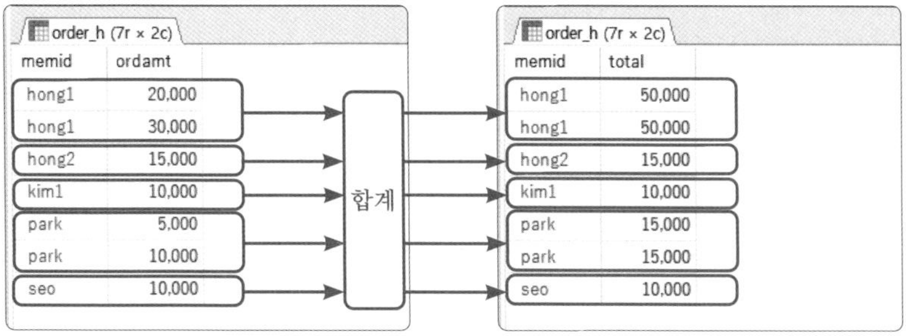

그림 7.51 • SUM( )과 PARTITION BY를 사용하지 않은 결과

그림 7.52 • SUM( )과 PARTITION BY를 사용한 결과

[그림 7.52]의 결과에서 보면, 같은 `memid` 열의 값을 사용하는 데이터는 `ordamt` 열의 값에 대한 합계가 계산되어 표시된 것을 확인할 수 있다. 하지만, `memid` 열의 전체 데이터 개수는 변함이 없이 반복되어 결과 셋에 표시되고 있다.

다음과 같이 쿼리문을 변경하여 실행해 보자. SELECT 쿼리문에 DISTINCT 절을 추가한 것이다. 다음의 SELECT 쿼리문을 실행한 결과는 [그림 7.53]과 같다.

예
```
SELECT DISTINCT memid,
               SUM(ordamt) over (PARTITION BY memid) AS total
    FROM order_h;
```

order_h (5r × 2c)

memid	total
hong1	50,000
hong2	15,000
kim1	10,000
park	15,000
seo	10,000

그림 7.53 • DISTINCT와 SUM()·PARTITION BY를 사용한 결과

앞서 실행한 SELECT 쿼리문을 GROUP BY 절을 이용하여 변경해 보자. 다음의 SELECT 쿼리문을 입력하고 선택 실행한다. 실행 결과는 [그림 7.53]과 같다.

예
```
SELECT memid, SUM(ordamt) AS total
    FROM order_h
    GROUP BY memid;
```

6.2 집계 함수: MAX()•MIN() 함수

MAX() 함수와 MIN() 함수의 기본 형식은 다음과 같다.

MAX() • MIN() 함수의 형식

```
MAX(열이름)
MIN(열이름)
```

MAX() 함수는 그룹화된 각 그룹에서 인수로 지정한 열의 값 중 최대값을 찾는 기능이다. MIN() 함수는 반대로 그룹화된 각 그룹에서 인수로 지정한 열의 값 중 최소값을 찾는 기능이다.

다음의 SELECT 쿼리문을 입력하고 선택 실행하여 MAX() 함수와 MIN() 함수의 결과를 확인해 보자. [그림 7.54]는 다음의 SELECT 쿼리문을 실행한 결과이다.

예
```
SELECT MAX(ordamt), MIN(ordamt)
    FROM order_h;
```

`order_h` 테이블로부터 `ordamt` 열을 검색하여 최대값과 최소값을 찾아 결과 셋에 표시한다.

order_h (1r × 2c)

MAX(ordamt)	MIN(ordamt)
30,000	5,000

그림 7.54 • MAX( )·MIN) 함수를 사용한 결과

6.3 집계 함수: AVG( ) 함수

AVG() 함수의 기본 형식은 다음과 같다.

AVG() 함수의 형식

```
AVG( [DISTINCT] 열이름 )
```

AVG() 함수는 그룹화된 각 그룹에서 인수로 지정한 열의 평균값을 찾는 기능이다. DISTINCT 절을 사용하면 값이 같은 행을 제외하고 평균을 계산한다.

다음의 SELECT 쿼리문을 입력하고 선택 실행하여 AVG() 함수의 결과를 확인해 보자. [그림 7.55]와 [그림 7.56]은 다음의 SELECT 쿼리문을 실행한 결과이다.

예
```
01: SELECT AVG(ordamt) FROM order_h;
02: SELECT memid, AVG(ordamt) FROM order_h GROUP BY memid;
```

order_h (1r × 1c)

avg(ordamt)
14,285.7143

그림 7.55 • AVG( ) 함수를 사용한 결과

order_h (5r × 2c)

memid	avg(ordamt)
hong1	25,000.0000
hong2	15,000.0000
kim1	10,000.0000
park	7,500.0000
seo	10,000.0000

그림 7.56 • AVG( ) 함수와 GROUP BY 절을 사용한 결과

6.4 집계 함수: COUNT( ) 함수

COUNT() 함수의 기본 형식은 다음과 같다.

COUNT() 함수의 형식

```
COUNT( [DISTINCT] 열이름 )
```

COUNT() 함수는 그룹화된 각 그룹에서 인수로 지정한 열의 행 수를 찾는 기능이다. DISTINCT 절을 사용하면 값이 같은 행을 제외하고 행 수를 계산한다. 열 이름 대신에 "*"를 사용할 수 있다.

다음의 SELECT 쿼리문을 입력하고 선택 실행하여 COUNT() 함수의 결과를 확인해 보자. [그림 7.57], [그림 7.58], [그림 7.59]는 다음의 SELECT 쿼리문을 실행한 결과이다.

예
```
SELECT COUNT(*) FROM `order_h`;
SELECT CONVERT(orddt, CHAR(7)), COUNT(*) FROM `order_h`
    GROUP BY CONVERT(orddt, CHAR(7))
    ORDER BY CONVERT(orddt, CHAR(7));
SELECT COUNT(DISTINCT memname) FROM `members`;
```

order_h (1r × 1c)

COUNT(*)
7

그림 7.57 • COUNT( ) 함수를 사용한 결과

order_h (2r × 2c)

CONVERT(orddt, CHAR(7))	COUNT(*)
2022-01	5
2022-02	2

그림 7.58 • COUNT( ) 함수와 GROUP BY 절을 사용한 결과

members (1r × 1c)

COUNT(DISTINCT memname)
5

그림 7.59 • COUNT( ) 함수와 DISTINCT 절을 사용한 결과

지금까지 살펴본 집계 함수 이외에도 표준편차를 구하는 STDDEV() 함수, 분산을 구하는 VARIANCE() 함수 또는 VAR_POP() 함수 등의 통계 처리를 위한 함수가 있다.

6.5 집계 함수 사용 예

집계 함수와 GROUP BY 절을 사용하는 다양한 상황을 `order_h`와 `order_d` 테이블의 데이터를 기반으로 하여 실습해 보자.

`order_h` 테이블에는 [그림 7.60]과 같은 데이터가 현재 저장되어 있다.

order_h (7r × 5c)

orderno	orddt	memid	ordamt	cancelyn
202201001	2022-01-24	seo	10,000	N
202201002	2022-01-24	hong2	15,000	N
202201003	2022-01-25	hong1	20,000	N
202201004	2022-01-25	kim1	10,000	N
202201005	2022-01-25	park	5,000	Y
202202001	2022-02-01	hong1	30,000	N
202202003	2022-02-02	park	10,000	N

그림 7.60 • `order_h` 테이블의 데이터 확인

다음과 같은 상황의 데이터를 조회하기 위해 `order_h` 테이블과 GROUP BY 절 그리고 집계 함수를 사용하는 SELECT 쿼리문을 작성해 보자. 결과는 [그림 7.61]과 같다.

> 일자별로 주문총액의 합계를 계산하여, 주문일자 orddt와 일자별 주문총액의 합계 SUM(ordamt)를 조회한다.

예

```
SELECT orddt, SUM(ordamt)
    FROM order_h
    GROUP BY orddt
    ORDER BY orddt;
```

order_h (4r × 2c)

orddt	SUM(ordamt)
2022-01-24	25,000
2022-01-25	35,000
2022-02-01	30,000
2022-02-02	10,000

그림 7.61 • 주문일자별 주문총액의 합계

다음과 같은 상황의 데이터를 조회하기 위해 GROUP BY 절과 집계 함수를 사용하는 SELECT 쿼리문을 작성해 보자. 주문일자인 `orddt` 열의 값에서 연도와 월을 추출하기 위해서는 CONVERT(orddt, CHAR(7)) 함수를 사용하여 주문일자로부터 'YYYY-MM' 형식의 7자리 문자열로 변환하여 사용한다. 결과는 [그림 7.62]와 같다.

> 주문 연도와 월별로 주문총액의 합계를 계산하여, 주문년월 CONVERT(orddt, CHAR(7))과 주문총액의 합계 SUM(ordamt)를 조회한다.

예

```
SELECT CONVERT(orddt, CHAR(7)) AS '연월',
          SUM(ordamt) AS '합계'
    FROM order_h
    GROUP BY CONVERT(orddt, CHAR(7))
    ORDER BY CONVERT(orddt, CHAR(7));
```

order_h (2r × 2c)

연월	합계
2022-01	60,000
2022-02	40,000

그림 7.62 • 주문 연월별 주문총액의 합계

다음과 같은 상황의 데이터를 조회하기 위해 GROUP BY 절과 집계 함수를 사용하는 SELECT 쿼리문을 작성해 보자. 결과는 [그림 7.63]과 같다.

모든 주문 기본정보를 담고 있는 `order_h` 테이블로부터 주문자별로 주문총액의 합계를 계산하여, 주문자 memid와 주문총액의 합계 SUM(ordamt)를 조회한다.

예
```
SELECT memid AS '주문자',
       , SUM(ordamt) AS '합계'
  FROM order_h
  GROUP BY memid
  ORDER BY memid;
```

order_h (5r × 2c)

주문자	합계
hong1	50,000
hong2	15,000
kim1	10,000
park	15,000
seo	10,000

그림 7.63 • 주문자별 주문총액의 합계 1

다음과 같은 상황의 데이터를 조회하기 위해 GROUP BY 절과 집계 함수를 사용하는 SELECT 쿼리문을 작성해 보자. 앞의 예와 같은 상황이지만, 주문자 이름을 조회하기 때문에 `members` 테이블의 JOIN을 필요로 한다. 결과는 [그림 7.64]와 같다.

모든 주문의 기본정보를 담고 있는 `order_h` 테이블로부터 주문자별로 주문총액의 합계를 계산하여, 주문자ID memid와 주문자 이름 memname 그리고 주문총액의 합계 SUM(ordamt)를 조회한다.

예

```
SELECT a.memid AS '주문자',
       b.memname AS '주문자명',
       SUM(a.ordamt) AS '합계'
    FROM order_h a INNER JOIN members b ON a.memid = b.memid
    GROUP BY a.memid
    ORDER BY a.memid;
```

order_h (5r × 3c)

주문자	주문자명	합계
hong1	홍길동	50,000
hong2	홍길동	15,000
kim1	김갑수	10,000
park	박기자	15,000
seo	서갑돌	10,000

그림 7.64 • 주문자별 주문총액의 합계 2

Note

GROUP BY 절을 사용할 때

다른 데이터베이스에서 GROUP BY 절을 사용할 때, GROUP BY 절에 없는 열을 SELECT 쿼리문의 열 목록에서 사용할 때는 필수적으로 집계 함수를 사용하도록 강제한다.

```
SELECT a.memid AS '주문자',
       MAX(b.memname) AS '주문자명',
       SUM(ordamt) AS '합계'
    FROM order_h a INNER JOIN members b ON a.memid = b.memid
    GROUP BY a.memid
    ORDER BY a.memid;
```

`memname` 열이 GROUP BY 절에 없기 때문에 형식을 맞추기 위해 MAX() 함수를 사용한 것이다. `memid` 열의 값이 같은 행은 `memname` 열의 값이 모두 같기 때문에 MAX() 함수를 사용해도 결과에는 변함이 없다. 또한, MIN() 함수를 사용해도 상관없다.

`order_d` 테이블에는 [그림 7.65]와 같은 데이터가 현재 저장되어 있다.

order_d (13r × 4c)

orderno	goodscd	qty	amt
202201001	GDS01	10	20,000
202201001	GDS02	50	5,000
202201001	GDS03	1	5,000
202201002	GDS01	5	5,000
202201002	GDS03	10	50,000
202201003	GDS04	50	25,000
202201004	GDS05	10	10,000
202201005	GDS02	50	5,000
202201005	GDS03	4	20,000
202202001	GDS01	10	20,000
202202001	GDS03	1	5,000
202202001	GDS05	20	20,000
202202003	GDS01	10	20,000

그림 7.65 • `order_d` 테이블의 데이터 확인

다음과 같은 상황의 데이터를 조회하기 위해 `order_h`, `order_d` 테이블과 GROUP BY 절 그리고 집계 함수를 사용하는 SELECT 쿼리문을 작성해 보자. 그룹으로 만들어야 하는 열이 두 개이다. 주문 연월별로 그룹화하고 상품 코드별로 그룹화해야 한다. 결과는 [그림 7.66]과 같다.

연월별로 그리고 상품 코드별로 주문수량의 합계를 계산하여, 주문 연월 CONVERT(orddt, CHAR(7)), 상품 코드 goodscd 그리고 주문수량의 합계 SUM(qty)를 조회한다.

예
```
SELECT CONVERT(a.orddt, CHAR(7)) AS '연월',
       b.goodscd AS '상품코드',
       SUM(b.qty) AS '주문수량'
    FROM order_h a INNER JOIN order_d b ON a.orderno = b.orderno
    GROUP BY CONVERT(a.orddt, CHAR(7)), b.goodscd
    ORDER BY CONVERT(a.orddt, CHAR(7)), b.goodscd;
```

order_h (8r × 3c)

연월	상품코드	주문수량
2022-01	GDS01	15
2022-01	GDS02	100
2022-01	GDS03	15
2022-01	GDS04	50
2022-01	GDS05	10

그림 7.66 • 연월과 상품코드별 주문수량 합계 계속

2022-02	GDS01	20
2022-02	GDS03	1
2022-02	GDS05	20

그림 7.66 • 연월과 상품코드별 주문수량 합계

앞의 예에서 GROUP BY 절과 ORDER BY 절에 기술된 열의 순서를 바꾸면 다른 의미의 결과를 표시한다. SELECT 쿼리문의 열 목록의 순서 또한 변경한다. 결과는 [그림 7.67]과 같다.

예
```
SELECT b.goodscd AS '상품코드',
       CONVERT(a.orddt, CHAR(7)) AS '연월',
       SUM(b.qty) AS '주문수량'
    FROM order_h a INNER JOIN order_d b ON a.orderno = b.orderno
    GROUP BY b.goodscd, CONVERT(a.orddt, CHAR(7))
    ORDER BY b.goodscd, CONVERT(a.orddt, CHAR(7));
```

order_h (8r × 3c)

상품코드	연월	주문수량
GDS01	2022-01	15
GDS01	2022-02	20
GDS02	2022-01	100
GDS03	2022-01	15
GDS03	2022-02	1
GDS04	2022-01	50
GDS05	2022-01	10
GDS05	2022-02	20

그림 7.67 • 상품코드와 연월별 주문수량 합계 조회

다음과 같은 상황의 데이터를 조회하기 위해 `order_h` 테이블과 GROUP BY 절 그리고 집계 함수를 사용하는 SELECT 쿼리문을 작성해 보자. 결과는 [그림 7.68]과 같다.

> 2022년도에 주문한 월별 주문 건수와 주문총액의 최대값과 최소값을 찾아 연월 CONVERT(orddt, CHAR(7)), 주문 건수 COUNT(*), 최대값 MAX(ordamt), 최소값 MIN(ordamt)을 조회한다.

예
```
SELECT CONVERT(a.orddt, CHAR(7)) AS '연월',
       COUNT(*) AS '건수',
       MAX(ordamt) AS '최대값',
       MIN(ordamt) AS '최소값'
    FROM order_h a
    WHERE YEAR(orddt) = 2022
    GROUP BY CONVERT(a.orddt, CHAR(7))
    ORDER BY CONVERT(a.orddt, CHAR(7));
```

order_h (2r × 4c)

연월	건수	최대값	최소값
2022-01	5	20,000	5,000
2022-02	2	30,000	10,000

그림 7.68 • 연월별 주문 건수와 최대값·최소값 조회

다음과 같은 상황의 데이터를 조회하기 위해 `order_h` 테이블과 GROUP BY 절 그리고 집계 함수를 사용하는 SELECT 쿼리문을 작성해 보자. 결과는 [그림 7.69]와 같다.

2022년도에 주문한 주문의 월별 주문총액의 평균을 계산하여, 연월 CONVERT(orddt, CHAR(7)), 주문총액의 평균 AVG(ordamt)을 조회한다.

예
```
SELECT CONVERT(a.orddt, CHAR(7)) AS '연월',
       AVG(ordamt) AS '평균값'
    FROM order_h a
    WHERE YEAR(orddt) = 2022
    GROUP BY CONVERT(a.orddt, CHAR(7))
    ORDER BY CONVERT(a.orddt, CHAR(7));
```

order_h (2r × 2c)

연월	평균값
2022-01	12,000.0000
2022-02	20,000.0000

그림 7.69 • 연월별 주문총액의 평균 조회

다음과 같은 상황의 데이터를 조회하기 위해 `order_h` 테이블과 GROUP BY 절 그리고 집계 함수를 사용하는 SELECT 쿼리문을 작성해 보자. 결과는 [그림 7.70]과 같다.

> 2022년도에 주문한 주문의 월별 주문총액의 평균을 계산하여, 연월 CONVERT(orddt, CHAR(7)), 주문총액의 평균 AVG(ordamt)을 조회한 결과와 2022년도 전체 주문총액의 평균을 함께 조회한 결과를 결합하여 표시한다.

앞서 살펴본 예의 상황에 검색 조건이 추가된 것이다. '2022'년도 주문총액의 평균을 조회하고 UNION ALL 절을 이용하여 두 결과 셋을 결합하면 된다.

예

```
SELECT CONVERT(orddt, CHAR(7)) AS '연월',
       AVG(ordamt) AS '평균값'
    FROM order_h
    WHERE YEAR(orddt) = 2022
    GROUP BY CONVERT(orddt, CHAR(7))
UNION ALL
SELECT CONVERT(orddt, CHAR(4)) AS '연월',
       AVG(ordamt) AS '평균값'
    FROM order_h
    WHERE YEAR(orddt) = 2022
ORDER BY '연월' ;
```

order_h (3r × 2c)

연월	평균값
2022-01	12,000.0000
2022-02	20,000.0000
2022	14,285.7143

그림 7.70 • 연월별 및 연별 주문총액의 평균 조회

앞의 예를 실행할 때 경고 메시지가 표시될 수 있다. CONVERT(orddt, CHAR(7)) 함수 때문이다. 날짜 유형의 데이터인 `orddt` 열은 '2022-01-24' 형식의 10자리이다. CHAR(7) 함수로 7자리만 사용하여 `orddt` 열의 값이 정확하지 않을 수 있다는 의미의 경고 메시지이다. `orddt` 열의 값을 LEFT(CONVERT(orddt, CHAR(10)), 7) 함수를 사용하여 '연도-월' 형식의 7자리로 문자열로 변경하거나, LEFT(CONVERT(orddt, CHAR(10), 4)

함수를 사용하여 '연도' 형식의 4자리 문자열로 변경하여 사용하면 경고 메시지가 표시되지 않는다.

다음과 같은 상황의 데이터를 조회하기 위해 `order_h` 테이블과 서브 쿼리를 사용하는 SELECT 쿼리문을 작성해 보자. 결과는 [그림 7.71]과 같다.

> 2022년도 주문총액의 평균을 계산하여 주문 건별로 주문총액이 연평균 주문총액보다 큰 주문의 주문번호 orderno, 주문일자 orddt, 주문총액 ordamt를 조회한다.

예

```
SELECT orderno, orddt, ordamt
     FROM order_h
     WHERE ordamt > (SELECT AVG(ordamt)
                          FROM order_h WHERE YEAR(orddt) = 2022)
          AND YEAR(orddt) = 2022;
```

order_h (3r × 3c)

orderno	orddt	ordamt
202201002	2022-01-24	15,000
202201003	2022-01-25	20,000
202202001	2022-02-01	30,000

그림 7.71 • 주문총액이 연평균 주문총액보다 큰 주문 조회

위의 예에서 주의할 점은 2022년 데이터를 조회할 때, 주 쿼리와 서브 쿼리 모두에 조건식을 기술해야 하는 것이다.

UPDATE에서 서브 쿼리 사용하기: 실습 데이터 정리 7

지금까지 실습을 진행하면서 `order_h` 테이블과 `order_d` 테이블의 데이터를 사용해 왔다. 두 가지 테이블의 데이터는 앞서 임의로 입력했던 데이터이다. `order_h` 테이블의 `ordamt` 열의 값은 `order_d` 테이블에서 같은 주문번호를 갖는 데이터의 `amt` 열의 합계이어야 하지만, 임의로 입력한 탓에 [그림 7.72]와 같이 두 테이블 간의 금액이 일치하지

않는 논리적인 오류가 있다. UPDATE 쿼리문을 사용하여 두 가지 테이블에 있는 논리적인 오류를 수정한다. 두 가지 테이블의 데이터를 업데이트하기 전에 현재 상태의 데이터를 확인해 보자.

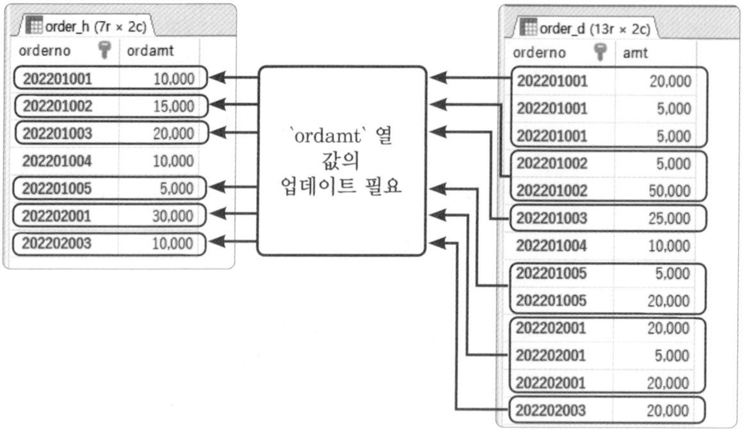

그림 7.72 • `order_h` 테이블과 `order_d` 테이블의 주문금액 비교

다음의 UPDATE 쿼리문과 UPDATE 결과를 확인하기 위한 SELECT 쿼리문을 입력하고 선택 실행한다. [그림 7.73]은 다음의 UPDATE 쿼리문을 실행한 결과이다.

예

```
UPDATE order_h, order_d
    SET order_h.ordamt =
                      (SELECT SUM(order_d.amt)
                           FROM order_d
                           WHERE order_h.orderno =
                                 order_d.orderno)
    WHERE order_h.orderno = order_d.orderno;

SELECT orderno, ordamt
    FROM `order_h`
    ORDER BY orderno ;
```

서브 쿼리를 이용하여 `order_d` 테이블에서 같은 주문번호 orderno의 주문금액 amt의 합계를 계산하고, 계산된 값으로 `order_h` 테이블에서 같은 주문번호 orderno의 주문총액 ordamt을 업데이트한다.

order_h (7r × 2c)

orderno	ordamt
202201001	30,000
202201002	55,000
202201003	25,000
202201004	10,000
202201005	25,000
202202001	45,000
202202003	20,000

그림 7.73 • `order_h` 테이블의 `ordamt` 열을 업데이트한 결과

`order_h` 테이블의 `ordamt` 열을 업데이트한 결과, `order_h` 테이블에는 더 이상 논리적인 오류가 있는 데이터는 없다.

Note

경험의 중요성

앞에서 실습한 구문을 잘 이해해 두면 실무에서 유용하게 활용할 기회가 있을 것이다. SQL 구문의 문법을 알고 있다고 하더라도, 예와 같은 구문 패턴을 만들기는 쉽지는 않다. 프로그래밍하다 보면 다양한 패턴들을 만들어야 할 경우가 많다. 패턴들을 많이 알고 있는 것이 경험이고 능력이다.

다차원 피벗 보고서 만들기 8

데이터를 조회하는 지금까지의 실습 결과는 가로 방향으로 테이블의 열 또는 함수를 사용한 열 그리고 세로 방향으로 테이블의 행을 나타내는 모습이었다. 결과 셋의 모습을 바꾸어 보자.

다음과 같은 상황의 데이터를 조회하기 위해 `order_h` 테이블과 `order_d` 테이블을 사용하여 집계 함수와 JOIN을 사용하는 SELECT 쿼리문을 작성해 보자. [그림 7.74]는 결과를 표시한 것이다.

`order_h` 테이블과 `order_d` 테이블로부터 상품별 그리고 월별 주문금액의 합계를 계산하여, 상품코드 goodscd, 상품명 goodsname을 상품별 그리고 월별로 주문금액의 합계를 표 형식으로 조회한다.

예
```
SELECT b.goodscd AS '상품코드', goodsname AS '상품명',
       SUM(CASE MONTH(a.orddt) WHEN 1 THEN amt ELSE 0 END) AS '1월',
       SUM(CASE MONTH(a.orddt) WHEN 2 THEN amt ELSE 0 END) AS '2월',
       SUM(CASE MONTH(a.orddt) WHEN 3 THEN amt ELSE 0 END) AS '3월',
       SUM(CASE MONTH(a.orddt) WHEN 4 THEN amt ELSE 0 END) AS '4월'
    FROM order_h a INNER JOIN order_d b    ON a.orderno = b.orderno
                   INNER JOIN goodsinfo c ON b.goodscd = c.goodscd
    WHERE YEAR(a.orddt) = 2022
    GROUP BY b.goodscd
    ORDER BY b.goodscd;
```

`order_h` 테이블에는 `cancelyn` 열의 값으로 표시되는 '정상주문'과 '취소주문'이 있다. 위의 쿼리문에는 단순화를 위해 '정상주문'과 '취소주문'은 구분하지 않았기 때문에 '취소주문'의 금액까지 모두 합계에 포함되어 있다.

order_h (5r × 6c)

상품코드	상품명	1월	2월	3월	4월
GDS01	노트	25,000	40,000	0	0
GDS02	연필	10,000	0	0	0
GDS03	복사지	75,000	5,000	0	0
GDS04	볼펜	25,000	0	0	0
GDS05	네임펜	10,000	20,000	0	0

그림 7.74 • 월별 주문총액의 합계를 표 형식으로 조회한 결과

위와 같은 형식의 결과를 '다차원 피벗 Multiple Dimemsion Pivot'이라 한다. 위의 예는 4월까지의 데이터를 나타냈지만, 연간 데이터가 있고 12월까지로 표현하면 연간 주문 내역을 한 번에 볼 수 있는 보고서가 된다.

실무에서 이런 형태의 보고서를 유용하게 활용한다. 만약 보고서를 수작업으로 계산하여 작성하려고 하면, 매우 번거로운 작업이 되며 계산상의 오류 발생할 가능성이 크다. SQL 쿼리문을 이용하면 쉽게 표를 완성할 수 있다. 응용 프로그램에서 디자인만 입혀서 보고서를 출력할 수 있는 것이다. 이런 이점이 데이터베이스를 활용하는 이유 중 하나이다.

WITH ROLLUP 절 사용하기 9

WITH ROLLUP 절은 GROUP BY 절과 함께 사용하여 그룹 합계와 총합계를 만들어 주는 기능이다.

다음과 같은 상황의 데이터를 조회하기 위해 `order_d` 테이블과 WITH ROLLUP 절을 사용하는 SELECT 쿼리문을 작성해 보자. 결과는 [그림 7.75]와 같다.

> 주문 상세정보를 담고 있는 'order_d' 테이블로부터 상품코드별 주문수량의 합계와 총합계를 계산하여, 상품코드 goodscd, 상품코드별 주문수량의 합계 SUM(qty)를 조회한다.

예
```
SELECT goodscd,
       SUM(qty)
  FROM order_d
  GROUP BY goodscd WITH ROLLUP;
```

[그림 7.75]의 결과를 보면 WITH ROLLUP에 의해 총합계를 표시하는 행이 추가되었고 총합계를 나타내는 행에서 `goodscd` 열의 값은 NULL로 표시되었다.

order_d (6r × 2c)

goodscd	SUM(qty)
GDS01	35
GDS02	100
GDS03	16
GDS04	50
GDS05	30
(NULL)	231

그림 7.75 • WITH ROLLUP 절을 사용한 결과

다음과 같은 상황의 데이터를 조회하기 위해 `order_d` 테이블과 WITH ROLLUP 절을 사용하는 SELECT 쿼리문을 작성해 보자. 결과는 [그림 7.76]과 같다.

> 주문 상세정보를 담고 있는 'order_d' 테이블로부터 상품코드별 주문수량의 합계와 총합계를 계산하여, 주문번호 orderno, 상품코드 goodscd, 상품코드별 주문수량의 합계 SUM(qty)를 조회한다.

예
```
SELECT orderno, goodscd,
       SUM(qty)
    FROM order_d
    GROUP BY goodscd, orderno WITH ROLLUP;
```

WITH ROLLUP 절과 함께 하는 GROUP BY 절에 두 개의 열을 사용하면, GROUP BY 절에 두 번째 기술된 열에 대한 부분합계 행을 추가하고, 마지막에 총합계 행을 추가한다. 부분합계 행에서 GROUP BY 절에 두 번째 기술된 열의 값은 NULL로 표시된다. [그림 7.76]을 통해 상품코드별 주문번호에 대한 부분합계와 총합계가 계산된 결과를 확인할 수 있다.

order_d (19r × 3c)

orderno	goodscd	SUM(qty)
202201001	GDS01	10
202201002	GDS01	5
202202001	GDS01	10
202202003	GDS01	10
(NULL)	GDS01	35
202201001	GDS02	50
202201005	GDS02	50
(NULL)	GDS02	100
202201001	GDS03	1
202201002	GDS03	10
202201005	GDS03	4
202202001	GDS03	1
(NULL)	GDS03	16
202201003	GDS04	50
(NULL)	GDS04	50
202201004	GDS05	10
202202001	GDS05	20
(NULL)	GDS05	30
(NULL)	(NULL)	231

그림 7.76 • 두 개의 열을 사용하는 WITH ROLLUP 절의 사용 결과

WITH ROLLUP 절의 기능을 다음과 같이 서브 쿼리를 사용하는 SELECT 쿼리문으로 구현할 수도 있다. 서브 쿼리에서는 UNION 절을 사용했다. [그림 7.77]은 다음의 SELECT 쿼리문의 실행 결과이다.

예
```
SELECT a.tp, a.orderno, a.goodscd, a.qty
    FROM (
          -- 주문번호별 상품코드별 주문수량 합계를 구한다.
          SELECT '1' tp, orderno, goodscd, SUM(qty) qty
              FROM order_d
              GROUP BY orderno, goodscd

          UNION ALL

          -- 상품코드별 주문수량 합계를 구한다.
          -- 주문번호 열에 'NULL' 문자를 채움
          SELECT '2' tp, 'NULL' orderno, goodscd, SUM(qty) qty
              FROM order_d
              GROUP BY goodscd

          UNION ALL

          -- 주문수량 총합계를 구한다.
          -- 주문번호와 상품코드 열에 'NULL' 문자를 채움
          SELECT '3' tp, 'NULL' orderno, 'NULL' goodscd,
                 SUM(qty) qty
             FROM order_d
         ) a
    ORDER BY a.goodscd, a.orderno;
```

3개의 서브 쿼리를 사용하여 서브 쿼리의 결과 셋을 UNION ALL로 결합해 하나의 결과 셋을 만들고 결과 셋의 별명 alias을 a로 지정했다. 서브 쿼리에서 상수를 사용하여 추가한 `tp` 열은 최종 결과 셋의 내용이 어느 서브 쿼리의 결과 셋에서 나온 것인지를 구분하기 위한 것이다. [그림 7.77]에서 열에 표시된 'NULL'은 서브 쿼리에서 문자열로 표시한 것이다.

WITH ROLLUP 또는 서브 쿼리를 사용한 WITH ROLLUP 기능은 데이터베이스에 저장된 테이블의 데이터를 사용하여 함축된 종합보고서를 만들 때 유용하게 사용할 수 있다.

-- (19r × 4c)

tp	orderno	goodscd	qty
1	202201001	GDS01	10
1	202201002	GDS01	5

그림 7.77 • 서브 쿼리와 UNION ALL을 사용한 WITH ROLLUP 기능 구현 계속

1	202202001	GDS01	10
1	202202003	GDS01	10
2	NULL	GDS01	35
1	202201001	GDS02	50
1	202201005	GDS02	50
2	NULL	GDS02	100
1	202201001	GDS03	1
1	202201002	GDS03	10
1	202201005	GDS03	4
1	202202001	GDS03	1
2	NULL	GDS03	16
1	202201003	GDS04	50
2	NULL	GDS04	50
1	202201004	GDS05	10
1	202202001	GDS05	20
2	NULL	GDS05	30
3	NULL	NULL	231

그림 7.77 • 서브 쿼리와 UNION ALL을 사용한 WITH ROLLUP 기능 구현

10 Common Table Expression CTE 사용하기

Common Table Expression; CTE는 쿼리문을 실행하는 동안에만 사용할 수 있는 임시 테이블을 만들어 사용하는 기능으로 WITH 절을 이용하여 쿼리문을 시작한다. 생성된 임시 테이블은 쿼리문을 실행하는 중에만 유효하다. 쿼리문의 실행이 종료되면 생성되었던 임시 테이블도 삭제된다.

CTE의 기본 형식은 다음과 같다.

CTE의 기본 형식

```
WITH [RECURSIVE] table_reference [(columns_list)] AS (
   SELECT ...
)
SELECT ... FROM table_reference ...
```

다음의 쿼리문을 입력하고 선택 실행한다. [그림 7.78]은 다음의 쿼리문을 실행한 결과이다.

예
```
01: WITH ordertotal (goodscd, total) AS
02:          (SELECT goodscd, SUM(amt) FROM order_d GROUP BY goodscd)
03: SELECT * FROM ordertotal ORDER BY total DESC;
```

쿼리문의 첫 번째 행은 생성하려는 임시 테이블의 이름과 테이블을 구성하는 열 이름을 기술한다. 두 번째 행에서 SELECT 쿼리문의 실행 결과 셋이 임시 테이블 `ordertotal`에 전달된다. 세 번째 행은 CTE 기능으로 생성된 임시 테이블을 사용하는 것이다. 임시 테이블 `ordertotal`로부터 모든 데이터를 검색하여 `total` 열 값의 내림차순으로 결과 셋을 만든다.

order_d (5r × 2c)

goodscd	total
GDS03	80,000
GDS01	65,000
GDS05	30,000
GDS04	25,000
GDS02	10,000

그림 7.78 • CTE 기능을 사용한 결과

Note

재귀적 Recursive CTE

재귀적 Recursive CTE 기능을 사용해 본다. 재귀적 CTE는 임시 테이블의 내용을 만들어 주는 SELECT 쿼리문과 UNION [ALL]을 함께 사용한다. 이때 UNION [ALL] 다음에 기술되는 SELECT 쿼리문에서 임시 테이블을 사용하면서 재귀적으로 사용하게 된다. 테이블의 데이터 구조가 계층 구조를 가질 때 사용하게 된다.

[그림 7.79]와 같은 구조의 테이블을 생성한다. 테이블의 이름은 'address'이다.

Note 계속

열: ⊕ 추가 ⊗ 제거 ▲ 위로 ▼ 아래로

#	이름	데이터 유형	길이/설정	부호 없음	NULL 허용	0으로 채움	기본값
1	**no**	**VARCHAR**	3	☐	☐	☐	기본값 없음
2	D_Name	VARCHAR	20	☐	☑	☐	NULL
3	D_Code1	VARCHAR	3	☐	☑	☐	NULL
4	D_Code2	VARCHAR	3	☐	☑	☐	NULL

그림 7.79 • 재귀적 CTE 기능 확인을 위한 테이블 구조

[그림 7.80]과 같은 데이터를 저장한다.

kamebook.address: 8 행 (총) (대략적)

no	D_Name	D_Code1	D_Code2
1	서울시	(NULL)	(NULL)
2	인천시	(NULL)	(NULL)
3	마포구	1	(NULL)
4	서구	2	(NULL)
5	서교동	3	1
6	가좌동	4	2
7	청라동	4	2
8	합정동	3	1

그림 7.80 • 재귀적 CTE 기능 확인을 위한 예제 데이터

예제 데이터를 기반으로 재귀적 Recursive CTE 기능을 사용하는 다음의 SELECT 쿼리문을 입력하고 선택 실행한다.

```
WITH RECURSIVE tempaddr AS (
        SELECT '1' AS 'Block',
               no, D_Name, D_Code1, D_Code2
            FROM address
            WHERE D_Name = '가좌동'
        UNION ALL
        SELECT '2' AS 'Block',
               a.no, a.D_Name, a.D_Code1, a.D_Code2
            FROM address AS a, tempaddr AS t
            WHERE a.no = t.D_Code1
       )
SELECT * FROM tempaddr;
```

Note 계속

() 안의 내용 중 첫 번째 SELECT 쿼리문을 실행하여 `address` 테이블로부터 `D_Name` 열의 값이 '가좌동'과 같은 데이터를 검색하여 임시 테이블의 기본 데이터를 만든다.

임시 테이블의 기본 데이터에서 `D_Code1` 열의 값은 '4' 그리고 `D_Code2` 열의 값은 '2', `no` 열의 값은 6이 된다.

UNION ALL 절의 뒤에 있는 SELECT 쿼리문을 실행하면 WHERE 절의 조건으로 `address` 테이블의 `no` 열의 값과 임시 테이블에서 `D_Code1` 열의 값이 같은 데이터, 즉, `D_Code1` 열의 값이 4인 데이터 " '4', '서구', '2', '(NULL)' "인 데이터를 `address` 테이블에서 검색한다. 이때 재귀적 쿼리문 실행이 이루어지면서 `D_Code1` 열의 값이 '2'인 데이터를 다시 `address` 테이블에서 검색하게 되어, 결과적으로 3개의 행이 검색된다. [그림 7.81]은 실행 결과이다.

address (3r × 5c)

Block	no	D_Name	D_Code1	D_Code2
1	6	가좌동	4	2
2	4	서구	2	(NULL)
2	2	인천시	(NULL)	(NULL)

그림 7.81 • 재귀적 CTE 기능을 사용한 결과

HAVING 절 사용하기 11

WHERE 절에서 집계 함수를 사용하고 싶지만, 문법적으로 WHERE 절에서 집계 함수를 사용할 수 없는 경우가 있다. 이때 HAVING 절을 사용할 수 있다.

다음과 같은 상황의 데이터를 조회하기 위해 `order_h` 테이블과 HAVING 절을 사용하는 SELECT 쿼리문을 작성해 보자. 결과는 [그림 7.82]와 같다.

> 주문 기본정보를 담고 있는 `order_h` 테이블로부터 주문자별 주문총액의 평균 금액을 계산하고, 평균 금액이 10,000 이상인 데이터의 주문자ID memid, 평균 금액 AVG(ordamt)을 조회한다.

예

```
SELECT memid, AVG(ordamt) AS average
    FROM order_h
    GROUP BY memid
    HAVING AVG(ordamt) > 10000;
```

GROUP BY 절에 의해서 테이블이 데이터는 `memid` 별로 정리되고 HAVING 절에 의해서 주문총액의 평균이 10,000 이상인 데이터를 조회하게 된다.

order_h (4r × 2c)

memid	average
hong1	35,000.0
hong2	55,000.0
park	22,500.0
seo	30,000.0

그림 7.82 • HAVING 절을 사용한 결과

여러 가지 쿼리문 중에서 가장 많이 사용하게 되는 SELECT 쿼리문에 대해 종합적으로 정리해보자.

SELECT 쿼리문에서는 종속적으로 FROM, WHERE, GROUP BY, HAVING, ORDER BY, LIMIT 절 등을 사용할 수 있다. 상황에 따라 생략할 수 있는 절이 있지만, 각 절을 사용하는 순서는 반드시 지켜야 한다.

GROUP BY 절은 어떤 열을 사용하는지 또는 하나 이상의 열을 사용할 때 각 열의 나열 순서는 어떻게 되는지에 따라 다양한 결과를 가져올 수 있는 것을 보았다. GROUP BY 절은 데이터베이스의 데이터를 기반으로 통계보고서를 작성할 때 가장 많이 사용된다.

응용 프로그램에서는 보고서 작성을 위한 연산을 가능한 배제하고, SQL 문을 통해서 연산을 수행하여 결과 셋을 응용 프로그램에서 가져와 디자인을 입혀 출력하는 것이 바람직하다.

다시 색인 INDEX에 대해 설명하는 부분에서 설명할 것이지만, SELECT 쿼리문을 사용할 때는 쿼리문의 실행 성능도 고려해야 한다. SELECT 쿼리문에서 조회하려는 열 목록에 '*'을 사용하는 대신 꼭 필요한 열 목록만을 나열하는 것이 성능에 도움이 된다. 조건을 지정할 때는 정확히 일치하는 데이터만을 처리하도록 한다. 즉, LIKE 연산자는 가능한 사용을 피하는 것이 좋다. 그리고 조건은 가능한 긍정 질문이 되도록 하는 것이 프로그램을 이해하는 데 도움이 된다.

순위 함수 12

순위 함수는 결과 셋의 데이터를 바탕으로 데이터의 순위를 만들어 주는 함수로 ROW_NUMBER(), RANK(), DENSE_RANK(), NTILE() 함수 등이 있다. 이들 순위 함수를 윈도우 함수 Windows Functions라 한다. 윈도우 함수의 공통점은 OVER 절을 함께 사용하는 특징이 있다.

ROW_NUMBER( )•RANK( )•DENSE_RANK( ) 함수 12.1

ROW_NUMBER() • RANK() • DENSE_RANK() 함수의 형식은 다음과 같다.

ROW_NUMBER() • RANK() • DENSE_RANK() 함수 형식

```
ROW_NUMBER( ) OVER (
   [ PARTITION BY partition_expression ]
   [ ORDER BY order_list ]
)
```

```
RANK() OVER (
   [ PARTITION BY partition_expression ]
   [ ORDER BY order_list ]
)
DENSE_RANK() OVER (
   [ PARTITION BY partition_expression ]
   [ ORDER BY order_list ]
)
```

ROW_NUMBER() 함수와 RANK() 함수 그리고 DENSE_RANK()는 PARTITION BY 절에서 지정하는 열의 값을 기준으로 데이터를 분할하고, ORDER BY 절에서 지정하는 열을 기준으로 분할 그룹 내의 정렬 순위를 결정하여 그룹 내의 데이터에 대한 순위 rank를 부여한다.

다음과 같은 상황의 데이터를 조회하기 위해 `order_h` 테이블과 ROW_NUMBER() 함수를 사용하는 SELECT 쿼리문을 작성해 보자. 결과는 [그림 7.83]과 같다.

> 주문 기본정보를 담고 있는 `order_h` 테이블로부터 주문총액의 순위를 부여하여, 주문번호 orderno, 주문월 MONTH(orddt), 주문총액 ordamt, 순위를 조회한다.

예

```
SELECT orderno,
       MONTH(orddt) month,
       ordamt,
       ROW_NUMBER()
           OVER (PARTITION BY MONTH(orddt) ORDER BY ordamt DESC)
       AS rank
   FROM order_h
   ORDER BY MONTH(orddt), rank;
```

PARTITION BY 절에서 지정한 기준인 '월별'로 데이터를 그룹화하고, 그룹 내에서는 ORDER BY 절에서 지정한 `ordamt` 열의 값을 기준으로 내림차순 정렬하여 ROW_NUMBER() 함수의 기능에 의해 그룹 내에서 순위 rank가 부여된다.

order_h (7r × 4c)

orderno	month	ordamt	rank
202201002	1	55,000	1
202201001	1	30,000	2
202201005	1	25,000	3
202201003	1	25,000	4
202201004	1	10,000	5
202202001	2	45,000	1
202202003	2	20,000	2

그림 7.83 • ROW_NUMBER( ) 함수 사용 결과

ROW_NUMBER() 함수의 사용 결과인 [그림 7.83]에서 보면 같은 값이라도 순위가 다르게 부여된 것을 확인할 수 있다. ROW_NUMBER() 함수의 특징이다.

ROW_NUMBER() 함수를 사용하는 쿼리문에서 다음과 같이 RANK() 함수로 변경하여 SELECT 쿼리문을 작성해 보자. [그림 7.84]는 변경된 SELECT 쿼리문을 실행한 결과이다.

예

```
SELECT orderno,
         MONTH(orddt) month,
         ordamt,
         RANK()
            OVER (PARTITION BY MONTH(orddt) ORDER BY ordamt DESC)
         AS rank
      FROM order_h
      ORDER BY MONTH(orddt), rank;
```

order_h (7r × 4c)

orderno	month	ordamt	rank
202201002	1	55,000	1
202201001	1	30,000	2
202201005	1	25,000	3
202201003	1	25,000	3
202201004	1	10,000	5
202202001	2	45,000	1
202202003	2	20,000	2

그림 7.84 • RANK( ) 함수 사용 결과

RANK() 함수의 사용 결과인 [그림 7.84]에서 보면 같은 값은 같은 순위가 부여된 것을 확인할 수 있다. ROW_NUMBER() 함수와 다른 점이다. 같은 순위가 부여된 만큼 순위 rank에는 결번이 생긴다.

RANK() 함수를 사용하는 쿼리문에서 다음과 같이 DENSE_RANK() 함수로 변경하여 SELECT 쿼리문을 작성해 보자. [그림 7.85]는 변경된 SELECT 쿼리문을 실행한 결과이다.

예

```
SELECT orderno,
       MONTH(orddt) month,
       ordamt,
       DENSE_RANK()
          OVER (PARTITION BY MONTH(orddt) ORDER BY ordamt DESC)
       AS rank
    FROM order_h
    ORDER BY MONTH(orddt), rank;
```

order_h (7r × 4c)

orderno	month	ordamt	rank
202201002	1	55,000	1
202201001	1	30,000	2
202201005	1	25,000	3
202201003	1	25,000	3
202201004	1	10,000	4
202202001	2	45,000	1
202202003	2	20,000	2

그림 7.85 • DENSE_RANK( ) 함수 사용 결과

DENSE_RANK() 함수의 사용 결과인 [그림 7.85]에서 보면 같은 값은 같은 순위가 부여된 것을 확인할 수 있다. RANK() 함수와 다른 점은 같은 순위가 부여된 만큼 순위에 결번이 생기지 않는다는 점이다. 즉, 같은 순위의 다음 순위는 결번 없이 연속하는 것이 특징이다.

NTILE( ) 함수 12.2

NTILE() 함수의 형식은 다음과 같다.

NTILE( ) 함수 형식

```
NTILE (expr) OVER (
   [ PARTITION BY partition_expression ]
   [ ORDER BY order_list ]
)
```

NTILE() 함수는 함수의 인수로 지정한 숫자의 크기로 데이터를 그룹화하고, 각 그룹에는 같은 순위를 부여한다. 예를 들어 인수가 3이면 데이터를 3개의 그룹으로 나누고 각 그룹 내에는 같은 순위를 부여하고, 그룹의 순서에 따라 순위를 부여한다.

다음의 NTILE() 함수를 사용하는 SELECT 쿼리문을 입력하고 선택 실행한다. [그림 7.86]은 실행 결과이다.

예
```
SELECT orderno,
         NTILE(3) OVER (ORDER BY orderno) AS rank
    FROM order_h
    ORDER BY  orderno, rank;
```

위의 SELECT 쿼리문에 의미는 없다. 단순히 NTILE() 함수의 기능을 살펴보기 위한 것이다.

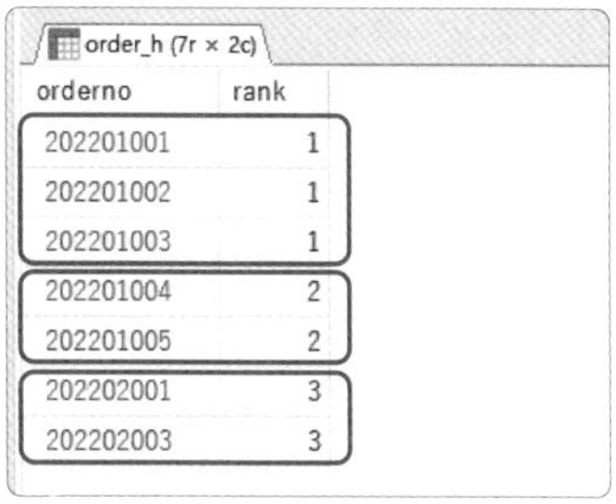
order_h (7r × 2c)

orderno	rank
202201001	1
202201002	1
202201003	1
202201004	2
202201005	2
202202001	3
202202003	3

그림 7.86 • NTILE( ) 함수 사용 결과 1

[그림 7.86]의 결과를 보면, NTILE() 함수에서 인수로 지정한 그룹의 개수 3, 즉 3개의 그룹으로 7개의 데이터를 분할하여 각 그룹에는 데이터가 2개씩 나뉘어 있다. 나머지 1개의 데이터는 첫 번째 그룹에 속하게 된다. 따라서 첫 번째 그룹의 데이터에 모두 순위 '1'이 부여되고, 두 번째 그룹의 데이터에 모두 순위 '2'가 부여되고, 마지막으로 세 번째 그룹의 데이터에 모두 순위 '3'이 부여된 것이다.

NTILE() 함수에 PARTITION BY 절을 추가한 다음의 SELECT 쿼리문을 입력하고 선택 실행한다. [그림 7.87]은 실행 결과이다.

예

```
SELECT orderno,
       month(orddt) MONTH,
       ordamt,
       NTILE(3) OVER
           (PARTITION BY MONTH(orddt) ORDER BY orderno) AS RANK
    FROM order_h
    ORDER BY orderno, RANK, ordamt;
```

order_h (7r × 4c)

orderno	MONTH	ordamt	RANK
202201001	1	30,000	1
202201002	1	55,000	1
202201003	1	25,000	2
202201004	1	10,000	2
202201005	1	25,000	3
202202001	2	45,000	1
202202003	2	20,000	2

그림 7.87 • NTILE( ) 함수 사용 결과 2

[그림 7.87]의 결과를 보면, NTILE() 함수에서 PARTITION BY 절을 사용했다. 전체 데이터 7건을 PARTITION BY 절에 의해서 월별로 1월에 해당하는 데이터 5건과 2월에 해당하는 데이터 2건으로 나누어진다. 각 파티션의 데이터를 NTILE() 함수에서 인수로 지정한 그룹의 개수 3, 즉 3개의 그룹으로 나뉜다. 첫 번째 파티션의 5개 데이터를 3그룹으로 나누면 각 그룹에 1개의 데이터가 속하고 남는 2개의 데이터가 첫 번째 그룹과 두 번째 그룹에 포함되어, 결과적으로 첫 번째 그룹에는 2개, 두 번째 그룹에 2개, 마지막 세 번째 그룹에는 1개 데이터가 속하게 된다. 각 그룹 내의 데이터에는 동일한 순위가 부여된다.

PERCENT_RANK()•CUME_DIST() 함수 12.3

PERCENT_RANK() 함수와 CUME_DIST() 함수의 형식은 다음과 같다.

PERCENT_RANK() • CUME_DIST() 함수 형식

```
PERCENT_RANK () OVER (
   [ PARTITION BY partition_expression ]
   [ ORDER BY order_list ]
)
CUME_DIST () OVER (
   [ PARTITION BY partition_expression ]
   [ ORDER BY order_list ]
)
```

PERCENT_RANK() 함수와 CUME_DIST()는 결과 셋의 데이터 순서를 정렬하여 비율을 계산한다.

다음과 같은 상황의 데이터를 조회하기 위해 `order_h` 테이블과 PERCENT_RANK() 함수와 CUME_DIST() 함수를 사용하는 SELECT 쿼리문을 작성해 보자. 결과는 [그림 7.88]과 같다.

주문 기본정보를 담고 있는 'order_h' 테이블로부터 주문총액의 순위를 부여하여, 주문번호 orderno, 주문총액 ordamt, 순위 그리고 비율 PERCENT_RANK(), CUME_DIST()을 조회한다.

예
```
SELECT ROW_NUMBER() OVER (ORDER BY ordamt DESC) as seq,
       orderno, ordamt,
       RANK() OVER (ORDER BY ordamt DESC) AS rank,
       PERCENT_RANK() OVER (ORDER BY ordamt DESC) AS pct_rank,
       CUME_DIST() OVER (ORDER BY ordamt DESC) AS cum_dist
    FROM order_h
    ORDER BY rank;
```

PARTITION BY 절을 사용하지 않고, RANK() 함수와 PERCENT_RANK() 함수 그리고 CUME_DIST() 함수를 사용하였다. ROW_NUMBER() 함수는 검색 결과 셋의 레코드에 일련번호를 만들어 준다.

order_h (7r × 6c)

seq	orderno	ordamt	rank	pct_rank	cum_dist
1	202201002	55,000	1	0.0	0.1428571429
2	202202001	45,000	2	0.1666666667	0.2857142857
3	202201001	30,000	3	0.3333333333	0.4285714286
4	202201005	25,000	4	0.5	0.7142857143
5	202201003	25,000	4	0.5	0.7142857143
6	202202003	20,000	6	0.8333333333	0.8571428571
7	202201004	10,000	7	1.0	1.0

그림 7.88 • PERCENT_RANK( )와 CUME_DIST( ) 함수 사용 결과

[그림 7.88]의 결과에서 PERCENT_RANK() 함수는 상대 순위를 백분율로 계산하고, CUME_DIST() 함수는 누적 분포 백분율을 계산한다. 두 함수에서 백분율을 계산하는 식은 다음과 같다.

PERCENT_RANK() 함수: (현재 순위 – 1) / (전체 행수 – 1)
CUME_DIST() 함수: (현재 행 번호) / (전체 행수)

두 함수에서 PARTITION BY 절을 사용하지 않을 때는 조회되는 결과 셋의 전체 데이터를 대상으로 백분율을 계산하고, PARTITION BY 절을 사용할 때는 파티션 별 데이터를 대상으로 백분율을 계산한다. 각 함수에서 사용하는 순위가 같을 때 CUME_DIST() 함수에서는 순위가 같은 마지막 행번호를 사용하여 계산식을 적용한다.

[그림 7.88]의 결과에서 두 함수에서 사용하는 기준값인 `ordamt ` 열의 값이 같은 4행과 5행에서 `rank` 열의 값은 '4'이므로 4순위 데이터는 전체 데이터의 50%에 해당한다는 의미를 나타내는 값이 PERCENT_RANK() 함수의 결과인 `pct_rank` 열의 값이 된다. 4행과 5행의 데이터에서 순위가 같은 마지막 행번호인 '5'를 사용하여 식을 계산하면 71.4%에 해당한다는 의미를 나타내는 값이 CUME_DIST() 함수의 결과인 `cum_dist` 열의 값이 된다.

LEAD( ) 함수 12.4

LEAD() 함수의 형식은 다음과 같다.

LEAD() 함수 형식

```
LEAD (expr[, offset]) OVER (
  [ PARTITION BY partition_expression ]
  [ ORDER BY order_list ]
)
```

LEAD() 함수는 인수인 expr에서 지정하는 열의 값으로부터 offset만큼 떨어진 행에서 해당하는 열의 값을 가져온다. 즉, offset을 생략하거나 1이면 다음 행의 해당 열의 값을 가져오고, -1이면 이전 행에서 해당하는 열의 값을 가져온다.

다음의 LEAD() 함수를 사용하는 SELECT 쿼리문을 입력하고 선택 실행한다. [그림 7.89]는 실행 결과이다.

예
```
SELECT ROW_NUMBER() OVER (ORDER BY ordamt DESC) AS seq,
       orderno, ordamt,
       LEAD(ordamt) OVER (ORDER BY ordamt DESC) AS ld1,
       LEAD(ordamt, 1) OVER (ORDER BY ordamt DESC)  AS ld2,
       LEAD(ordamt, 2) OVER (ORDER BY ordamt DESC)  AS ld3,
       LEAD(ordamt, -2) OVER (ORDER BY ordamt DESC) AS ld4,
       LEAD(ordamt, -1) OVER (ORDER BY ordamt DESC) AS ld5
    FROM order_h
    ORDER BY seq;
```

윈도우 함수의 실행 과정을 조금 더 상세하게 살펴보자. 먼저 윈도우 함수를 제외한 `orderno` 열과 `ordamt` 열을 검색하여 결과 셋을 만들고, 이렇게 만들어진 결과 셋을 이용하여 ROW_NUMBER() 함수가 데이터를 `ordamt` 열 값의 내림차순으로 정렬하여 일련번호를 부여한다. 다음 차례로 LEAD() 함수에서 같은 순서로 데이터를 정렬하여 정렬된 순서에 따라 offset 위치의 열을 참조한다.

[그림 7.89]에서 `seq` 열의 값이 1인 데이터를 보면, `ld1`과 `ld2` 열은 두 번째 행에서 `ordamt` 열의 값을 사용하고, `ld3`는 offset이 +2이기 때문에 세 번째 행에서 `ordamt` 열의 값을 사용하며, `ld4`와 `ld5` 열은 offset이 −2, −1이기 때문에 앞 순서의 데이터를 참조하지만, 첫 번째 행은 참조할 데이터가 없어 (NULL)로 표시된다.

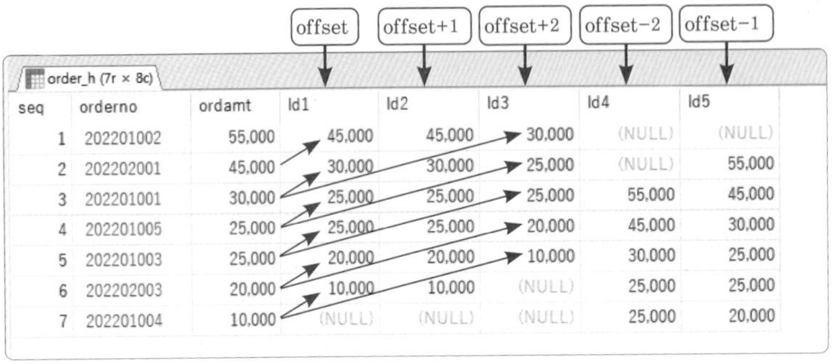

그림 7.89 • LEAD( ) 함수 사용 결과

12.5 FIRST_VALUE( )•LAST_VALUE( ) 함수

FIRST_VALUE() 함수와 LAST_VALUE() 함수의 형식은 다음과 같다.

FIRST_VALUE() • LAST_VALUE() 함수 형식

```
FIRST_VALUE(expr) OVER (
  [ PARTITION BY partition_expression ]
  [ ORDER BY order_list ]
)
LAST_VALUE(expr) OVER (
  [ PARTITION BY partition_expression ]
  [ ORDER BY order_list ]
)
```

FIRST_VALUE() 함수는 정렬된 결과 셋의 첫 번째 행을 반환하고, LAST_VALUE() 함수는 모든 표현식을 평가하고 마지막 행을 반환한다.

다음의 FIRST_VALUE()와 LAST_VALUE() 함수를 사용하는 SELECT 쿼리문을 입력하고 선택 실행한다. [그림 7.90]은 실행 결과이다.

예

```
SELECT orderno,
       ordamt,
       FIRST_VALUE(ordamt) OVER (ORDER BY ordamt) AS fst1,
       LAST_VALUE(ordamt)  OVER (ORDER BY ordamt) AS lst1,
       FIRST_VALUE(ordamt) OVER (ORDER BY ordamt DESC) AS fst2,
       LAST_VALUE(ordamt)  OVER (ORDER BY ordamt DESC) AS lst2
    FROM order_h
    ORDER BY ordamt;
```

order_h (7r × 6c)

orderno	ordamt	fst1	lst1	fst2	lst2
202201004	10,000	10,000	10,000	55,000	10,000
202202003	20,000	10,000	20,000	55,000	20,000
202201005	25,000	10,000	25,000	55,000	25,000
202201003	25,000	10,000	25,000	55,000	25,000
202201001	30,000	10,000	30,000	55,000	30,000
202202001	45,000	10,000	45,000	55,000	45,000
202201002	55,000	10,000	55,000	55,000	55,000

그림 7.90 • FIRST_VALUE()·LAST_VALUE() 함수 사용 결과

윈도우 함수를 제외하고 `orderno` 열과 `ordamt` 열로 결과 셋을 만들고, 이 결과 셋을 바탕으로 `ordamt` 열을 기준으로 오름차순 정렬하여 첫 번째 행의 `ordamt` 열의 값이 첫 번째 FIRST_VALUE() 함수의 결과인 `fst1` 열의 값이 된다. 7개 행 모두 첫 번째 값은 변하지 않는다. 하지만, `lst1` 열에서 첫 번째 행을 나타낼 때 LAST_VALUE() 함수의 결과는 첫 번째 행의 `ordamt` 열의 값이 되지만, 두 번째 행을 나타낼 때는 두 번째 행이 마지막 행이 되기 때문에 두 번째 행의 `ordamt` 열의 값이 함수의 결과가 된다. 이 때문에 [그림 7.90]의 결과에서 보면 `ordamt` 열의 값과 `lst1` 열의 값이 동일하게 표시된다.

같은 과정으로 두 번째 FIRST_VALUE() 함수는 일차적으로 만들어지는 결과 셋을 `ordamt` 열의 값을 기준으로 내림차순 정렬하기 때문에, 가장 큰 값이 첫 번째 행에 위치하게 되어 `fst2` 열의 값이 된다. 7개 행 모두 첫 번째 값은 변하지 않는다. `lst2` 열은 `lst1` 열과 같아지게 된다.

13 View 사용

뷰 View는 SELECT 쿼리문의 결과를 담고 있는 가상 테이블 Virtual Table이다. 테이블에는 실제 데이터를 담고 있지만, 뷰는 뷰의 정의만 담고 있다. 뷰를 사용할 때 뷰의 정의를 참조하여 테이블의 데이터를 조회하는 SELECT 쿼리문을 수행하는 것처럼 결과 셋을 보여준다. 간단히 말하면, SELECT 쿼리문의 결과 셋은 [그림 7.91]과 같은 모습의 테이블 형식이기에 결과 셋을 만드는 정의만 가지고 테이블처럼 사용하기 위한 것이 뷰이다.

[그림 7.91]은 다음의 SELECT 쿼리문으로 `members` 테이블의 일부 열을 조회한 결과 셋이다.

```
SELECT memid, memname, addr, birthday FROM members;
```

members (6r × 4c)

memid	memname	addr	birthday
hong1	홍길동	인천 동구 송림동	2000-05-08
hong2	홍길동	서울 강남구 신사동	1990-01-05
kim1	김갑수	인천 연수구 연수동	2003-07-01
park	박기자	경기 부천시	2002-09-30
seo	서갑돌	인천 동구	1998-03-10
Taeh	태현	경기 수원시	2002-10-15

그림 7.91 • `members` 테이블의 일부 열을 조회한 결과

뷰를 생성하는 쿼리문의 구문 형식은 다음과 같다.

CREATE VIEW 문 형식

```
CREATE  [OR REPLACE]
   [ALGORITHM = {UNDEFINED | MERGE | TEMPTABLE}]
   [DEFINER = { user | CURRENT_USER | role | CURRENT_ROLE }]
   [SQL SECURITY { DEFINER | INVOKER }]
   VIEW [IF NOT EXISTS] view_name [(column_list)]
   AS select_statement
   [WITH [CASCADED | LOCAL] CHECK OPTION]
```

뷰를 생성하기 위한 구문 형식이 복잡한 느낌은 있지만, 실제 사용되는 기본 형식은 다음과 같다.

CREATE VIEW 문의 기본 형식

```
CREATE [OR REPLACE] VIEW view_name
AS
select_statement;
```

CREATE OR REPLACE 문은 처음 뷰를 생성할 때는 CREATE가 실행되고, 뷰가 이미 존재하고 있다면 REPLACE가 실행되어 기존 뷰의 정의를 변경한다. ALTER 문으로 뷰의 정의를 변경할 수도 있다.

뷰의 이름은 실제 테이블 이름과 구분하기 위해서 일반적으로 'v_' 접두사를 붙여 이름을 작성한다.

13.1 뷰 생성하기

뷰를 생성하는 다음의 쿼리문을 입력하고 선택 실행한다. [그림 7.92]는 뷰를 생성한 결과를 HeidiSQL을 통해 확인해 본 것이다.

예

```
CREATE OR REPLACE VIEW v_order_info
    AS
        SELECT a.orderno, a.orddt, a.memid,
               c.memname,
               b.goodscd, d.goodsname, b.qty, b.amt
           FROM order_h a INNER JOIN order_d b
                              ON a.orderno  = b.orderno
                          INNER JOIN members c
                              ON a.memid    = c.memid
                          INNER JOIN goodsinfo d
                              ON b.goodscd = d.goodscd;
```

뷰를 생성하는 쿼리문을 실행하면, HeidiSQL 창의 왼쪽 세션 개체 목록에서 ①뷰의 이름을 확인할 수 있다. ①의 뷰 이름을 클릭하면 HeidiSQL 창의 탭 목록에서 ②"뷰: ..." 탭이 표시된다. 뷰 탭의 내용에서 ③"옵션" 탭을 선택하면 ④뷰 정의 내용을 확인할 수 있다.

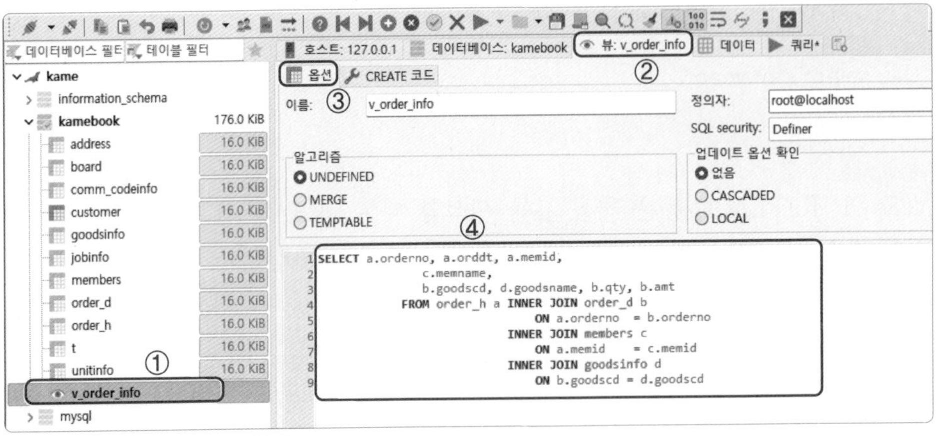

그림 7.92 • View 생성 결과 확인

[그림 7.92]에서 ②"뷰: ..." 탭 오른쪽의 ⑤"데이터" 탭을 선택하면 ⑥뷰를 통해 조회할 수 있는 데이터를 [그림 7.93]과 같이 확인할 수 있다.

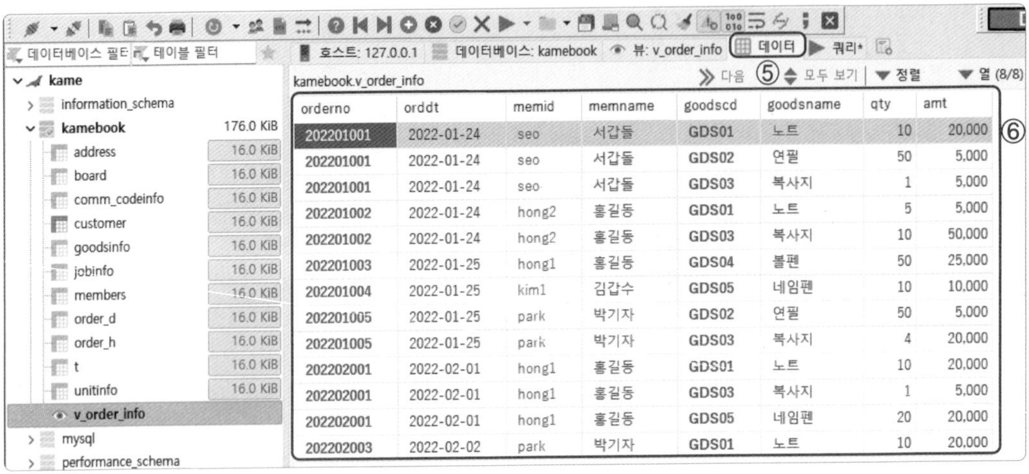

그림 7.93 • View를 이용하여 조회 가능한 데이터 확인

다음의 SELECT 쿼리문을 사용하여 뷰를 이용하는 데이터를 조회할 수 있다. 뷰의 이름을 테이블 이름처럼 사용하는 것 외에는 테이블을 이용하여 데이터를 조회하는 것과 같다. [그림 7.94]는 다음의 쿼리문을 실행한 결과이다.

```
예 01: SELECT * FROM v_order_info ORDER BY orderno;
```

v_order_info (13r × 8c)

orderno	orddt	memid	memname	goodscd	goodsname	qty	amt
202201001	2022-01-24	seo	서갑돌	GDS01	노트	10	20,000
202201001	2022-01-24	seo	서갑돌	GDS02	연필	50	5,000
202201001	2022-01-24	seo	서갑돌	GDS03	복사지	1	5,000
202201002	2022-01-24	hong2	홍길동	GDS01	노트	5	5,000
202201002	2022-01-24	hong2	홍길동	GDS03	복사지	10	50,000
202201003	2022-01-25	hong1	홍길동	GDS04	볼펜	50	25,000
202201004	2022-01-25	kim1	김갑수	GDS05	네임펜	10	10,000
202201005	2022-01-25	park	박기자	GDS02	연필	50	5,000
202201005	2022-01-25	park	박기자	GDS03	복사지	4	20,000
202202001	2022-02-01	hong1	홍길동	GDS01	노트	10	20,000
202202001	2022-02-01	hong1	홍길동	GDS03	복사지	1	5,000
202202001	2022-02-01	hong1	홍길동	GDS05	네임펜	20	20,000
202202003	2022-02-02	park	박기자	GDS01	노트	10	20,000

그림 7.94 • View를 이용하는 SELECT 쿼리문의 실행 결과 1

[그림 7.93]과 [그림 7.94]의 데이터에 차이가 없음을 확인할 수 있다.

뷰를 사용하면서 SELECT 쿼리문이 간결해졌다. 위의 SELECT 쿼리문, 즉 [그림 7.94]의 데이터를 사용하는 많은 프로그램이 있다면 테이블에서 직접 데이터를 조회하는 쿼리문보다 뷰에서 데이터를 조회하는 쿼리문이 간결해지는 만큼 프로그램이 간결해지는 것이다.

뷰를 사용하는 이유는 다음과 같은 뷰의 특징 또는 장점이 있기 때문이다.

- ▷ 데이터를 조회하는 쿼리문을 단순화한다.
- ▷ 경험이 부족한 개발자가 최적화되지 않은 쿼리문을 실행하여 성능이 저하되는 것을 방지할 수 있다.
- ▷ 보안이 중요시되는 열을 제외하여 뷰를 생성하고, 일반 사용자는 뷰를 이용해서만 데이터를 조회하도록 하여 보안 Security을 향상할 수 있다.

▷ 주로 SELECT 목적으로 사용하지만, INSERT/UPDATE/DELETE에서도 사용할 수 있다.
▷ ORDER BY 절은 뷰 정의에서 허용되지만, 뷰를 사용하는 SELECT 쿼리문에 ORDER BY 절이 있으면 뷰 정의에 포함된 ORDER BY 절은 무시된다.
▷ 테이블을 공개할 때 원래의 열 이름을 숨기고 별칭 alias를 사용하여 데이터를 공개할 수도 있다.
▷ 뷰를 정의할 때 사용되는 SELECT 쿼리문에서 시스템 변수 또는 사용자 변수를 사용할 수 없다.

뷰를 생성하는 다음의 쿼리문을 입력하고 선택 실행하고, 생성된 뷰를 이용하여 뷰의 모든 데이터를 조회해 본다. [그림 7.95]는 생성된 뷰의 모든 데이터를 조회한 결과이다.

예

```
CREATE OR REPLACE VIEW v_members_open
    AS
        SELECT memid AS 'USERID',
               memname AS 'USERNAME',
               addr AS '주소',
               jobcd AS '직업코드'
           FROM members;
SELECT * FROM v_members_open;
```

뷰를 생성하는 쿼리문에서는 공개 가능한 열만을 사용하고, 뷰에서 사용하는 열의 이름도 AS 절의 별명 alias을 사용하여 모두 변경했다. 별명으로 한글을 사용할 수도 있지만, 다른 데이터베이스 시스템과의 호환성이나 시스템 특성에 따라 한글이 적용되지 않을 수도 있다.

v_members_open (6r × 4c)

USERID	USERNAME	주소	직업코드
hong1	홍길동	인천 동구 송림동	2
hong2	홍길동	서울 강남구 신사동	9
kim1	김갑수	인천 연수구 연수동	1
park	박기자	경기 부천시	3
seo	서갑돌	인천 동구	1
Taeh	태현	경기 수원시	4

그림 7.95 • View를 이용하는 SELECT 쿼리문의 실행 결과 2

뷰를 많이 사용하여 뷰의 장점을 최대한 활용하는 것이 데이터베이스 운영에 도움이 된다. 또한, 뷰는 실제 데이터를 담고 있는 것이 아니기 때문에 불필요하다고 생각되면 언제든 삭제할 수 있다.

뷰 정보 확인과 뷰 삭제 13.2

사용하는 뷰의 구조, 즉 열 구성과 열의 데이터 유형 등을 확인할 수 있다. 다음의 쿼리문과 같이 DESCRIBE 쿼리문에서 뷰의 이름을 지정하면 뷰의 정보를 나타낸다. [그림 7.96]은 뷰의 정보를 확인한 결과이다.

```
예 01: DESCRIBE v_members_open;
```

COLUMNS (4r × 6c)

Field	Type	Null	Key	Default	Extra
USERID	varchar(10)	NO		(NULL)	
USERNAME	varchar(20)	NO		(NULL)	
주소	varchar(100)	YES		(NULL)	
직업코드	char(1)	YES		(NULL)	

그림 7.96 • View 정보 확인 1

[그림 7.96]에서 뷰를 구성하는 열의 이름과 데이터 유형, 열에 NULL 허용 여부 그리고 기본값 설정 등의 정보를 확인할 수 있다.

뷰의 다른 정보를 확인해 보자. 다음의 쿼리문을 입력하고 선택 실행한다. [그림 7.97]은 다음의 쿼리문을 실행한 결과이다.

```
예 01: SHOW CREATE VIEW v_members_open;
```

결과 #1 (1r × 4c)

View	Create View	character_set_client	collation_connection
v_members_open	CREATE ALGORITHM=UNDEFINED DEFINER=`root`@`localhost` SQL SECURITY DEFINER VIEW `v_members_open` AS select `members`.`memid` AS `USERID`,`members`.`memname` AS `USERNAME`,`members`.`addr` AS `주소`,`members`.`jobcd` AS `직업코드` from `members`	utf8mb4	utf8mb4_general_ci

그림 7.97 • View 정보 확인 2

[그림 7.97]의 결과에서 뷰의 이름과 뷰를 생성할 때 사용된 쿼리문 관련 정보, 문자 셋 등의 정보를 확인할 수 있다.

Note

결과 셋의 내용 보기 옵션 조정

쿼리문을 실행하는 결과 셋을 볼 때 열 내용의 길이가 길면, 앞부분만 표시되고 나머지 내용을 볼 수 없다. HeidiSQL에서는 결과 셋을 나타낼 때 기본으로 1줄로 행의 내용을 표시하기 때문이다. HeidiSQL에서 결과 셋을 표시하는 영역에서 각 열의 경계선을 마우스로 드래그하여 각 열의 너비Width를 조정하여 내용을 볼 수 있다.

또 다른 방법으로 HeidiSQL의 옵션 설정을 변경하여 결과 셋을 몇 줄로 행의 내용을 표시할지 설정할 수 있다. HeidiSQL 창의 메뉴 [도구] ▶ [환경 설정] 메뉴를 선택하면 [그림 7.98]과 같은 "환경 설정" 창이 표시된다. "환경 설정" 창에서 "격자 서식 설정' 탭을 선택하고, "격자 행의 텍스트 줄" 옵션 값을 변경하면, 결과 셋의 한 행은 변경된 줄 수만큼 공간을 차지하고 내용을 표시한다. [그림 7.97]은 "격자 행의 텍스트 줄" 옵션을 10으로 변경한 것이다.

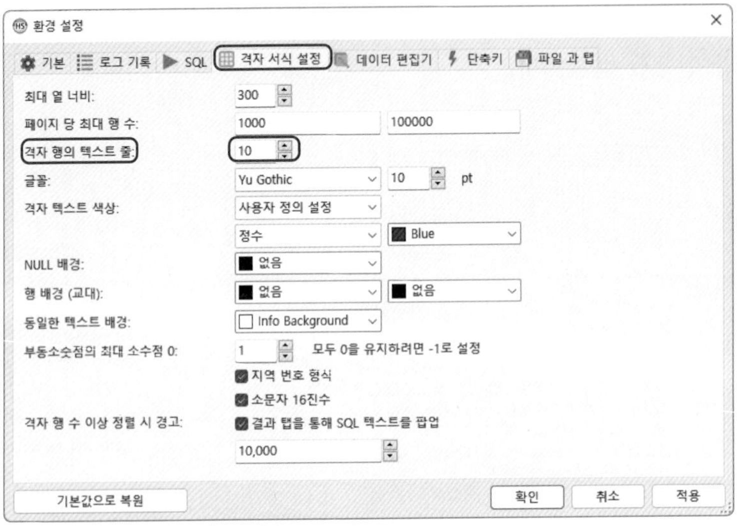

그림 7.98 • HeidiSQL 환경 설정

불필요하다고 생각되는 뷰는 다음의 쿼리문과 같이 DROP VIEW 쿼리문에서 뷰의 이름을 지정하여 언제든 삭제할 수 있다. 지금은 다음의 쿼리문을 실행하지 않는다.

예
```
DROP VIEW v_members_open;
```

13.3 뷰를 이용한 데이터 INSERT • UPDATE • DELETE

`members` 테이블로부터 일부 데이터를 조회하면서 `v_members_open` 뷰를 생성했다. 뷰로 데이터를 INSERT 하거나, 뷰의 데이터에 대한 UPDATE 또는 DELETE 쿼리문을 실행하면 뷰를 생성할 때 사용된 테이블, 즉 `members` 테이블에 INSERT, UPDATE, DELETE의 결과가 반영된다. 원본 데이터를 담고 있는 테이블의 데이터가 변경되어야 뷰의 내용이 변경되기 때문이다.

뷰로 데이터를 추가하는 INSERT 쿼리문과 원본 데이터를 담고 있는 테이블을 조회하는 SELECT 쿼리문을 다음과 같이 입력하고 선택 실행한다. [그림 7.99]는 SELECT 쿼리문의 실행 결과이다.

예
```
INSERT INTO v_members_open (USERID, USERNAME)  -- 뷰의 열 이름 사용
    VALUES ( 'abcde', '뷰로 추가' );
SELECT memid, memname, addr    -- `members` 테이블의 열 이름 사용
    FROM members               -- 뷰를 생성하는 원본 데이터 테이블을 조회
    WHERE memid = 'abcde';     -- 뷰에서 추가한 memid만 조회
```

쿼리문을 작성할 때 주의할 점이 있다. INSERT 쿼리문에서는 뷰의 열 이름을 사용해야 하고, SELECT 쿼리문에서는 `members` 테이블의 열 이름을 사용해야 한다.

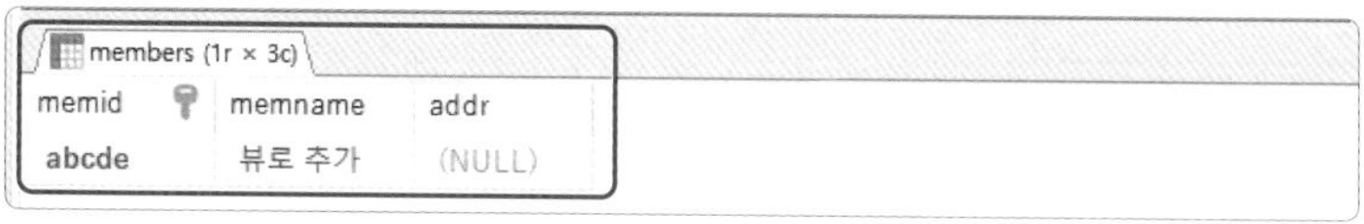
members (1r × 3c)

memid	memname	addr
abcde	뷰로 추가	(NULL)

그림 7.99 • 뷰로 INSERT 쿼리문을 실행한 결과 확인

뷰로 데이터를 업데이트하는 UPDATE 쿼리문과 원본 데이터를 담고 있는 테이블을 조회하는 SELECT 쿼리문을 다음과 같이 입력하고 선택 실행한다. [그림 7.100]은 SELECT 쿼리문의 실행 결과이다.

예
```
UPDATE v_members_open
    SET `주소` = '제주도 서귀포시'    -- 뷰의 열 이름 사용
    WHERE USERID = 'abcde';       -- 뷰의 열 이름 사용
SELECT memid, memname, addr      -- `members` 테이블의 열 이름 사용
    FROM members                 -- 뷰를 생성하는 원본 데이터 테이블을 조회
        WHERE memid = 'abcde';   -- 뷰에서 업데이트한 memid만 조회
```

members (1r × 3c)

memid	memname	addr
abcde	뷰로 추가	제주도 서귀포시

그림 7.100 • 뷰로 UPDATE 쿼리문을 실행한 결과 확인

뷰로 데이터를 삭제하는 DELETE 쿼리문과 원본 데이터를 담고 있는 테이블을 조회하는 SELECT 쿼리문을 다음과 같이 입력하고 선택 실행한다. [그림 7.101]은 SELECT 쿼리문의 실행 결과이다.

예
```
DELETE FROM v_members_open
    WHERE  USERID = 'abcde';  -- 뷰의 열 이름 사용
SELECT memid, memname, addr   -- `members` 테이블의 열 이름 사용
    FROM members              -- 뷰를 생성하는 원본 데이터 테이블을 조회
    WHERE memid = 'abcde';    -- 뷰에서 삭제한 memid만 조회
```

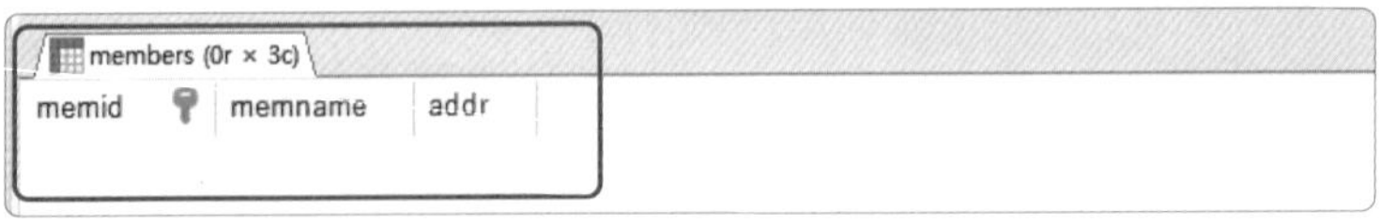
members (0r × 3c)

memid	memname	addr

그림 7.101 • 뷰로 DELETE 쿼리문을 실행한 결과 확인

DELETE 쿼리문이 실행되었기 때문에 `members` 테이블에서 조회된 데이터가 없는 것을 [그림 7.101]의 결과에서 확인할 수 있다.

앞서 생성했던 `v_order_info` 뷰는 JOIN을 사용하여 뷰를 생성했다. JOIN을 사용하여 생성된 뷰로 데이터를 추가하는 INSERT 쿼리문을 실행하면, FROM 절에서 사용된 첫 번째 테이블에 데이터가 입력된다.

JOIN을 사용하여 생성된 `v_order_info` 뷰로 데이터를 추가하는 INSERT 쿼리문과 원본 데이터를 담고 있는 테이블을 조회하는 SELECT 쿼리문을 다음과 같이 입력하고 선택 실행한다. [그림 7.102]는 SELECT 쿼리문의 실행 결과이다.

예
```
INSERT INTO v_order_info (orderno, orddt, memid)  -- 뷰의 열 이름 사용
    VALUES ( '202203001', '2022-03-01', 'kim1' );
SELECT orderno, orddt, memid      -- `members` 테이블의 열 이름 사용
    FROM order_h;                 -- 뷰를 생성하는 원본 데이터 테이블을 조회
```

order_h (8r × 3c)

orderno	orddt	memid
202201001	2022-01-24	seo
202201002	2022-01-24	hong2
202201003	2022-01-25	hong1
202201004	2022-01-25	kim1
202201005	2022-01-25	park
202202001	2022-02-01	hong1
202202003	2022-02-02	park
202203001	2022-03-01	kim1

그림 7.102 • JOIN을 사용한 뷰로 INSERT 쿼리문을 실행한 결과 확인

`order_h` 테이블의 마지막 행으로 뷰를 사용하여 추가한 데이터를 [그림 7.102]에서와 같이 확인할 수 있다.

JOIN을 사용하여 생성된 `v_order_info` 뷰로 추가한 데이터를 삭제하는 DELETE 쿼리문을 입력하고 선택 실행하면, [그림 7.103]과 같은 오류 메시지 창이 표시된다.

예
```
DELETE FROM v_order_info
     WHERE orderno = '202203001';    -- 뷰의 열 이름 사용
```

JOIN을 사용하여 생성된 뷰에는 UPDATE/DELETE 쿼리문은 사용할 수 없다.

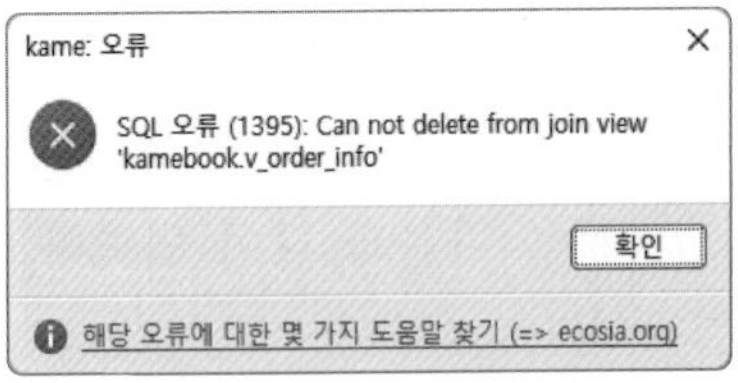

그림 7.103 • JOIN을 사용한 뷰로 DELETE 쿼리문을 실행한 결과 확인

계속되는 실습을 위해 뷰를 통해 추가한 데이터를 다음의 쿼리문을 사용하여 `order_h` 테이블에서 삭제한다.

예
```
DELETE FROM order_h
     WHERE orderno = '202203001';
```

뷰를 사용할 때 뷰에 정의되지 않은 열을 사용하면, 테이블에서 정의되지 않은 열을 사용할 때와 같이 오류 메시지 "Unknown column '열이름' in field list"를 담은 오류 메시지 창이 표시된다(5장의 [그림 5.78] 참조).

뷰를 생성하는 다른 예로, GROUP BY 절을 사용하는 쿼리문을 사용하여 뷰를 생성하고 생성된 뷰에 INSERT 쿼리문을 사용하여 데이터를 추가해 본다.

예
```
CREATE OR REPLACE VIEW v_groupby
     AS
         SELECT memid, SUM(ordamt) AS total FROM order_h
             GROUP BY memid ;
```

이어서 다음의 INSERT 쿼리문을 사용하여 뷰에 데이터를 추가한다. 다음의 INSERT 쿼리문을 실행하면 [그림 7.104]와 같은 오류 메시지 창이 표시된다.

예
```
INSERT INTO v_groupby (memid, total) VALUES ('kim1', 1000);
```

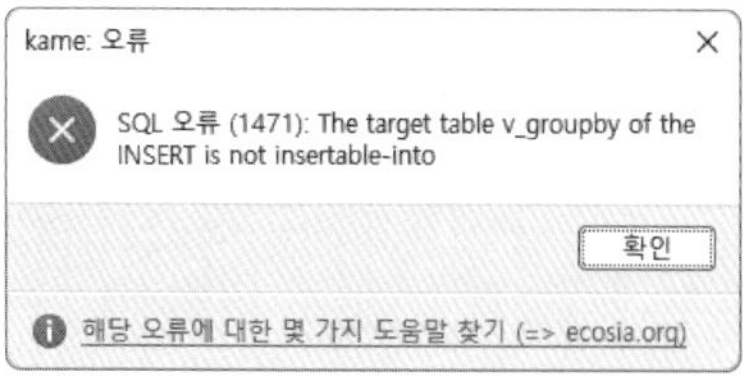

그림 7.104 • GROUP BY 절을 사용한 뷰로 INSERT 쿼리문을 실행한 결과 확인

GROUP BY 절을 사용하여 생성된 뷰에 데이터를 추가하면 원본 데이터를 담고 있는 테이블의 특정 행을 구분할 수 없기 때문에 발생하는 오류이다. 오류 메시지의 내용은 "The target table v_groupby of the INSERT is not insertable-into"로 INSERT 쿼리문에서 지정한 뷰에 데이터를 추가할 수 없다는 의미이다.

이렇게 뷰에는 데이터를 추가할 수 있는 경우도 있고 추가할 수 없는 경우도 있다. MariaDB에는 이를 구분할 수 있는 정보를 제공한다.

MariaDB에서 제공하는 `information_schema` 데이터베이스에는 MariaDB 내에서 생성되고 사용되는 모든 데이터베이스와 테이블, 뷰 등의 정보가 저장된다. `information_schema` 데이터베이스의 `TABLES` 테이블에는 모든 테이블 정보가 저장되고, `VIEWS` 테이블에는 모든 뷰의 정보가 저장된다. [그림 7.105]는 HeidiSQL의 세션 개체 목록에서 `information_schema` 데이터베이스의 `VIEWS` 테이블을 선택하여 해당 테이블의 데이터를 일부 확인한 것이다.

[그림 7.105]에서 `TABLE_SCHEMA` 열과 `TABLE_NAME` 열에서 `kamebook` 데이터베이스에 있는 `v_groupby`, `v_members_open`, `v_order_info` 뷰의 목록을 확인할 수 있다. `VIEW_DEFINITION` 열에는 뷰 정의 내용이 있다. 또한, `IS_UPDATABLE` 열의 값으로 뷰로 데이터를 추가할 수 있는지를 확인할 수 있다. `IS_UPDATABLE` 열의 값이 'YES'이면 해당 뷰로 데이터를 수정할 수 있고, 'NO'이면 해당 뷰로 데이터를 수정할 수 없는 경우이다. `v_groupby` 뷰는 'NO'로 표시되어 있다. 즉, 해당 뷰로 데이터를 추가, 수정, 삭제할 수 없음을 확인할 수 있다.

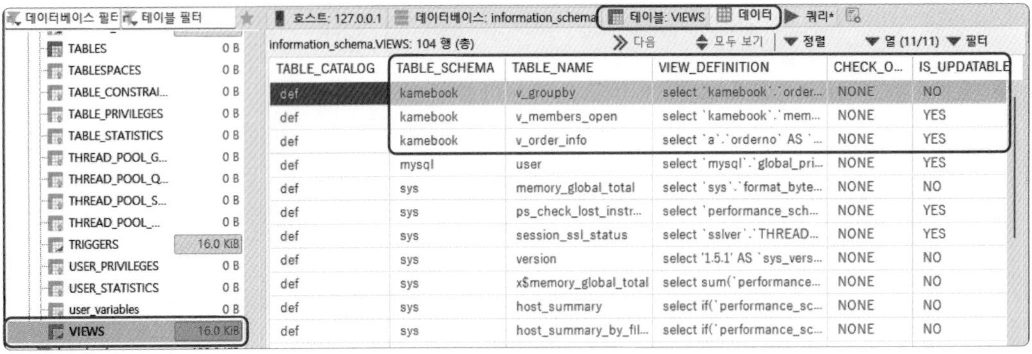

TABLE_CATALOG	TABLE_SCHEMA	TABLE_NAME	VIEW_DEFINITION	CHECK_O...	IS_UPDATABLE
def	kamebook	v_groupby	select `kamebook`.`order...	NONE	NO
def	kamebook	v_members_open	select `kamebook`.`mem...	NONE	YES
def	kamebook	v_order_info	select `a`.`orderno` AS `...	NONE	YES
def	mysql	user	select `mysql`.`global_pri...	NONE	YES
def	sys	memory_global_total	select `sys`.`format_byte...	NONE	NO
def	sys	ps_check_lost_instr...	select `performance_sch...	NONE	YES
def	sys	session_ssl_status	select `sslver`.`THREAD...	NONE	YES
def	sys	version	select '1.5.1' AS `sys_vers...	NONE	NO
def	sys	x$memory_global_total	select sum(`performance...	NONE	NO
def	sys	host_summary	select if(`performance_sc...	NONE	NO
def	sys	host_summary_by_fil...	select if(`performance_sc...	NONE	NO

그림 7.105 • `information_schema` 데이터베이스의 `VIEWS` 테이블의 데이터 확인

다음의 SELECT 쿼리문을 사용하여 `information_schema` 데이터베이스의 `VIEWS` 테이블로부터 필요한 데이터만 조회해 보자. `TABLE_SCHEMA` 열의 값이 'kamebook'인 데이터의 `TABLE_NAME` 열과 `IS_UPDATABLE` 열을 조회한다. [그림 7.106]은 실행 결과이다.

```
예 01: SELECT TABLE_NAME,
              IS_UPDATABLE
         FROM information_schema.VIEWS
         WHERE TABLE_SCHEMA = 'kamebook';
```

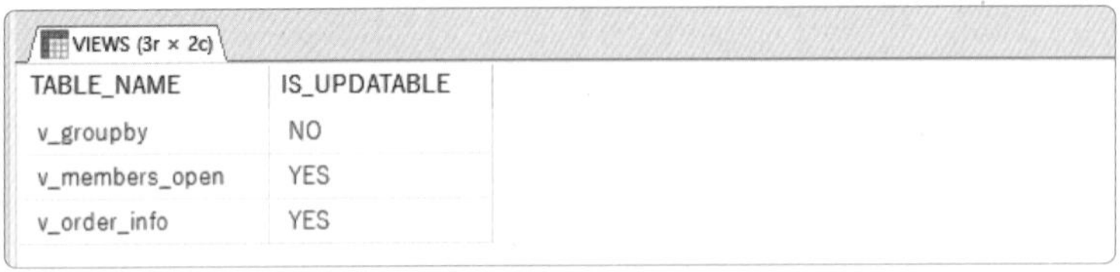

TABLE_NAME	IS_UPDATABLE
v_groupby	NO
v_members_open	YES
v_order_info	YES

그림 7.106 • `information_schema` 데이터베이스의 `VIEWS` 테이블의 데이터 조회 결과

위의 쿼리문은 다음과 같이 작성할 수도 있다. USE 문으로 사용할 데이터베이스를 먼저 지정하면, 이후 쿼리문에서 데이터베이스 이름을 생략할 수 있다.

예

```
USE information_schema;       -- 사용할 데이터베이스 선택
SELECT TABLE_NAME,
       IS_UPDATABLE
    FROM VIEWS                -- 데이터베이스 이름 생략
    WHERE TABLE_SCHEMA = 'kamebook';
```

[그림 7.106]과 같이 조회된 정보를 바탕으로 뷰에서 데이터를 INSERT/UPDATE/DELETE할 수 있는지 여부를 확인하고 쿼리문을 작성할 수 있어야 할 것이다. 또한, `IS_UPDATABLE` 열의 값이 'YES'로 표시되어도 INSERT/UPDATE/DELETE가 모두 가능한 것은 아니다. `v_order_info` 뷰의 경우 JOIN을 사용하여 뷰를 생성했고, JOIN을 사용한 뷰는 INSERT는 가능하지만, UPDATE/DELETE는 안 되는 것을 앞서 확인했다.

CHAPTER 8

데이터베이스 유지관리

지금까지 데이터베이스를 생성하고 데이터베이스 내에 테이블을 만들어 사용하는 여러 가지 상황을 실습했다. 데이터베이스와 테이블을 사용하다 보면 데이터베이스 또는 테이블의 속성을 변경하거나, 테이블에 열을 추가하거나 삭제하는 등의 테이블 구조를 변경해야 할 필요가 있을 수 있다. 이 장에서는 이러한 데이터베이스를 유지 관리하는 방법을 살펴본다.

1 테이블 구조/속성 변경

테이블 구조 또는 속성 변경은 ALTER 문을 사용한다. ALTER 문의 기본 형식은 다음과 같다.

ALTER 문의 기본 형식

```
ALTER TABLE [IF EXISTS] tbl_name
   alter_specification [, alter_specification] ...

alter_specification:
   table_option ...
 | ADD [COLUMN] [IF NOT EXISTS] col_name column_definition
      [FIRST | AFTER col_name ]
 | ADD {INDEX|KEY} [IF NOT EXISTS] [index_name]
      [index_type] (index_col_name,...) [index_option] ...
 | ADD [CONSTRAINT [symbol]] PRIMARY KEY
      [index_type] (index_col_name,...) [index_option] ...
 | ADD [CONSTRAINT [symbol]]
      UNIQUE [INDEX|KEY] [index_name]
      [index_type] (index_col_name,...) [index_option] ...
 | ADD [CONSTRAINT [symbol]]
      FOREIGN KEY [IF NOT EXISTS] [index_name] (index_col_name,...)
      reference_definition
 | ALTER [COLUMN] col_name SET DEFAULT literal | (expression)
 | ALTER [COLUMN] col_name DROP DEFAULT
 | CHANGE [COLUMN] [IF EXISTS]
      old_col_name new_col_name column_definition
      [FIRST|AFTER col_name]
```

```
| MODIFY [COLUMN] [IF EXISTS] col_name column_definition
    [FIRST | AFTER col_name]
| DROP [COLUMN] [IF EXISTS] col_name [RESTRICT|CASCADE]
| DROP PRIMARY KEY
| DROP {INDEX|KEY} [IF EXISTS] index_name
| DROP FOREIGN KEY [IF EXISTS] fk_symbol
| DROP CONSTRAINT [IF EXISTS] constraint_name
| RENAME [TO] new_tbl_name
| RENAME COLUMN old_col_name TO new_col_name
| RENAME {INDEX|KEY} old_index_name TO new_index_name
| CONVERT TO CHARACTER SET charset_name [COLLATE collation_name]
| [DEFAULT] CHARACTER SET [=] charset_name
| [DEFAULT] COLLATE [=] collation_name
| COMMENT 'string'
```

ALTER 문의 구조가 복잡해 보이지만, 간단히 보면 '|' 문자가 반복된다. '|'는 '또는'의 의미로 앞뒤 요소를 모두 사용할 수도 있고 선택적으로 사용할 수 있다는 의미이다. 그리고 가장 많이 사용되는 'ADD'는 테이블에 추가하는 것이고, 'DROP'은 테이블에서 삭제하는 것이다. 실습을 통해서 ALTER 문장을 사용하는 방법을 확인해 보자.

HeidiSQL 창의 세션 개체 목록에서 `kamebook` 데이터베이스를 마우스로 클릭하거나, '쿼리' 탭에서 다음 문장을 입력하고 실행하여 사용할 데이터베이스를 선택한다.

```
01: USE `kamebook`;
```

실습을 위해서 `members` 테이블과 같은 구조의 테이블을 생성한다. 테이블 이름은 `members_alter_test`로 한다. 테이블은 HeidiSQL의 메뉴 기능을 이용하거나, CREATE 문을 이용하여 생성할 수 있다. 여기서는 이미 존재하는 테이블과 같은 구조의 테이블을 생성하기 때문에 다음의 CREATE 문을 이용하여 테이블을 생성한다.

예
```
01: CREATE TABLE IF NOT EXISTS `members_alter_test`
02:      LIKE `members` ;
```

위의 쿼리문에서 "IF NOT EXISTS" 절은 `members_alter_test` 테이블이 존재하지 않을 때 테이블을 생성하고, 테이블이 존재하면 경고 메시지 창을 표시하고 쿼리문의 실행을 중단한다. 생성된 테이블은 HeidiSQL 창의 세션 개체 목록을 새로고침하면 확인할 수 있다. "LIKE `members`" 절은 `members` 테이블과 같은 구조로 만들도록 한다.

1.1 테이블 이름 변경

다음의 쿼리문으로 테이블 이름을 변경할 수 있다.

예
```
01: ALTER TABLE `members_alter_test` RENAME `members_temp`;
```

테이블 이름 `members_alter_test`를 `members_temp`로 변경한다. 테이블 이름을 변경한 결과는 HeidiSQL 창의 세션 개체 목록에서 확인한다.

1.2 테이블 내의 열 이름 변경

다음의 쿼리문으로 테이블 내의 열 이름을 변경할 수 있다. 테이블 내의 열 이름을 변경하면서 데이터 유형까지지도 변경할 수 있다.

예
```
01: ALTER TABLE `members_temp`
02:     CHANGE COLUMN jumin juminno VARCHAR(64);
```

위의 쿼리문은 `members_temp` 테이블 내의 `jumin` 열의 이름을 `juminno`로 변경한다. 열 이름을 변경하면서 데이터 유형을 지정해야 하기 때문에 데이터 유형까지지도 변경할 수 있다.

1.3 테이블 내의 열 속성 변경

다음의 쿼리문으로 테이블 내의 지정된 열의 속성을 변경할 수 있다.

예
```
ALTER TABLE `members_temp`
    MODIFY COLUMN juminno
        VARCHAR(64) DEFAULT NULL COMMENT '주민등록번호';
```

위의 쿼리문은 `members_temp` 테이블 내의 `juminno` 열의 데이터 유형을 VARCHAR(64), 기본값을 NULL로 변경하고 그리고 COMMENT 속성값을 '주민등록번호'로 변경한 것이다.

1.4 테이블 내의 열 삭제

다음의 쿼리문으로 테이블 내의 지정된 열을 삭제할 수 있다.

예
```
ALTER TABLE `members_temp`
    DROP COLUMN IF EXISTS `juminno`;
```

IF EXISTS 절을 사용하는 경우 삭제하려는 열 이름이 존재할 때 지정된 열을 삭제한다. 지정된 열 이름이 존재하지 않으면 IF EXISTS를 사용하는 경우 경고 메시지가 표시되고, IF EXISTS를 사용하지 않는 경우 오류 메시지가 표시된다.

열을 삭제하면 해당 열에 저장된 데이터까지 모두 삭제된다. 삭제하는 열이 뷰 View 또는 트리거 Trigger에서 사용되는 경우, 뷰 또는 트리거를 실행할 때 오류가 발생한다. 삭제하는 열이 색인 Index에 포함되어 있으면 색인에서 제거된다. 트리거와 색인은 뒤에서 살펴본다.

1.5 테이블 내의 열 추가

다음의 쿼리문으로 테이블 내에 지정된 열을 추가할 수 있다. 앞에서 삭제한 열을 추가해 보자.

예
```
ALTER TABLE `members_temp`
    ADD COLUMN IF NOT EXISTS juminno
        VARCHAR(64) NULL DEFAULT NULL COMMENT '주민번호'
        AFTER passwdmdt ;
```

테이블에 열을 추가할 때 IF NOT EXISTS 절을 사용하는 경우 추가하려는 이름의 열이 존재하지 않을 때 추가한다. IF NOT EXISTS를 사용할 때 추가하려는 이름의 열이 존재하면 경고 메시지를 표시하고, IF NOT EXISTS를 사용하지 않을 때 추가하려는 이름의 열이 존재하면 오류 메시지를 표시한다. AFTER 절에서 지정하는 이름의 열 뒤에 추가한다.

다음의 쿼리문을 입력하고 선택 실행하여 열을 추가해 보자.

예
```
ALTER TABLE `members_temp`
    ADD COLUMN IF NOT EXISTS tempcol
        VARCHAR(64) NULL DEFAULT NULL COMMENT '임시 열'
        FIRST;
```

열 추가에서 FIRST 절을 사용하면 테이블의 첫 번째 열 위치에 열을 추가한다. 열을 추가한 결과를 확인한 뒤에 `tempcol` 열은 삭제해야 이어지는 실습에 문제가 발생하지 않는다.

1.6 기본키 Primary Key 설정 및 삭제

다음의 쿼리문은 테이블에 설정된 기본키를 삭제한다.

예
```
ALTER TABLE `members_temp`
    DROP PRIMARY KEY;
```

다음의 쿼리문은 테이블에 기본키를 설정한다.

예
```
ALTER TABLE `members_temp`
    ADD CONSTRAINT PRIMARY KEY (`memid`);
```

1.7 CHECK 제약사항 Constraints 설정 및 삭제

CHECK 제약사항은 테이블 내의 열에 입력되는 값이 올바른지를 검사하도록 하는 제약사항이다.

다음의 쿼리문으로 CHECK 제약사항을 설정한다.

예
```
ALTER TABLE `members_temp`
    ADD CONSTRAINT ck_mileage CHECK (mileage >= 10) ;
```

`members_temp` 테이블의 `mileage` 열에 값이 입력될 때 10이상의 값이 입력되도록 한다. 10미만의 값이 입력되면 [그림 8.1]과 같은 오류 메시지가 표시된다. 'ck_mileage'는 제약사항의 이름이다.

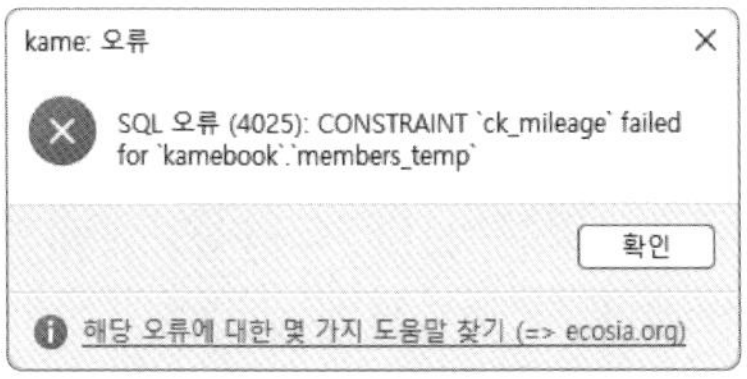

그림 8.1 • CHECK 제약사항을 위반할 때 오류 메시지

CHECK 제약사항을 설정한 뒤에 테이블을 생성하는 CREATE 문의 코드를 확인하면 다음과 같다. CONSTRAINT 절을 확인할 수 있다.

```
CREATE TABLE `members_temp` (
    `memid` VARCHAR(10) NOT NULL COMMENT '회원ID'
            COLLATE 'utf8mb4_general_ci',
     ··· 생략 ···
    PRIMARY KEY (`memid`) USING BTREE,
    CONSTRAINT `ck_mileage` CHECK (`mileage` >= 10)
)
COLLATE='utf8mb4_general_ci'
ENGINE=InnoDB;
```

다음의 쿼리문으로 설정된 CHECK 제약사항을 삭제할 수 있다.

예
```
ALTER TABLE `members_temp`
    DROP CONSTRAINT ck_mileage;
```

설정된 제약사항을 삭제할 때는 DROP CONSTRAINT 절에 삭제하려는 제약사항의 이름을 지정한다.

특정 열에 논리적으로 문제가 있는 데이터는 입력되지 않도록 하는 방법은 여러 가지가 있다. 일반적으로 사용하는 첫 번째 방법은 데이터 점검이 필요한 열에 적절한 CHECK CONSTRAINT를 설정하는 방법이다. 두 번째 방법은 응용 프로그램에서 데이터 검증을 실행하여 올바른 데이터만 데이터베이스로 전달하는 방법이다. 또 다른 방법으로는 외래키 Foreign Key 제약사항을 설정하는 방법이 있다.

1.8 외래키 Foreign Key 제약사항 설정 및 삭제 I

2장, [그림 2.4]의 개체 관계도에서 '주문기본' 개체의 '주문자ID' 속성을 '외래키 FK'로 설정했고, '주문상세' 개체의 '상품ID' 속성을 '외래키 FK'로 설정했지만, 각 개체를 구현한 테이블에는 외래키를 설정하지 않았다. 테이블에 외래키를 설정한 이후에 어떠한 현상이 발생하는지를 알아보면, 외래키가 무엇인지 그리고 외래키가 왜 필요한지를 이해할 수 있다.

외래키를 설정하기 전에 다음의 쿼리문을 사용하여 `goodsinfo` 테이블과 `order_d` 테이블의 데이터를 먼저 확인해 보자.

```
SELECT goodscd, goodsname, unitcd, unitprice
    FROM goodsinfo;

SELECT orderno, goodscd, unitcd, qty
    FROM order_d
    WHERE goodscd = 'GDS05';
```

[그림 8.2]는 `goodsinfo` 테이블을 조회한 결과이다.

goodsinfo (6r × 4c)

goodscd	goodsname	unitcd	unitprice
GDS01	노트	01	2,000
GDS02	연필	02	100
GDS03	복사지	03	5,000
GDS04	볼펜	02	500
GDS05	네임펜	02	1,000
GDS06	크레파스	02	1,500

그림 8.2 • `goodsinfo` 테이블 조회 결과

[그림 8.3]은 `order_d` 테이블에서 `goodscd` 열의 값이 'GDS05'인 데이터를 조회한 결과이다.

order_d (2r × 4c)

orderno	goodscd	unitcd	qty
202201004	GDS05	02	10
202202001	GDS05	02	20

그림 8.3 • `order_d` 테이블 조회 결과

다음의 쿼리문을 입력하고 선택 실행하여 `order_d` 테이블에 외래키 FK를 설정한다.

예

```
ALTER TABLE order_d
    ADD CONSTRAINT FK_order_d_goodsinfo
        FOREIGN KEY (goodscd) REFERENCES goodsinfo(goodscd);
```

외래키를 설정한 `order_d` 테이블의 생성 코드인 CREATE 쿼리문과 테이블 구조를 확인하면 [그림 8.4]와 같다.

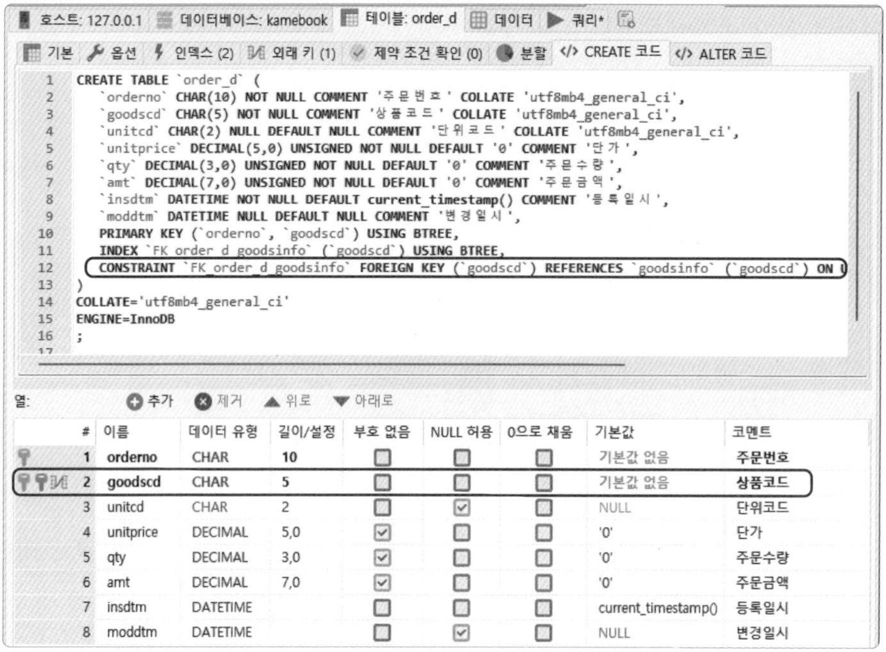

그림 8.4 • `order_d` 테이블 CREATE 쿼리문과 구조 확인

`order_d` 테이블에 데이터를 추가하는 다음의 INSERT 쿼리문을 입력하고 선택 실행하면, [그림 8.5](a)와 같은 오류 메시지 창이 표시된다.

```
INSERT INTO order_d (orderno, goodscd, qty, amt)
    VALUES ('202202003', 'GDS07', 20, 20000);
```

오류의 원인은 입력하는 데이터의 상품코드 'GDS07'은 `goodsinfo` 테이블에 존재하지 않는 데이터이기 때문이다.

[그림 8.5](a)의 오류 메시지는 "Cannot add or update a child row: a foreign key constraint fails ..."로 "외래키 제약사항 실패로 자식 테이블에 행을 추가하거나 업데이트할 수 없다."는 의미이다. [그림 8.5](b)의 오류 메시지는 "Cannot delete or updat a parent row: a foreign key constraint fails ..."로 "외래키 제약사항 실패로 부모 테이블에서 행을 삭제하거나 업데이트할 수 없다."는 의미이다.

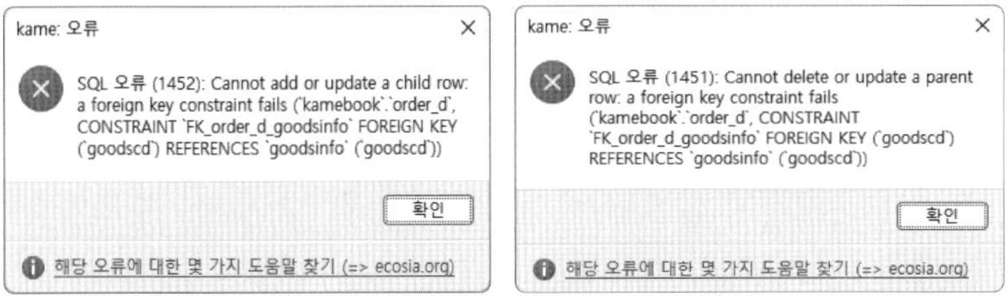

(a) (b)

그림 8.5 • 외래키 제약사항 위반으로 인한 오류 메시지

`order_d` 테이블에 외래키를 설정하는 쿼리문의 부분을 다시 보자.

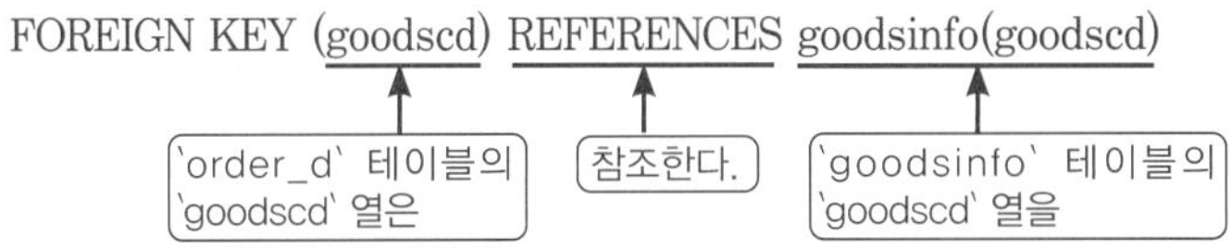

쿼리문의 설명을 조합하면 "`order_d` 테이블의 `goodscd` 열은 `goodsinfo` 테이블의 `goodscd` 열을 참조한다."는 의미이다. 결과적으로 외래키 설정으로 `order_d` 테이블의 `goodscd` 열에는 반드시 `goodsinfo` 테이블의 `goodscd` 열에 있는 값만 사용할 수 있게 된다. 이렇게 어떤 열에서 다른 테이블에 있는 관련된 열의 값만 사용할 수 있도록 제한하는 것이 외래키 제약사항이다.

상품정보를 담고 있는 `goodsinfo` 테이블에서 `goodscd` 열의 값이 'GDS05'인 행을 삭제하는 다음의 쿼리문을 입력하고 선택 실행하면, [그림 8.5](b)와 같은 오류 메시지 창이 표시된다.

```
DELETE FROM goodsinfo
    WHERE goodscd = 'GDS05';
```

`goodsinfo` 테이블에서 `goodscd` 열의 값이 'GDS05'인 데이터를 `order_d` 테이블의 데이터에서 사용하고 있는 것을 [그림 8.2]에서 확인할 수 있다. 즉, 다른 테이블에서 참조하는 값을 삭제할 수 없는 것이다. 외래키 제약사항이 설정되어 있기 때문이다.

여기서 `goodsinfo` 테이블은 부모 Parent이고, `order_d` 테이블은 자식 Child이다. 부모에서 행을 삭제할 때, 삭제하려는 행에서 외래키로 설정한 열의 값이 자식에서 사용되었으면 삭제할 수 없다. 즉, 외래키 제약사항 위반이다. 또한, 자식에 데이터를 추가할 때 외래키로 설정한 열의 값이 부모에 존재하지 않으면 데이터를 추가할 수 없다. 부모와 자식에서 데이터를 업데이트할 때도 같은 논리가 적용된다.

[그림 8.4]에서 보았던 외래키 제약사항이 설정된 테이블의 CREATE 쿼리문을 자세히 보면, 다음과 같은 내용이 있다.

```
CONSTRAINT `FK_order_d_goodsinfo`
    FOREIGN KEY (`goodscd`)
    REFERENCES `goodsinfo` (`goodscd`)
        ON UPDATE RESTRICT ON DELETE RESTRICT
```

ON UPDATE RESTRICT ON DELETE RESTRICT 절은 DELETE와 UPDATE를 제한한다는 의미로, 외래키 제약사항이 설정된 열이 다른 테이블을 참조하는 경우 DELETE와 UPDATE를 제한하는 것이다. 이 절은 외래키 제약사항을 추가할 때 자동으로 설정된다.

두 테이블의 관계를 다시 한번 확인하기 위해 다음의 INSERT 쿼리문을 입력하고 실행하여 `goodsinfo` 테이블에 데이터를 추가한다.

```
INSERT INTO goodsinfo (goodscd, goodsname, unitcd, unitprice)
    VALUES ('GDS07', '색연필', '01', 1000);
```

상품코드 'GDS07'인 데이터를 `goodsinfo` 테이블에 추가했기 때문에, 앞서 오류가 발생했던 다음의 INSERT 쿼리문을 실행하여 `order_d` 테이블에 데이터를 추가해도 오류는 발생하지 않는다.

```
INSERT INTO order_d (orderno, goodscd, qty, amt)
    VALUES ('202202003', 'GDS07', 20, 20000);
```

외래키 설정에 적용할 수 있는 다른 옵션 절을 적용하기 위해서 다음의 쿼리문을 입력하고 선택 실행하여 현재 설정된 외래키 제약사항을 삭제한다.

예
```
01: ALTER TABLE order_d
        DROP FOREIGN KEY IF EXISTS FK_order_d_goodsinfo;
```

'FK_order_d_goodsinfo'는 앞서 설정한 외래키 제약사항의 이름이다.

1.9 외래키 Foreign Key 제약사항 설정 및 삭제 II

다음의 쿼리문을 입력하고 선택 실행하여, 다른 옵션을 사용하는 외래키 제약사항을 설정한다.

예
```
01: ALTER TABLE order_d
        ADD CONSTRAINT  FK_order_d_goodsinfo
            FOREIGN KEY (goodscd) REFERENCES goodsinfo(goodscd)
                ON DELETE CASCADE ;
```

설정한 ON DELETE CASCADE 제약사항의 기능을 확인하기 위해 다음의 쿼리문을 입력하고 실행한다.

```
DELETE FROM goodsinfo WHERE goodscd = 'GDS07';
```

쿼리문의 실행으로 부모 테이블인 `goodsinfo` 테이블에서 상품코드가 'GDS07'인 행의 데이터가 삭제된다. 그리고 자식 테이블인 `order_d` 테이블에서 상품코드 'GDS07'을 사용하는 행의 데이터까지 삭제된다. DELETE CASCADE는 자식 테이블에서 관련된 행을 모두 삭제하라는 의미이다. 논리적으로 모순이 발생할 수 있는 데이터를 정리하는 것이다. 그러나 과거 판매 실적 데이터까지 삭제하는 것은 또 다른 문제가 생길 수 있기 때문에 DELETE CASCADE 절을 사용할 때 신중하게 적용해야 한다.

1.10 외래키 Foreign Key 제약사항 설정 및 삭제 III

다시 `order_d` 테이블에 설정한 외래키 제약사항을 삭제하고 다른 옵션을 사용하는 외래키 제약사항을 설정한다.

예
```
ALTER TABLE order_d
    DROP FOREIGN KEY IF EXISTS FK_order_d_goodsinfo;
```

예
```
ALTER TABLE  order_d
    ADD CONSTRAINT FK_order_d_goodsinfo
        FOREIGN KEY (goodscd) REFERENCES  goodsinfo(goodscd)
            ON DELETE SET NULL;
```

위의 ALTER TABLE 쿼리문을 실행하면 [그림 8.6]과 같은 오류 메시지 창이 표시된다.

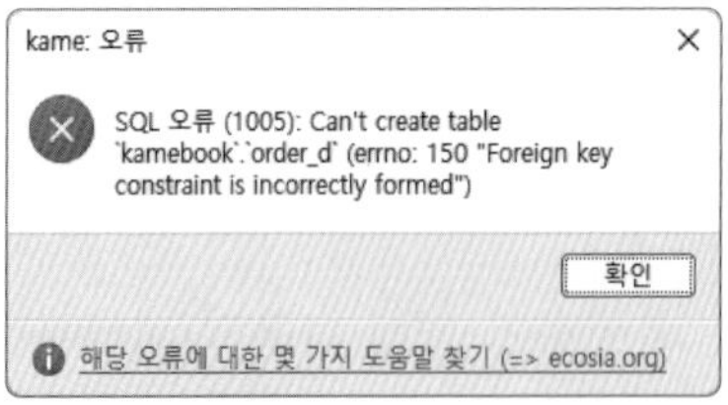

그림 8.6 • 외래키 제약사항 위반으로 인한 오류 메시지

오류 메시지의 내용은 "외래키 제약사항이 올바르지 않은 형식이다."는 의미이다. ON DELETE SET NULL은 `order_d` 테이블에서 행을 삭제할 때, 외래키로 설정된 `goodscd` 열의 값을 NULL로 설정하도록 하는 기능이다. 그러나 테이블 정의에서 `goodscd` 열은 NULL 값을 갖지 못하도록 설정되어 있어 테이블 정의 자체에 모순이 생기기 때문에 발생한 오류이다.

앞서 `order_d` 테이블에 마지막으로 외래키를 설정하는 ALTER TABLE 쿼리문에서 오류가 발생했기 때문에, 현재 `order_d` 테이블에는 외래키 설정이 없는 상태이다. 다음의 ALTER TABLE 쿼리문을 입력하고 선택 실행하여 `order_d` 테이블에 외래키 설정을 추가한다.

```
예  ALTER TABLE order_d
        ADD CONSTRAINT FK_order_d_goodsinfo
            FOREIGN KEY (goodscd) REFERENCES goodsinfo(goodscd);
```

1.11 외래키 Foreign Key 제약사항 설정 및 삭제 IV

`order_d` 테이블에서 `unitinfo` 테이블을 참조할 수 있도록 외래키를 설정해 보자. 다음의 ALTER TABLE 쿼리문을 입력하고 선택 실행한다.

```
예  ALTER TABLE order_d
        ADD CONSTRAINT FK_order_d_unitinfo
            FOREIGN KEY (unitcd) REFERENCES unitinfo(unitcd)
                ON DELETE SET NULL;
```

`unitinfo` 테이블의 현재 데이터 상태를 확인해 보기 위해 다음의 쿼리문을 입력하고 선택 실행한다. [그림 8.7]은 다음의 SELECT 쿼리문을 실행한 결과이다.

```
SELECT * FROM unitinfo;
```

unitinfo (4r × 2c)

unitcd	unitname
01	권
02	EA
03	BOX
99	기타

그림 8.7 • `unitinfo` 테이블의 데이터 확인

실습을 위해 다음의 INSERT 쿼리문을 실행하여 `order_d` 테이블에 데이터를 추가하고, SELECT 쿼리문으로 추가한 데이터를 확인한다. [그림 8.8]은 추가한 데이터를 조회하여 확인한 결과이다.

```
INSERT INTO order_d (orderno, goodscd, unitcd, unitprice, qty, amt)
    VALUES ('202202003', 'GDS06', '99', 1500, 20, 30000);

SELECT orderno, goodscd, unitcd, qty, amt
    FROM  order_d
    WHERE orderno = '202202003';
```

order_d (2r × 5c)

orderno	goodscd	unitcd	qty	amt
202202003	GDS01	01	10	20,000
202202003	GDS06	99	20	30,000

그림 8.8 • `order_d` 테이블에 추가한 데이터 확인 결과

`unitinfo` 테이블에서 데이터를 삭제하는 다음의 DELETE 쿼리문과 삭제 결과를 확인하는 SELECT 쿼리문을 입력하고 선택 실행하여 ON DELETE SET NULL 절의 기능을 다시 한번 확인해 보자. [그림 8.9]는 삭제 후 데이터를 조회한 결과이다.

예

```
DELETE FROM unitinfo WHERE unitcd = '99';

SELECT orderno, goodscd, unitcd, qty, amt
    FROM order_d
    WHERE orderno = '202202003';
```

`unitinfo` 테이블에서 `unitcd` 열의 값이 '99'인 데이터를 삭제한 뒤에, 데이터를 조회한 결과인 [그림 8.9]에서 보면 행이 삭제된 것이 아니라, 외래키가 설정된 `unitcd` 열의 값이 NULL로 변경된 것을 확인할 수 있다.

order_d (2r × 5c)

orderno	goodscd	unitcd	qty	amt
202202003	GDS01	01	10	20,000
202202003	GDS06	(NULL)	20	30,000

그림 8.9 • `unitinfo` 테이블에서 데이터 삭제 후, `order_d` 테이블의 데이터 확인

`order_d` 테이블의 `unitcd` 열에 추가된 외래키 제약사항의 ON DELETE SET NULL 절에 의해서 부모 테이블인 `unitinfo` 테이블에서 `unitcd` 열의 값이 '99'이니 데이터를 삭제할 때 자식 테이블인 `order_d` 테이블에서 `unitcd` 열의 값이 NULL로 대체된 것이다.

1.12 외래키 Foreign Key 제약사항 설정 및 삭제 V

`order_d` 테이블의 `unitcd` 열에 추가된 외래키 제약사항을 삭제하고, 다른 옵션을 이용하는 다음의 ALTER TABLE 쿼리문을 입력하고 선택 실행한다.

예
```
-- 설정된 외래키 제약사항 삭제
ALTER TABLE order_d
    DROP FOREIGN KEY IF EXISTS FK_order_d_unitinfo;
```

예
```
-- ON UPDATE SET NULL 절을 추가하는 외래키 제약사항 설정
ALTER TABLE order_d
    ADD CONSTRAINT FK_order_d_unitinfo
        FOREIGN KEY (unitcd) REFERENCES unitinfo(unitcd)
            ON UPDATE SET NULL
            ON DELETE SET NULL;
```

ON DELETE SET NULL에 관련 데이터가 삭제될 때 NULL 값으로 대체하는 것과 같이 ON UPDATE SET NULL은 관련 데이터가 업데이트될 때 NULL 값으로 대체한다.

테이블 내의 열에 여러 가지 외래키를 설정하는 방법을 살펴보았다. 다음의 쿼리문을 실행하면 테이블에 설정된 기본키 PRIMARY KEY와 외래키 FOREIGN KEY의 설정 내용을 확인할 수 있다. [그림 8.10]은 다음의 쿼리문을 실행한 결과이다.

```
SHOW INDEX FROM order_d;
```

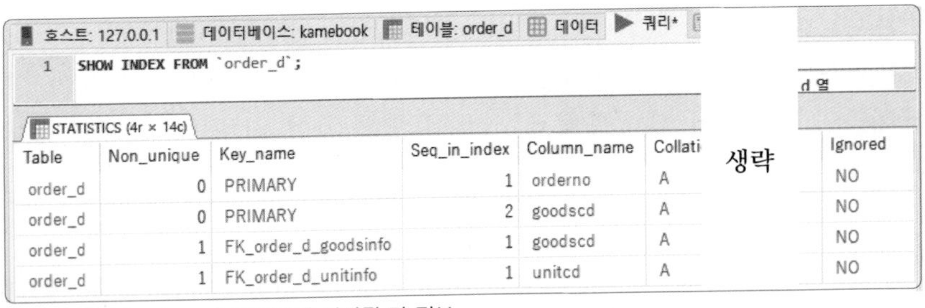

Table	Non_unique	Key_name	Seq_in_index	Column_name	Collati	Ignored
order_d	0	PRIMARY	1	orderno	A	NO
order_d	0	PRIMARY	2	goodscd	A	NO
order_d	1	FK_order_d_goodsinfo	1	goodscd	A	NO
order_d	1	FK_order_d_unitinfo	1	unitcd	A	NO

그림 8.10 • `order_d` 테이블에 설정된 키 정보

2 임시 테이블 Temporary Table

임시 테이블은 말 그대로 임시로 잠깐 동안 사용하는 테이블이다. 임시 테이블을 생성하는 구문은 다음과 같다.

CREATE TEMPORARY TABLE 문의 기본 형식

```
CREATE TEMPORARY TABLE `테이블 이름`
  ( 열 정의 . . . )
```

테이블을 생성하는 CREATE 문에 'TEMPORARY TABLE' 절이 추가된 것을 제외하면 일반 테이블을 생성하는 구문과 같다. 임시 테이블은 MariaDB에 연결한 뒤부터 연결을 끊을 때까지의 기간인 세션 session 내에서만 존재하고 세션이 닫히거나 MariaDB가 재시작되면 임시 테이블은 삭제된다. 일반 테이블을 삭제하는 DROP TABLE 문을 사용하여 임시 테이블을 삭제할 수도 있다.

임시 테이블은 임시 테이블을 생성한 클라이언트에서만 접근이 가능하고 다른 클라이언트에서는 접근이 불가능하다. 임시 테이블의 이름은 일반 테이블 이름과 같아도 관계없지만, 혼란을 피하기 위하여 일반 테이블의 이름과 같이 사용하지 않는 것이 좋다. 일반 테이블과 임시 테이블 이름이 같으면 임시 테이블에 먼저 접근하기 때문이다. 임시 테이블은 응용 프로그램에서 일시적으로 데이터를 보관을 하거나 연산을 위하여 사용하지만 자주 사용되는 것은 아니다.

CHAPTER 9

절차적 SQL 프로그래밍

절차적 SQL 프로그래밍은 쿼리문을 사용하여 프로그래밍하는 기능이다. 절차적 SQL 프로그래밍을 위해 필요한 여러 가지 요소를 살펴보고, SQL 문을 사용하여 프로그래밍은 어떻게 하는지 살펴볼 것이다.

1 주석 Comment

주석은 SQL 문의 실행과 관계없이 단순히 프로그램 코드에 설명을 기록하거나 일련의 SQL 문 그룹에서 일부분의 실행을 잠시 막기 위해서 사용한다. 필요한 SQL 문을 작성하고, 시간이 흐른 뒤에 다시 프로그램 코드를 보았을 때 이해가 잘되는 부분도 있겠지만, 어떤 부분은 왜 그렇게 작성했는지 기억이 나지 않거나 이해가 안 되는 부분도 있을 것이다. 작성하는 SQL 문에 대한 설명을 별도의 문서로 작성해 두고, 이 문서를 활용하여 작성한 SQL 문을 이해하는 데 도움을 받을 수 있지만, 매번 별도의 문서를 참조하는 것도 번거로운 일이기에 SQL 문에 직접 설명을 추가하는 것이다.

SQL 문에 주석을 기록하는 방법은 4가지가 있다.

첫 번째, 한 줄 주석으로 '--' 기호를 사용한다.
'--' 기호 뒤의 내용은 주석으로 SQL 실행과는 관계가 없다. '--' 기호 뒤에는 적어도 한 칸 이상의 공백이 있어야 한다.

```
예 01: SHOW INDEX FROM order_d;      -- 테이블의 키 정보를 나타낸다.
```

두 번째, 한 줄 주석으로 '#' 기호를 사용한다.
'#' 기호 뒤에 공백이 없어도 된다. 다른 기능은 '--' 기호와 같다.

```
예 01: SHOW INDEX FROM order_d;      #테이블의 키 정보를 나타낸다.
```

세 번째, 여러 줄 주석으로 '/* ... */' 기호를 사용한다.
'/*' 기호로 시작해서 '*/' 기호로 끝날 때까지의 내용을 모두 주석으로 처리한다. 여러 줄이 될 수 있다.

예
```
/* 여기서부터가 주석이다.
    SHOW INDEX TABLE 문은 지정한 테이블에
    설정된 키 정보를 표시한다.
    여기가 주석의 끝이다. */
    SHOW INDEX FROM order_d;
```

네 번째, 실행 가능한 주석으로 여러 줄 주석 내에서 다음의 기호를 사용하여 주석을 기술하면 SQL 문을 실행할 때 함께 실행된다.

```
/*!    ..... */
/*M!   ..... */
/*M!100900   ..... */
```

예
```
SELECT 1 /*! + 1 */;            # 주석 부분이 실행된다. 결과는 [그림 9.1]
```

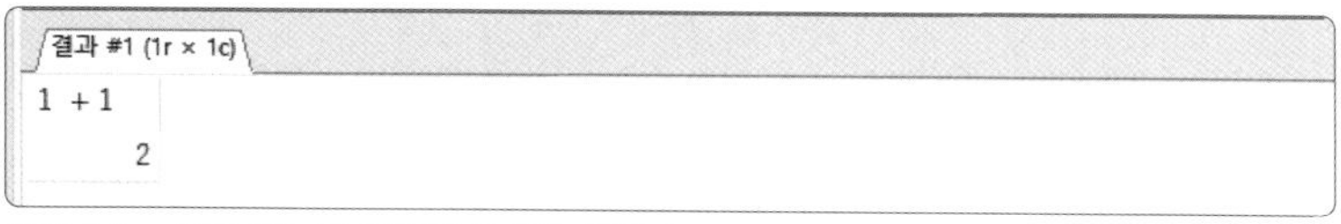

그림 9.1 • 실행 가능한 주석을 사용한 결과 1

예
```
SELECT 2 /*M! + 1 */;           # 주석 부분이 실행된다. 결과는 [그림 9.2]
```

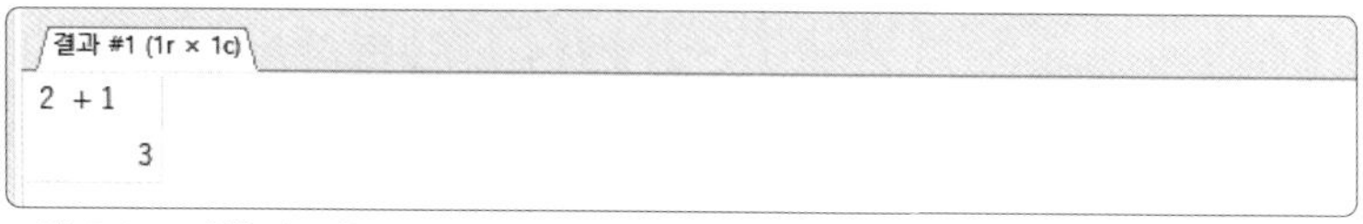

그림 9.2 • 실행 가능한 주석을 사용한 결과 2

예
```
SELECT 3 /*M!10900 + 1 */;  # 주석 부분이 실행된다. 결과는 [그림 9.3]
```

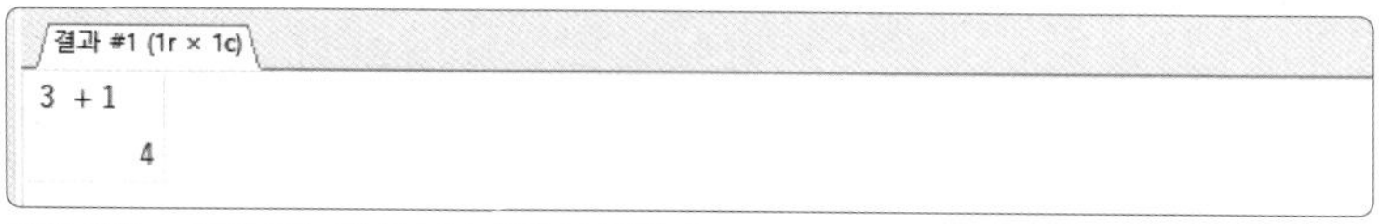

그림 9.3 • 실행 가능한 주석을 사용한 결과 3

Note

/*M!100900 ... */

100900은 MariaDB 버전 번호를 의미한다. 지정된 버전 이상에서 실행 가능한 주석으로 예는 10.9 버전 이상을 의미한다. 다음 예와 같이 주석문 내부에서 쿼리문을 사용하는 경우 쿼리문의 끝에 세미콜론 ;을 사용하지 않는다.

```
/*M!10900 SELECT memid, memname FROM members */
```

주석문 내부에서 세미콜론을 사용하면 오류가 발생한다.

흔히 '잘 만들어진 프로그램'이라고 할 수 있는 다양한 조건들이 있다. 그중 하나는 주석을 적절히 잘 사용하는 것이다. 그만큼 주석은 중요하다. 물론 귀찮은 일이지만, 주석을 적절하게 붙이면서 프로그래밍하는 습관을 키우는 것이 매우 중요함을 잊지 말자.

2 변수 Variables

변수는 SQL 문을 실행하는 과정에서 임시로 데이터를 저장하는 영역이라고 할 수 있다. 즉, 데이터를 저장하는 메모리 영역에 이름을 붙여 사용하는 것이다.

변수를 정의하는 주체에 따라 사용자 정의 변수 User Defined Variables와 시스템 변수 System Variables로 나눌 수 있다.

2.1 사용자 정의 변수 User Defined Variables

사용자 정의 변수는 사용자가 생성하고 세션 내에서만 사용 가능한 변수이다. 세션이 닫히면 사용자 변수는 사라진다. 따라서 다른 사용자가 생성한 변수는 사용할 수 없다. 사용자 정의 변수는 여러 쿼리문 또는 저장된 프로그램 Stored Program에서 공유할 수 있다.

변수의 이름은 '@' 기호로 시작하며, 영문자, 숫자 문자, $, _(밑줄) 그리고 .(점)을 사용하여 정의할 수 있다. 대소문자 구분은 하지 않는다. 이외의 문자를 변수 이름에 사용하는 경우에는 다음 예와 같이 기호로 묶어 변수 이름을 표현해야 한다.

```
예    @`var_name`      # 백틱 backtick 문자 사용
      @'var_name'      # 단일 따옴표 문자 사용
      @"var_name"      # 이중 따옴표 문자 사용
```

일반적인 프로그래밍 언어를 이용한 프로그래밍에서는 먼저 변수를 선언하고 사용해야 하지만, 데이터베이스 프로그래밍에서는 변수를 사용하는 시점에서 자동으로 변수가 선언되며, 변수에 저장 대입 또는 할당하는 값의 데이터 유형에 따라 변수의 데이터 유형도 결정된다. 따라서 변수의 데이터 유형을 분명히 하려면 변수에 저장하는 값을 CAST() 함수 또는 CONVERT() 함수 등을 사용하여 명확히 해야 한다. 변수에 값을 저장할 때는 SET 문을 사용한다. 변수에 값을 저장하는 것을 '대입한다' 또는 '할당한다'라고 한다.

다음 예는 묵시적으로 변수의 데이터 유형이 결정되는 예이다.

```
예
SET @A = 100, @B = 200; # @A와 @B의 데이터 유형은 정수가 된다.
SET @C = @A + @B;       # @A와 @B의 값을 덧셈하여 @C에 저장,
                        # 따라서 @C는 정수형
SELECT @A, @B, @C;      # 결과는 [그림 9.4]
```

결과 #1 (1r × 3c)

@A	@B	@C
100	200	300

그림 9.4 • 변수의 묵시적 데이터 유형 결정

다음 예는 명시적으로 변수의 데이터 유형이 결정되는 예이다.

```
예
SET @D = CAST('ABC' AS VARCHAR(5));
# MySQL에서는 CAST() 함수에서 VARCHAR는 적용되지 않는다.
# CHAR(5)를 사용해야 한다.
SET @E = CONVERT('DEF', CHAR(3));
SET @F = CONCAT(@D, @E);
SELECT @D, @E, @F, @G;    # @G는 값을 저장하지 않은 변수, 결과는 [그림 9.5]
```

결과 #1 (1r × 4c)

@D	@E	@F	@G
ABC	DEF	ABCDEF	(NULL)

그림 9.5 • 변수의 명시적 데이터 유형 결정

[그림 9.5]에서 변수 @G의 값은 NULL이다. 변수의 사용으로 변수가 정의는 되었지만, 값을 저장하지 않았기 때문에 NULL인 것이다.

다음 예는 SELECT 쿼리문의 조회 결과를 변수에 대입하는 예이다. SELECT 쿼리문의 실행 결과에서 열의 값을 변수에 저장할 때는 '='이 아닌 ':='을 사용한다. SELECT 쿼리문 내에서 '='을 사용하면 값을 변수에 저장하는 대입 연산자로 사용되는 것이 아니라, 비교 연산으로 동작하기 때문에 연산자 사용에 주의해야 한다.

예

```
SELECT @id := memid,
       @nm := memname
    FROM members WHERE  memid = 'kim1';
SELECT @id, @nm;                # 결과는 [그림 9.6]
```

members (1r × 2c) | members (1r × 2c)

@id := memid	@nm := memname
kim1	김갑수

그림 9.6 • 쿼리문의 조회 결과를 변수에 저장

다음 예는 SELECT 쿼리문의 조회 결과를 INTO 절을 사용하여 변수에 대입하는 예이다.

예

```
SELECT memid, memname INTO @id, @nm
    FROM members
    WHERE memid = 'kim1';
SELECT @id, @nm;                # 결과는 [그림 9.6]과 같다.
```

다음 예는 SELECT 쿼리문의 조회 결과를 INTO 절을 사용하여 변수에 대입할 때, 결과 셋이 2행 이상인 경우의 예이다. INTO 절을 사용할 때 결과 셋으로 2행 이상의 자료가 조회되면 [그림 9.7]과 같은 오류 메시지 창이 표시된다. SELECT 쿼리문의 조회 결과를 INTO 절을 사용하여 변수에 대입할 때는 조회되는 결과 셋은 반드시 1개 행의 자료가 되어야 한다. 예에서는 첫 번째 SELECT 쿼리문에서 오류가 발생하기 때문에 두 번째 SELECT 쿼리문은 실행되지 않는다. 하지만, 예에서 주의할 점이 있다. 2행의 데이터가 조회되면서 2행 중 첫 번째 행의 데이터가 변수 @id와 @nm에 대입되고, 2행 중 두 번째 행의 데이터를 변수에 대입할 때 오류가 발생해도 변수 @id와 @nm에는 값이 대입 되었다는 점이다.

예
```
SELECT memid, memname INTO @id, @nm
    FROM members
    WHERE memname = '홍길동'; # `members` 테이블에 '홍길동'은 2행이 있다.
SELECT @id, @nm;              # 결과는 [그림 9.7]과 같은 오류 메시지
```

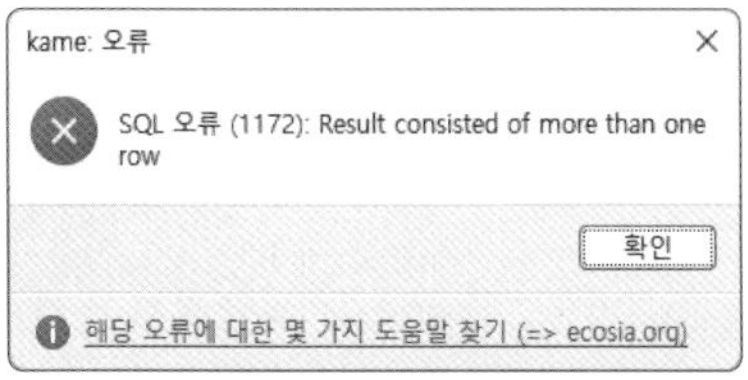

그림 9.7 • INTO 절을 사용할 때 2행 이상의 자료 조회에 의한 오류 메시지

다음 예는 SELECT 쿼리문의 조회 결과를 INTO 절을 사용하여 변수에 대입할 때, 조회된 데이터가 없는 경우의 예이다. INTO 절을 사용할 때 조회되는 결과가 없으면 [그림 9.8]과 같은 경고 메시지 창이 표시되고, 조회된 결과가 없음에도 [그림 9.9]와 같이 엉뚱한 데이터가 표시된다. [그림 9.7]의 오류 메시지 창을 표시했던 예에서 변수에 대입된 값이 표시된 것이다.

예
```
SELECT memid, memname INTO  @id, @nm
    FROM members
    WHERE memname = '홍길녀';
SELECT @id, @nm;        # 결과는 [그림 9.8]과 같은 경고 메시지와 [그림 9.9]
```

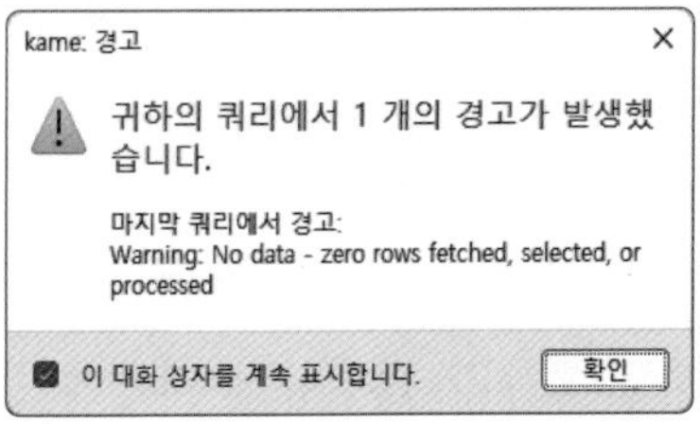

그림 9.8 • INTO 절을 사용할 때 조회된 데이터가 없는 경우의 경고 메시지

그림 9.9 • INTO 절을 사용할 때 경고 메시지와 함께 표시된 결과

다음 예는 함수의 실행 결과를 INTO 절을 사용하여 변수에 대입하는 예이다. 예를 실행하면, 첫 번째 SELECT 쿼리문을 실행하는 과정에서 [그림 9.10]과 같은 경고 메시지 창이 표시된다.

예
```
SELECT CONVERT(orddt, CHAR(7)) INTO @yyyymm
     FROM order_h
     WHERE orderno = '202201003';
SELECT @yyyymm;          # 결과는 [그림 9.10]과 같은 경고 메시지
```

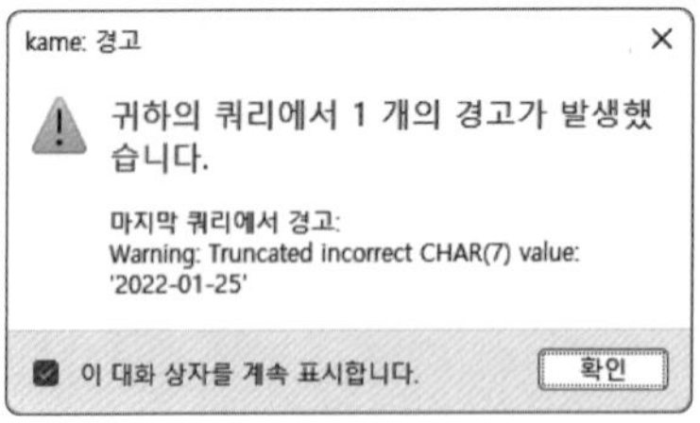

그림 9.10 • 함수를 사용할 때 경고 메시지

[그림 9.10]의 경고 메시지 창은 SELECT ... INTO 절 때문에 발생한 것은 아니다. CONVERT() 함수에서 발생한 경고 메시지이다. `orddt` 열의 값은 날짜 데이터 유형이다. 10자리로 표시되어 있는 값을 7자로 문자열로 변환하기 때문에 발생한 경고 메시지이다.

Note

날짜 유형의 데이터에서 일부를 사용할 때

날짜 유형의 데이터에서 CONVERT() 함수를 사용하여 다음 예와 같이 데이터의 일부를 문자로 변환하면 경고 메시지가 발생한다.

```
01: SELECT CONVERT(orddt, CHAR(7)) INTO @yyyymm
02:     FROM order_h WHERE orderno = '202201003';
```

경고 메시지를 피하려면, 날짜 유형의 데이터를 다음과 같이 CONVERT() 함수를 사용하여 문자열로 변경한 뒤에, LEFT() 함수로 변경된 문자열의 일부를 사용하면 된다.

```
01: SELECT LEFT(CONVERT(orddt, CHAR), 7) INTO @yyyymm
02:         FROM order_h WHERE orderno = '202201003';
03: SELECT @yyyymm;
```

또 다른 방법으로 다음과 같이 DATE_FORMAT() 함수와 LEFT() 함수를 사용할 수도 있다.

```
01: SELECT LEFT(DATE_FORMAT(orddt, '%Y-%m'), 7)
02:             INTO @yyyymm
03:     FROM order_h WHERE orderno = '202201003';
04: SELECT @yyyymm;
```

2.2 사용자 정의 변수 목록 확인

사용자 정의 변수는 세션 내에서 변수의 이름과 값이 유지되기 때문에 어떤 변수를 사용했는지 확인할 필요가 있다. 사용자 정의 변수는 `information_schema` 데이터베이스의 `USER_VARIABLES` 테이블에 저장된다.

다음 예는 SELECT 쿼리문을 사용하여 사용자 변수 목록을 확인해 본다.

예
```
SELECT *
    FROM `information_schema`.`USER_VARIABLES`
    ORDER BY `VARIABLE_NAME`;       # 결과는 [그림 9.11]
```

USER_VARIABLES (11r × 4c)

VARIABLE_NAME	VARIABLE_VALUE	VARIABLE_TYPE	CHARACTER_SET_NAME
A	100	INT	latin1
B	200	INT	latin1
C	300	INT	latin1
D	ABC	VARCHAR	utf8mb4
E	DEF	VARCHAR	utf8mb4
F	ABCDEF	VARCHAR	utf8mb4
id	hong1	VARCHAR	utf8mb3
nm	홍길동	VARCHAR	utf8mb3
X	2	INT	latin1
yyyymm	2022-01	VARCHAR	utf8mb4

그림 9.11 • 사용자 변수 목록 확인

3 SQL 프로그래밍 문 SQL Programming Statements

앞서 절차적 SQL 프로그래밍을 위한 기본 요소로 '주석'과 '변수'에 대해 살펴보았다. 이제 SQL을 이용하는 프로그래밍을 시작할 단계이다. 이와 관련하여 MariaDB에서 지원하는 SQL 프로그래밍 문 Statements을 살펴보자.

3.1 BEGIN ... END 문

BEGIN ... END는 하나 이상의 SQL 프로그램 코드를 블록으로 구성하기 위해 사용한다. 기본 구문 형식은 다음과 같다.

BEGIN ... END 문의 기본 형식

```
[begin_label:] BEGIN [NOT ATOMIC]
    [statement_list]
END [end_label]
```

BEGIN은 프로그램 코드 블록의 시작을 명시하고, END는 코드 블록의 끝을 명시한다. 뒤에서 살펴볼 저장 프로시저 Stored Procedure를 작성하거나, 사용자 정의 함수 등을 만들 때 사용한다. NOT ATOMIC은 BEGIN ... END를 사용하여 저장 프로시저 또는 사용자 정의 함수가 아닌 일반적인 프로그램 코드의 블록을 구성할 때 사용한다.

BEGIN ... END 내부의 각 문장은 세미콜론 ;으로 끝나야 한다. BEGIN ... END를 사용하여 프로그램 코드 블록을 작성할 때 각 블록을 구분하기 위한 이름으로 begin_label과 end_label을 사용하며, 두 가지는 같은 이름이어야 한다. begin_label은 생략할 수 있지만, begin_label 없이 end_label만 지정할 수는 없다. BEGIN ... END 내부에 BEGIN ... END를 중첩하여 사용할 수 있다.

BEGIN ... END 내부에는 블록 내부의 프로그램 코드 실행을 위해 여러 가지 선언이 필요할 수 있으며, 각 선언절은 다음과 같은 순서로 작성해야 한다.

- ▷ DECLARE local_variables;
- ▷ DECLARE CONDITION s;
- ▷ DECLARE CURSOR s;
- ▷ DECLARE HANDLER s;

하나 이상의 프로그램 코드를 BEGIN ... END로 블록을 구성하여 SQL 프로그램을 작성해 보자.

예

```
BEGIN NOT ATOMIC
    SET @A = 100, @B = 200;
    SET @C = @A + @B;
    SELECT @A, @B, @C;
END;
```

앞서 여러 쿼리문을 함께 실행하는 방법을 확인했다. HeidiSQL의 실행 옵션에서 "일괄 보내기"가 선택되어 있는 상태에서 예의 프로그램 코드를 드래그하여 블록을 지정한 뒤에 "선택 실행 Ctrl+F9"으로 프로그램 코드를 실행해야 한다. [그림 9.12]는 실행 결과이다.

그림 9.12 • BEGIN ... END 블록 실행 결과

MySQL에서는 "NOT ATOMIC" 속성이 지원되지 않아 예와 같이 일련의 SQL 문을 묶는 기능으로 BEGIN ... END를 사용할 수 없다. MySQL에서는 저장 함수 Stored Functions 또는 저장 프로시저 Stored Procedures를 작성할 때만 BEGIN ... END를 사용할 수 있다.

3.2 IF ... END IF 문

IF ... END IF 문은 IF ... END IF 내부에서 프로그램 코드를 선택적으로 실행한다.

IF ... END IF 문의 기본 구문 형식은 다음과 같다.

IF ... END IF 문의 기본 형식

```
IF 조건문1 THEN 조건문1이 참일 때 실행할 문들
   [ELSEIF 조건문2 THEN 조건문2가 참일 때 실행할 문들] ...
   [ELSE 조건문1과 조건문2가 거짓일 때 실행할 문들]
END IF;
```

다음 예는 IF ... END IF 문을 사용한 예이다. [그림 9.13]은 실행 결과이다.

예
```
BEGIN NOT ATOMIC
        SET @VAR1 = 100;
        IF  @VAR1 = 100 THEN
            SELECT '@VAR1은 100이다.';
        END IF;
END;
```

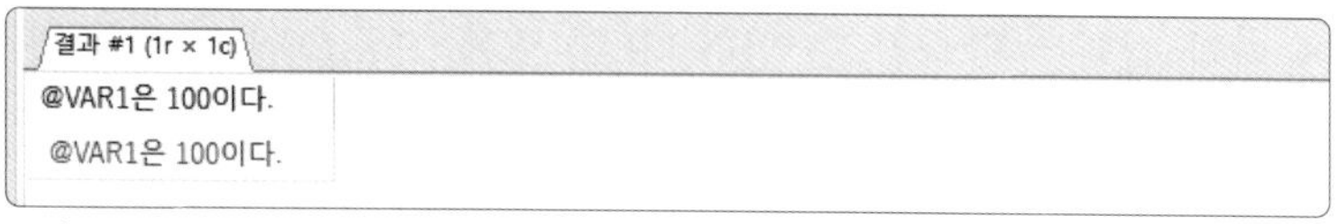

그림 9.13 • IF ... END IF 실행 결과

예의 프로그램 코드는 변수 @VAR1에 정수값 100을 저장하고, IF 문에서 변수의 값과 상수 100을 비교하여 비교 결과가 참이면 THEN 다음의 SELECT 쿼리문을 실행하고, 비교 결과가 거짓이면 SELECT 쿼리문을 실행하지 않는다.

위의 예를 확장하여 IF ... ELSE ... END IF 문을 사용하는 예를 보자. [그림 9.14]는 실행 결과이다.

예
```
BEGIN NOT ATOMIC
     SET @VAR1 = 200;
     IF @VAR1 = 100 THEN
         SELECT '@VAR1은 100이다.';
     ELSE
         SELECT '@VAR1은 100이 아니다.';
     END IF;
END;
```

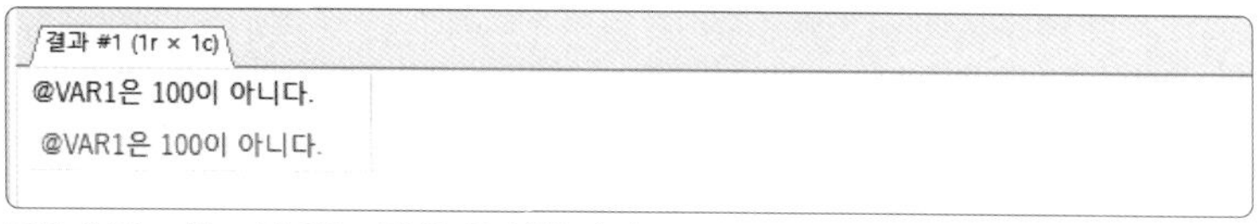

그림 9.14 • IF ... ELSE ... END IF 실행 결과

앞의 프로그램 코드는 변수 @VAR1에 정수값 200을 저장하고, IF 문에서 변수의 값과 상수 100을 비교하여 비교 결과가 참이면 THEN 다음의 SELECT 쿼리문을 실행하고, 비교 결과가 거짓이면 ELSE 다음의 SELECT 쿼리문을 실행한다. 조건의 결과에 따라 SELECT 쿼리문을 선택적으로 실행한다.

IF 문에서 조건절은 앞서 설명한 연산자, 함수 등을 이용하여 구성할 수도 있다. 조건절을 어떻게 구성하느냐에 따라 결과는 달라질 수 있다. 또한 SQL 프로그램 코드를 쉽게 읽을 수도 있고 그렇지 못할 수도 있다. 프로그램 코드를 쉽게 읽지 못하면 유지보수가 어려워진다. 이것을 '가독성 Readability'이라 한다. 가독성 Readability이 좋은 것이 잘 만들어진 프로그램이라고 할 수 있다.

IF ... END IF 문의 구조를 조금 더 확장하여 IF ... ELSEIF ... ELSE ... END IF 문을 사용하는 예를 보자. [그림 9.15]는 실행 결과이다.

예
```
BEGIN NOT ATOMIC
    SET @VAR1 = 70;
    IF @VAR1 > 100 OR @VAR1 < 0 THEN                # ①
        SELECT '범위 밖의 값이다.' AS '등급';         # ②
    ELSEIF @VAR1 >= 80 THEN                         # ③
        SELECT '상' AS '등급';                       # ④
    ELSEIF @VAR1 >= 60 THEN                         # ⑤
        SELECT '중' AS '등급';                       # ⑥
    ELSE                                            # ⑦
        SELECT '하' AS '등급';                       # ⑧
    END IF;
END;
```

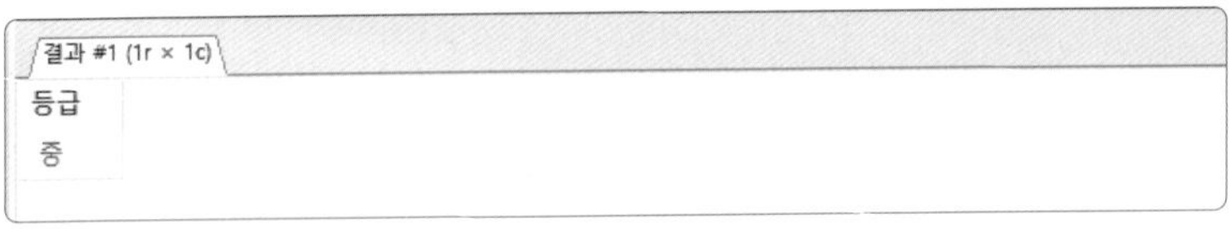

그림 9.15 • IF ... ELSEIF ... ELSE ... END IF 실행 결과

IF ... ELSEIF ... ELSE ... END IF 문은 다중 비교를 통해서 실행할 프로그램 코드를 선택하는 것이다. ①의 IF 조건절을 확인한 결과가 참이면 ②의 프로그램 코드를 실행하고, ①에서 거짓이면 ③의 ELSEIF 조건절을 확인하여 참이면 ④의 프로그램 코드를 실행한다. ③에서 거짓이면 ⑤의 ELSEIF 조건절을 확인하여 참이면 ⑥의 프로그램 코드를 실행한다. ⑤에서 거짓이면 ⑦의 ELSE 다음에 위치한 ⑧의 프로그램 코드를 실행한다. 결과적으로 ②, ④, ⑥, ⑧의 네 가지 프로그램 코드 중 조건절의 결과에 따라서 선택적으로 프로그램 코드를 실행한다.

3.3 CASE ... END 문

CASE ... END는 조건에 따라 값을 선택하는 기능이다. CASE ... END 문의 기본 구문 형식은 두 가지가 있다. 첫 번째 형식은 다음과 같다.

CASE ... END의 기본 형식 I

```
CASE case_value
   WHEN when_value1 THEN 실행할 문1
   [WHEN when_value2 THEN 실행할 문2] ...
   [ELSE 조건을 만족하지 못할 때 실행할 문]
END;
```

다음 예는 CASE ... END를 사용하는 예이다. [그림 9.16]은 실행 결과이다.

예
```
BEGIN NOT ATOMIC
     SET @grade = 'A';
     SET @estimate_score = CASE @grade
                                WHEN 'A' THEN 90
                                WHEN 'B' THEN 80
                                WHEN 'C' THEN 70
                                WHEN 'D' THEN 60
                                ELSE 59
                           END;
     IF @estimate_score >= 60 THEN
          SELECT CONCAT(@estimate_score, '이상이다.');
```

```
    ELSE
        SELECT CONCAT(@estimate_score, '이하이다.');
    END IF;
END;
```

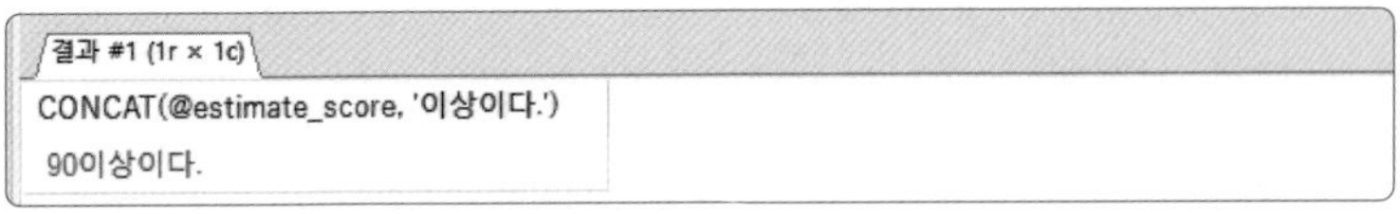

그림 9.16 • CASE ... END 실행 결과 1

CASE 절에 있는 변수의 값과 WHEN 절에 있는 값이 같은지를 비교하여 두 값이 같으면 THEN 이하의 값을 변수에 저장한다. 예의 프로그램 코드에서 보면, @grade 변수에 'A'가 저장되어 있고, CASE 절의 @grade 변수와 첫 번째 WHEN 절의 문자 'A'를 비교하여 같기 때문에 THEN 절의 값인 90을 @estimate_score 변수에 저장한다. CASE 문의 변수 값이 나열된 모든 WHEN 절에 일치하지 않을 때 마지막으로 ELSE 절의 값을 변수에 저장한다.

CASE ... END 문의 두 번째 형식은 다음과 같다.

CASE ... END 문의 기본 형식 II

```
CASE
   WHEN 조건식1 THEN 실행할 문1
   [WHEN 조건식2 THEN 실행할 문2] ...
   [ELSE 조건을 만족하지 못할 때 실행할 문]
END;
```

다음 예는 두 번째 CASE ... END 문을 사용하는 예이다. [그림 9.17]은 실행 결과이다.

예
```
BEGIN NOT ATOMIC
    SET @point = 77;

    SET @credit =  CASE
                        WHEN @point >= 90 THEN 'A'
```

```
                        WHEN @point >= 90 THEN 'A'
                        WHEN @point >= 80 THEN 'B'
                        WHEN @point >= 70 THEN 'C'
                        WHEN @point >= 60 THEN 'D'
                        ELSE 'F'
                    END;
    SELECT CONCAT('취득 점수는 ==> ', CAST(@point AS CHAR(3))),
           CONCAT('학점은 ==> ', @credit);
END;
```

결과 #1 (1r × 2c)

CONCAT('취득 점수는 ==> ', CAST(@point AS ...	CONCAT('학점은 ==> ', @credit)
취득 점수는 ==> 77	학점은 ==> C

그림 9.17 · CASE ... END 실행 결과 2

첫 번째 형식과는 다르게, CASE 문과 WHEN 절 사이에 변수가 없다. CASE 문이 실행되면 WHEN 절의 조건식을 순서대로 평가하고, 조건식의 결과가 참인 위치에 있는 THEN 절의 값을 @credit 변수에 저장한다.

WHILE ... END WHILE 문 3.4

WHILE ... END WHILE 문은 범위 내의 문장들을 반복 실행한다. 기본 형식은 다음과 같다. 기본 형식에서 'begin_label'과 'end_label'은 같아야 한다.

WHILE ... END WHILE 문의 기본 형식

```
[begin_label:] WHILE 조건식 DO
   실행할 문들
END WHILE [end_label];
```

다음 예는 WHILE ... END WHILE 문을 사용하는 예로 1~100까지 숫자의 합계를 계산한 결과를 나타낸다. begin_label과 end_label은 사용하지 않았다. [그림 9.18]은 실행 결과이다.

예

```
BEGIN NOT ATOMIC
    SET @tot = 0;
    SET @i = 0;
    WHILE @i < 100 DO              # ①
        SET @i = @i + 1;           # ②
        SET @tot = @tot + @i;      # ③
    END WHILE;                     # ④
    SELECT @tot AS '합계';
END;
```

그림 9.18 • WHILE 문을 사용한 결과

WHILE ... END WHILE 문은 WHILE 절에 기술된 조건식의 결과가 참인 동안 WHILE ... END WHILE 사이의 문장들을 반복 실행한다. ①에서 조건식 @i < 100의 결과가 참이기 때문에 WHILE 블록 내부로 들어가서 ② SET @i = @i +1; 문으로 변수 @i의 값을 1증가하고, ③ SET @tot = tot + @i; 문으로 변수 @i의 값을 변수 @tot에 누적한 뒤에 다시 WHILE 절의 조건식을 평가하는 ①부터의 과정을 반복한다. ③에서 마지막 누적한 변수 @i의 값이 100이면, WHILE 절에서 ①에서 조건식의 결과가 거짓이 되어 반복을 종료하고 END WHILE 절 다음에 위치한 문장으로 실행 순서를 이동한다.

WHILE ... END WHILE 문에서 조건식을 잘못 설정하면 무한 반복이 발생하거나, WHILE ... END WHILE 문 내부의 문장을 한 번도 실행하지 않을 수 있다. 조건식 설정에 주의해야 한다.

FOR … END FOR 문 3.5

FOR … END FOR 문은 일정 부분의 문장들을 반복 실행한다. 기본 형식은 다음과 같다. 기본 형식에서 'begin_label'과 'end_label'은 같아야 한다.

FOR . . . END FOR 문의 기본 형식

```
[begin_label:]
FOR 첨자 IN [ REVERSE ] 초기값 .. 목적값
DO
   실행할 문들
END FOR [ end_label ]
```

FOR … END FOR 문은 WHILE … END WHILE 문과 같이 범위 내의 문장을 반복 실행한다. MySQL에서는 FOR … END FOR 문을 지원하지 않는다.

다음 예는 FOR … END FOR 문을 사용하는 예로 앞서 WHILE … END WHILE 문에서 보았던 예를 FOR … END FOR 문으로 변경한 것이다. 실행 결과는 [그림 9.18]과 같다.

예

```
BEGIN NOT ATOMIC
     SET @tot = 0;
     FOR ix IN 1 .. 100 DO          # ①
         SET @tot = @tot + ix;      # ②
     END FOR;                       # ③
END;
SELECT @tot AS '합계';
```

WHILE 문과 다르게 1부터 100까지의 숫자를 증가하는 별도의 문장이 없다. FOR ix IN 1 .. 100 DO 문에서 변수 'ix'는 IN 절에서 지정한 1 .. 100에 의해서 1을 '초기값'으로 가지고 END FOR까지를 실행한 뒤에 FOR 절로 돌아와 변수 'ix'의 값을 자동으로 1증가하면서 다시 END FOR까지를 실행한다. 이렇게 반복하면서 '목적값'인 100으로 범위 내의 문장들을 마지막으로 실행한 뒤에 FOR … END FOR를 종료한다. 간단히 하면, 변수 ix의 값을 1부터 100까지 1씩 증가하면서 범위 내의 문장들을 반복 실행한다.

WHILE 문과 또 다른 차이점에는 변수 ix를 사용할 때 '@' 기호를 사용하지 않는다. 변수 ix는 지역변수 Local Variables로 FOR ... END FOR 범위 내에서만 사용할 수 있는 변수이다. 지역변수는 지역변수가 선언된 범위를 벗어나면 사용할 수 없으며, 변수 이름 앞에 '@' 기호를 붙이지 않는다. 상세한 내용은 9장의 "7. 지역 변수 사용"을 참조한다.

FOR ... END FOR 문을 사용하는 또 다른 예를 보자. 1부터 100까지의 숫자 중 짝수의 합계를 계산하는 예이다. 결과 표시는 생략한다.

예

```
BEGIN NOT ATOMIC
    SET @tot = 0;
    SET @k = 2;                     # ①
    FOR ix IN 1 .. 50 DO            # ②
        SET @tot = @tot + @k;       # ③
        SET @k = @k + 2;            # ④
    END FOR;                        # ⑤
END;
SELECT @tot AS '합계';
```

①에서 전역변수 @k = 2;로 초기값을 대입하고, ②의 FOR 문에 의해서 지역변수 ix는 초기값 1부터 목적값 50까지 1씩 증가하기 때문에 FOR ... END FOR 범위 내에 있는 ③과 ④를 50회 반복하게 된다. ③에서 변수 @k의 값을 변수 @tot에 누적하고 ④에서 변수 @k의 값을 2 증가하여 반복하는 방법으로 짝수의 합계를 계산한다. ③과 ④의 문장 순서를 바꾸면, ①에서 SET @k = 0;으로 초기화해야 한다.

3.6 *label* • LEAVE • ITERATE 문

ITERATE 문과 LEAVE 문의 기본 형식은 다음과 같다.

ITERATE/LEAVE 문의 기본 형식

```
ITERATE label

LEAVE label
```

ITERATE 문은 반복문의 범위 내부에서 "ITERATE *label*" 형식으로 사용되어 지정한 *label*로 실행 위치를 이동해서 반복을 계속하도록 한다. 이때 반복문의 시작 위치에 *label* 이름이 정의되어 있어야 한다. 즉, *label*은 어떤 위치의 문장에 이름 *label*을 정의하는 것이다. LEAVE 문 또한 반복문의 범위 내부에서 "LEAVE *label*" 형식으로 사용되어 반복 횟수와 관계없이 label 이름이 정의된 반복문의 실행을 중단하고 반복문 범위(END WHILE 또는 END FOR)의 다음 문장으로 실행 순서를 이동한다.

예를 보면서 *label*과 LEAVE 그리고 ITERATE 문에 대해 이해해 보자. 다음 예는 다음과 같은 조건의 결과값을 나타내는 예이다. 특별한 의미는 없고, 단순히 *label*과 LEAVE 그리고 ITERATE 문의 기능을 확인하기 위한 예이다. [그림 9.19]는 실행 결과이다.

> 1부터 100까지의 숫자를 반복하면서 7의 배수를 출력한다. 이때 7의 배수가 아닌 수를 모두 누적하여 누적값이 1000보다 크면 더는 반복하지 않고 계산된 누적값을 출력한다.

예

```
DELIMITER $$
BEGIN  NOT ATOMIC
    # Block1
    DROP TABLE IF EXISTS multiple7;
    CREATE TEMPORARY TABLE multiple7 (
        num INT,
        tot INT
    );
    # Block2
    SET @i = 1;
    SET @tot = 0;
    # Block3
    loop1: WHILE @i <= 100 DO
               IF (@i % 7 = 0) THEN   # ①
                   INSERT INTO multiple7 VALUES (@i, @tot);
                   SET @i = @i + 1;
                   ITERATE loop1;     # ② label 'loop1'으로 실행 위치 이동
               END IF;
               SET @tot = @tot + @i;  # ③
               IF (@tot > 1000) THEN  # ④
                   LEAVE loop1;       # ⑤ label 'loop1'이 부여된
                                      #    반복문의 범위를 탈출
               END IF;
               SET @i = @i + 1;
```

```
            END WHILE loop1;            # ⑥
END
$$
# Block4
SELECT ROWNUM() AS ‘seq’, num, tot FROM multiple7
UNION ALL
SELECT ‘합계’ AS ‘seq’, @i, @tot;
```

Block1에서 CREATE TOMPORART TABLE 문을 이용해서 임시 테이블 `multiple7`을 생성한다. 임시 테이블을 생성할 때 같은 이름의 테이블이 있으면 오류가 발생하기 때문에 테이블을 생성하기 전에 “DROP TABLE IF EXISTS `multiple7`;” 문으로 같은 이름의 테이블이 존재하는 경우 해당 테이블을 삭제한다.

Block2에서 1부터 100까지의 숫자를 제어하기 위한 변수 @i를 1로 초기화하고, 7의 배수가 아닌 수를 누적하기 위한 변수 @tot를 0으로 초기화한다.

Block3에서 WHILE 문을 시작하면서 ‘loop1:’으로 이름 label을 설정한다. ①의 IF 문에서 변수 @i에 저장된 값을 7로 나누어 나머지가 0과 같으면, 즉 변수 @i의 값이 7의 배수이면 INSERT 쿼리문을 실행하여 변수 @i와 @tot의 값을 임시 테이블에 저장하고, 변수 @i의 값을 1증가한 뒤에 ②ITERATE loop1; 문에 의해서 ‘loop1’으로 실행 위치를 이동해서 반복을 계속한다. ①에서 7의 배수가 아니면, END IF 다음 차례인 ③으로 실행 위치를 이동하여 변수 @i의 값을 변수 @tot에 누적한다. ④의 IF 문에서 변수 @tot의 값이 1000보다 크면 ⑤LEAVE loop1; 문을 실행하여 ⑥의 이름 ‘loop1’인 문장 위치로 이동하여 반복문을 탈출한다. 이후 # Block4를 계속 실행한다.

Block4는 BEGIN … END 블록이 끝난 뒤에 임시 테이블에 저장된 결과를 조회하는 SELECT … UNION ALL … SELECT 문을 실행하여 결과를 나타낸다.

multiple7 (7r × 3c)

seq	num	tot
1	7	21
2	14	84
3	21	189
4	28	336

그림 9.19 • 1부터 100까지의 7의 배수 목록과 7의 배수가 아닌 수들의 합계 계속

5	35	525
6	42	756
합계	48	1,029

그림 9.19 • 1부터 100까지의 7의 배수 목록과 7의 배수가 아닌 수들의 합계

Note

DELIMITER $$

쿼리문의 끝은 세미콜론 ;을 사용한다. 쿼리문을 포함한 여러 문장을 블록으로 묶어주는 BEGIN ... END 문을 사용하면 END까지가 한 문장이 된다. 따라서 문장의 끝에 세미콜론 ;을 사용하면 "END;"가 된다. 이때 전체 SQL 프로그램을 보면 어디가 BEGIN ... END 블록의 끝인지를 구분하기가 불분명해질 수 있다. 이러한 이유로 BEGIN 문 앞에 DELIMITER $$ 문으로 BEGIN ... END 블록의 시작을 선언하고, END 문 뒤에는 '$$' 기호를 선언하여 BEGIN ... END 블록을 분명하게 구분한다. '$$'가 아닌 'DELIMITER //'로 시작하고 '//'로 끝을 선언하는 것과 같이 다른 문자를 사용할 수도 있다. 그리고 SQL 원래의 구분 문자로 분명하게 전환하기 위하여 'DELIMITER ;'를 선언할 수 있다.

앞의 예를 FOR 문을 사용하여 다음 예와 같이 변경할 수 있다. 결과는 [그림 9.19]와 같다.

예
```
DELIMITER $$
BEGIN  NOT ATOMIC
    # Block1
    ... 생략 ...
    # Block2
    SET @tot = 0;
    # Block3
    loop1: FOR i IN 1 .. 100 DO
               IF (i % 7 = 0) THEN    # ①
                   INSERT INTO multiple7 VALUES ( i, @tot);
                   ITERATE loop1;     # ② 이름 'loop1'으로 실행 위치 이동
               END IF;
               SET @last_i =  i;      # ③ 반복 실행의 마지막 i 값을 저장
               SET @tot = @tot + i;   # ④
```

```
                IF (@tot > 1000) THEN   # ⑤
                    LEAVE loop1;        # ⑥ 이름 ‘loop1’이 부여된
                                        #    반복문의 범위를 탈출
                END IF;
            END FOR loop1;              # ⑦
END
$$
# Block4
SELECT ROWNUM() AS ‘seq’, num, tot FROM multiple7
UNION ALL
SELECT ‘합계’ AS ‘seq’, @last_i, @tot;
```

3.7 LOOP ... END LOOP 문

WHILE 문과 FOR 문은 조건에 따라 반복 횟수가 결정되지만, LOOP ... END LOOP 문은 무한 반복이다. 따라서 LOOP 문을 시작할 때 *label* 이름을 지정해야 하고, LOOP ... END LOOP 블록 내부에는 LEAVE 문을 사용해야 한다. 기본 형식에서 ‘begin_label’과 ‘end_label’은 같아야 한다.

LOOP ... END LOOP 문의 기본 형식

```
[begin_label:] LOOP
   실행할 문들
END LOOP [end_label]
```

다음 예는 LOOP ... END LOOP 문을 사용하여 1부터 100까지의 숫자 합계를 계산하는 예이다. 결과는 [그림 9.18]과 같다.

예

```
DELIMITER $$
BEGIN NOT ATOMIC
    SET @i   = 0;              # 1부터 100까지의 숫자, 초기값 0
    SET @tot = 0;              # 합계, 초기값 0
    loop1: LOOP
        IF @i >= 100 THEN      # 변수 @i의 값이 100이상이면,
            LEAVE loop1;       # LEAVE 문으로 ‘loop1’ 이름의 LOOP 범위 탈출
```

```
            END IF;
            SET @i = @i + 1;        # 변수 @i를 1 증가
            SET @tot = @tot + @i;   # 변수 @i의 값을 변수 @tot에 누적
        END LOOP loop1;
END
$$
SELECT @tot AS '합계';          # 누적 결과인 변수 @tot의 값 나타내기
```

LOOP ... LOOP END 문을 사용할 때는 반드시 LOOP 문의 시작에서 이름 label을 지정해야 하고, 범위 내에서 LEAVE 문을 사용해야 한다는 것에 주의해야 한다.

3.8 REPEAT ... UNTIL ... END REPEAT 문

REPEAT ... UNTIL ... END REPEAT 문은 WHILE 문과 비슷하게 반복하는 문장이다. 차이점은 WHILE 문은 먼저 조건절을 판단하여 참일 때 범위의 문장을 실행하지만, REPEAT 문은 먼저 범위의 문장을 실행하고 조건절을 판단하여 거짓일 때 반복을 계속한다. 결과적으로 WHILE 문은 범위의 문장을 한 번도 실행하지 않을 수 있지만, REPEAT 문은 범위의 문장을 최소 한 번은 실행한다.

REPEAT ... UNTIL ... END REPEAT 문의 기본 형식은 다음과 같다. 기본 형식에서 begin_label과 end_label은 같아야 한다.

REPEAT ... UNTIL ... END REPEAT 문의 기본 형식

```
[begin_label:] REPEAT
   실행할 문들
UNTIL search_condition
END REPEAT [end_label]
```

다음 예는 REPEAT ... UNTIL ... END REPEAT 문을 사용하여 1부터 100까지의 합계를 계산하는 예이다. 결과는 [그림 9.18]과 같다.

예

```
DELIMITER $$
BEGIN NOT ATOMIC
    SET @i   = 0;                # 1부터 100까지의 숫자, 초기값 0
    SET @tot = 0;                # 합계, 초기값 0
    REPEAT
        SET @i = @i + 1;         # 변수 @i를 1 증가
        SET @tot = @tot + @i;    # 변수 @i의 값을 변수 @tot에 누적
    UNTIL @i >= 100              # 조건절의 결과가 거짓이면 REPEAT부터 반복
    END REPEAT;                  # UNTIL에서 조건절의 결과가 참이면 반복 종료
END
$$
SELECT @tot AS '합계';          # 누적 결과인 변수 @tot의 값 나타내기
```

WHILE 문과 FOR 문 그리고 LOOP 문, REPEAT 문은 모두 반복문이다. 일련의 문장들을 반복해야 할 때 어떤 형식의 반복문을 사용할 것인지에 대한 정답은 없다. 일반적으로 반복 횟수가 명확하게 정의되어 있으면 FOR 문을 사용하지만, 주어진 조건에 따라 이해하기 쉽고 편하게 코드를 작성할 수 있는 반복문 형식을 선택하여 사용하면 된다.

4 절차적 SQL 프로그래밍에서 오류 처리

하나 이상의 문장을 처리하는 절차적 SQL 프로그래밍에서 실행 중 오류가 발생하면 오류가 발생한 위치에서 멈추거나 오류를 무시하고 계속 실행하는 경우가 있다. 오류가 발생한 위치에서 프로그램의 실행을 멈추게 되면 오류가 발생한 원인을 파악하여 프로그램을 수정하고 다시 실행할 것이다. 오류를 무시하고 계속 실행하는 경우라면 최종 결과를 신뢰할 수 없게 될 것이다.

DECLARE HANDLER 문을 사용하여 프로그램 실행 중 오류가 발생하거나 프로그램의 실행 상태에 따라 일련의 문장을 실행하도록 하여 중단없이 프로그램을 실행하도록 할 수 있다.

4.1 DECLARE HANDLER 문

DECLARE HANDLER 문의 기본 형식은 다음과 같다.

DECLARE HANDLER 문의 기본 형식

```
DECLARE 〈유형〉 HANDLER
   FOR 〈조건값1〉 [, 〈조건값2〉] ...
   [BEGIN]
   처리할 문
   [END]
```

DECLARE HANDLER 문에서 "유형"은 "CONTINUE", "EXIT", "UNDO"와 같이 세 가지 종류가 있지만, "UNDO"는 현재 지원하지 않아서 다음 중 하나를 선택할 수 있다.

- ▷ CONTINUE '처리할 문'을 실행하고, 현재 프로그램의 실행을 계속한다.
- ▷ EXIT '처리할 문'을 실행하고, 현재 프로그램의 실행을 종료한다.

DECLARE HANDLER 문의 "조건값"에서 사용할 수 있는 값은 다음 중 하나를 선택할 수 있다.

- ▷ SQLSTATE sqlstate_value sqlstate_value는 SQL 문의 실행 상태를 의미하는 5자리 문자 리터럴로 표현하는 코드이다.
- ▷ mariadb_error_code MariaDB에서 정의하는 숫자로 표현된 오류 코드이다.
- ▷ condition_name DECLARE CONDITION 문으로 정의된 이름이다.
- ▷ SQLWARNING '01'로 시작하는 SQLSTATE의 단축형이다.
- ▷ NOT FOUND '02'로 시작하는 SQLSTATE의 단축형으로 CURSOR와 관련하여 데이터 셋의 끝에 CURSOR가 위치했을 때 어떤 일이 발생하는지를 제어하기 위해 사용한다. 예를 들면, 데이터 셋의 끝에서 더 이상의 행이 없는 경우 SQLSTATE 값 '02000'으로 'No Data' 조건이 발생한다. 이 조건을 감지하기 위해서 HANDLER에서 'NOT FOUND' 조건값을 사용한다.
- ▷ SQLEXCEPTION '00', '01', '02'로 시작하는 않는 SQLSTATE의 단축형이다.

다음 예는 `members` 테이블에 INSERT 쿼리문으로 데이터를 추가할 때 기본키 PRIMARY KEY 중복 오류가 발생한다. 발생한 오류를 DECLARE HANDLER 문으로 처리하는 예이다. [그림 9.20]은 실행 결과이다.

예

```
DELIMITER $$
BEGIN NOT ATOMIC
    #Block1
    DECLARE EXIT HANDLER FOR SQLSTATE '23000'
    BEGIN
        SELECT '중복 키 오류';
    END;
    #Block2
        INSERT INTO members (memid, memname)
               VALUES ('kim1', '김기자');
        SELECT  "입력 성공";
END
$$
```

#Block2의 INSERT 쿼리문과 SELECT "입력 성공" 쿼리문이 SQL 프로그램을 통해 실행하려는 부분이다. #Block2의 쿼리문을 실행하는 과정에서 오류가 발생할 때 오류를 처리하기 위한 부분이 #Block1의 DECLARE ... HANDLER 문이 된다.

#Block2의 INSERT 쿼리문을 실행할 때 데이터 'kim1'은 `members` 테이블에 이미 존재하는 데이터이기 때문에 기본키 PRIMARY KEY 중복으로 쿼리문의 실행 상태를 나타내는 코드인 SQLSTATE는 '23000'이 되어 INSERT 쿼리문을 실행할 수 없다. 이때 DECLARE ... HANDLER 문이 실행된다.

예에서 DECLARE EXIT HANDLER FOR SQLSTATE '23000'은 SQLSTATE가 '23000'일 때 실행할 핸들러로 핸들러 내부에 정의된 "SELECT '중복 키 오류';" 쿼리문을 실행하고 EXIT에 의해 프로그램의 실행이 종료된다.

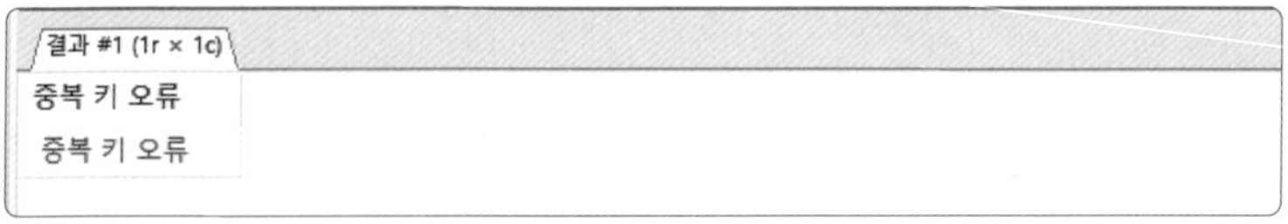

그림 9.20 • DECLARE ... HANDLER를 사용한 오류 처리 1

위의 예에서 DECLARE ... HANDLER 문을 다음의 예와 같이 변경하여 SQL 프로그램을 실행해 본다. [그림 9.21]과 [그림 9.22]는 실행 결과이다.

예

```
DELIMITER $$
BEGIN NOT ATOMIC
    #Block1
    DECLARE CONTINUE HANDLER FOR SQLSTATE '23000'
    BEGIN
        SELECT '중복 키 오류';
    END;
    #Block2
        INSERT INTO members (memid, memname)
               VALUES ('kim1', '김기자');
        SELECT  '입력 성공';
END
$$
```

DECLARE EXIT ... 를 DECLARE CONTINUE ... 로 변경한 것이다.

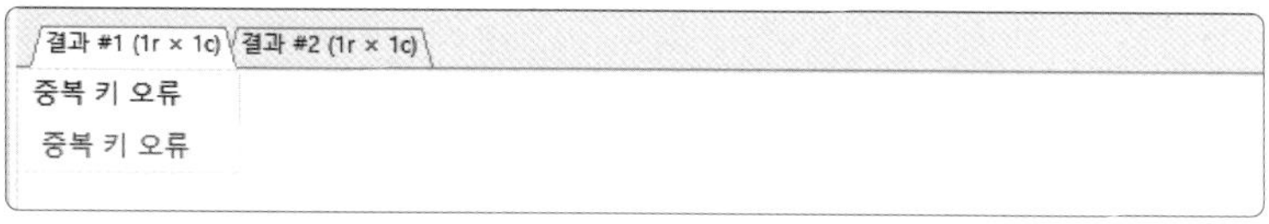

그림 9.21 • DECLARE ... HANDLER를 사용한 오류 처리 2

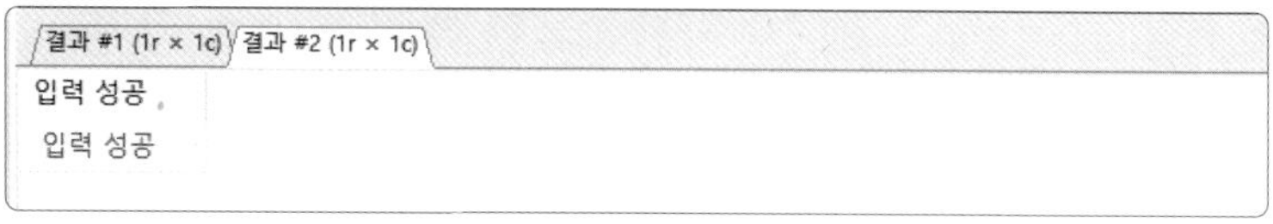

그림 9.22 • CONTINUE로 처리된 결과

위의 예를 실행하면 두 개의 SELECT 쿼리문이 실행된다. #BLOCK2에서 INSERT 쿼리문을 실행할 때 오류 발생으로 DECLARE CONTINUE HANDLER 문에 의해 "SELECT '중복 키 오류';" 쿼리문의 실행 결과가 [그림 9.21]이다. DECLARE CONTINUE HANDLER 문의 CONTINUE에 의해서 오류가 발생해도 문장을 계속 실행하여 INSERT 쿼리문의 다음에 위치한 "SELECT '입력 성공';" 쿼리문이 계속 실행된 결과가 [그림 9.22]이다.

4.2 GET DIAGNOSTICS 문

GET DIAGNOSTICS 문은 쿼리문 실행 중 오류가 발생하는 경우 오류 정보를 가져온다. 기본 구문 형식은 다음과 같다.

GET DIAGNOSTICS 문의 기본 형식

```
GET [CURRENT] DIAGNOSTICS
{
   [statement_property [, statement_property] ... ]
   | CONDITION condition_number
   [condition_property [, condition_property] ... ]
}
```

GET DIAGNOSTICS 문은 진단 영역 diagnostics area으로부터 정보를 가져온다. 진단 영역에는 마지막 실행한 쿼리문에 대한 정보 또는 마지막 실행한 쿼리문에서 발생하는 오류 정보를 담고 있다.

다음 예는 DECLARE ... HANDLER 문에서 함께 GET DIAGNOSTICS 문의 형식 중 가장 많이 사용되는 CONDITION 절을 사용하는 예이다. [그림 9.23]은 실행 결과이다.

예

```
DELIMITER $$
BEGIN NOT ATOMIC
    #Block1
    DECLARE EXIT HANDLER FOR SQLEXCEPTION
    BEGIN
        GET DIAGNOSTICS CONDITION 1 @sqlstate = RETURNED_SQLSTATE,
                                    @errno = MYSQL_ERRNO,
                                    @text = MESSAGE_TEXT;
        SELECT @sqlstate, @errno, @text;
    END;

    #Block2
    INSERT INTO members(memid, memname, mileage)
                VALUES('kim2', '김기자', 'abc');
```

```
        SELECT '입력 성공';
    END
    $$
```

#Block2의 INSERT 쿼리문을 실행할 때 오류가 발생한다. `members` 테이블의 `mileage` 열의 데이터 유형은 Decimal(7, 0)으로 정의되어 있다. INSERT 쿼리문에서 `mileage` 열에 문자열 'abc'를 저장하려고 해서 오류가 발생하는 것이다.

INSERT 쿼리문 실행 중 오류가 발생하기 때문에 #Block1의 DECLARE ... HANDLER 문이 실행된다. SQLEXCEPTION을 처리하기 위해서 DECLARE ... HANDLER 문 내부의 블록이 실행된다. GET DIAGNOSTIC CONDITION 1 문은 오류가 발생했을 때 오류 정보를 가져와 변수에 저장한다. RETURNED_SQLSTATE는 SQLSTATE 코드값, MYSQL_ERRNO는 오류 번호, MESSAGE_TEXT는 오류 내용이다.

결과 #1 (1r × 3c)

@sqlstate	@errno	@text
22007	1,366	Incorrect decimal value: 'abc' for column `kamebook`.`members`.`mileage` at row 1

그림 9.23 • GET DIAGNOSTIC 문의 반환 내용 확인

[그림 9.23]의 결과에서 보면, SQLSTATE는 '22007', 오류 코드는 1366, 오류 메시지는 "Incorrect decimal value 'abc' for column `kamebook`.`members`.`mileage` at row 1"로 의미는 `kamebook` 데이터베이스, `members` 테이블의 `mileage` 열에 잘못된 Decimal 값이 있다는 의미다.

동적 SQL 문 Dynamic SQL Statements 5

SQL 문을 문자열처럼 취급하여 실행할 수 있는 기능이 있다.

5.1 PREPARE•EXECUTE 문

PREPARE 문은 하나의 쿼리문을 문자열로 취급하여 이름을 부여하고, EXECUTE 문은 PREPARE 문에 부여된 이름을 사용하여 쿼리문을 실행한다. PREPARE 문과 EXECUTE 문의 기본 형식은 다음과 같다.

PREPARE EXECUTE 문의 기본 형식

```
PREPARE stmt_name FROM preparable_stmt

EXECUTE stmt_name
   [USING expression[, expression] ...]
```

다음 예는 PREPARE 문과 EXECUTE 문을 사용하여 쿼리문을 실행하는 예이다. [그림 9.24]는 실행 결과이다.

예

```
DELIMITER $$
BEGIN NOT ATOMIC
     PREPARE q_name FROM "SELECT memid, memname
                               FROM members
                               WHERE memid = 'kim1'";
     EXECUTE q_name;
END
$$
```

members (1r × 2c)

memid	memname
kim1	김갑수

그림 9.24 • PREPARE 문과 EXECUTE 문을 사용한 결과

예에서 PREPARE 문은 쿼리문 "SELECT memid, memname FROM members WHERE memid = 'kim1'"에 'q_name'으로 이름을 붙이고, 'EXECUTE q_name' 문으로 쿼리문을

실행한 것이다. 따옴표 안에 따옴표를 사용하는 경우는 단일 따옴표와 이중 따옴표를 함께 사용하거나, 단일 따옴표 또는 이중 따옴표를 중복해서 다음과 같이 사용할 수 있다.

```
"SELECT memid, memname                                # 이중 따옴표 안에
     FROM members WHERE memid = 'kim1' ";             # 단일 따옴표 사용
'SELECT memid, memname                                # 단일 따옴표 안에
     FROM members WHERE memid = "kim1" ';             # 이중 따옴표 사용
'SELECT memid, memname                                # 단일 따옴표 안에
     FROM members WHERE memid = ''kim1'' ';           # 단일 따옴표 연속 사용
"SELECT memid, memname                                # 이중 따옴표 안에
     FROM members WHERE memid = """kim1""" ";         # 이중 따옴표 연속 사용
```

다음 예는 PREPARE 문으로 이름을 지정하는 쿼리문에 위치 표식자 marker를 사용하는 예이다. [그림 9.25]는 실행 결과이다.

예
```
DELIMITER $$
BEGIN NOT ATOMIC
    PREPARE q_name FROM "SELECT memid, memname
                         FROM members
                         LIMIT  ?, ?";
    EXECUTE q_name USING 2, 3;
END
$$
```

예에서는 PREPARE 문에서 사용하는 쿼리문 "SELECT memid, memname FROM members LIMIT ?, ?"에 '?' 기호를 사용하고 있다. '?'는 쿼리문에서 값이 확정되지 않은 경우에 사용한다. 'EXECUTE USING 2, 3;' 문의 '2, 3'을 쿼리문의 '?' 위치에 차례로 전달하여 'LIMIT 2, 3'으로 쿼리문을 완성하고 실행한다.

members (3r × 2c)

memid	memname
kim1	김갑수
park	박기자
seo	서갑돌

그림 9.25 • EXECUTE USING을 사용한 결과

5.2 DEALLOCATE PREPARE•DROP PREPARE 문

DEALLOCATE PREPARE 문과 DROP PREPARE 문은 PREPARE 문으로 정의된 이름을 해제 즉, 삭제한다. 기본 형식은 다음과 같다.

DEALLOCATE PREPARE • DROP PREPARE 문의 기본 형식

```
{DEALLOCATE | DROP} PREPARE stmt_name
```

PRPARE 문으로 정의된 이름을 EXECUTE 문으로 실행한 뒤에, 더는 정의된 이름을 사용하지 않을 때 DEALLOCATE PREPARE 문 또는 DROP PREPARE 문에 정의된 이름을 기술하여 실행하면 정의된 이름은 해제된다.

6 트랜잭션 Transaction

다음의 상황을 보면서 트랜잭션 Transaction이 무엇인지 이해해 보자.

> 하나의 입력 프로그램을 통해서 입력받은 데이터를 A 테이블에 INSERT하고, 입력된 데이터의 일부 내용을 B 테이블에 UPDATE하는 두 가지 쿼리문을 연속적으로 실행한다고 가정해 보자. 이때 A 테이블에 INSERT 쿼리문은 정상적으로 실행되었는데, B 테이블에 UPDATE 쿼리문을 실행하는 중에 오류가 발생하여 UPDATE가 실패했다.

위와 같은 상황이 발생한다면, 데이터의 무결성에 문제가 발생할 수 있다. 데이터의 무결성 유지를 위해서는 INSERT가 실패한다면 UPDATE도 실행하지 말아야 하고, UPDATE가 실패한다면 앞서 실행한 INSERT의 실행 또한 취소해야 한다. 즉, 두 개의 쿼리문 INSERT와 UPDATE는 두 개의 쿼리문이 아닌 하나의 쿼리문인 것처럼 실행되어야 한다.

절차적 SQL 프로그래밍을 시작하면서 BEGIN ... END 문을 사용하여 여러 쿼리문 묶어 일괄 실행했지만, 실질적으로는 BEGIN ... END 문 내부의 문장들이 개별적으로 실행되는 것이다. 즉, 하나의 쿼리문을 실행할 때마다 데이터베이스에 쿼리문의 실행 결과가 반영되는 것이다. 위의 예를 적용해 보면, INSERT 쿼리문이 정상적으로 실행되면 INSERT 쿼리문의 결과가 데이터베이스에 반영되어, UPDATE 쿼리문에서 오류가 발생할 때 INSERT 쿼리문의 결과를 취소할 수 없게 되면서 데이터의 무결성에 문제가 발생하게 되는 것이다.

이러한 데이터의 무결성 문제가 발생하지 않도록 INSERT 쿼리문이 정상적으로 실행되어도 이어지는 UPDATE 쿼리문이 성공할 때까지 결과 반영을 연기하다가 UPDATE 쿼리문까지 정상적으로 실행되면 두 개 쿼리문의 결과를 한꺼번에 데이터베이스에 반영하고, UPDATE 쿼리문에서 오류가 발생하면 앞선 INSERT 쿼리문의 결과까지도 데이터베이스에 반영하지 않도록 해야 한다.

이렇게 한꺼번에 실행 결과를 데이터베이스에 반영하도록 하는 쿼리문의 묶음을 '트랜잭션 Transaction'이라고 한다.

트랜잭션을 구성하는 기본 형식은 다음과 같다.

TRANSACTION의 기본 형식 I

```
START TRANSACTION;
   SQL 문들;
COMMIT;
```

START TRANSACTION ... COMMIT 문은 내부의 쿼리문을 실행하고, COMMIT에 의해서 실행된 쿼리문들 즉, 트랜잭션의 실행 결과를 한꺼번에 데이터베이스에 반영한다.

TRANSACTION의 기본 형식 II

```
START TRANSACTION;
   SQL 문들;
ROLLBACK;
```

START TRANSACTION ... ROLLBACK 문은 내부의 쿼리문을 실행하고, ROLLBACK에 의해서 실행된 쿼리문들의 실행 결과를 데이터베이스에 반영하지 않고, 트랜잭션의 쿼리문들이 실행되기 전의 상태를 유지한다.

예를 통해 COMMIT와 ROLLBACK을 구분해 보자. 다음 예는 COMMIT를 사용하는 TRASACTION의 예이다. [그림 9.26]은 실행 결과를 확인한 것이다.

예
```
START TRANSACTION;
    UPDATE members
        SET birthday = '1995-02-01' WHERE memid = 'hong1';
    UPDATE members
        SET birthday = '1996-03-01' WHERE memid = 'hong2';
    UPDATE members
        SET birthday = '1997-03-01' WHERE memid = 'kim1';
COMMIT;
SELECT memid, memname, birthday FROM members;
```

members (6r × 3c)

memid	memname	birthday
hong1	홍길동	1995-02-01
hong2	홍길동	1996-03-01
kim1	김갑수	1997-03-01
park	박기자	2002-09-30
seo	서갑돌	1998-03-10
Taeh	태현	2002-10-15

그림 9.26 • TRANSACTION 실행 결과

위의 TRASCACTION 예에서는 TRANSACTION을 사용하지 않아도 결과는 같다. UPDATE 쿼리문이 모두 정상적으로 실행되기 때문이다. TRANSACTION 블록 내의 첫 번째 UPDATE 쿼리문에서 오류가 발생한다면? 두 번째 UPDATE 쿼리문에서 오류가 발생한다면? 세 번째 UPDATE 쿼리문에서 오류가 발생한다면 결과는 어떻게 될까?

첫 번째 UPDATE 쿼리문에서 오류가 발생하면 이후 쿼리문은 실행되지 않기 때문에 COMMIT와는 아무런 관련이 없다. 두 번째 UPDATE 쿼리문에서 오류가 발생하면,

COMMIT에 의해서 첫 번째 UPDATE 쿼리문의 결과만 반영된다. 세 번째 UPDATE 쿼리문에서 오류가 발생하면 COMMIT에 의해서 첫 번째와 두 번째 UPDATE 쿼리문의 결과가 데이터베이스에 반영된다.

다음 예는 ROLLBACK을 사용하는 TRASACTION의 예이다. 실행 결과는 [그림 9.26]과 같다.

예

```
START TRANSACTION;
    UPDATE members
        SET birthday = '1995-04-01' WHERE memid = 'hong1';
    UPDATE members
        SET birthday = '1996-04-01' WHERE memid = 'hong2';
    UPDATE members
        SET birthday = '1997-04-01' WHERE memid = 'kim1';
ROLLBACK;
SELECT memid, memname, birthday FROM members;
```

이전 예와 다른 값으로 `birthday` 열의 값을 변경하는 UPDATE 쿼리문을 TRANSACTION으로 실행하고, ROLLBACK;을 실행했다. TRANSACTION에서 세 개의 UPDATE 쿼리문이 모두 정상적으로 실행되어도 ROLLBACK; 문의 실행으로 TRANSACTION을 실행하기 이전 상태를 되돌아가기 때문에 어떠한 자료의 값도 변경되지 않는다. UPDATE 쿼리문이 실행된 결과를 데이터베이스에 반영하지 않는 것이다. 결과는 [그림 9.26]과 같게 된다.

앞서 살펴보았던, DECLARE ... HANDLER 문과 TRANSACTION을 함께 사용해 보자. TRANSACTION을 구성하는 블록 내에서 오류가 발생하면 DECLARE ... HANDLDER 문으로 오류를 처리하는 기본 형식은 다음과 같다.

TRANSACTION을 구성하는 기본 형식 III

```
BEGIN NOT ATOMIC
DECLARE exit HANDLER FOR SQLEXCEPTION ROLLBACK;
START TRANSACTION;
   SQL 문들;
   COMMIT;
END;
```

다음 예는 앞의 예와 같이 UPDATE 문으로 `members` 테이블의 회원정보 중 생일을 UPDATE 쿼리문으로 변경하는 예로, 변경하려는 생일 날짜에 논리적으로 잘못된 데이터가 포함된 경우의 오류를 처리하기 위해 DECLARE ... HANDLER 문을 함께 사용한 예이다.

예

```
DELIMITER $$
BEGIN NOT ATOMIC
    DECLARE exit HANDLER FOR SQLEXCEPTION ROLLBACK;
    START TRANSACTION
        UPDATE members
            SET birthday = '1998-2-2' WHERE memid = 'hong1';
        UPDATE members
            SET birthday = '1997-3-3' WHERE memid = 'hong2';
        UPDATE members
            SET birthday = '1998-4-31' WHERE memid = 'kim1';
    COMMIT;
END
$$
SELECT memid, memname, birthday FROM members;
```

예를 실행하면, TRANSACTION 범위 내의 세 번째 UPDATE 쿼리문에서 오류가 발생하고, TRANSACTION 범위의 끝에 COMMIT; 문이 있어 TRANSACTION 범위 내의 첫 번째와 두 번째 UPDATE 쿼리문의 실행 결과가 데이터베이스에 반영될 것으로 기대할 수 있다. 그러나 세 번째 UPDATE 쿼리문에서 오류 발생으로 DECLARE ... HANDLER 문이 실행된다. DECLARE ... HANDLER 문에는 SQLEXCEPTION이 발생하면 ROLLBACK을 실행하고 exit로 프로그램을 종료하도록 되어 있다. 따라서 UPDATE 쿼리문의 결과는 데이터베이스에 반영되지 않아 결과는 [그림 9.26]과 같게 된다.

TRANSACTION을 사용하는 다른 예를 살펴보자. `order_h` 테이블에 데이터를 업데이트하면서 `order_d` 테이블에 데이터를 추가하는 예이다. 주의해서 보아야 할 추가적인 사항은 `order_d` 테이블에는 외래키 FK가 설정되어 있다는 것이다.

예

```
DELIMITER $$
BEGIN NOT ATOMIC
    DECLARE exit HANDLER FOR SQLEXCEPTION ROLLBACK;
    START TRANSACTION;
        UPDATE order_h
            SET ordamt = 25000  WHERE orderno = '202202003';
```

```
            INSERT INTO order_d (orderno, goodscd, unitcd,
                                 unitprice, qty, amt)
                   VALUES('202202003', 'GDS02', '88',
                          100, 50, 5000);
        COMMIT;
    END
    $$
```

예를 실행하면, TRANSACTION 범위 내의 첫 번째 쿼리문인 UPDATE 쿼리문이 정상적으로 실행되어도 두 번째 쿼리문인 INSERT 쿼리문을 실행할 때 오류가 발생한다. `order_d` 테이블의 `unitcd` 열은 `unitinfo` 테이블을 참조하는 외래키로 설정되어 있다. INSERT 쿼리문에는 `unitcd` 열에 `unitinfo` 테이블에 없는 데이터인 '88'을 사용하고 있기 때문이다.

TRANSACTION 범위 내에서 오류가 발생하면, DECLARE ... HANDLER 문으로 ROLLBACK이 실행되고 프로그램의 실행은 종료된다. 따라서 UPDATE 쿼리문의 실행 결과는 데이터베이스에 반영되지 않는다.

7 지역변수 Local Variables 사용

지금까지 변수는 '@i'와 같은 형식의 전역변수를 사용했지만, FOR ... END FOR 문에서 반복을 위한 색인으로 사용하는 지역변수가 있었다.

SQL 프로그래밍에서 지역변수를 정의하여 사용할 수 있다. 지역변수를 정의하는 DECLARE 문의 형식은 다음과 같다.

DECLARE 문의 기본 형식

```
DECLARE var_name [, var_name] ... type [DEFAULT value]
```

DECLARE 문으로 지역변수의 이름과 변수의 데이터 유형 그리고 초기값을 정의할 수 있다. 지역변수는 저장 프로그램 Stored Program 내에서만 사용할 수 있다. 지역변수 선언은 저장 프로그램 범위의 앞부분에 위치해야 한다. 전역변수처럼 변수의 이름을 만들 수 있지만, 지역변수는 '@' 기호를 사용하지 않는다.

다음 예는 지역변수를 사용하여 1부터 100까지의 합계를 계산하여 결과를 나타내는 예이다.

예
```
DELIMITER $$
BEGIN NOT ATOMIC
    DECLARE i   INTEGER DEFAULT 0;   # 지역변수 i 선언, 초기값 0
    DECLARE tot INTEGER DEFAULT 0;   # 지역변수 tot 선언, 초기값 0
    loop1: LOOP
            IF i >= 100 THEN
                LEAVE loop1;
            END IF;
            SET i = i + 1;
            SET tot = tot + i;
        END LOOP loop1;
    SELECT tot;                      # END 문 다음에 사용할 수 없음
END
$$
```

DECLARE 문으로 선언한 변수 i와 tot는 BEGIN ... END 범위 내에서만 사용할 수 있다. 따라서 결과를 확인하는 "SELECT tot;" 쿼리문을 BEGIN ... END 범위 밖에서는 사용할 수 없다. "SELECT tot;" 문을 BEGIN ... END 문의 범위 밖에서 사용하면 [그림 9.27]과 같은 오류 메시지 창이 표시된다.

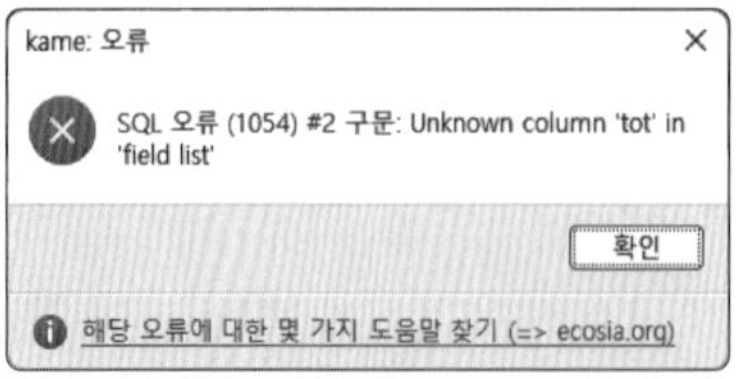

그림 9.27 • 지역변수를 범위 밖에서 사용한 결과

CURSOR 커서 8

CURSOR 커서는 SELECT한 결과 셋에서 행을 순차적으로 가져올 수 있도록 하는 구조이다. 즉, 커서는 결과 셋에서 현재 행의 위치를 관리한다고 할 수 있다.

커서를 사용하는 절차는 [그림 9.28]과 같다.

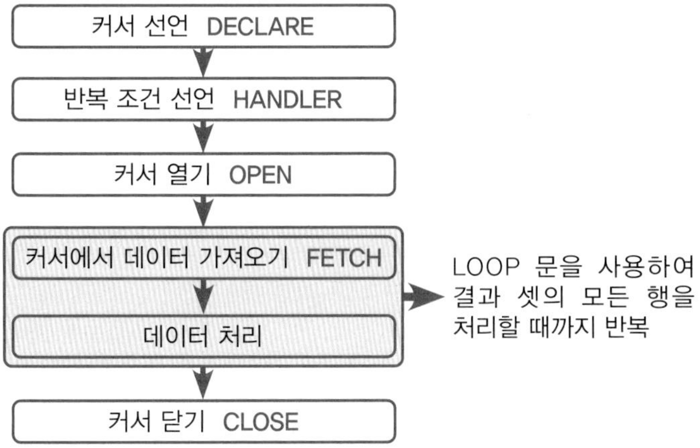

그림 9.28 • CURSOR 사용 절차

DECLARE ... CURSOR 문 8.1

DECLARE ... CURSOR 문은 커서를 선언한다. DECLARE CURSOR 문의 기본 형식은 다음과 같다.

DECLARE ... CURSOR 문의 기본 형식

```
DECLARE cursor_name CURSOR FOR select_statement
```

DECLARE ... CURSOR 문으로 커서의 이름을 선언하며, 커서를 선언하는 위치는 지역변수를 선언한 후에 그리고 HANDLER를 선언하기 전에 선언되어야 한다. 저장 프로그램 Stored Program 내에서 하나 이상의 커서를 선언할 수 있으며, 커서 이름은 서로 달라야 한다. 커서를 사용하는 영역 내부에서 사용하는 SELECT 쿼리문에서는 INTO 절을 사용할 수 없다.

8.2 OPEN 문

OPEN 문은 DECLARE ... CURSOR 문으로 선언한 커서를 실행한다. 즉, 커서의 시작을 선언하는 것이다. CURSOR 영역 내의 SELECT 쿼리문에서 오류가 있다면 OPEN 문을 실행할 때 오류가 발생한다. OPEN 문의 기본 형식은 다음과 같다.

OPEN 문의 기본 형식

```
OPEN cursor_name
```

8.3 FETCH 문

FETCH 문은 OPEN된 커서에서 커서 포인터가 위치한 1행의 데이터를 가져온다. 그리고 커서 포인터를 다음 행으로 이동한다. FETCH 문의 기본 형식은 다음과 같다.

FETCH 문의 기본 형식

```
FETCH cursor_name INTO var_name [, var_name] ...
```

FETCH 문은 OPEN된 커서에서 한 행의 데이터를 가져와 각 열의 값을 변수에 대입한다. INTO 절의 변수는 반드시 지역변수이어야 한다. 전역변수는 사용할 수 없다.

반복문의 반복 범위 내에서 FETCH 문을 반복하며 결과 셋의 데이터를 한 행씩 읽어 온다. 결과 셋의 마지막 레코드 위치를 지나 더 이상 읽을 데이터가 없으면 SQLSTATE가 '02000'이 되어 HANDLER에서 NOT FOUND 조건이 발생한다.

[그림 9.29]는 커서의 구조와 커서의 포인터 이동을 나타낸 것이다.

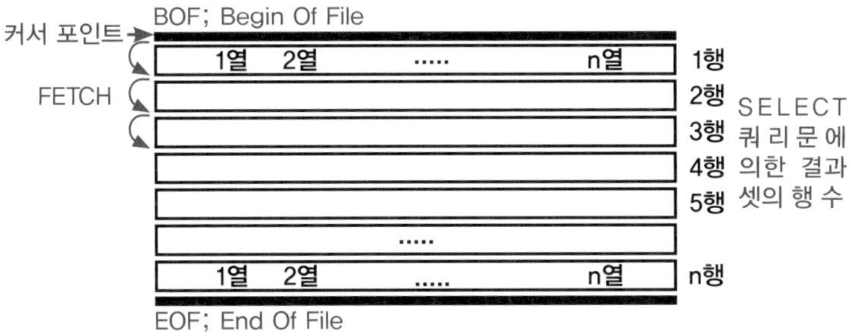

그림 9.29 • 커서의 구조와 커서의 포인터 이동

커서가 OPEN되면 DECLARE ... CURSOR 문에 기술된 SELECT 쿼리문이 실행되어 SELECT 문에 나열된 열의 개수만큼 열이 생기고, 조회된 결과만큼의 행이 만들어진다. 현재 위치를 가리키는 커서는 BOF에 위치한다. FETCH 문으로 현재 커서 위치에서 한 행을 읽고 다음 행의 위치로 커서를 이동한다. 최종적으로 커서 위치가 EOF에 위치했을 때 FETCH 문이 실행되면 NOT FOUND 상태가 된다.

8.4 CLOSE 문

CLOSE 문은 OPEN된 커서를 닫는다. CLOSE 문의 기본 형식은 다음과 같다.

CLOSE 문의 기본 형식

```
CLOSE cursor_name
```

다음 예는 커서를 이용하여 `members` 테이블의 내용을 출력하는 예이다. [그림 9.30]은 실행 결과이다.

예

```
DELIMITER $$
BEGIN NOT ATOMIC

    #Block1
    DECLARE done      BIT(1) DEFAULT FALSE;
    DECLARE smemid    VARCHAR(10);
    DECLARE smemname  VARCHAR(20);

    #Block2
    DECLARE cur_1 CURSOR FOR
        SELECT memid, memname FROM members ORDER BY memid;
    #Block3
    DECLARE CONTINUE HANDLER FOR NOT FOUND SET done = TRUE;

    #Block4
    OPEN cur_1;

    read_loop: LOOP
                FETCH cur_1 INTO smemid, smemname;
                IF done THEN
                    LEAVE read_loop;
                END IF;
                SELECT smemid, smemname;
            END LOOP read_loop;

    CLOSE cur_1;
END
$$
```

#Block1에서는 지역변수를 선언한다. 'done'의 데이터 유형은 비트 타입이고, 기본값은 FALSE이다. 'smemid'의 데이터 유형은 VARCHAR(10)이고, 기본값은 없다. 'smemname'은 VARCHAR(20)이고, 기본값은 없다.

#Block2에서는 DECLARE … CURSOR 문으로 커서 이름과 커서 내에서 사용할 데이터 셋을 형성하는 SELECT 쿼리문이 정의되어 있다.

#Block3에서는 DECLARE ... HANDLER 문으로 FETCH 문 처리 중 오류가 발생하는 경우 처리할 내용을 정의한다. 커서가 EOF에 위치했을 때의 상태인 NOT FOUND 상태이면 지역변수 done = TRUE;를 실행하고 CONTINUE에 의해 BEGIN ... END의 내용을 계속 실행한다.

#Block4에서는 OPEN 문으로 커서를 시작하고, LOOP ... END LOOP 문을 사용하여 반복을 실행하여 반복 범위 내에서 FETCH 문으로 커서에서 형성된 데이터 셋으로부터 한 개의 데이터를 읽어 데이터 셋의 열 순서에 따라 첫 번째 열은 지역변수 smemid, 두 번째 열은 지역변수 smemname에 전달한다. 다음 순서인 IF 문으로 지역변수 done의 값을 확인하여 TRUE 커서가 EOF에 위치하면 HANDLER에 의해 설정이면 LEAVE 문을 실행하여 END LOOP 문 다음 순서에 위치한 CLOSE 문을 실행한다. IF 문에서 지역변수 done의 값이 FALSE이면 END IF 문 다음에 위치한 SELECT 쿼리문으로 지역변수에 저장된 내용을 조회하여 결과를 나타낸다.

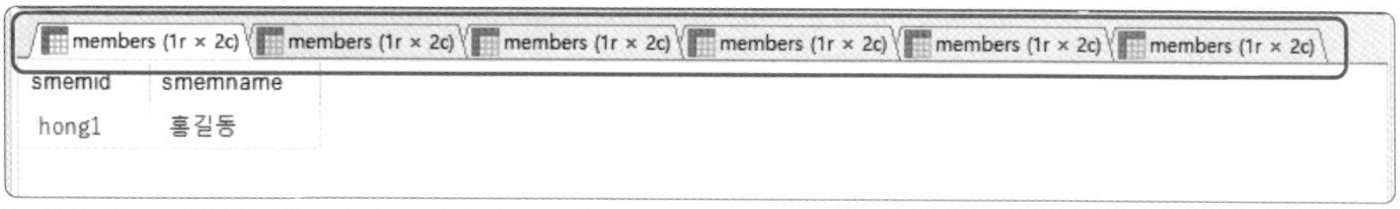

그림 9.30 • 커서를 이용한 데이터 검색 결과

[그림 9.30]의 결과에서 `members` 테이블에 있는 6행의 데이터가 6개의 탭으로 표시된 것을 볼 수 있다. 커서를 구성하는 6행의 데이터 셋에서 FETCH 문으로 1행씩 커서로부터 읽고 SELECT 쿼리문으로 데이터를 나타내기 때문에 6번의 SELECT 쿼리문이 실행되어 6개의 탭으로 결과가 표시된 것이다.

다음 예는 커서를 사용하는 앞의 예를 확장하여 커서에서 형성된 데이터 셋으로부터 조회된 데이터를 임시 테이블에 저장하고, 최종 결과를 임시 테이블에서 조회하는 예이다. [그림 9.31]은 실행 결과이다.

예

```
#Block1
CREATE TEMPORARY TABLE IF NOT EXISTS `members_t` (
        tmemid VARCHAR(10) NOT NULL,
```

```
       tmemname VARCHAR(20) NOT NULL,
       tbirthday DATE
);

#Block2
DELIMITER $$
BEGIN NOT ATOMIC
    #Block3
    DECLARE done      BIT(1) DEFAULT FALSE;
    DECLARE smemid    VARCHAR(10);
    DECLARE smemname  VARCHAR(20);
    DECLARE dbirthday DATE;

    #Block4
    DECLARE cur_1 CURSOR
        FOR
            SELECT memid, memname, birthday
                FROM members ORDER BY memid;

    #Block5
    DECLARE CONTINUE HANDLER FOR NOT FOUND SET done = TRUE;

    #Block6
    OPEN cur_1;

    read_loop: LOOP
                   FETCH cur_1 INTO smemid, smemname, dbirthday;
                   IF done THEN
                       LEAVE read_loop;
                   END IF;

                   #Block7
                   IF (SELECT COUNT(*)
                           FROM members_t
                           WHERE tmemid = smemid) = 0 THEN
                       INSERT INTO members_t VALUES
                           (smemid, smemname, dbirthday);
                   ELSE
                       UPDATE members_t
                           SET tmemname = smemname,
                               tbirthday = dbirthday
```

```
                                WHERE tmemid = smemid;
                        END IF;
                    #Block8
                    END LOOP read_loop;

        CLOSE cur_1;

END
$$

#Block9
SELECT * from members_t;
```

#Block1에서는 테이블 이름을 `members_t`로 하여 임시 테이블을 생성한다. 세 개의 열을 갖는 테이블이다.

#Block2는 BEGIN ... END를 구분하는 DELIMITER를 정의하고 BEGIN 블록을 시작한다.

#Block3은 지역변수를 선언한다. 'done'의 데이터 유형은 비트 타입이고, 기본값은 FALSE이다. 'smemid'의 데이터 유형은 VARCHAR(10)이고, 기본값은 없다. 'smemname'은 VARCHAR(20)이고, 기본값은 없다. 'dbirthday'의 데이터 유형은 DATE이고, 기본값은 없다.

#Block4에서는 DECLARE ... CURSOR 문으로 커서 이름과 커서 내에서 사용할 데이터 셋을 형성하는 SELECT 쿼리문이 정의되어 있다.

#Block5에서는 DECLARE ... HANDLER 문으로 FETCH 문 처리 중 오류가 발생하는 경우 처리할 내용을 정의한다. 커서가 EOF에 위치했을 때의 상태인 NOT FOUND 상태이면 지역변수 done = TRUE;를 실행하고 CONTINUE에 의해 FETCH 문 다음의 내용을 계속 실행한다.

#Block6에서는 LOOP ... END LOOP 문을 사용하여 반복을 실행하고, 반복 범위 내에서 FETCH 문으로 커서에 형성된 데이터 셋으로부터 한 개의 데이터를 읽어 데이터 셋의 열 순서에 따라 첫 번째 열은 지역변수 smemid, 두 번째 열은 지역변수 smemname, 세 번째 열은 dbirthday에 전달한다. 다음 순서인 IF 문으로 지역변수 done의 값을 확인

하여 TRUE이면 LEAVE 문을 실행하여 END LOOP 문 다음 순서에 위치한 #Block8의 CLOSE 문을 실행한다. IF 문에서 지역변수 done의 값이 FALSE이면 END IF 문 다음에 위치한 #Block7의 쿼리문들을 실행한다.

#Block7에서는 FETCH한 지역변수 smemid와 임시 테이블 `members_t`의 `tmemid` 열의 값이 같은 데이터 개수를 검색하여 데이터 개수가 0이면, 즉 임시 테이블에 해당 데이터가 없으면 INSERT 쿼리문을 실행하고, 임시 테이블에 해당 데이터가 있으면 UPDATE 쿼리문을 실행한다.

#Block8에서는 END LOOP 문으로 LOOP 반복 범위의 끝을 나타내고, CLOSE 문으로 커서를 닫는다. END 문은 BEGIN ... END 블록 범위의 끝을 나타낸다.

#Block9에서는 임시 테이블로부터 데이터를 조회한다.

위의 예를 실행하면 경고 메시지 창이 표시될 수 있다. 경고 메시지는 CREATE TEMPORARY TABLE 문 때문에 발생하지만, 경고 메시지의 내용은 없다.

members_t (6r × 3c)

tmemid	tmemname	tbirthday
hong1	홍길동	1995-02-01
hong2	홍길동	1996-03-01
kim1	김갑수	1997-03-01
park	박기자	2002-09-30
seo	서갑돌	1998-03-10
Taeh	태현	2002-10-15

그림 9.31 • 커서와 임시 테이블을 이용한 데이터 검색 결과

9 저장 프로시저 Stored Procedure

저장 프로시저 Stored Procedure는 프로그램 코드를 일괄처리하기 위한 프로그래밍 기능이다. 프로그램을 작성하여 데이터베이스의 개체로 저장해 두고, 응용 프로그램에서 호출 call

하여 사용한다. 응용 프로그램에서 직접 SQL 프로그램 코드를 사용하는 것보다는 필요한 SQL 프로그램 코드를 저장 프로시저로 작성해 두고 호출 call하여 사용하면 보안성 security 향상에 도움이 된다. 또한, 데이터베이스를 이용하는 프로그램 코드를 모듈화 modularity하여 유지보수에 도움이 된다.

9.1 CREATE PROCEDURE 문

CREATE PROCEDURE 문은 저장 프로시저를 생성하는 문장이다. 기본 형식은 다음과 같다.

CREATE PROCEDURE 문의 기본 형식

```
CREATE
   [OR REPLACE]
   [DEFINER = { user | CURRENT_USER | role | CURRENT_ROLE }]
   PROCEDURE sp_name ([proc_parameter[,...]])
   [characteristic ...] routine_body
```

자주 사용하게 되는 CREATE PROCEDURE 문의 간단한 형식은 다음과 같다.

CREATE PROCEDURE 문의 요약 형식

```
CREATE [OR REPLACE] PROCEDURE 프로스저 이름 (IN 또는 OUT 매개 변수)
BEGIN
   SQL 문(들);
END
```

9.2 CALL 문

CALL 문은 데이터베이스의 개체로 등록된 저장 프로시저를 호출하여 실행한다. CALL 문의 기본 형식은 다음과 같다.

CALL 문의 기본 형식

```
CALL 프로시저 이름([매개 변수로 전달 값])
```

다음 예는 CREATE PROCEDURE 문을 이용하여 저장 프로시저를 생성하는 예이다.

예
```
DELIMITER $$
CREATE OR REPLACE PROCEDURE sp_test1()
BEGIN
    SELECT memid, memname FROM members;
END $$
DELIMITER ;
```

예에서 저장 프로시저의 이름은 'sp_test1'이다. CREATE OR REPLACE는 저장 프로시저 'sp_test1'이 없으면 생성하고, 있으면 정의하는 내용으로 대체한다. 'END $$' 문으로 CREATE PROCEDURE 문의 끝을 지정하며, 'DELIMITER ;' 문으로 원래의 문장 구분자인 세미콜론으로 다시 바꾸어준다.

예를 실행하면, CREATE PROCEDURE 문에서 지정한 저장 프로시저의 이름 'sp_test1'으로 데이터베이스 내부에 개체로 저장될 뿐이다. HeidiSQL 창의 세션 개체 목록을 새로고침하면 데이터베이스 개체로 등록된 저장 프로시저의 이름을 확인할 수 있다. [그림 9.32]는 세션 개체 목록에서 저장 프로시저 'sp_test1'을 확인한 결과이다.

그림 9.32 • 저장 프로시저 목록 확인

다음 예는 데이터베이스 개체로 등록된 저장 프로시저 'sp_test1'을 호출하여 저장 프로시저의 내용을 실행하는 예이다. CALL 문에 저장 프로시저의 이름을 기술하면 된다. [그림 9.33]은 CALL 문으로 저장 프로시저 'sp_test1'을 호출한 결과이다.

예
```
# 저장 프로시저 호출
CALL sp_test1;
```

members (6r × 2c)

memid	memname
hong1	홍길동
hong2	홍길동
kim1	김갑수
park	박기자
seo	서갑돌
Taeh	태현

그림 9.33 • 저장 프로시저를 CALL 문으로 사용한 결과 1

저장 프로시저를 정의할 때 IN 절을 사용하여 저장 프로시저에 값을 전달할 수 있다. 다음 예는 IN 절을 사용하는 저장 프로시저를 생성하고 호출하는 예이다. [그림 9.34]는 저장 프로시저를 호출한 결과이다.

예
```
DELIMITER $$
CREATE OR REPLACE PROCEDURE sp_test2(IN id VARCHAR(10))
BEGIN
    SELECT memid, memname FROM members WHERE memid = id;
END $$
DELIMITER ;
```

예
```
# 저장 프로시저 호출
CALL sp_test2('hong1');
```

CALL 문으로 저장 프로시저 'sp_test2'를 호출할 때 문자열 'hong1'을 전달한다. CALL 문에서 전달된 값을 저장 프로시저는 IN 절에서 데이터 유형 VARCHAR(10)인 지역변수 id에 받아 저장 프로시저 내부에서 사용할 수 있다.

members (1r × 2c)

memid	memname
hong1	홍길동

그림 9.34 • 저장 프로시저를 CALL 문으로 사용한 결과 2

저장 프로시저를 정의할 때 OUT 절을 사용하여 저장 프로시저 내부에서 생성된 값을 저장 프로시저 외부인 CALL 문의 위치로 전달할 수 있다. 다음 예는 IN 절과 함께 OUT 절을 사용하는 저장 프로시저를 생성하고 호출하는 예이다. [그림 9.35]는 저장 프로시저를 호출하여 반환된 값을 SELECT 쿼리문으로 확인한 결과이다.

예

```
DELIMITER $$
CREATE OR REPLACE PROCEDURE sp_test3(IN id VARCHAR(10),
                                    OUT nm VARCHAR(20))
BEGIN
    SELECT memname INTO nm FROM members WHERE memid = id;
END $$
DELIMITER ;
```

예

```
# 저장 프로시저 호출
CALL sp_test3('hong1', @rnm);
SELECT @rnm;
```

CALL 문으로 저장 프로시저 'sp_test3'를 호출하면 IN 절로 문자열 'hong1'을 전달하고, OUT 절에 대응하는 @rnm으로 값을 받아온다. 저장 프로시저 내부에서 지역변수 nm을 사용하여 값을 저장하면 저장 프로시저를 종료할 때 OUT 절을 통해 지역변수 nm의 값을 CALL 문의 전역변수 @rnm으로 전달하는 것이다. 예에서는 저장 프로시저에서 @rnm으로 반환된 값을 SELECT 쿼리문으로 확인하는 것이다.

결과 #1 (1r × 1c)

@rnm
홍길동

그림 9.35 • 저장 프로시저를 CALL 문으로 사용한 결과 3

9.3 저장 프로시저의 변경과 삭제

저장 프로시저의 내용을 변경하려면 ALTER PROCEDURE 문을 사용하거나 CREATE OR REPLACE PROCEDURE 문을 사용할 수 있다. CREATE OR REPLACE PROCEDURE 문에서 지정한 이름의 저장 프로시저가 이미 존재하면 새로운 내용으로 대체하고, 지정한 이름의 저장 프로시저가 없으면 새롭게 생성해서 데이터베이스 개체로 등록한다. ALTER PROCEDURE 문의 기본 형식은 CREATE OR REPLACE PROCEDURE 문과 같다.

데이터베이스 개체로 등록된 저장 프로시저를 삭제할 때는 DROP PROCEDURE 문에 삭제할 저장 프로시저의 이름을 지정하여 삭제한다.

9.4 저장 프로시저의 정보 확인

데이터베이스 개체로 등록된 저장 프로시저는 시스템 데이터베이스인 `information_schema`의 `ROUTINES` 테이블에 저장된다. `ROUTINES` 테이블에는 많은 속성의 열이 있지만, 다음 예에서 몇 가지 열 속성만 확인해 본다. [그림 9.36]은 다음의 쿼리문을 실행한 결과이다.

예

```
SELECT routine_name,              # 등록된 저장 프로시저의 이름
       routine_definition,        # 등록된 저장 프로시저의 내용
       created,                   # 등록된 저장 프로시저의 생성 일시
       last_altered               # 등록된 저장 프로시저의 최종 수정 일시
       FROM `information_schema`.`ROUTINES`
       WHERE `routine_schema` = 'kamebook' AND
             `routine_type` = 'PROCEDURE';
```

예는 `information_schema` 데이터베이스의 `ROUTINES` 테이블로부터 저장 프로시저를 등록한 데이터베이스가 무엇인지를 의미하는 `routine_schema` 열의 값이 'kamebook'이고 `routine_type` 열의 값이 'PROCEDURE'인 내용의 4개 열을 조회한다.

ROUTINES (3r × 4c)

routine_name	routine_definition	created	last_altered
sp_test1	BEGINSELECT memid, memname FROM me...	2022-10-05 13:07:03	2022-10-05 13:07:03
sp_test2	BEGINSELECT memid, memname FROM me...	2022-10-05 13:56:38	2022-10-05 13:56:38
sp_test3	BEGINSELECT memname INTO nm FROM m...	2022-10-05 14:59:25	2022-10-05 14:59:25

그림 9.36 • 저장 프로시저 등록 정보 확인 1

저장 프로시저에서 IN 또는 OUT 매개 변수를 사용하는 경우 매개 변수의 정보는 시스템 데이터베이스인 `information_schema`의 `PARAMETERS` 테이블에 저장된다. `PARAMETERS` 테이블에는 많은 속성의 열이 있지만, 다음 예에서 몇 가지 열 속성만 확인해 본다. [그림 9.37]은 다음의 쿼리문을 실행한 결과이다.

예

```
SELECT specific_name,             # 매개 변수를 사용하는 저장 프로시저의 이름
       ordinal_position,          # 사용된 매개변수의 순서 번호
       parameter_mode,            # IN, OUT 매개 변수 구분
       parameter_name,            # 매개 변수의 이름
       data_type                  # 매개 변수의 데이터 유형
    FROM `information_schema`.`PARAMETERS`
    WHERE `specific_schema` = 'kamebook';
```

예는 `information_schema` 데이터베이스의 `PARAMETERS` 테이블로부터 저장 프로시저를 등록한 데이터베이스가 무엇인지를 의미하는 `specific_schema` 열의 값이 'kamebook'인 내용의 5개 열을 조회한다.

PARAMETERS (3r × 5c)

specific_name	ordinal_position	parameter_mode	parameter_name	data_type
sp_test2	1	IN	id	varchar
sp_test3	1	IN	id	varchar
sp_test3	2	OUT	nm	varchar

그림 9.37 • 저장 프로시저의 매개 변수 정보 확인

등록된 저장 프로시저의 정보는 시스템 데이터베이스 `mysql`의 `proc` 테이블에서도 확인할 수 있다. `proc` 테이블에는 많은 속성의 열이 있지만, 다음 예에서 몇 가지 열 속성만 확인해 본다. [그림 9.38]은 다음의 쿼리문을 실행한 결과이다.

예
```
SELECT NAME,                    # 등록된 저장 프로시저의 이름
       param_list,              # 저장 프로시저의 매개 변수 목록
       body                     # 저장 프로시저의 내용
    FROM `mysql`.`proc`
    WHERE db = 'kamebook' AND TYPE = 'PROCEDURE';
```

proc (3r × 3c)

NAME	param_list	body
sp_test1		BEGINSELECT memid, memname FROM me...
sp_test2	IN id VARCHAR(10)	BEGINSELECT memid, memname FROM me...
sp_test3	IN id VARCHAR(10), OUT nm VARCHAR(20)	BEGINSELECT memname INTO nm FROM m...

그림 9.38 • 저장 프로시저 등록 정보 확인 2

MySQL에서는 `mysql`.`proc` 테이블을 지원하지 않는다. 저장 프로시저의 매개 변수 목록은 MairaDB와 MySQL 모두 `information_schema`.`PARAMETERS` 테이블에서도 확인할 수 있다.

시스템 데이터베이스 `information_schema`의 `ROUTINES` 테이블에서 저장 프로시저의 정보를 확인할 때 `routine_type` 열의 값이 'PROCEDURE'인 것을 확인했고, 데이터베이스 `mysql`의 `proc` 테이블에서는 `TYPE` 열의 값이 'PROCEDURE'인 것을 확인했다. 두 가지 열의 값 종류로는 'PROCEDURE'와 'FUNCTION'이 있다. 'PROCEDURE'는 저장 프로시저를 의미하고, 'FUNCTION'은 사용자 정의함수를 의미한다. 사용자 정의 함수는 9장의 "11. 저장 함수 Stored Function"에서 설명한다.

데이터베이스에 등록한 저장 프로시저의 정보를 HeidiSQL 창에서도 확인할 수 있다. HeidiSQL 창의 세션 개체 목록에서 정보를 확인하려는 저장 프로시저의 이름으로 'sp_test3'을 클릭하면 HeidiSQL 창의 탭 목록에 '프로시저: sp_test3' 탭이 표시되고, '프로시저: sp_test3' 탭 아래에 '옵션', '매개 변수', 'CREATE 코드'의 3개 탭이 표시된다. [그림 9.39]는 '옵션' 탭을 선택한 결과이고, [그림 9.40]은 '매개 변수' 탭을 선택한 결과이며 [그림 9.41]은 'CREATE 코드' 탭을 선택한 결과이다.

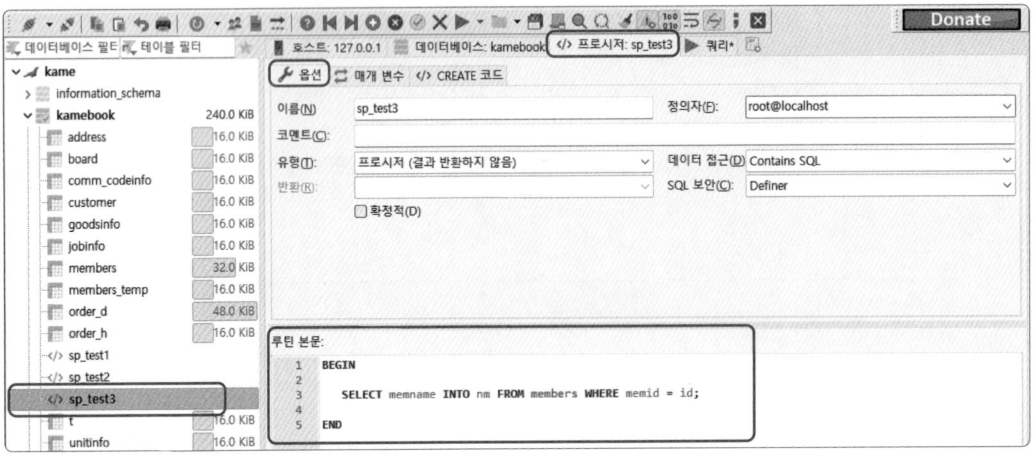

그림 9.39 • HeidiSQL에서 저장 프로시저의 정보 확인 1

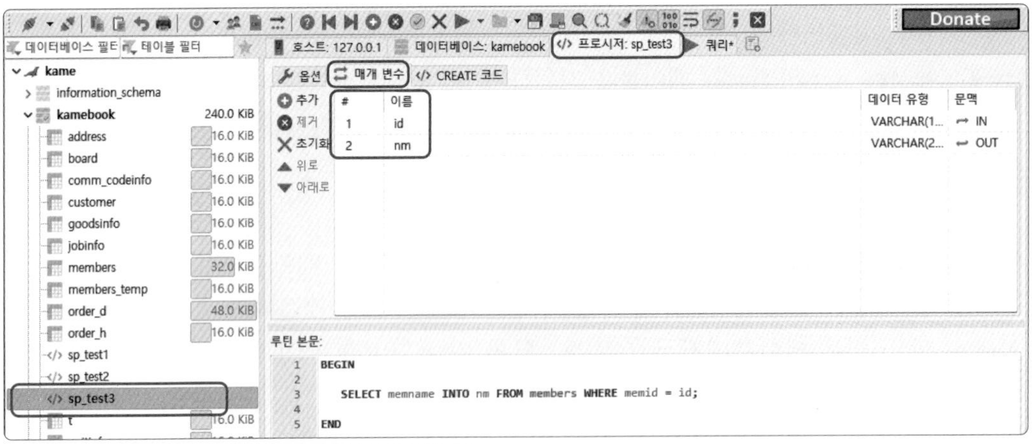

그림 9.40 • HeidiSQL에서 저장 프로시저의 정보 확인 2

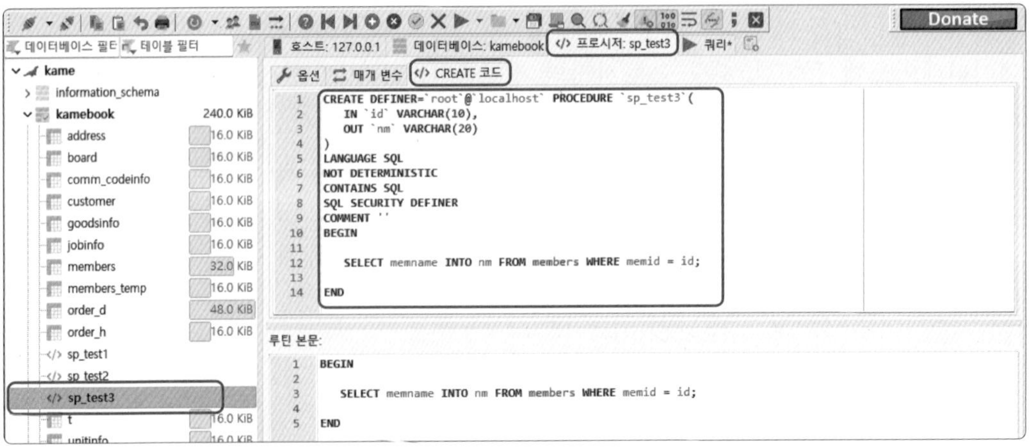

그림 9.41 • HeidiSQL에서 저장 프로시저의 정보 확인 3

9.5 저장 프로시저 실습

저장 프로시저를 충분히 익히기 위해서 몇 가지 상황을 가정하여 실습해 보자.

다음의 상황을 처리하기 위한 저장 프로시저를 작성한다.

> 회원 가입을 처리하기 위해 회원정보를 전달받아 회원정보를 담고 있는 'members' 테이블에 전달 받은 데이터를 INSERT하는 저장 프로시저를 작성한다. 저장 프로시저를 간단히 하기 위해 입력정보는 회원ID, 회원이름, 생년월일만 입력하는 것으로 한다. 저장 프로시저를 실행한 뒤에 INSERT 쿼리문의 성공여부를 확인하기 위한 값을 반환한다.

예

```
DELIMITER $$
CREATE OR REPLACE PROCEDURE sp_members_insert(IN id VARCHAR(10),
                                              IN nm VARCHAR(20),
                                              IN birth DATE,
                                              OUT rv INT)
BEGIN
    DECLARE exit HANDLER FOR SQLEXCEPTION SET rv = 0;
    INSERT INTO members (memid, memname, birthday)
           VALUES ( id, nm, birth );
    SET rv = 1;
END $$
DELIMITER ;
```

회원정보를 입력하기 위해 저장 프로시저에서 받아야 하는 값은 3가지이므로 IN 절을 세 번 사용하게 되고, INSERT 쿼리문의 성공여부를 저장 프로시저 외부로 반환해야 하므로 OUT 절을 한 번 사용한다. INSERT 쿼리문의 실행에 성공하면 SET rv = 1; 문으로 반환값 rv는 1이 되고, 실패하면 DECLARE ... HANDLER 문에서 SET rv = 0; 문으로 반환값 rv는 0이 되고, exit에 의해서 저장 프로시저의 실행을 종료한다.

위의 예에서 작성된 저장 프로시저를 호출하여 사용하는 문장을 다음과 같이 작성하고 선택 실행한다. 결과는 [그림 9.42]와 같다.

예
```
# 저장 프로시저 'sp_members_insert' 호출 준비
SET @id = 'SON';
SET @nm = '흥민';
SET @dt = '2000-01-01';

# 저장 프로시저 호출
CALL sp_members_insert(@id, @nm, @dt, @rv);
SELECT @rv;        # 저장 프로시저에서 반환된 값을 조회
```

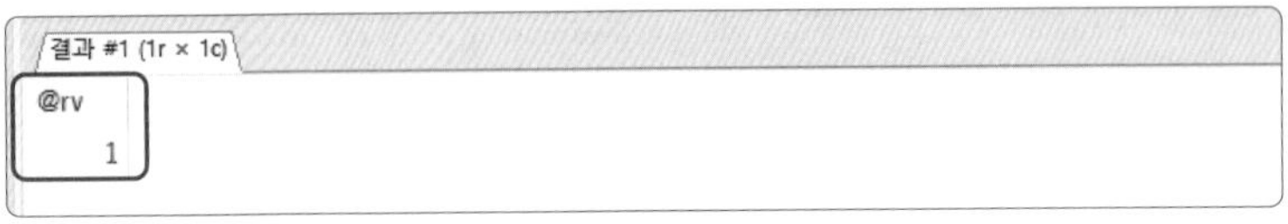

그림 9.42 • 저장 프로시저에서 반환된 결과 확인

저장 프로시저를 호출하여 입력한 데이터를 `members` 테이블에서 직접 검색하는 방법으로 확인해 보자. 다음의 쿼리문을 입력하고 선택 실행하면, [그림 9.43]과 같은 결과를 확인할 수 있다.

```
SELECT memid, memname, birthday
    FROM members
    WHERE  memid = 'SON';
```

그림 9.43 • 저장 프로시저의 실행 결과를 `members` 테이블에서 확인

위의 예와 같이 테이블에 데이터를 입력하는 저장 프로시저를 작성하면, 응용 프로그램에서는 INSERT 쿼리문을 직접 사용할 필요 없이 저장 프로시저를 호출하는 동작만 필요하게 되어 응용 프로그램의 코드가 단순해진다는 이점을 얻을 수 있고, INSERT 쿼리문의 노출에 따른 보안 위협을 해소할 수도 있다.

또 다른 저장 프로시저의 예를 보기 위해 다음의 상황을 처리하기 위한 저장 프로시저를 작성한다.

주문 기본정보를 담고 있는 `order_h` 테이블과 주문 상세정보를 담고 있는 `order_d` 테이블의 정보를 조회하여 월별 주문통계 보고서를 작성하려 한다. 월별 주문통계 보고서 작성을 위한 테이블을 생성한다. 테이블의 구조는 [표 9.1]과 같다.

테이블 이름: `monthly_order_mst`

[표 9.1] monthly_order_mst 테이블 구조

열 이름	데이터 유형	길이	NULL 허용	기본키	비고
goodscd	char	5	No	Yes	상품코드
ord_ym	char	7	No	Yes	주문년월(yyyy-mm)
Namt	decimal	10, 0	No		정상 주문금액의 합계 부호 없음, 기본값 0
Camt	decimal	10, 0	No		취소 주문금액의 합계 부호 없음, 기본값 0

예

```
# 월별 통계보고서 작성을 위한 `monthly_order_mst` 테이블 생성
CREATE TABLE `monthly_order_mst` (
    goodscd  CHAR(5)  NOT NULL,
    ord_ym   CHAR(7)  NOT NULL,
    Namt     DECIMAL(10, 0) NULL DEFAULT 0,
    Camt     DECIMAL(10, 0) NULL DEFAULT 0,
    PRIMARY KEY(goodscd, ord_ym)
)
COLLATE='utf8mb4_general_ci'
ENGINE=InnoDB
;

# `order_h` 테이블과 `order_d` 테이블을 JOIN하여
# `monthly_order_mst` 테이블에 입력할 통계보고서용 데이터를 생성하는
# 저장 프로시저를 생성한다.
# 입력 매개 변수: 통계보고서를 작성하려는 연월
# 출력 매개 변수: `monthly_order_mst` 테이블에 생성된 데이터 건수
DELIMITER $$
CREATE OR REPLACE PROCEDURE sp_closing (IN ym CHAR(7), OUT rv int)
```

```
BEGIN
    # 필요한 지역변수 정의
    DECLARE NotFound INT DEFAULT FALSE; # 커서 위치가 EOF일 때 사용할 변수
    DECLARE ErrFound INT DEFAULT FALSE; # 커서 내부의 쿼리문에서
                                        # 오류 발생 여부 판단 변수
    DECLARE wkcd     CHAR(5);           # 커서에서 사용할 ‘상품코드’ 변수
    DECLARE wkNamt   DECIMAL(10, 0);    # 커서에서 사용할 ‘정상 주문금액의 합계’ 변수
    DECLARE wkCamt   DECIMAL(10, 0);    # 커서에서 사용할 ‘취소 주문금액의 합계’ 변수
    DECLARE inscnt   INT DEFAULT 0;     # 월별 생성된 데이터 건수

    # 커서 생성
    -- `order_h` 테이블과 `order_d` 테이블을 INNER JOIN하여
    -- 상품코드 별로 SUM() 함수로 정상 주문금액의 합계와 취소 주문금액의 합계 계산
    DECLARE trns_order CURSOR FOR
        SELECT b.goodscd,
               SUM(CASE WHEN a.cancelyn = ‘N’ THEN b.amt ELSE 0 END),
               SUM(CASE WHEN a.cancelyn = ‘Y’ THEN b.amt ELSE 0 END)
            FROM order_h a INNER JOIN order_d b ON a.orderno = b.orderno
            WHERE CONVERT(a.orddt, CHAR(7)) = @param_ym
            GROUP BY b.goodscd;

    # 오류 처리를 위한 HANDLER 정의
    -- 커서가 EOF에 위치할 때 발생하는 NOT FOUND 핸들러 정의
    -- NOT FOUND 상황이면, 지역변수 NotFound를 TRUE로 설정하고 CONTINUE
    DECLARE CONTINUE HANDLER FOR NOT FOUND SET NotFound = TRUE;
    -- 쿼리문을 실행할 때 발생하는 오류를 처리하기 위한 핸들러 정의
    -- 쿼리문 실행 중 오류가 발생하면,
    -- 지역변수 ErrFound를 TRUE로 설정하고 CONTINUE
    DECLARE CONTINUE HANDLER FOR SQLEXCEPTION SET ErrFound = TRUE;

    # 저장 프로시저에서 전달받은 입력 매개 변수를 전역변수에 저장
    -- 커서 생성을 위한 쿼리문에서 지역변수를 사용할 수 없기 때문에
    -- 지역변수 값을 전역변수에 전달하여 커서 정의 내부 쿼리문에서 사용
    SET @param_ym = ym;

    # 커서 OPEN
    OPEN trns_order;
    START TRANSACTION;       # 실행 중 오류가 발생하면 ROLLBACK 하기 위함
    # 테이블 `monthly_order_mst`에서 입력 매개 변수의 값과 같은 ‘연월’의 데이터를
    # 삭제한다. 이는 동일 연월의 작업을 2번 이상 실행하면 ‘기본키 중복 오류’가

```

```
    # 발생하는 오류를 방지하기 위함이다.
    DELETE FROM `monthly_order_mst` WHERE ord_ym = ym;

    read_loop: LOOP
            # 커서에서 한 행의 데이터를 읽어 지역변수에 저장
            FETCH trns_order INTO wkcd, wkNamt, wkCamt;

            -- 커서에서 행을 읽은 뒤 지역변수 NotFound 값을 확인
            -- 커서 위치가 EOF가 되면 핸들러에 의해서
            -- 지역변수 NotFound가 TRUE가 되어
            -- LEAVE 문으로 LOOP ... END LOOP 반복 범위를 탈출
            IF NotFound THEN
                LEAVE read_loop;
            END IF;

            # 커서에서 읽은 데이터를 `monthly_order_mst` 테이블에 입력
            -- 커서 위치가 EOF가 아닐 때, 즉 데이터를 읽었을 때 실행할 부분으로
            -- FETCH 문에 의해 지역변수에 저장된 데이터를
            -- `monthly_order_mst` 테이블에 입력
            INSERT INTO `monthly_order_mst`
                   VALUES (wkcd, ym, wkNamt, wkCamt);

            # INSERT 쿼리문에서 오류 발생 여부 확인
            -- INSERT 쿼리문에서 오류 발생하면, 핸들러에 의해 지역변수 ErrFound가
            -- TRUE로 설정되어 LEAVE 문으로 LOOP ... END LOOP 반복 범위를 탈출
            IF ErrFound THEN
                LEAVE read_loop;
            END IF;
            -- INSERT 쿼리문이 정상 실행되었을 때
            -- 실행할 부분으로 INSERT된 데이터 건수 증가
            SET inscnt = inscnt + 1;

        END loop read_loop;

    # 커서 닫기
    CLOSE trns_order;

    # 커서 내에서 INSERT 쿼리문 실행 중 오류 발생한 경우 확인
    -- 저장 프로시저에서 반환할 값 설정과
    -- ROLLBACK 문으로 이전에 실행된 INSERT 쿼리문의 결과 반영을 취소
```

```
        IF ErrFound THEN
            SET rv = 0;
            ROLLBACK;
        ELSE
            -- INSERT 쿼리문 실행 중 오류가 없으면,
            -- 저장 프로시저에서 INSERT된 데이터 건수로 반환값 설정
            -- COMMIT 문으로 이전에 실행된 INSERT 쿼리문의 결과를 데이터베이스에 반영
            SET rv = inscnt;
            COMMIT;
        END IF;

    END $$
    DELIMITER ;
```

다음의 쿼리문으로 저장 프로시저 'sp_closing'을 호출하여 실행하고 결과를 확인한다. [그림 9.44]는 저장 프로시저로부터 반환된 결과를 나타낸 결과이고, [그림 9.45]는 `monthly_order_mst` 테이블을 조회한 결과이다.

예

```
SET @ym = '2022-01';
CALL sp_closing(@ym, @rv);   # 저장 프로시저 호출, IN과 OUT 매개 변수 사용
SELECT @rv;                  # 저장 프로시저에서 반환된 결과 확인

SELECT * FROM `monthly_order_mst`;
```

monthly_order_mst (1r × 1c) | monthly_order_mst (5r × 4c)

@rv
5

그림 9.44 • 저장 프로시저 'sp_closing'의 실행 후 반환 값 확인

monthly_order_mst (1r × 1c) | monthly_order_mst (5r × 4c)

goodscd	ord_ym	Namt	Camt
GDS01	2022-01	25,000	0
GDS02	2022-01	5,000	5,000
GDS03	2022-01	55,000	20,000
GDS04	2022-01	25,000	0
GDS05	2022-01	10,000	0

그림 9.45 • `monthly_order_mst` 테이블을 조회한 결과

주문 기본정보를 담고 있는 `order_h` 테이블과 주문 상세정보를 담고 있는 `order_d` 테이블에는 주문의 내역이 저장되어 있다. 현재는 소량의 데이터가 저장되어 있지만, 주문이 빈번히 발생하고 세월이 흐르면 두 테이블에는 대량의 데이터가 쌓이게 된다. 이런 상황에서 월별 주문통계 보고서를 산출하려면 처리 시간이 길어질 수 있기 때문에 건별 데이터를 월별로 합산하고 요약하여 별도의 테이블에 저장해 두고, 요약된 정보를 저장하고 있는 별도의 테이블로부터 보고서를 산출한다면 보고서를 생성하는 프로그램도 간단하게 되고 처리 속도도 개선될 것이다.

위의 예와 같은 작업을 '마감 작업'이라 한다. 저장 프로시저를 이용하는 마감 작업은 데이터베이스 서버 내에서 직접 실행되므로 처리 시간 시간도 빠르다. 저장 프로시저를 이용하지 않고 마감 작업을 하는 경우 클라이언트에서 데이터를 읽어와서 합산하고 다시 서버에 합산된 결과를 저장하는 방식으로 마감 작업을 한다면 네트워크의 트래픽 증가로 네트워크에 부하가 가중될 수도 있고, 전체적인 처리 시간도 많이 소요될 수 있다.

실제 업무에서 마감 작업은 위의 예제보다 훨씬 복잡한 구조를 갖는다. 이 책에서는 주문 정보만 가지고 프로그래밍을 했지만, 수금(입금) 정보도 같이 관리해야 하는 경우 미수금과 선수금이라는 항목도 관리해야 한다. 또한 전월 이월 미수금 또는 선수금 항목 등 관리해야 하는 항목이 많아지고 프로그램의 구조도 복잡해진다. 데이터베이스와 관련 없는 새로운 단어들이 언급되었지만, 단어들의 의미를 명확히 이해하고 앞서 실습한 내용을 충분히 이해한다면 어느 정도까지의 복잡한 프로그래밍도 충분히 가능할 수 있다. 어쩌면 업무를 이해하는 것이 프로그래밍 문법을 이해하는 것보다 중요할 수도 있다.

트리거 TRIGGER 10

TRIGGER는 사전에 따르면 "방아쇠를 당기다."는 의미로 설명되고 있다. 총에서 방아쇠를 당기면 총알이 발사된다. "방아쇠를 당긴다"는 사건 event이 발생하고, 발생한 사건으로 "총알이 발사된다"는 행위 action가 이루어지는 것이다. 데이터베이스의 테이블에 데이터가 INSERT되거나 UPDATE되거나 또는 DELETE될 수 있다. 이것이 데이터베이스에서 발생하는 사건 event이다. 데이터베이스에서 사건 event이 발생했을 때 어떤 행위 action를 하도록 프로그래밍하는 것이 데이터베이스의 트리거이다.

트리거를 생성하는 CREATE TRIGGER 문의 기본 형식은 다음과 같다.

CREATE TRIGGER 문의 기본 형식

```
CREATE [OR REPLACE]
   [DEFINER = { user | CURRENT_USER | role | CURRENT_ROLE }]
   TRIGGER [IF NOT EXISTS] trigger_name trigger_time trigger_event
   ON tbl_name FOR EACH ROW
  [{ FOLLOWS | PRECEDES } other_trigger_name ]
  trigger_stmt;
```

기본 형식에서 trigger_time은 'BEFORE'와 'AFTER'로 두 가지가 있다. 트리거를 생성할 때 지정되는 trigger_time에 따라서 다음과 같이 두 가지로 구분한다.

- ▷ AFTER TRIGGER 테이블에 사건 event, 즉 INSERT, UPDATE, DELETE 문이 실행된 뒤에 동작이 실행되는 트리거
- ▷ BEFORE TRIGGER 테이블에 사건 event, 즉 INSERT, UPDATE, DELETE 문이 실행되기 전에 동작이 실행되는 트리거

트리거는 다음과 같은 제한 사항이 있다.

- ▷ 트리거 내에서는 전역변수를 사용할 수 없고, 지역변수만 사용할 수 있다.
- ▷ 트리거 내에서는 PREPARE, EXECUTE, DEALLOCATE PREPARE 문은 사용할 수 없다.
- ▷ 트리거는 결과 셋을 반환하지 않는다.
- ▷ 트리거는 외래키 작업에 의해서 활성화되지 않는다.

트리거는 행위를 실행할 때 내부적으로 'NEW'와 'OLD' 두 개의 임시 테이블을 사용한다. 임시 테이블 'NEW'와 'OLD'는 트리거가 설정된 테이블과 같은 구조이다. [그림 9.46]은 트리거가 내부적으로 임시 테이블을 사용하는 처리 절차를 나타낸 것이다.

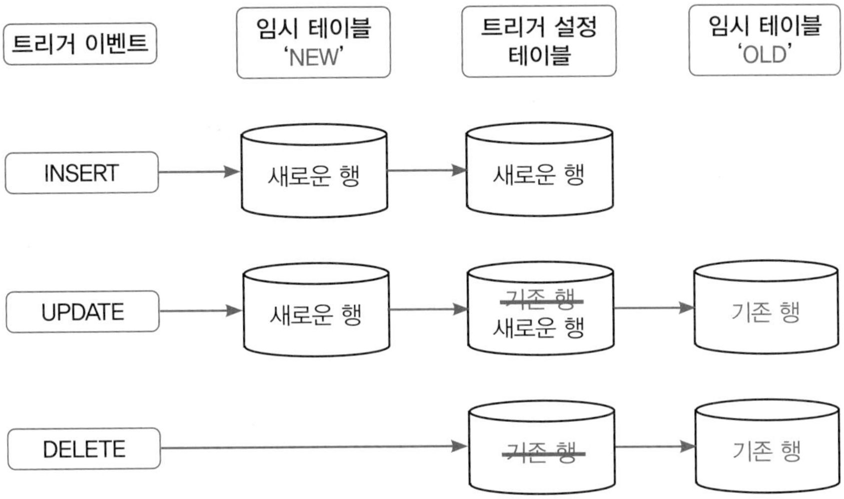

그림 9.46 • 트리거 내부의 임시 테이블을 사용하는 처리 절차

트리거 내부에서 INSERT할 때 입력된 '새로운 행'은 임시 테이블 'NEW'에 저장된 뒤에 트리거가 설정된 테이블에 추가된다.

트리거 내부에서 UPDATE할 때 업데이트하려는 '기존 행'은 임시 테이블 'OLD'에 저장된다. 그리고 입력된 '새로운 행'은 임시 테이블 'NEW'에 저장된 뒤에 트리거가 설정된 테이블에 추가된다.

트리거 내부에서 DELETE할 때 트리거가 설정된 테이블에서 삭제하려는 '기존 행'은 삭제되고, 삭제된 '기존 행'은 임시 테이블 'OLD'에 저장된다.

임시 테이블 'NEW'와 'OLD'는 트리거가 설정된 테이블과 같은 구조이기 때문에 'NEW.열이름' 또는 'OLD.열이름' 형식으로 '새로운 행'이나 '기존 행'의 정보를 참조할 수 있다.

트리거를 정의하여 사용하는 실습을 위해서, 다음과 같은 CREATE TEMPORARY TABLE 문을 사용하여 임시 테이블을 생성한다.

```
CREATE TEMPORARY TABLE members_tg_test (
        content TEXT NULL,
        event_type VARCHAR(10) NULL,
        insdtm DATETIME NULL DEFAULT CURRENT_TIMESTAMP()
)
COLLATE='utf8mb4_general_ci'
ENGINE=InnoDB;
```

10.1 AFTER 트리거

다음과 같은 CREATE OR REPLACE TRIGGER 문으로 `members_temp` 테이블에 트리거를 생성한다. `members` 테이블에 트리거를 생성해야 하지만, 다른 실습에 영향을 주지 않기 위해 같은 구조를 갖는 8장에서 생성한 `members_temp` 테이블을 이용하여 트리거를 실습한다.

예

```
DELIMITER $$
CREATE OR REPLACE
    TRIGGER tg_members_temp_insert AFTER INSERT
            ON members_temp FOR EACH ROW
    BEGIN
        DECLARE cont TEXT;
        SET cont = CONCAT(NEW.memid, NEW.memname);
        INSERT INTO members_tg_test (content, event_type)
                VALUES (cont, 'INSERT');
    END $$
DELIMITER ;
```

트리거를 생성하는 앞의 예는 AFTER INSERT 트리거이다. 즉, ON 절에서 설정한 `members_temp` 테이블에 INSERT 사건 event이 발생한 뒤에 AFTER, BEGIN ... END 블록의 행위 action를 실행하는 트리거이다. 트리거의 이름 'tg_members_temp_insert'에서 트리거 tg를 설정하는 테이블 이름 members_temp과 트리거가 행위를 실행하는 데 필요한 사건 insert이 무엇인지 유추할 수 있다.

`members_temp` 테이블에 데이터를 입력하는 INSERT 쿼리문이 실행되면, 이어서 AFTER INSERT 트리거가 실행된다. 트리거에서 실행하는 행위 action인 BEGIN ... END 블록에는 세 가지 문장이 있다. 첫 번째 문장은 지역변수 cont를 TEXT 데이터 유형으로

선언한다. 두 번째 문장은 [그림 9.46]에서와 같이 임시 테이블 'NEW'의 `memid` 열과 `memname` 열의 값을 문자열로 결합하여 지역변수 cont에 저장한다. 세 번째 문장은 지역변수 cont의 값과 문자열 'INSERT'를 `members_tg_test` 테이블에 입력한다.

결과적으로 위의 예는 어떤 동작 INSERT으로 어떤 데이터 지역변수 cont, 입력 데이터의 memid와 memname을 단일 문자열로 결합한 결과가 입력되었는지 기록을 남겨두는 기능을 트리거로 구현한 것이다.

예를 실행하면, 트리거가 데이터베이스 개체로 등록만 될 뿐, 어떠한 결과도 표시되지 않는다. 트리거가 실행되도록 다음의 INSERT 쿼리문을 입력하고 선택 실행한다.

```
INSERT INTO `members_temp` (memid, memname)
            VALUES ('abcde', '트리거 테스트');
```

`members_tg_test` 테이블을 다음의 SELECT 쿼리문으로 조회하면 트리거가 실행된 결과를 확인할 수 있다. [그림 9.47]은 다음의 SELECT 쿼리문을 실행한 결과이다.

```
SELECT * FROM members_tg_test;
```

members_tg_test (1r × 3c)

content	event_type	insdtm
abcde트리거 테스트	INSERT	2022-04-10 09:39:00

그림 9.47 • AFTER INSERT 트리거를 사용한 결과

트리거를 정의하는 다음 예는 UPDATE 트리거를 사용한다.

예
```
DELIMITER $$
CREATE OR REPLACE
    TRIGGER tg_members_temp_update AFTER UPDATE
            ON members_temp FOR EACH ROW
    BEGIN
        #Block1
        DECLARE cont_old TEXT;                          # ①
```

```
            DECLARE cont_new TEXT;                              # ②

            #BLock2
            SET cont_old = CONCAT(OLD.memid, OLD.memname);      # ③
            INSERT INTO members_tg_test (content, event_type)   # ④
                VALUES (cont_old, 'UPDATE_OLD');

            SET cont_new = CONCAT(NEW.memid, NEW.memname);      # ⑤
            INSERT INTO members_tg_test (content, event_type)   # ⑥
                VALUES (cont_new, 'UPDATE_NEW');
        END $$
DELIMITER ;
```

트리거를 생성하는 앞의 예는 AFTER UPDATE 트리거이다. 즉, ON 절에서 설정한 `members_temp` 테이블에 UPDATE 사건 event이 발생한 뒤에 AFTER, BEGIN ... END 블록의 행위 action를 실행하는 트리거로 이름은 'tg_members_temp_update'이다.

`members_temp` 테이블에 데이터를 업데이트하는 UPDATE 쿼리문이 실행되면, 이어서 AFTER UPDATE 트리거가 실행된다. 트리거에서 실행하는 행위 action인 BEGIN ... END 블록에는 두 가지 성격의 작업으로 나뉜다. #Block1에서는 트리거 내부에서 사용할 지역변수 cond_old와 cond_new를 TEXT 데이터 유형으로 정의한다. #Block2에서는 [그림 9.46]에서와 같이 ③임시 테이블 'OLD'의 `memid` 열과 `memname` 열의 값을 문자열로 결합해서 지역변수 cont_old에 저장한 뒤에, ④지역변수 cont_old의 값과 문자열 "UPDATE_OLD"를 `members_tg_test` 테이블에 INSERT한다. 그리고 ⑤임시 테이블 'NEW'의 `memid` 열과 `memname` 열의 값을 문자열로 결합해서 지역변수 cont_new에 저장한 뒤에, ⑥지역변수 cont_new의 값과 문자열 "UPDATE_NEW"를 `members_tg_test` 테이블에 INSERT한다.

결과적으로 위의 예는 어떤 동작 UPDATE으로 업데이트 이전 데이터 지역변수 cont_old, 업데이트 전의 memid와 memname을 단일 문자열로 결합한 결과와 업데이트 이후 데이터 지역변수 cont_new, 업데이트 후의 memid와 memname을 단일 문자열로 결합한 결과의 기록을 남겨두는 기능을 트리거로 구현한 것이다.

트리거가 실행되도록 다음의 UPDATE 쿼리문을 입력하고 선택 실행한다.

```
UPDATE members_temp
     SET memname = '업데이트 테스트'
     WHERE  memid = 'abcde';
```

`members_tg_test` 테이블을 다음의 SELECT 쿼리문으로 조회하면 트리거가 실행된 결과를 확인할 수 있다. [그림 9.48]은 다음의 SELECT 쿼리문을 실행한 결과이다.

```
SELECT * FROM members_tg_test;
```

members_tg_test (3r × 3c)

content	event_type	insdtm
abcde트리거 테스트	INSERT	2022-04-10 09:39:00
abcde트리거 테스트	UPDATE_OLD	2022-04-10 10:01:00
abcde업데이트 테스트	UPDATE_NEW	2022-04-10 10:01:00

그림 9.48 • AFTER UPDATE 트리거를 사용한 결과

트리거를 정의하는 다음 예는 DELETE 트리거를 사용한다.

예
```
DELIMITER $$
CREATE OR REPLACE
     TRIGGER tg_members_temp_delete AFTER DELETE
             ON members_temp FOR EACH ROW
     BEGIN
         DECLARE cont_old TEXT;                            # ①

         SET cont_old = CONCAT(OLD.memid, OLD.memname);    # ②
         INSERT INTO members_tg_test (content, event_type) # ③
                VALUES (cont_old, 'DELETE');
     END $$
DELIMITER ;
```

트리거를 생성하는 앞의 예는 AFTER DELETE 트리거이다. 즉, ON 절에서 설정한 `members_temp` 테이블에 DELETE 사건 event이 발생한 뒤에 AFTER, BEGIN ... END 블록의 행위 action를 실행하는 트리거로 이름은 'tg_members_temp_delete'이다.

`members_temp` 테이블에서 데이터를 삭제하는 DELETE 쿼리문이 실행되면, 이어서 AFTER DELETE 트리거가 실행된다. 트리거에서 실행하는 행위 action인 BEGIN ... END 블록에는 세 가지 문장이 있다. 첫 번째 문장은 ①지역변수 cont_old를 TEXT 데이터 유형으로 선언한다. 두 번째 문장은 [그림 9.46]에서와 같이 ②임시 테이블 'OLD'에서 `memid` 열의 값과 `memname` 열의 값을 문자열로 결합해서 지역변수 cont_old에 저장한다. 세 번째 문장은 ③지역변수 cont_old의 값과 문자열 'DELETE'를 `members_tg_test` 테이블에 입력한다.

결과적으로 위의 예는 어떤 동작 DELETE으로 어떤 데이터 지역변수 cont, 삭제하는 데이터의 memid와 memname을 단일 문자열로 결합한 결과가 삭제되었는지 기록을 남겨두는 기능을 트리거로 구현한 것이다.

트리거가 실행되도록 다음의 DELETE 쿼리문을 입력하고 선택 실행한다.

```
DELETE FROM members_temp
        WHERE memid = 'abcde';
```

`members_tg_test` 테이블을 다음의 SELECT 쿼리문으로 조회하면 트리거가 실행된 결과를 확인할 수 있다. [그림 9.49]는 다음의 SELECT 쿼리문을 실행한 결과이다.

```
SELECT * FROM members_tg_test;
```

members_tg_test (4r × 3c)

content	event_type	insdtm
abcde트리거 테스트	INSERT	2022-04-10 11:25:00
abcde트리거 테스트	UPDATE_OLD	2022-04-10 11:25:00
abcde업데이트 테스트	UPDATE_NEW	2022-04-10 11:25:00
abcde업데이트 테스트	DELETE	2022-04-10 11:25:00

그림 9.49 • AFTER DELETE 트리거를 사용한 결과

BEFORE 트리거 10.2

다음과 같은 CREATE OR REPLACE TRIGGER 문으로 `members_temp` 테이블에 트리거를 생성한다.

예
```
DELIMITER $$
CREATE OR REPLACE
    TRIGGER tg_members_temp_insert_b BEFORE INSERT
            ON members_temp FOR EACH ROW
BEGIN
    DECLARE cont TEXT;                                   # ①
    SET NEW.memname = CONCAT(‘before’, NEW.memname);    # ②
    SET cont = CONCAT(NEW.memid, NEW.memname);           # ③
    INSERT INTO members_tg_test (content, event_type) # ④
           VALUES (cont, ‘B_INSERT’);
END $$
DELIMITER ;
```

BEFORE 트리거는 AFTER 트리거와 트리거의 실행 순서만 다를 뿐이다. 트리거에서 기술한 사건 event이 발생하면 트리거 내부의 BEGIN ... END 블록의 내용, 즉 행위 action를 먼저 실행한 뒤에 사건 event을 발생한 쿼리문을 실행한다.

트리거를 생성하는 앞의 예는 BEFORE INSERT 트리거이다. 즉, ON 절에서 설정한 `members_temp` 테이블에 INSERT 사건 event이 발생하면 먼저 before 트리거 내부의 BEGIN ... END 블록의 행위 action를 실행한 뒤에 INSERT 사건을 실행하는 트리거로 이름은 ‘tg_members_temp_insert_b’이다.

`members_temp` 테이블에서 데이터를 입력하는 INSERT 쿼리문이 감지되면, 먼저 BEFORE INSERT 트리거가 실행된다. 트리거에서 실행하는 행위 action인 BEGIN ... END 블록에는 네 가지 문장이 있다. 첫 번째 문장은 ①지역변수 cont를 TEXT 데이터 유형으로 선언한다. 두 번째 문장은 [그림 9.46]에서와 같이 ②임시 테이블 ‘NEW’의 `memname` 열의 값과 문자열 ‘before’를 결합해서 임시 테이블 ‘NEW’의 `memname` 열의 값을 변경한다. 세 번째 문장은 ③임시 테이블 ‘NEW’에서 `memid` 열의 값과

`memname` 열의 값을 결합하여 지역변수 cont에 저장한다. 네 번째 문장은 ④지역변수 cont의 값과 문자열 "B_INSERT"를 `members_tg_test` 테이블에 입력한다. 이렇게 트리거의 내용을 실행한 뒤에 트리거를 발생시킨 INSERT 쿼리문이 실행된다.

결과적으로 위의 예는 어떤 동작 INSERT으로 어떤 데이터 지역변수 cont, 입력하는 데이터의 memid와 memname을 단일 문자열로 결합한 결과를 입력될 것인지 기록을 남겨두는 기능을 트리거로 구현한 것이다.

트리거가 실행되도록 다음의 INSERT 쿼리문을 입력하고 선택 실행한다.

```
INSERT INTO members_temp (memid, memname)
       VALUES ('abcde', '트리거 테스트');
```

`members_tg_test` 테이블을 다음의 SELECT 쿼리문으로 조회하면 트리거가 실행된 결과를 확인할 수 있다. [그림 9.50]은 다음의 SELECT 쿼리문을 실행한 결과이다.

```
SELECT * FROM members_tg_test;
```

members_tg_test (6r × 3c)

content	event_type	insdtm
abcde트리거 테스트	INSERT	2022-04-10 11:33:00
abcde트리거 테스트	UPDATE_OLD	2022-04-10 11:25:00
abcde업데이트 테스트	UPDATE_NEW	2022-04-10 11:25:00
abcde업데이트 테스트	DELETE	2022-04-10 11:25:00
abcdebefore트리거 테스트	B_INSERT	2022-04-10 11:33:00
abcdebefore트리거 테스트	INSERT	2022-04-10 11:33:00

그림 9.50 • BEFORE INSERT 트리거를 사용한 결과

[그림 9.50]의 결과에서 `event_type` 열의 값이 'B_INSERT'인 행은 BEFORE INSERT 트리거에 의해서 입력된 결과이고, `event_type` 열의 값이 'INSERT'인 행은 앞서 등록한 AFTER INSERT 트리거에 의해 입력된 결과이다.

트리거를 발생시킨 INSERT 쿼리문으로 입력된 데이터는 다음의 SELECT 쿼리문으로 확인한다. [그림 9.51]은 실행 결과이다.

```
SELECT memid, memname, enterdtm
    FROM members_temp
    WHERE memid = 'abcde';
```

members_temp (1r × 3c)

memid	memname	enterdtm
abcde	before트리거 테스트	2022-04-10 11:33:00

그림 9.51 · BEFORE TRIGGER를 발생시킨 INSERT 쿼리문의 결과

[그림 9.51]에서 보면, `memname` 열의 값이 INSERT 쿼리문에서 전달된 값과 다른 것을 확인할 수 있다. 트리거 내부에서 사용되는 임시 테이블 'NEW'와 'OLD' 그리고 트리거가 설정된 테이블의 구조가 같음에 주목해야 한다. 트리거 내부에서 임시 테이블 'NEW'의 `memname` 열의 값을 변경하면 트리거를 실행한 이후에 실행되는 INSERT 쿼리문의 데이터가 변경된 것이다. 이와 같이 BEFORE TRIGGER를 이용하여 입력값을 변경하는 경우는 극히 이례적이지만 BEFORE TRIGGER의 동작 순서를 확인하기 위해 살펴본 것이다.

10.3 SIGNAL 시그널

SIGNAL 문은 진단 영역 diagnotics area을 비우고, 사용자가 지정한 오류를 생성한다. SIGNAL 문은 어디에서나 사용할 수 있지만, 주로 저장 프로시저 또는 트리거 등의 프로그램 내에서 사용한다.

다음 예는 BEFORE INSERT 트리거에서 SIGNAL 문을 사용하는 예이다. 트리거를 생성하는 다음의 프로그램 코드를 입력하고 선택 실행하여 트리거를 등록한다.

예
```
DELIMITER $$
CREATE OR REPLACE
    TRIGGER tg_members_temp_insert_b BEFORE INSERT
            ON members_temp FOR EACH ROW
BEGIN
    DECLARE cont TEXT;
    IF NEW.memname IS NULL THEN
        SIGNAL SQLSTATE '90000'
            SET MESSAGE_TEXT = '이름이 NULL 입니다.';
    ELSE
        SET cont = CONCAT(NEW.memid, NEW.memname);
        INSERT INTO  members_tg_test (content, event_type)
               VALUES (cont, 'B_INSERT');
    END IF;
END $$
DELIMITER ;
```

다음의 프로그램 코드는 위의 BEFORE INSERT 트리거를 발생시키기 위한 INSERT 쿼리문을 포함하고, 쿼리문 실행 중 오류가 발생할 때 오류를 처리하는 DECLARE ... HANDLER 문을 포함한다. 다음의 프로그램 코드를 입력하고 선택 실행한다. [그림 9.52]는 실행 결과이다.

예
```
DELIMITER $$
BEGIN NOT ATOMIC
    DECLARE exit HANDLER FOR SQLEXCEPTION
    BEGIN
        GET DIAGNOSTICS CONDITION 1 @sql_state = RETURNED_SQLSTATE,
                                    @errno = MYSQL_ERRNO,
                                    @err_text = MESSAGE_TEXT;
        SELECT @sql_state, @errno, @err_text;
    END;

    INSERT INTO members_temp (memid, memname)
           VALUES ('abcdefg', NULL);
END
$$
```

앞의 프로그램 코드 블록에서 INSERT 쿼리문이 시작되면, INSERT 쿼리문의 실행에 앞서 트리거 'tg_members_temp_insert_b'가 실행된다. 트리거에서 NEW.memname 값이 NULL이기 때문에 SIGNAL 문이 실행되고 트리거는 종료된다. BEFORE INSERT 트리거이기 때문에 트리거가 종료된 뒤에 INSERT 쿼리문이 실행되면서 SQLEXCEPTION이 발생하여 GET DIAGNOSTICS 문의 실행으로 오류 상태를 확인한다. 이때 확인할 수 있는 오류 내용은 SIGNAL 문에 의해 사용자가 지정한 SQLSTATE와 오류 메시지이다.

결과 #1 (1r × 3c)

@sql_state	@errno	@err_text
90000	1,644	이름이 NULL 입니다.

그림 9.52 • SIGNAL 문으로 설정한 사용자 정의 오류

트리거를 이용한 테이블 로그 log 생성 기능 구현 10.4

테이블의 데이터 변경 이력을 관리하는 로그 log 기능을 트리거를 이용하여 구현해 본다.

다음 예는 `members` 테이블의 데이터 변경 이력을 관리하기 위해 `members` 테이블의 데이터를 변경 update하거나 삭제 delete할 때 변경 전의 데이터와 삭제하는 데이터를 별도의 테이블에 저장한다.

트리거를 이용한 테이블 로그 생성 기능을 구현하기 위해, 로그 데이터를 기록하는 테이블을 생성한다. 다음의 CREATE TABLE 쿼리문을 입력하고, 선택 실행한 뒤에 HeidiSQL의 세션 개체 목록에서 생성된 테이블을 확인한다.

```
CREATE TABLE `members_log` (
    `idx` INT(11) NOT NULL AUTO_INCREMENT,
    `memid` VARCHAR(10) NOT NULL
                    COMMENT '회원ID' COLLATE 'utf8mb4_general_ci',
    `memname` VARCHAR(20) NOT NULL
                    COMMENT '회원명' COLLATE 'utf8mb4_general_ci',
```

```
    `passwd` VARCHAR(128) NULL DEFAULT NULL
                  COMMENT ‘암호’ COLLATE ‘utf8mb4_general_ci’,
    `passwdmdt` DATETIME NULL DEFAULT NULL COMMENT ‘최종암호변경일시’,
    `jumin` VARCHAR(64) NULL DEFAULT NULL
                  COMMENT ‘주민등록번호’ COLLATE ‘utf8mb4_general_ci’,
    `addr` VARCHAR(100) NULL DEFAULT NULL
                  COMMENT ‘주소’ COLLATE ‘utf8mb4_general_ci’,
    `birthday` DATE NULL DEFAULT NULL COMMENT ‘생년월일’,
    `jobcd` CHAR(1) NULL DEFAULT NULL
                  COMMENT ‘직업코드’ COLLATE ‘utf8mb4_general_ci’,
    `mileage` DECIMAL(7,0) UNSIGNED NULL COMMENT ‘마일리지’,
    `stat` ENUM(‘Y’,’N’) NOT NULL
                  COMMENT ‘상태’ COLLATE ‘utf8mb4_general_ci’,
    `recommender` VARCHAR(10) NULL DEFAULT NULL
                  COMMENT ‘추천자ID’ COLLATE ‘utf8mb4_general_ci’,
    `enterdtm` DATETIME NULL COMMENT ‘가입일시’,
    `leavedtm` DATETIME NULL DEFAULT NULL COMMENT ‘탈퇴일시’,
    `event_type` VARCHAR(10) NULL
                  COMMENT ‘트리거이벤트’ COLLATE ‘utf8mb4_general_ci’,
    `insdtm` DATETIME NOT NULL DEFAULT CURRENT_TIMESTAMP()
                  COMMENT ‘로그등록일시’,
    PRIMARY KEY (`idx`) USING BTREE
)
COLLATE=‘utf8mb4_general_ci’
ENGINE=InnoDB
;
```

다음 예는 `members` 테이블에서 데이터를 업데이트하고, 업데이트 전의 데이터를 로그 테이블에 기록하는 AFTER UPDATE 트리거를 생성한다. 다음의 프로그램 코드 블록을 입력하고 실행하여 `members` 테이블에 트리거를 등록한다.

예

```
DELIMITER $$
CREATE OR REPLACE
        TRIGGER tg_members_update AFTER UPDATE
                ON members FOR EACH ROW
BEGIN
    INSERT INTO members_log
            (memid, memname, passwd,
             passwdmdt, jumin, addr, birthday,
```

```
                jobcd, mileage, stat, recommender,
                enterdtm, leavedtm, event_type )
              VALUES (OLD.memid, OLD.memname, OLD.passwd,
                      OLD.passwdmdt, OLD.jumin, OLD.addr, OLD.birthday,
                      OLD.jobcd, OLD.mileage, OLD.stat, OLD.recommender,
                      OLD.enterdtm, OLD.leavedtm, 'UPDATE_OLD');
END $$
DELIMITER ;
```

AFTER UPDATE 트리거를 실행하기 위해 다음의 INSERT 쿼리문을 입력하고 선택 실행하여 테스트 데이터를 등록한다.

```
INSERT INTO members (memid, memname, addr, birthday, jobcd)
       VALUES ('abcd', '로그테스트', '서울 용산', '1980-08-15', '3');
```

다음의 SELECT 쿼리문을 입력하고 실행하여 추가한 테스트 데이터를 확인한다. [그림 9.53]은 테스트 데이터를 확인한 결과이다.

```
SELECT memid, memname, addr, birthday, jobcd
    FROM members WHERE memid = 'abcd';
```

members (1r × 5c)

memid	memname	addr	birthday	jobcd
abcd	로그테스트	서울 용산	1980-08-15	3

그림 9.53 • 로그 테이블 구현을 위한 테스트 데이터 확인

[그림 9.53]에서 확인한 데이터를 업데이트하는 다음의 UPDATE 쿼리문과 SELECT 쿼리문을 입력하고 선택 실행하여 앞서 등록한 AFTER UPDATE 트리거가 동작하도록 하고 로그 테이블 `members_log`에 데이터가 입력되는 것을 확인해 보자. [그림 9.54]는 실행 결과이다.

```
UPDATE members
     SET birthday = '1988-09-01' WHERE memid = 'abcd';

SELECT memid, memname, addr, birthday,
         jobcd, enterdtm, event_type, insdtm
     FROM members_log;
```

members_log (1r × 8c)

memid	memname	addr	birthday	jobcd	enterdtm	event_type	insdtm
abcd	로그테스트	서울 용산	1980-08-15	3	2022-10-06 17:38:28	UPDATE_OLD	2022-10-06 17:46:33

그림 9.54 • 로그 테이블에 입력된 결과 확인 1

[그림 9.54]에서 `members` 테이블에서 테스트 데이터를 업데이트하기 이전 상태의 데이터를 확인할 수 있다.

다음의 AFTER DELETE 트리거를 생성하여 `members` 테이블에서 데이터를 DELETE 할 때 삭제하는 데이터가 로그 테이블 `members_log`에 추가되는 것을 확인해 보자.

예

```
DELIMITER $$
CREATE OR REPLACE
         TRIGGER tg_members_delete AFTER DELETE
                ON members FOR EACH ROW
BEGIN
    INSERT INTO members_log
           (memid, memname, passwd, passwdmdt,
            jumin, addr, birthday, jobcd,
            mileage, stat, recommender,
            enterdtm, leavedtm, event_type )
          VALUES (OLD.memid, OLD.memname, OLD.passwd, OLD.passwdmdt,
                  OLD.jumin, OLD.addr, OLD.birthday, OLD.jobcd,
                  OLD.mileage, OLD.stat, OLD.recommender,
                  OLD.enterdtm, OLD.leavedtm, 'DELETE_OLD');

END $$
DELIMITER ;
```

다음의 DELETE 쿼리문과 SELECT 쿼리문을 입력하고 선택 실행하여 AFTER DELETE 트리거가 동작하도록 한 뒤에 로그 테이블에 추가된 데이터를 확인해 보자. [그림 9.55]는 실행 결과이다.

```
DELETE FROM members
    WHERE  memid = 'abcd';

SELECT memid, memname, addr, birthday,
        jobcd, enterdtm, event_type, insdtm
    FROM members_log;
```

members_log (2r × 8c)

memid	memname	addr	birthday	jobcd	enterdtm	event_type	insdtm
abcd	로그테스트	서울 용산	1980-08-15	3	2022-10-06 17:38:28	UPDATE_OLD	2022-10-06 17:46:33
abcd	로그테스트	서울 용산	1988-09-01	3	2022-10-06 17:38:28	DELETE_OLD	2022-10-06 18:07:19

그림 9.55 • 로그 테이블에 입력된 결과 확인 2

[그림 9.55]에서 두 번째 데이터가 AFTER DELETE 트리거의 동작으로 로그 테이블에 추가된 결과이다.

10.5 트리거를 이용한 실시간 마감 기능 구현

앞서 저장 프로시저를 실습하면서 월 단위 마감을 위한 저장 프로시저 'sp_closing'을 구현하여 실습해 보았다. 이는 마감 작업이 필요할 때 모든 데이터를 조회하여 한꺼번에 처리하는 배치 batch 처리형식이다.

월 마감 작업이 실시간으로 처리될 수 있도록 트리거를 이용하여 주문 상세정보를 담고 있는 `order_d` 테이블에 데이터가 INSERT될 때마다 월 단위 마감 데이터를 담고 있는 `monthly_order_mst` 테이블을 업데이트할 수 있도록 한다.

다음과 같이 주문 상세정보를 담고 있는 `order_d` 테이블에 AFTER INSERT 트리거를 생성하여 등록한다.

예

```
DELIMITER $$
CREATE OR REPLACE
    TRIGGER tg_order_d_insert AFTER INSERT
            ON  order_d  FOR EACH ROW
BEGIN
    # 지역변수 선언
    -- `order_d` 테이블에 입력되는 `amt` 열의 값을
    -- 저장하는 지역변수로 초기값은 0
    DECLARE in_amt DECIMAL(7,0) DEFAULT 0;
    -- 정상 주문금액을 저장하는 지역변수로 초기값 0
    DECLARE wknamt DECIMAL(7,0) DEFAULT 0;
    -- 취소 주문금액을 저장하는 지역변수로 초기값 0
    DECLARE wkcamt DECIMAL(7,0) DEFAULT 0;
    DECLARE yymm   CHAR(7);     -- 주문년월을 저장하는 지역변수
    DECLARE wkyn   CHAR(1);     -- 정상주문과 취소주문을 구분하는 지역변수
    DECLARE wkcd   CHAR(5);     -- 상품코드를 저장하는 지역변수

    # 트리거가 설정된 `order_d` 테이블에 입력되는 NEW.`orderno` 열과
    # `order_h` 테이블의 orderno가 같은 데이터 중에서
    # orddt 열의 '연-월'과 cancelyn 열의 값을 조회하여
    # 지역변수 yymm, wkyn에 저장
    SELECT LEFT(CONVERT(orddt, CHAR), 7),
           cancelyn
        INTO yymm, wkyn FROM order_h
        WHERE order_h.orderno = NEW.orderno;

    # `order_d` 테이블에 입력되는 상품코드와 주문금액을 지역변수에 저장
    SET wkcd   = NEW.goodscd;
    SET in_amt = NEW.amt;

    # 정상주문이면 지역변수 in_amt의 값을 wknamt에 저장
    IF wkyn = 'N' THEN
        SET wknamt = in_amt;
    END IF;

```

```
    # 취소주문이면 지역변수 in_amt의 값을 wkcamt에 저장
    IF wkyn = 'Y' THEN
        SET wkcamt = in_amt;
    END IF;

    # 월 마감 테이블에서 해당 월, 해당 상품코드의 데이터 건수 확인, 1이면
    # 즉, 마감 테이블에 데이터가 있으면 정상 주문금액 합계와
    # 취소 주문금액 합계를 기존의 금액과 각각 합산하여 UPDATE
    # 마감 테이블에 데이터가 없으면 INSERT
    IF (SELECT COUNT(goodscd) FROM monthly_order_mst
            WHERE goodscd = wkcd AND ord_ym = yymm) = 1 THEN
        UPDATE monthly_order_mst
            SET Namt = Namt + wknamt,
                Camt = Camt + wkcamt
            WHERE goodscd = wkcd AND ord_ym = yymm;
    ELSE
        INSERT INTO monthly_order_mst
                VALUES (wkcd, yymm, wknamt, wkcamt);
    END IF;

END $$
DELIMITER ;
```

다음의 SELECT 쿼리문을 입력하고 선택 실행하여 `monthly_order_mst` 테이블의 현재 상태를 확인한다. [그림 9.56]은 다음의 쿼리문을 실행한 결과이다.

```
SELECT * FROM monthly_order_mst;
```

monthly_order_mst (5r × 4c)

goodscd	ord_ym	Namt	Camt
GDS01	2022-01	25,000	0
GDS02	2022-01	5,000	5,000
GDS03	2022-01	55,000	20,000
GDS04	2022-01	25,000	0
GDS05	2022-01	10,000	0

그림 9.56 • `monthly_order_mst` 테이블의 상태 확인

다음의 INSERT 쿼리문과 SELECT 쿼리문을 입력하고 선택 실행한다. 쿼리문은 `order_d` 테이블에 주문 상세정보를 추가하고, 트리거 'tg_order_d_insert'를 동작시킨다. 그리고 월 마감 정보를 담고 있는 `monthly_order_mst` 테이블에 어떠한 변화가 생겼는지 변경된 정보를 확인한다. [그림 9.57]은 `monthly_order_mst` 테이블을 확인한 결과이다.

```
INSERT INTO order_d (orderno, goodscd, unitcd, unitprice, qty, amt)
        VALUES ('202201003', 'GDS05', '02', 1000, 20, 20000);

SELECT * FROM  monthly_order_mst;
```

monthly_order_mst (5r × 4c)

goodscd	ord_ym	Namt	Camt
GDS01	2022-01	25,000	0
GDS02	2022-01	5,000	5,000
GDS03	2022-01	55,000	20,000
GDS04	2022-01	25,000	0
GDS05	2022-01	30,000	0

그림 9.57 • `monthly_order_mst` 테이블의 변경된 상태 확인 1

[그림 9.56]과 [그림 9.57]을 비교해 보면, 상품코드 'GDS05'인 행의 Namt는 10,000에서 30,000으로 변경된 것을 확인할 수 있다. `order_d` 테이블에 INSERT된 데이터의 `amt` 열의 값 20,000이 합산된 결과이다.

다시 한번 `order_d` 테이블에 데이터를 추가해 보자. 이번에는 `monthly_order_mst` 테이블에 없는 데이터를 추가해 본다. 현재 `monthly_order_mst` 테이블에는 `ord_ym` 열에는 값이 '2022-01'인 데이터만 있다. 다음의 INSERT 쿼리문과 SELECT 쿼리문을 입력하고 선택 실행한다.

```
INSERT INTO order_d ( orderno, goodscd, unitcd, unitprice, qty, amt )
        VALUES ('202202003', 'GDS05', '02', 1000, 20, 20000 );

SELECT * FROM  monthly_order_mst;
```

monthly_order_mst (6r × 4c)

goodscd	ord_ym	Namt	Camt
GDS01	2022-01	25,000	0
GDS02	2022-01	5,000	5,000
GDS03	2022-01	55,000	20,000
GDS04	2022-01	25,000	0
GDS05	2022-01	30,000	0
GDS05	2022-02	20,000	0

그림 9.58 • `monthly_order_mst` 테이블의 변경된 상태 확인 2

[그림 9.57]과 [그림 9.58]을 비교해 보면, `monthly_ordr_mst` 테이블에 `ord_ym` 열의 값이 '2022-02'인 데이터가 추가된 결과를 확인할 수 있다.

다음 차례는 월 마감 작업이 실시간으로 처리될 수 있도록 트리거를 이용하여 주문 상세 정보를 담고 있는 `order_d` 테이블의 데이터를 UPDATE할 때마다 월 단위 마감 데이터를 담고 있는 `monthly_order_mst` 테이블을 업데이트할 수 있도록 한다.

다음과 같이 주문 상세정보를 담고 있는 `order_d` 테이블에 AFTER UPDATE 트리거를 생성하여 등록한다.

UPDATE 트리거는 트리거 내부에서 기존 데이터가 DELETE되면서 임시 테이블 `OLD`에 저장되고, UPDATE하는 데이터가 임시 테이블 `NEW`에 INSERT되는 트리거의 데이터 처리 절차를 기억해야 한다.

예

```
DELIMITER $$
CREATE OR REPLACE
    TRIGGER tg_order_d_update AFTER UPDATE
            ON  order_d  FOR EACH ROW
BEGIN
    # 지역변수 선언
    -- `order_d` 테이블에 입력되는 `amt` 열 값의
    -- 변경 전 값과 변경 후 값을 저장하는 지역변수로 초기값 0
    DECLARE old_amt DECIMAL(7,0) DEFAULT 0;
    DECLARE new_amt DECIMAL(7,0) DEFAULT 0;
    -- 정상 주문금액을 저장하는 지역변수로 초기값 0
    DECLARE wknamt  DECIMAL(7,0) DEFAULT 0;
```

```
    -- 취소 주문금액을 저장하는 지역변수로 초기값 0
    DECLARE wkcamt  DECIMAL(7,0) DEFAULT 0;
    DECLARE yymm    CHAR(7);       -- 주문년월을 저장하는 지역변수

    DECLARE wkyn    CHAR(1);       -- 정상주문과 취소주문을 구분하는 지역변수
    DECLARE wkcd    CHAR(5);       -- 상품코드를 저장하는 지역변수

    # 트리거가 설정된 `order_d` 테이블에 입력되는 NEW.`orderno` 열과
    # `order_h` 테이블의 orderno가 같은 데이터 중에서
    # orddt 열의 '연-월'과 cancelyn 열의 값을 조회하여
    # 지역변수 yymm, wkyn에 저장
    SELECT LEFT( CONVERT(orddt, CHAR), 7), cancelyn
        INTO yymm, wkyn FROM order_h
        WHERE order_h.orderno = NEW.orderno;

    # 업데이트하려는 신규 데이터와 업데이트 이전 데이터 관리
    SET wkcd    = NEW.goodscd;     -- 신규 데이터의 상품코드 저장
    SET new_amt = NEW.amt;         -- 신규 데이터의 주문금액 저장
    SET old_amt = OLD.amt;         -- 업데이트 이전 데이터의 주문금액 저장

    # 정상주문이면 업데이트하려는 신규 데이터의 주문금액에서
    # 업데이트 이전 데이터의 주문금액을 차감해서 지역변수 wknamt에 저장
    IF wkyn = 'N' THEN
        SET wknamt = new_amt - old_amt;
    END IF;

    # 취소주문이면 업데이트하려는 신규 데이터의 주문금액에서
    # 업데이트 이전 데이터의 주문금액을 차감해서 지역변수 wkcamt에 저장
    IF wkyn = 'Y' THEN
        SET wkcamt = new_amt - old_amt;
    END IF;

    # 월 마감 테이블에 해당 데이터의
    # 정상 주문금액과 취소 주문금액을 기존 금액과 각각 합산하여 update
    UPDATE `monthly_order_mst`
        SET NAmt = Namt + wknamt,
            CAmt = CAmt + wkcamt
        WHERE goodscd = wkcd AND ord_ym = yymm;
END $$
DELIMITER ;
```

월 마감 데이터를 담고 있는 `monthly_order_mst` 테이블에는 '2022-01'의 상품코드 'GDS05'인 데이터의 마감 데이터를 [그림 9.57]에서 보면, 정상 주문금액 30,000으로 표시되어 있다.

다음의 UPDATE 쿼리문과 SELECT 쿼리문을 입력하고 선택 실행한다. UPDATE 쿼리문은 `order_d` 테이블에서 주문번호 '202201003', 상품코드 'GDS05'인 데이터의 주문수량과 주문금액을 업데이트한다. 이때 트리거 'tg_order_d_update'가 동작하여 월 마감 데이터를 담고 있는 테이블의 내용을 업데이트한다. SELECT 쿼리문은 월 마감 데이터를 담고 있는 테이블의 변경 결과를 확인한다. [그림 9.59]는 다음의 쿼리문을 실행 결과이다.

```
UPDATE order_d
    SET qty = 15, amt = 15000
    WHERE orderno = '202201003' AND goodscd = 'GDS05';

SELECT * FROM  monthly_order_mst;
```

monthly_order_mst (6r × 4c)

goodscd	ord_ym	Namt	Camt
GDS01	2022-01	25,000	0
GDS02	2022-01	5,000	5,000
GDS03	2022-01	55,000	20,000
GDS04	2022-01	25,000	0
GDS05	2022-01	25,000	0
GDS05	2022-02	20,000	0

그림 9.59 • `monthly_order_mst` 테이블의 변경된 상태 확인 3

UPDATE 트리거가 실행되기 전 상태인 [그림 9.58]과 UPDATE 트리거가 실행된 뒤의 상태인 [그림 9.59]를 비교하면, '2022-01'이고 'GDS05'인 데이터의 `Namt` 열의 값이 30000에서 25000으로 변경된 것을 확인할 수 있다. 월 마감 데이터에 30000이, 주문상세내역 `order_d` 테이블의 데이터 업데이트로 기존 20000이었던 데이터가 15000으로 수정되면서 월 마감 데이터에서 5000이 차감된 결과이다.

월 마감 데이터 관리를 위해 `order_d` 테이블에서 데이터를 DELETE하는 경우를 처리하기 위한 DELETE 트리거도 작성해야 하지만, 독자의 과제로 남겨 두기로 한다.

11 저장 함수 Stored Functions

저장 함수 Stored Functions는 내장 함수와 같이 SQL 문 내에서 호출되고 단일 값을 반환하는 사용자 정의 함수 User Defined Functions이다.

저장 함수를 생성하는 CREATE FUNCTION 문의 기본 형식은 다음과 같다.

CREATE FUNCTION 문의 기본 형식

```
CREATE [OR REPLACE]
   [DEFINER = {user | CURRENT_USER | role | CURRENT_ROLE }]
   [AGGREGATE]
   FUNCTION [IF NOT EXISTS] func_name ([func_parameter[,...]])
      RETURNS type
      [characteristic ...]
      RETURN func_body
```

CREATE FUNCTION 문의 기본 형식에서 자주 사용되는 간단한 형식은 다음과 같다.

CREATE FUNCTION 문의 요약 형식

```
delimeter $$
CREATE [OR REPLACE] FUNCTION 함수명 ([매개 변수[,...]])
   RETURNS 반환 데이터유형
BEGIN
   사용자 프로그램 코드
   RETURN {반환 값 | 표현식};
END $$
delimeter ;
```

저장 함수는 앞서 살펴본 저장 프로시저와 비슷하지만, 다음과 같은 차이점이 있다.

▷ 저장 프로시저와 달리 IN, OUT 키워드는 사용하지 않는다. 매개 변수는 사용할 수 있지만, 입력 매개 변수로만 사용할 수 있다. OUT을 사용할 수는 없지만, RETURN 문으로 값을 반환한다.

▷ 저장 프로시저는 CALL 문으로 호출하지만, 저장 함수는 내장 함수와 같은 방법으로 호출한다.

▷ 저장 프로시저와 달리 저장 함수 내에서 SELECT 문을 사용할 때는 단일 행의 결과 셋만 허용한다.

저장 함수는 다음과 같은 제한이 있다.

▷ 저장 함수 내에서 결과 셋을 반환하는 명령문은 허용되지 않는다. 일반적인 SELECT 쿼리문은 허용되지 않지만, SELECT ... INTO ... 문은 허용된다. 또한 커서와 FETCH 문도 허용된다.

▷ 저장 함수 내에서 COMMIT 또는 ROLLBACK을 수행하는 명령문은 허용되지 않는다.

▷ 저장 함수는 재귀적으로 사용할 수 없다.

▷ 저장 함수 내에서 PREPARE, EXECUTE, DEALLOCATE PREPARE 문은 사용할 수 없다.

사용자 데이터베이스에는 기본적으로 저장 함수를 생성하는 권한이 'OFF'로 생성되어 있어 저장 함수 Stored Functions를 생성하고 사용할 수 없다. 저장 함수를 생성하는 권한을 설정하는 시스템 변수는 'log_bin_trust_function_creators'이다. 다음의 쿼리문으로 해당 변수의 현재 상태가 'OFF'인 것을 확인할 수 있다. [그림 9.60]은 실행 결과이다.

```
SHOW VARIABLES
    WHERE variable_name LIKE '%log_bin%';
```

SESSION_VARIABLES (7r × 2c)

Variable_name	Value
log_bin	OFF
log_bin_basename	
log_bin_compress	OFF
log_bin_compress_min_len	256
log_bin_index	
log_bin_trust_function_creators	OFF
sql_log_bin	ON

그림 9.60 • 시스템 변수 'log_bin_trust_function_creators' 값 확인

시스템 변수 'log_bin_trust_function_creators'의 값이 'OFF'인 상태에서 저장 함수를 생성하고 사용해 보자.

다음의 저장 함수를 생성하는 예는 2개의 정수를 매개 변수로 전달받아 합계를 계산해서 결과를 반환하는 저장 함수이다. 다음의 CREATE FUNCTION 문을 입력하고 선택 실행한다. 함수가 데이터베이스에 등록될 뿐 결과는 없다.

예

```
DELIMITER $$
CREATE OR REPLACE
    FUNCTION f_calcPlus(val1 INT, val2 INT) # 함수의 이름과
                                            # 매개 변수 이름, 데이터 유형
        RETURNS INT                         # 반환하는 결과의 데이터 유형
BEGIN
    RETURN  val1 + val2;     # 두 개의 매개 변수를 덧셈하여 반환
END $$
DELIMITER ;
```

시스템 변수 'log_bin_trust_function_creators'의 값이 'OFF'인 상태에서 저장 함수를 정의하면 시스템 데이터베이스 `mysql`의 테이블 `proc`에 저장 함수가 등록된다. 다음의 쿼리문으로 등록된 저장 함수의 정보를 확인해 본다. [그림 9.61]은 실행 결과이다.

```
SELECT db, name, type, specific_name
    FROM mysql.proc
    WHERE db = 'kamebook' OR db = 'mysql';
```

proc (6r × 4c)

db	NAME	TYPE	specific_name
kamebook	sp_closing	PROCEDURE	sp_closing
kamebook	sp_members_insert	PROCEDURE	sp_members_insert
kamebook	sp_test1	PROCEDURE	sp_test1
kamebook	sp_test2	PROCEDURE	sp_test2
kamebook	sp_test3	PROCEDURE	sp_test3
mysql	f_calcPlus	FUNCTION	f_calcPlus

그림 9.61 • `mysql`.`proc` 테이블의 내용 확인

[그림 9.61]에서 앞서 등록한 저장 함수 'f_calcPlus'를 볼 수 있으며, 저장 함수는 `mysql` 데이터베이스의 개체로 등록된 것을 확인할 수 있다.

다음과 같은 쿼리문을 사용하여 등록한 저장 함수를 호출하면, [그림 9.62]와 같은 오류 메시지 창이 표시된다.

```
01: USE kamebook;                        # 명시적으로 데이터베이스 사용
02: SELECT f_calcPlus(100, 200);         # 저장 함수 호출
```

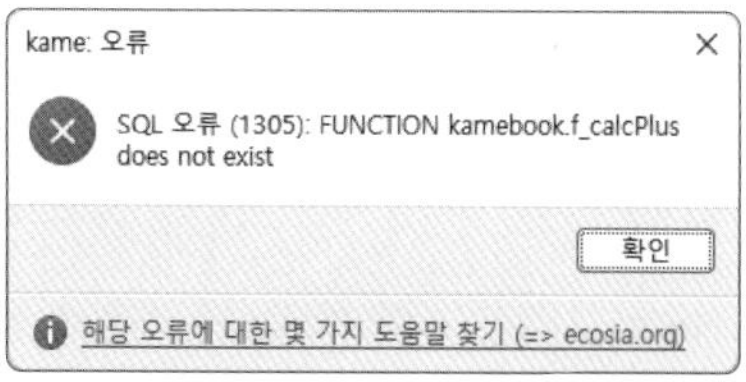

그림 9.62 • 저장 함수 'f_calcPlus( )' 호출 결과 1

USE kamebook; 문으로 사용하는 데이터베이스를 명시적으로 지정하고, SELECT 쿼리문으로 저장 함수를 호출하면 데이터베이스에 함수가 없다는 의미의 오류 메시지 창이 표시된 것이다.

저장 함수 'f_calcPlus()'는 시스템 데이터베이스 `mysql`에 등록되어 있기 때문에 다음과 같이 저장 함수를 호출해야 한다.

```
01: USE kamebook;                              # 명시적으로 데이터베이스 사용
02: SELECT mysql.f_calcPlus(100, 200);         # 저장 함수 호출
```

사용자 데이터베이스에 저장 함수를 등록하기 위해 다음의 쿼리문을 입력하고 선택 실행한다. 저장 함수를 등록할 데이터베이스를 명시적으로 지정하고, 사용자의 저장 함수 등록을 위한 시스템 변수 'log_bin_trust_function_creators'의 값을 0으로 변경한 다음에 저장 함수를 등록한다. 그리고 저장 함수를 호출하여 결과를 확인한다. [그림 9.63]은 저장 함수를 호출한 결과이다.

```
USE kamebook;               # 명시적으로 데이터베이스 사용
# 지정한 데이터베이스 내에 저장 함수 등록을 위해 시스템 변수 값 변경
SET GLOBAL log_bin_trust_function_creators = 0;

# 저장 함수 정의
DELIMITER $$
CREATE OR REPLACE
    FUNCTION f_calcPlus(val1 INT, val2 INT) # 함수의 이름과
                                            # 매개 변수 이름, 데이터 유형
        RETURNS INT                         # 반환하는 결과의 데이터 유형
BEGIN
    RETURN  val1 + val2;        # 두 개의 매개 변수를 덧셈하여 반환
END $$
DELIMITER ;

# 저장 함수 호출
SELECT f_calcPlus(100, 200);  # 명시적으로 지정된 데이터베이스의 개체로 등록된
                              # 저장 함수 호출
```

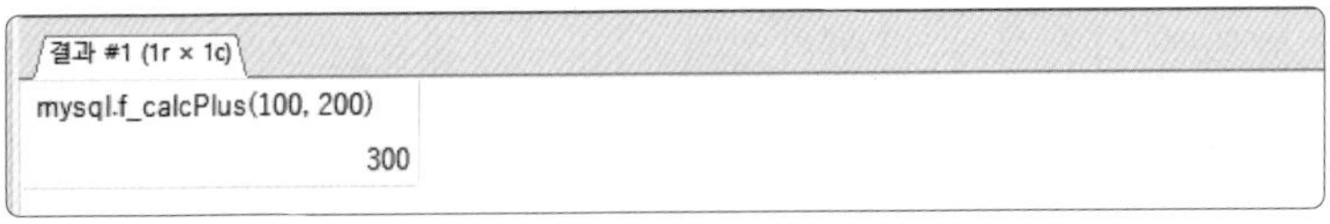

그림 9.63 • 저장 함수 'f_calcPlus( )' 호출 결과 2

`kamebook` 데이터베이스의 세션 개체 목록에서 등록된 저장 함수를 [그림 9.64]와 같이 확인할 수 있다.

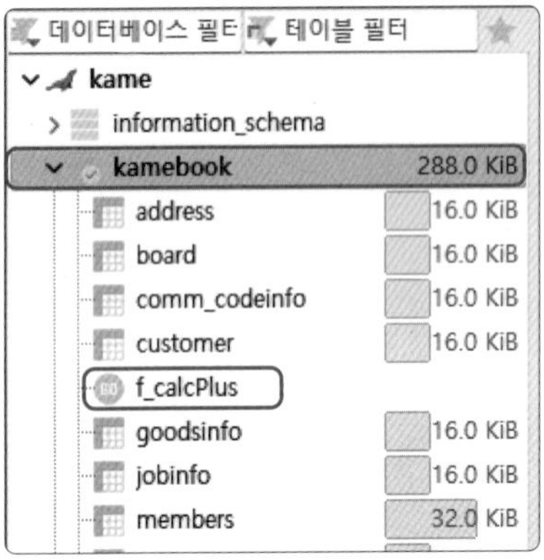

그림 9.64 • 저장 함수가 등록된 `kamebook` 데이터베이스의 세션 개체 목록

앞서 정의된 저장 함수 'f_calcPlus()'를 다음과 같이 변경하여 등록한다.

```
DELIMITER $$
CREATE OR REPLACE
    FUNCTION f_calcPlus(val1 INT, val2 INT)
        RETURNS INT NO SQL DETERMINISTIC

    RETURN val1 + val2;
$$;
DELIMITER ;
```

NO SQL과 DETERMINISTIC 옵션을 선언했고, BEGIN과 END 문을 생략했다. NO SQL 키워드는 함수 내에 SELECT, INSERT, UPDATE 등의 SQL 문이 없음을 의미한다. DETERMINISTIC 키워드는 모든 경우에 필요한 것은 아니며 프로그램을 최적화할 수 있도록 도와주는 기능이다. 저장 함수 내에서 NOW()나 CURRENT_TIMESTAMP() 함수 등 비결정적인 함수를 사용한다면 NOT DETERMINISTIC 옵션을 지정해야 한다. 함수 내부에서 사용자 프로그램 코드가 RETURN 문 하나만 사용된다면 BEGIN 키워드와 END 키워드를 생략할 수 있다.

Note

결정적 함수 Deterministic Function

같은 상황에서 항상 같은 결과를 반환하는 함수이다. 앞에서 예제로 생성한 f_calcPLus() 함수는 같은 인수를 사용하는 경우 항상 같은 결과를 반환하는 결정적 함수의 예이다.

비결정적 함수 Non Deterministic Function

같은 상황에서 항상 다른 결과를 반환하는 함수이다. NOW() 함수 또는 CURRENT_TIMESTAMP() 함수는 항상 다른 결과를 반환하는 비결정적 함수의 예이다.

다음의 쿼리문을 실행하여 사용하는 데이터베이스에 등록된 저장 함수의 목록과 정보를 확인할 수 있다. [그림 9.65]는 실행 결과이다.

```
SHOW FUNCTION STATUS WHERE `db` = 'kamebook';
```

ROUTINES (1r × 11c)

Db	Name	Type	Definer	Modified	Created
kamebook	f_calcPlus	FUNCTION	root@localhost	2022-11-16 20:47:55	2022-11-16 20:47:55

Security_type	Comment	character_set_client	collation_connection	Database Collation
DEFINER		utf8mb4	utf8mb4_general_ci	utf8mb4_general_ci

그림 9.65 • 데이터베이스에 등록된 저장 함수의 목록과 정보 확인

[그림 9.65]에서와 같이 쿼리문에서 지정한 데이터베이스에 등록된 저장 함수의 목록과 정보를 확인할 수 있다.

저장 함수의 다른 예로 나이를 계산하는 저장 함수를 정의해 본다. 다음의 저장 함수는 'yyyy-mm-dd' 형식의 매개 변수를 받아서 시스템 일자를 기준으로 나이를 계산하여 DECIMAL(4, 0) 형식의 결과를 반환한다. 저장 함수를 정의하는 다음의 프로그램 코드를 입력하고 선택 실행하여 저장 함수를 데이터베이스의 개체로 등록한다.

예

```
DELIMITER $$
CREATE OR REPLACE
    FUNCTION f_calcAge(indate CHAR(10))
        RETURNS DECIMAL(4, 0) NO SQL NOT DETERMINISTIC
BEGIN
    # 지역변수 선언
    DECLARE curr_date CHAR(10);
    DECLARE calc_age  DECIMAL(4, 0);

    # CURDATE() 함수로 현재 일자를 확인하여 문자열로 데이터 유형 변경
    # 'yyyy-mm-dd' 형식이 된다.
    SET curr_date = CONVERT(CURDATE(), CHAR);

```

예

```
    # 입력 매개 변수 값에서 오른쪽 5글자와 현재 일자의 오른쪽 5글자 비교하여
    # 나이를 계산하고 변수 calc_age에 저장한다.
    IF (RIGHT(indate, 5) < RIGHT(curr_date, 5)) THEN
        -- 생일이 지나지 않은 경우
        -- 현재 일자의 왼쪽 4글자, 즉 현재 연도에서 입력된 연도를 뺄셈하여
        -- 나이를 계산하고 -1
        SET calc_age = LEFT(curr_date, 4) - LEFT(indate, 4) - 1;
    ELSE
        -- 생일이 지난 경우
        -- 현재 일자의 왼쪽 4글자, 즉 현재 연도에서 입력된 연도를 뺄셈하여
        -- 나이를 계산
        SET calc_age = LEFT(curr_date, 4) - LEFT(indate, 4);
    END IF;

    RETURN calc_age;
END $$;
DELIMITER ;
```

다음은 데이터베이스 개체로 등록한 저장 함수를 사용하는 쿼리문이다. 현재 일자는 2022년 4월 15일로 가정한다. [그림 9.66]은 실행 결과이다.

```
SELECT f_calcAge('2000-01-01'), -- 생일이 지나지 않은 경우, 결과는 21
       f_calcAge('2000-04-15'), -- 생일인 경우, 결과는 22
       f_calcAge('2000-04-16'); -- 생일이 지난 경우, 결과는 22
```

결과 #1 (1r × 3c)

f_calcAge('2000-01-01')	f_calcAge('2000-04-15')	f_calcAge('2000-04-16')
21	22	22

그림 9.66 • 저장 함수 'f_calcAge()' 호출 결과

다음 예는 저장 함수 내에서 SELECT 쿼리문을 사용하는 예이다. 매개 변수로 SELECT 쿼리문의 WHERE 조건절에서 사용할 '회원 ID'를 전달받아, `members` 테이블에서 '회원 ID'에 해당하는 데이터의 '회원 이름'을 반환하는 예이다. 다음의 저장 함수를 정의하는 프로그램 코드를 입력하고 선택 실행하여 저장 함수를 데이터베이스 개체로 등록한다.

예
```
DELIMITER $$
CREATE OR REPLACE
    FUNCTION f_membername(in_id VARCHAR(10))
        RETURNS VARCHAR(20) CONTAINS SQL DETERMINISTIC

BEGIN
    DECLARE nm VARCHAR(20);
    SELECT memname INTO nm FROM members WHERE memid = in_id;

    RETURN nm;
END $$;
DELIMITER ;
```

데이터베이스 개체로 등록한 저장 함수를 다음의 SELECT 쿼리문으로 호출하여 결과를 확인한다. [그림 9.67]은 실행 결과이다.

```
SELECT orderno, memid, f_membername(memid)
    FROM order_h;
```

`order_h` 테이블에는 '회원 이름'을 갖는 열이 없다. `members` 테이블과 JOIN을 통해 '회원 이름'을 확인할 수 있었지만, 예에서와 같이 저장 함수를 호출하여 JOIN없이 '회원 이름'을 나타낼 수도 있다.

order_h (8r × 3c)

orderno	memid	f_membername(memid)
202201001	seo	서갑돌
202201002	hong2	홍길동
202201003	hong1	홍길동
202201004	kim1	김갑수
202201005	park	박기자
202202001	hong1	홍길동
202202003	park	박기자
202203001	kim1	김갑수

그림 9.67 • 저장 함수 'f_membername( )' 호출 결과

데이터베이스 개체로 등록한 저장 함수를 삭제할 때는 "DROP FUNCTION 함수명;" 문으로 삭제할 수 있다. 저장 함수의 내용을 변경할 때는 "ALTER FUNCTION ..." 문을 사용할 수 있지만, "CREATE OR REPLACE FUNCTION ..." 문을 사용하여 저장 함수의 생성과 변경을 모두 처리할 수 있다.

CHAPTER 10

색인 Index

지금까지 몇 가지 테이블을 생성하고 소량의 데이터를 테이블에 추가하여 사용했다. 테이블에 수백만, 수천만 또는 수억 개의 행이 저장되어 있다고 가정할 때, 조회하려는 데이터를 찾는 방법은 테이블의 첫 번째 행부터 찾고자 하는 행인지 아닌지를 판단하고 다음 행으로 이동하여 똑같은 방법으로 반복하면서 원하는 데이터를 조회할 것이다. 불행하게도 조회하려는 데이터가 수억 개의 행 중 마지막에 있다고 한다면, 아무리 빠른 컴퓨터를 이용하더라도 원하는 데이터를 조회하는 데는 많은 시간이 소요될 것이다. 데이트를 조회하는 쿼리문을 실행하고, 결과를 나타내기까지 많은 시간이 소요된다면 어느 누가 컴퓨터를 활용하겠는가?

일반적인 책들을 보면, 대부분 앞부분에 '목차'가 있다. 목차는 책 내용의 제목을 중심으로 구성되어 있다. 목차를 이용하여 우리가 찾고자 하는 내용의 페이지를 찾아가고, 찾은 페이지에서 내용을 위에서부터 읽어가면서 원하는 내용을 찾는다. 이러한 방법으로 페이지 수가 많은 책에서도 찾고자 하는 내용을 쉽게 그리고 빠르게 찾을 수 있다. 또한 책의 뒤편에는 '찾아보기'가 있다. '찾아보기'는 주요 단어가 어느 페이지에 있는지를 표시해 둔 것으로 특정 단어를 쉽고 빠르게 찾을 수 있도록 한다.

이러한 '목차' 또는 '찾아보기'를 색인 INDEX이라고 한다. 데이터베이스의 테이블에 저장된 데이터에도 검색 속도를 향상하기 위해 색인을 생성할 수 있다. 데이터의 양이 많아질수록 색인 설정 여부에 따라서 성능에 차이가 있을 수 있다.

1 색인 INDEX의 동작 원리

테이블의 데이터에 색인이 설정되어 있지 않다면, 테이블로부터 데이터를 조회할 때마다 하나하나 테이블 내의 모든 데이터를 찾아보아야 한다. 이것을 전체 검색 Full Scan이라고 한다. 전체 검색은 데이터의 양이 많아질수록 검색 시간은 늘어나게 된다.

데이터베이스의 테이블에 설정하는 색인은 검색 대상의 열의 값을 어떤 기준으로 미리 정렬되어 있다. 뒤에서 설명할 클러스터형 색인과 비클러스터형 색인은 차이는 있지만, 기본적으로 색인은 B-Tree Balanced Tree 자료구조를 이용하여 데이터를 정렬한다.

B-Tree의 상세한 개념은 "자료 구조 Data Structure" 관련 내용을 참고하고, 여기서는 간단하게 B-Tree의 개념을 살펴보자.

B-Tree는 [그림 10.1]과 같이 전체 데이터의 '중간값'을 기준으로 데이터를 좌우로 나누어 왼쪽 부분에는 '중간값'보다 작은 데이터를 놓고, 오른쪽 부분에는 '중간값'보다 큰 데이터를 놓는다. 다시 좌우로 나뉘어진 왼쪽 부분 또는 오른쪽 부분의 데이터에서도 중간값을 찾아 설정하고 다시 데이터를 좌우로 나누어 놓기를 반복한다.

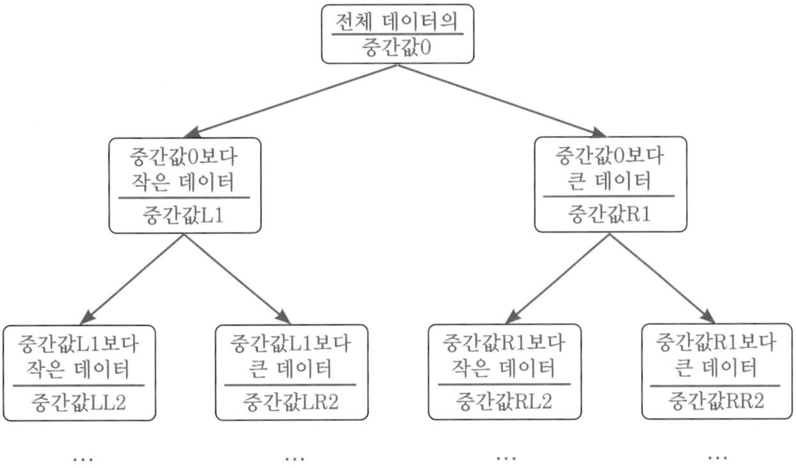

그림 10.1 • B-Tree의 개념

[그림 10.1]의 B-Tree의 개념을 적용하여 데이터를 검색하면 검색 대상이 되는 데이터의 양을 절반씩 버릴 수 있다. 이러한 검색 방법을 영역 검색 Range Scan이라고 한다. 전체 검색 FULL SCAN보다 데이터를 검색하는 속도가 빨라질 수 있다.

색인을 사용하면 다음과 같은 장단점이 있다.

- ▷ 검색 속도가 빨라질 수 있다. 하지만, 항상 빨라지는 것은 아니다. 데이터의 양이나 색인의 구조 그리고 검색 방법에 따라 색인을 사용하지 않고 검색이 실행될 수도 있다.
- ▷ 쿼리문 실행에 따른 부하가 줄어 시스템 전체의 성능을 향상할 수 있다.
- ▷ 색인을 저장할 공간이 필요해 데이터베이스 전체 용량이 증가할 수 있다.

▷ 대량의 데이터를 담고 있는 테이블의 경우 색인을 생성하는 시간이 많이 소요될 수 있다.

▷ 데이터 변경이 많으면, 색인 변경도 많아지기 때문에 오히려 성능을 떨어뜨릴 수 있다.

1.1 색인의 종류

테이블을 생성하면서 기본키 Primary Key를 정의해서 사용하고 있다. 기본키가 색인 Index이다. 책의 목차와 같은 역할이다. 기본키를 이용하는 색인을 "클러스터형 색인 Clustered Index"이라 하며, 하나의 테이블에는 하나의 클러스터형 색인만 생성할 수 있다.

책의 '찾아보기'와 같은 색인을 "비클러스터형 색인 Nonclustered Index"이라고 한다. 비클러스터형 색인은 필요에 따라서 하나의 테이블에서 1개 이상의 비클러스터형 색인을 생성할 수 있다.

색인 값들의 중복이 허용되지 않는 Unique Index와 색인 값들의 중복이 허용되는 Nonunique Index로 구분할 수 있다.

1.2 색인을 사용할 때 주의사항

색인은 INSERT/UPDATE/DELETE의 빈도가 적고, 특정 열을 대상으로 검색이 빈번한 테이블에 생성하여 사용한다. 색인을 사용하면 SELECT 쿼리문에서 사용되는 WHERE 혹은 JOIN 절에서 성능이 향상되는 반면에 INSERT/UPDATE/DELETE 등과 같이 테이블의 내용을 변경하는 동작에서는 색인도 수정해야 하기 때문에 성능을 떨어뜨릴 수 있다. 각각에 대해 그 이유를 살펴보면 다음과 같다.

▷ INSERT: 테이블에 데이터를 추가할 때 테이블에 데이터를 추가하는 동작뿐만 아니라, 테이블에 추가되는 데이터의 정보를 색인에도 반영하는 동작이 필요하다. 즉, 색인에서 적절한 위치를 찾아 데이터를 추가하거나, 색인 내의 데이터를 재정렬하는 등의 동작이 필요하다.

▷ DELETE: 테이블에서 데이터를 삭제하면 테이블 내부에서는 해당 데이터를 삭제하고, 삭제된 데이터의 공간을 다른 데이터가 사용할 수 있도록 한다. 하지만, 색인 내부에서는 행이 삭제되었다는 표시만 남기기 때문에 색인 내부의 공간은 재활용할 수 없다.

▷ UPDATE: 테이블 데이터의 UPDATE는 이전 내용의 행을 DELETE하고, 변경된 내용의 행을 INSERT하게 된다. 따라서 INSERT와 DELETE의 동작의 특징이 모두 발생한다.

색인을 사용하려고 할 때는 색인의 장단점과 색인을 사용할 때 주의사항을 명확히 파악하고 적절히 활용할 줄 아는 능력이 매우 중요하다. 테이블의 어떤 열들을 조합하여 색인을 생성해야 하는지, 어떤 특성의 열들에 대해서는 색인의 생성을 하지 말아야 하는지 등 색인의 사용에 관한 다양한 기준들이 존재하기 때문에 경험을 쌓아 가는 것이 중요하다.

색인 정보 확인과 색인 생성 2

현재 실습 과정에서 사용 중인 몇 가지 테이블의 색인 INDEX 정보를 확인해 본다.

색인 정보 확인 2.1

다음의 쿼리문을 입력하고 선택 실행하여 `members` 테이블의 색인 INDEX정보를 확인한다. [그림 10.2]는 실행 결과이다.

```
SHOW INDEX FROM `members`;
```

STATISTICS (1r × 14c)

Table	Non_unique	Key_name	Seq_in_index	Column_name	Collation	Cardinality
members	0	PRIMARY	1	memid	A	6

Sub_part	Packed	Null	Index_type	Comment	Index_comment	Ignored
(NULL)	(NULL)		BTREE			NO

그림 10.2 • `members` 테이블의 색인 정보

[그림 10.2]에서 `Table` 열은 `members` 테이블에 설정된 색인임을 알 수 있다. `Key_name` 열은 'Primary'로 기본키 설정으로 생성된 색인인 클러스터형 색인이고, `Non_unique` 열은 0, 즉 거짓으로 색인 값의 중복을 허용하지 않는 Unique Index이며, `Column_name` 열은 'memid'로 색인은 `members` 테이블의 `memid` 열에 설정되었음을 확인할 수 있다. 또한, `Index_type` 열은 'BTREE'로 B-Tree를 사용하여 색인이 구성되었음을 확인할 수 있다.

다음의 쿼리문을 입력하고 선택 실행하여 `order_d` 테이블의 색인 정보를 확인한다. [그림 10.3]은 실행 결과이다.

```
SHOW INDEX FROM `order_d`;
```

STATISTICS (4r × 14c)

Table	Non_unique	Key_name	Seq_in_index	Column_name	Collation	Cardinality	S
order_d	0	PRIMARY	1	orderno	A	14	
order_d	0	PRIMARY	2	goodscd	A	14	
order_d	1	FK_order_d_goodsinfo	1	goodscd	A	14	
order_d	1	FK_order_d_unitinfo	1	unitcd	A	14	

Sub_part	Packed	Null	Index_type	Comment	Index_comment	Ignored
(NULL)	(NULL)		BTREE			NO
(NULL)	(NULL)		BTREE			NO
(NULL)	(NULL)		BTREE			NO
(NULL)	(NULL)	YES	BTREE			NO

그림 10.3 • `order_d` 테이블의 색인 정보 1

[그림 10.3]에서 `Table` 열은 `order_d` 테이블에 설정된 색인임을 알 수 있다. `Key_name` 열의 1행과 2행은 'Primary'로 `orderno`와 `goodscd` 열을 사용하여 기본키를 설정하여 생성된 클러스터형 색인임을 알 수 있다. 이때 `Seq_in_index` 열의 값은 1과 2로 되어 있다. 즉, 색인을 적용하는 순서가 `order_no`가 먼저 적용되고, `goodscd`가 다음 순서로 적용되는 것임을 나타내는 값이다. 또한 `Key_name` 열은 두 개의 'FK_order_...'로 시작하는 2행의 값이 있다. `order_d` 테이블에 설정된 외래키 FK를 나타내는 것이다. 기본키는 Non_unique의 값이 0으로 중복을 허용하지 않지만, 외래키는 Non_unique의 값이 1로 중복을 허용한다.

색인 정보를 저장하고 있는 색인 파일의 정보를 확인해 보자. 다음의 쿼리문은 `order_d` 테이블과 관련된 정보를 조회한다. 쿼리문을 입력하고 선택 실행하여 결과를 확인한다. [그림 10.4]는 실행 결과이다.

```
SHOW TABLE STATUS LIKE 'order_d';
```

TABLES (1r × 20c)

Name	Engine	Version	Row_format	Rows	Avg_row_length	Data_length	Max_data_length	Ind
order_d	InnoDB	10	Dynamic	14	1,170	16,384	0	

TABLES (1r × 20c)

Index_length	Data_free	Auto_increment	Create_time	Update_time	Check_time	Collati
32,768	0	(NULL)	2022-09-29 14:49:46	2022-10-07 11:51:54	(NULL)	utf8m

TABLES (1r × 20c)

Check_time	Collation	Checksum	Create_options	Comment	Max_index_length	Temporary
(NULL)	utf8mb4_general_ci	(NULL)			0	N

그림 10.4 • `order_d` 테이블의 색인 정보 2

[그림 10.4]에서 `Rows` 열은 테이블에 저장된 행 수를 의미한다. `Ave_row_length` 열은 데이터 한 행의 평균 길이를 의미하는 바이트 수이다. `Data_length`은 InnoDB에서 클러스터형 색인, 즉 기본키를 관리하는 색인의 크기로 MariaDB에서 1페이지 MariaDB에서 사용하는 물리적 디스크 할당 단위 크기는 16KB = 16 * 1024 바이트 = 16384 바이트이다. `Index_length` 열은 색인 파일의 크기로 기본키가 2개이기 때문에 2페이지가 할당되어 있다.

CREATE INDEX 문 2.2

색인 INDEX을 생성하는 CREATE INDEX 문의 기본 형식은 다음과 같다.

CREATE INDEX 문의 기본 형식

```
CREATE [OR REPLACE] [UNIQUE|FULLTEXT|SPATIAL] INDEX
   [IF NOT EXISTS] index_name
   [index_type]
   ON tbl_name (index_col_name,...)
   [WAIT n | NOWAIT]
   [index_option]
   [algorithm_option | lock_option] ;
```

다음의 CREATE INDEX 문으로 색인을 생성해 본다. `members` 테이블의 `memname` 열을 사용하여 색인을 생성하면, [그림 10.5]와 같은 오류 메시지 창이 표시된다.

예

```
CREATE UNIQUE INDEX idx_memname
      ON members(memname);
```

CREATE INDEX 문에서 UNIQUE 옵션을 지정하면, 생성하는 색인에서 중복값을 허용하지 않는다. `members` 테이블에서 `memname` 열의 값은 중복되는 값이 있기 때문에 위의 쿼리문으로 색인을 생성할 때 오류가 발생하는 것이다.

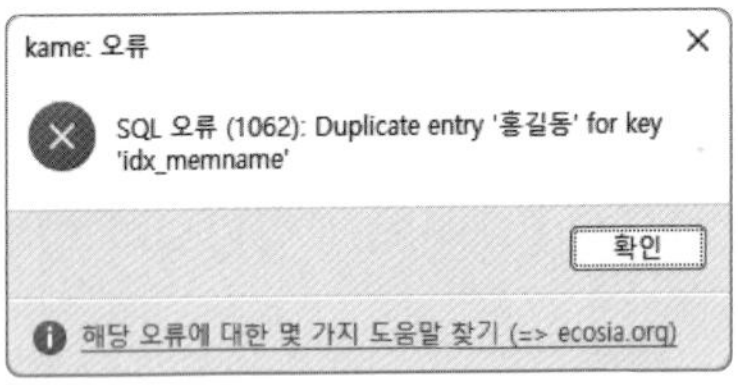

그림 10.5 • UNIQUE 색인을 생성할 때 오류

[그림 10.5]의 오류 메시지 창에서 메시지 내용은 "Duplicate entry ... for key 'idx_memname'"이다. 색인 INDEX에서 중복 항목이 존재한다는 의미이다.

다음의 CREATE INDEX 문으로 다시 색인을 생성한다. UNIQUE 옵션을 제거한 것이다. 쿼리문을 입력하고 선택 실행한다.

```
예 01: CREATE INDEX idx_memname
   02:      ON members(memname);
```

색인을 생성한 결과는 HeidiSQL 창에서 확인한다. HeidiSQL 창의 세션 개체 목록에서 색인을 생성한 ①`members` 테이블을 선택한다. 표시되는 탭 목록에서 ②"테이블: members"를 선택하면 테이블과 관련된 아래 단계의 탭 목록이 표시된다. 아래 단계의 탭 목록 중 ③"인덱스(2)" 탭을 선택하면 ④설정된 색인 정보를 확인할 수 있다.

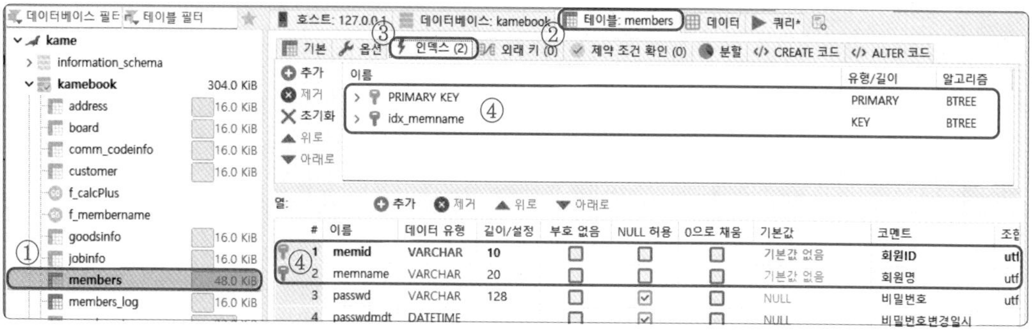

그림 10.6 • `members` 테이블의 색인 정보 확인 1

`members` 테이블에는 기본키에 의한 색인과 `memname` 열을 사용하여 추가한 색인까지 두 개의 색인이 있다.

다음의 쿼리문으로 `members` 테이블의 색인 정보를 확인해 본다.

```
예 01: SHOW TABLE STATUS LIKE 'members';
```

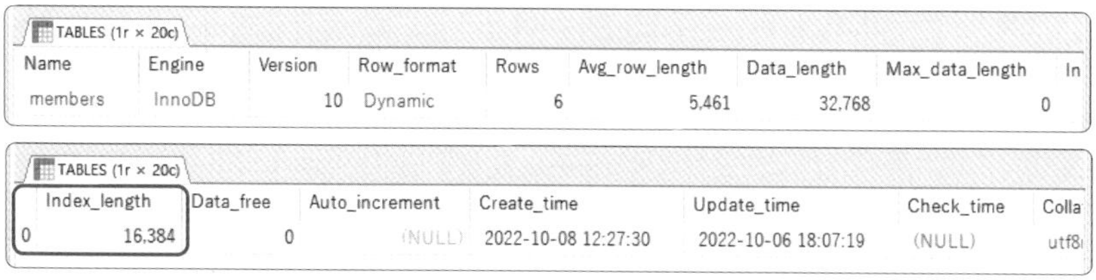

TABLES (1r × 20c)

Name	Engine	Version	Row_format	Rows	Avg_row_length	Data_length	Max_data_length	In
members	InnoDB	10	Dynamic	6	5,461	32,768	0	

TABLES (1r × 20c)

Index_length	Data_free	Auto_increment	Create_time	Update_time	Check_time	Colla
0 16,384	0	(NULL)	2022-10-08 12:27:30	2022-10-06 18:07:19	(NULL)	utf8

그림 10.7 • `members` 테이블의 색인 정보 확인 2 계속

20c)

Collation	Checksum	Create_options	Comment	Max_index_length	Temporary
utf8mb3_general_ci	(NULL)			0	N

그림 10.7 • `members` 테이블의 색인 정보 확인 2

[그림 10.7]의 `Index_length` 열의 값으로 색인 파일의 크기가 16,384바이트인 것을 확인할 수 있다.

다음의 쿼리문으로 `members` 테이블의 `memname` 열에 생성한 색인을 삭제할 수 있다. 쿼리문을 입력하고 선택 실행하여 색인을 삭제한다. 두 가지 쿼리문은 같은 기능이기 때문에 하나만 실행하면 된다.

예
```
01: DROP INDEX idx_memname ON members;
```

예
```
01: ALTER TABLE members DROP INDEX idx_memname;
```

다시 한번 `members` 테이블의 색인 파일 정보를 확인해 보면 `Index_length` 열의 값에 변화가 없다. 테이블에서 색인을 삭제해도 테이블과 색인 파일 간의 연결만 해제할 뿐 아직 색인 파일은 존재하기 때문이다. 다음의 쿼리문을 실행하여 색인 파일 정보를 확인한다. [그림 10.8]은 실행 결과이다.

예
```
01: ANALYZE TABLE members;
02: SHOW TABLE STATUS LIKE 'members';
```

ANALYZE TABLE 문은 테이블을 분석하여 테이블이 색인 통계정보를 업데이트한다. `members` 테이블의 `memname` 열에 설정된 색인이 삭제되었기 때문에 색인 파일이 없다. 따라서 [그림 10.8]을 보면 `Index_length` 열의 값이 0으로 변경된 것을 확인할 수 있다.

TABLES (1r × 20c)

Name	Engine	Version	Row_format	Rows	Avg_row_length	Data_length	Max_data_length	In
members	InnoDB	10	Dynamic	7	4,681	32,768	0	

TABLES (1r × 20c)

Index_length	Data_free	Auto_increment	Create_time	Update_time	Check_time	Collati
0	0	(NULL)	2022-10-08 13:11:34	2022-10-06 18:07:19	(NULL)	utf8m

TABLES (1r × 20c)

Check_time	Collation	Checksum	Create_options	Comment	Max_index_length	Temporary
(NULL)	utf8mb3_general_ci	(NULL)			0	N

그림 10.8 • `members` 테이블의 색인 정보 확인 3

기본키 색인은 DROP INDEX 문으로 삭제할 수 없다. 기본키 색인을 삭제하려면 다음과 같은 ALTER TABLE 문을 사용해야 한다.

예
```
ALTER TABLE members DROP PRIMARY KEY;
```

이와 같이 색인이 필요 없으면 기본키 색인을 포함하여 색인을 삭제할 수 있고 다시 생성할 수도 있다. 지금은 테이블에서 담고 있는 데이터의 양이 적어 색인을 생성하고 삭제하는데 많은 시간이 필요하지 않지만, 데이터의 양이 많아질수록 색인을 생성하는 데는 물론 삭제하는 데도 점차 많은 시간이 필요하게 되어 시스템 전체에 부하를 가중할 수 있음을 기억해야 한다.

원활한 실습을 위해 앞서 삭제한 기본키 색인과 `memname` 열의 색인을 다음의 쿼리문을 실행하여 다시 색인을 생성해 두자.

예
```
ALTER TABLE members ADD PRIMARY KEY(memid);
CREATE INDEX idx_memname
    ON members(memname);
```

3 실무 데이터를 이용한 색인 관리

지금까지는 적은 양의 데이터를 담고 있는 테이블을 대상으로 색인 정보를 확인하고 색인 파일을 생성하는 실습을 해 보았다. 색인을 사용하는 실질적인 효과를 확인해 보기 위해서 MariaDB에서 제공하는 대량의 예제 데이터를 다운로드하여 색인을 관리해 보기로 하자.

3.1 예제 데이터 다운로드

웹 브라우저를 이용하여 다음의 URL에 연결한다. [그림 10.9]와 같이 화면에 표시된 내용에서 ①[Code] 버튼을 클릭하여 표시되는 단축 메뉴에서 ②'Download ZIP' 메뉴를 선택하여 예제 데이터베이스 "test_db-master.zip" 파일을 다운로드하여 임의의 폴더 위치에 저장한다.

```
https://github.com/datacharmer/test_db
```

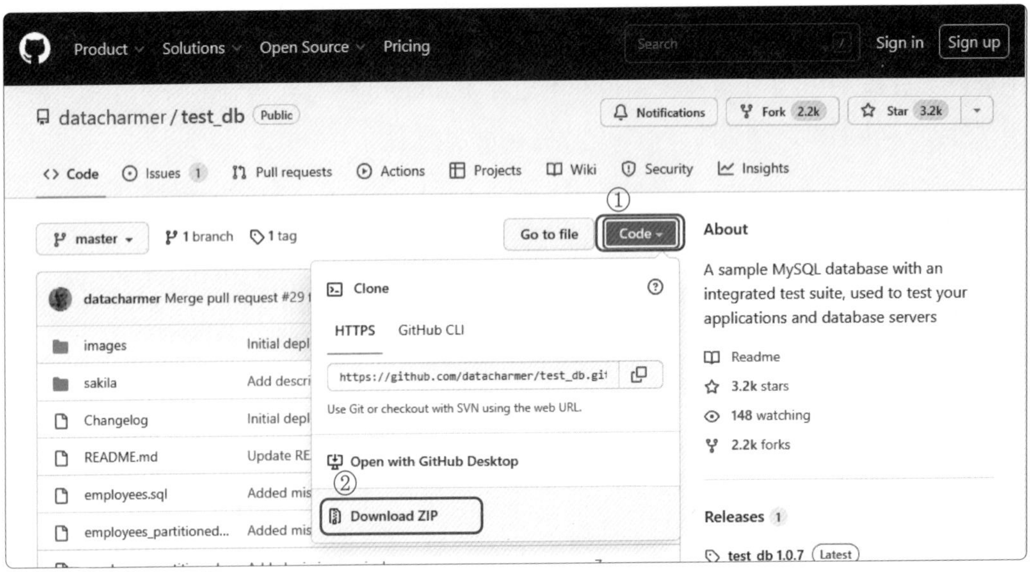

그림 10.9 • 예제 데이터 다운로드 페이지

다운로드한 "test_db-master.zip" 파일의 압축을 해제하고, 파일 탐색기를 이용하여 파일 목록을 확인한다. [그림 10.10]은 파일 압축을 해제한 결과를 나타낸 것이다.

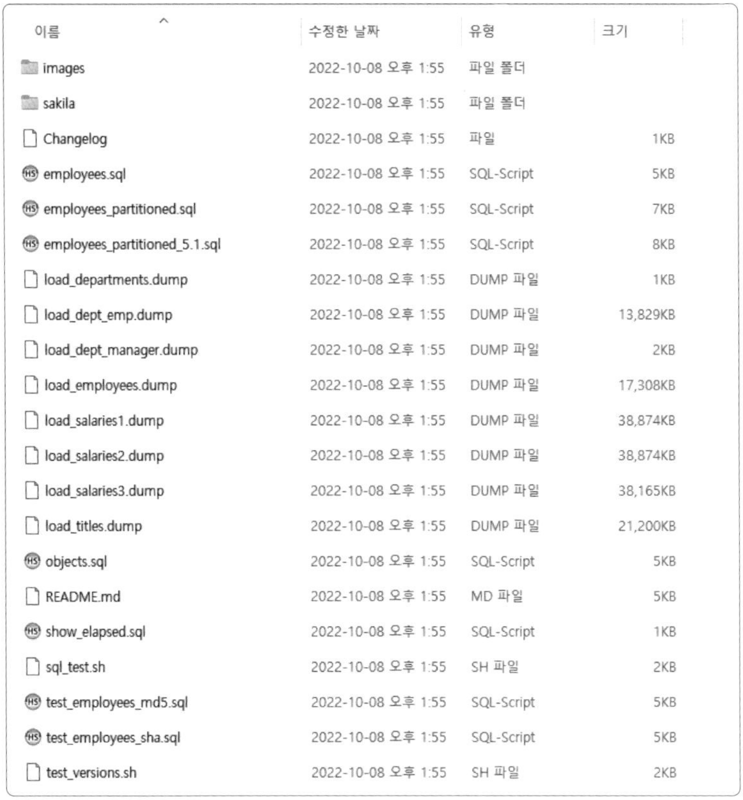

이름	수정한 날짜	유형	크기
images	2022-10-08 오후 1:55	파일 폴더	
sakila	2022-10-08 오후 1:55	파일 폴더	
Changelog	2022-10-08 오후 1:55	파일	1KB
employees.sql	2022-10-08 오후 1:55	SQL-Script	5KB
employees_partitioned.sql	2022-10-08 오후 1:55	SQL-Script	7KB
employees_partitioned_5.1.sql	2022-10-08 오후 1:55	SQL-Script	8KB
load_departments.dump	2022-10-08 오후 1:55	DUMP 파일	1KB
load_dept_emp.dump	2022-10-08 오후 1:55	DUMP 파일	13,829KB
load_dept_manager.dump	2022-10-08 오후 1:55	DUMP 파일	2KB
load_employees.dump	2022-10-08 오후 1:55	DUMP 파일	17,308KB
load_salaries1.dump	2022-10-08 오후 1:55	DUMP 파일	38,874KB
load_salaries2.dump	2022-10-08 오후 1:55	DUMP 파일	38,874KB
load_salaries3.dump	2022-10-08 오후 1:55	DUMP 파일	38,165KB
load_titles.dump	2022-10-08 오후 1:55	DUMP 파일	21,200KB
objects.sql	2022-10-08 오후 1:55	SQL-Script	5KB
README.md	2022-10-08 오후 1:55	MD 파일	5KB
show_elapsed.sql	2022-10-08 오후 1:55	SQL-Script	1KB
sql_test.sh	2022-10-08 오후 1:55	SH 파일	2KB
test_employees_md5.sql	2022-10-08 오후 1:55	SQL-Script	5KB
test_employees_sha.sql	2022-10-08 오후 1:55	SQL-Script	5KB
test_versions.sh	2022-10-08 오후 1:55	SH 파일	2KB

그림 10.10 • 'test-db-master.zip' 파일의 압축을 해제한 결과

예제 데이터 설치 3.2

예제 데이터를 사용하는 MariaDB로 넣기 위해서 "Command Prompt (MariaDB 10.10 (x64))"를 찾아 실행하고, 명령 창의 프롬프트에서 ①'cd' 명령으로 예제 파일의 압축을 해제한 폴더 위치(예 E:\Database\test_db-master" 폴더)로 이동한다.

다음 순서로 MariaDB에 로그인하기 위해 ②"mysql -u root -p" 명령을 입력하고 표시되는 "Enter password: " 프롬프트에서 ③데이터베이스 root 사용자의 비밀번호를 입력한 뒤에 Enter 키를 누르면 MariaDB에 연결된다. MariaDB에 연결되면 프롬프트가 변경되어 "MariaDB [(none)]>"이 표시된다. ④MariaDB 프롬프트에서 다음의 명령을 입력하면 예제 데이터베이스가 MariaDB에 입력된다. [그림 10.11]은 과정을 나타낸 것이다.

```
MariaDB [(none)]> source employees.sql
```

```
관리자: Command Prompt (MariaDB 10.10 (x64)) - mysql -u root -p
Setting environment for MariaDB 10.10 (x64)

C:\WINDOWS\system32>e:

E:\>cd \Database\test_db-master

E:\Database\test_db-master>mysql -u root -p
Enter password: ************
Welcome to the MariaDB monitor.  Commands end with ; or \g.
Your MariaDB connection id is 4
Server version: 10.10.2-MariaDB mariadb.org binary distribution

Copyright (c) 2000, 2018, Oracle, MariaDB Corporation Ab and others.

Type 'help;' or '\h' for help. Type '\c' to clear the current input statement.

MariaDB [(none)]> source employees.sql
```

그림 10.11 • 데이터베이스 연결과 예제 데이터를 MariaDB로 입력

MariaDB Command Prompt 창에 데이터를 입력하는 과정이 모두 종료되면, [그림 10.12]에서와 같이 MariaDB 프롬프트에 입력된 데이터베이스의 이름이 표시되어 "MariaDB [(employees)]>"로 변경된다. 프롬프트에서 "exit" 또는 "quit" 명령을 입력하고 Enter 키를 눌러서 데이터베이스 연결을 종료한다.

```
관리자: Command Prompt (MariaDB 10.10 (x64)) - mysql -u root -p
Query OK, 24919 rows affected (0.484 sec)
Records: 24919  Duplicates: 0  Warnings: 0

Query OK, 7671 rows affected (0.156 sec)
Records: 7671  Duplicates: 0  Warnings: 0

+---------------------+
| data_load_time_diff |
+---------------------+
| 00:01:23            |
+---------------------+
1 row in set (0.006 sec)

MariaDB [employees]> exit
```

그림 10.12 • 데이터베이스 연결 종료와 창 닫기

예제 데이터 구조 확인 3.3

`employees` 데이터베이스를 구성하는 테이블 개체의 관계를 나타내는 ERD는 [그림 10.13]과 같다.

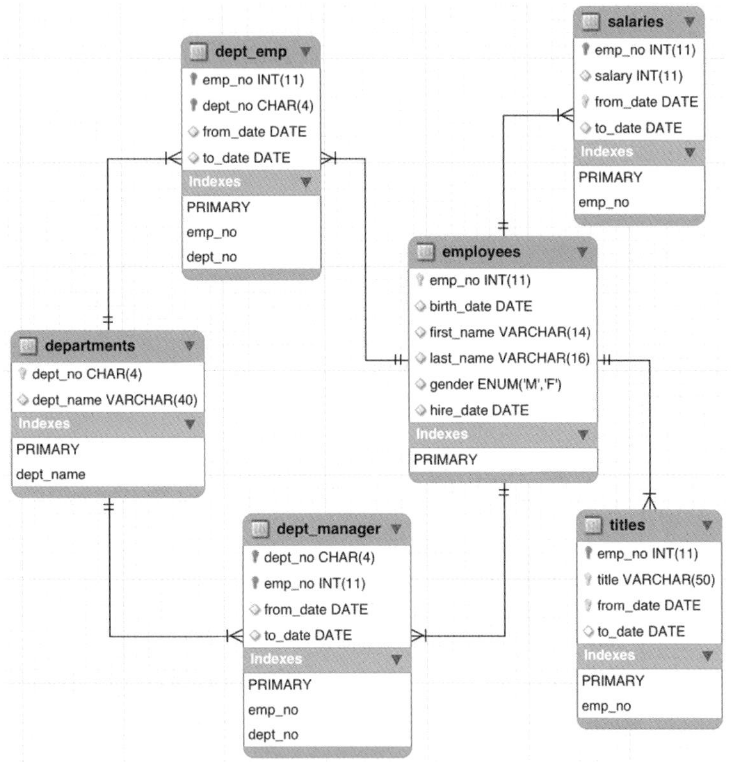

그림 10.13 • `employees` 데이터베이스의 ERD
(출처: https://dev.mysql.com/doc/employee/en/sakila-structure.html)

HeidiSQL을 통해서 `employees` 데이터베이스의 기본 통계를 확인해 보자. HeidiSQL의 ①세션 개체 목록에서 `employees` 데이터베이스를 선택하고, 표시되는 ②탭 목록에서 "데이터베이스: employees"를 선택하면 [그림 10.14]와 같은 선택한 ③데이터베이스의 통계를 확인할 수 있다.

`employees` 데이터베이스에는 '부서정보'를 저장하는 `departments` 테이블, '사원정보'를 저장하는 `employees` 테이블, 직원의 '급여정보'를 저장하는 `salaries` 테이블 등 모두

6개의 테이블과 2개의 뷰가 있다. `salaries` 테이블에는 280만 건 이상의 데이터가 저장되어 있는 것을 확인할 수 있다.

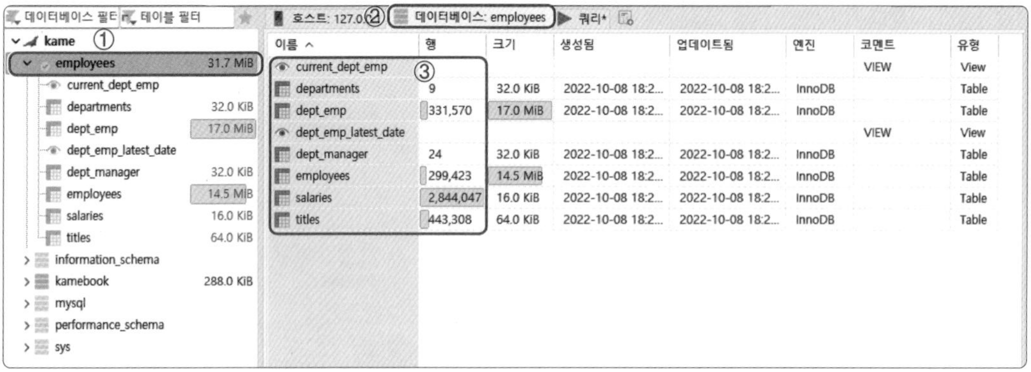

그림 10.14 • `employees` 데이터베이스의 기본 통계

`employees` 데이터베이스를 구성하는 6개의 테이블 중에서 `dept_emp` 테이블에는 사원이 근무한 부서와 근무 기간 등의 '부서 근무 이력 정보'를 저장하고 있다. `dept_emp` 테이블을 이용하여 색인과 관련된 실습을 진행해 본다.

3.4 예제 데이터베이스의 색인 정보 확인

명시적으로 사용할 데이터베이스를 지정하기 위해 다음과 같이 USE 문장으로 사용할 데이터베이스를 선택한다. HeidiSQL에서는 세션 개체 목록에서 사용할 데이터베이스를 선택하는 것으로 USE 문의 실행을 대체한다.

```
USE employees;
```

HeidiSQL 창에서 `dept-emp` 테이블을 생성하는 쿼리문의 코드를 확인해 본다. HeidiSQL 창의 ①세션 개체 목록에서 `employees` 데이터베이스의 ②`dept-emp` 테이블을 클릭하여 선택한다. HeidiSQL 창의 탭 목록에서 ③"데이터베이스: dept_emp"

탭을 선택하고 아래 단계에 표시되는 탭 목록 중 ④"CREATE 코드" 탭을 클릭하면 [그림 10.15]와 같이 ⑤CREATE TABLE 쿼리문을 확인한다.

[그림 10.15]에서 보면 다음과 같이 색인을 생성하는 문장을 확인할 수 있다.

```
··· 생략 ···
PRIMARY KEY (`emp_no`, `dept_no`) USING BTREE,
INDEX `dept_no`(`dept_no`) USING BTREE,
CONSTRAINT `dept_emp_ibfk_1` FOREGIN KEY (`emp_no`)
    REFERENCE `employees` (`emp_no`)
    ON UPDATE RESTRICT ON DELETE CASCADE,
CONSTRAINT `dept_emp_ibfk_2` FOREGIN KEY (`emp_no`)
    REFERENCE `departmemts` (`emp_no`)
    ON UPDATE RESTRICT ON DELETE CASCADE
··· 생략 ···
```

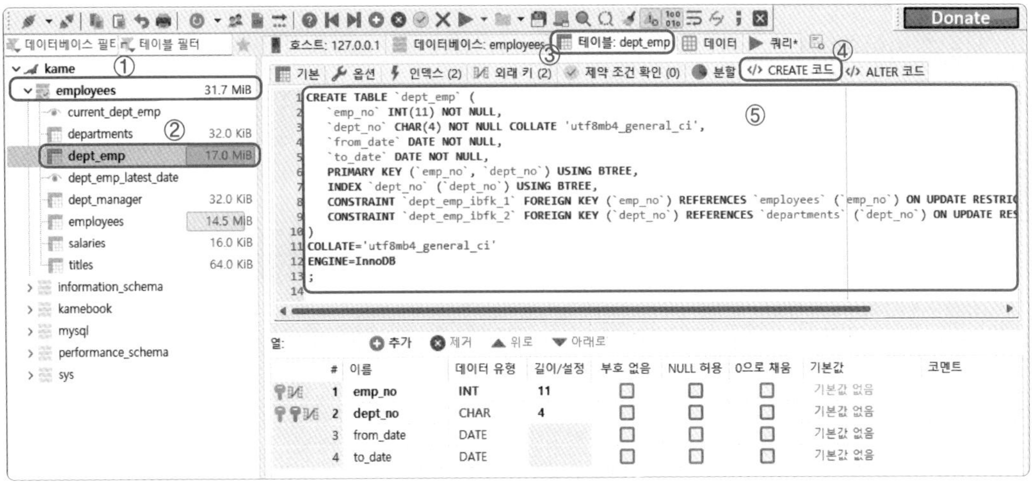

그림 10.15 • `dept_emp` 테이블의 CREATE 문 확인

다음의 쿼리문으로 `employees` 데이터베이스의 `dept_emp` 테이블에 설정된 색인 정보를 확인해 본다. [그림 10.16]은 실행 결과이다.

```
예 01: SHOW INDEX FROM dept_emp;
```

STATISTICS (3r × 14c)

Table	Non_unique	Key_name	Seq_in_index	Column_name	Collation	Cardinality	Sub_part	P
dept_emp	0	PRIMARY	1	emp_no	A	331,143	(NULL)	
dept_emp	0	PRIMARY	2	dept_no	A	331,143	(NULL)	
dept_emp	1	dept_no	1	dept_no	A	16	(NULL)	

Packed	Null	Index_type	Comment	Index_comment	Ignored
(NULL)		BTREE			NO
(NULL)		BTREE			NO
(NULL)		BTREE			NO

그림 10.16 • `dept_emp` 테이블의 색인 정보

[그림10.16]에서 `dept_emp` 테이블에는 `emp_no` 열과 `dept_no` 열로 구성된 PRIMARY KEY가 있고, `Cardinality` 열의 값이 331,143으로 [그림 10.14]에서 볼 수 있는 `dept_emp` 테이블의 데이터 행수의 추정치이다. 즉, PRIMARY KEY에는 중복이 없다는 의미이다. `Key_name` 열의 'dept_no'는 `Cardinality` 열의 값이 16으로 [그림 10.14]에서 볼 수 있는 `departments` 테이블의 데이터 건수인 9보다 크다. `dept_no` 열에 설정된 색인에는 중복이 있다는 의미이다.

Note

Cardinality

Cardinality는 열 값의 중복 정도를 나타내는 지표이다. `employees` 데이터베이스에서 사원의 부서 근무 이력 정보를 저장하는 `dept_emp` 테이블의 기본키인 `empno`+`dept_no`는 중복이 없어 Cardinality는 1이 된다. `dept_no` 열을 색인으로 설정하여 색인의 데이터 수가 16이지만, 실제 부서의 고유번호를 나타내는 데이터 수는 9이다. 즉, 9개의 데이터를 이용하여 16개의 데이터가 된 것으로 9 / 16 = 0.56으로 56%가 중복되지 않는 데이터로 44%가 중복된다는 의미이다. 만약, 9개의 데이터를 이용하여 100개의 데이터를 표현한다면, 9 / 100 = 0.09로 91%의 데이터가 중복이다.

Note 계속

따라서, 일반적으로 Cardinality가 높으면 중복도가 낮고, Cardinality가 낮으면 중복도가 높다고 이야기한다.

[그림 10.16]에서 `Cardinality` 열의 값은 데이터 행 수의 추정치를 의미할 뿐, 중복 정도를 나타내는 지표는 아니다.

다음의 쿼리문으로 `dept_emp` 테이블의 상태 정보를 확인해 보자. [그림 10.17]은 실행 결과이다.

```
예 01: SHOW TABLE STATUS LIKE 'dept_emp';
```

TABLES (1r × 20c)

Name	Engine	Version	Row_format	Rows	Avg_row_length	Data_length	Max_data_length	Index_le
dept_emp	InnoDB	10	Dynamic	331,143	36	12,075,008	0	5,7

TABLES (1r × 20c)

Index_length	Data_free	Auto_increment	Create_time	Update_time	Check_time	Collation
5,783,552	4,194,304	(NULL)	2022-12-19 12:17:33	2022-12-19 12:17:49	(NULL)	utf8mb4_gene

Collation	Checksum	Create_options	Comment	Max_index_length	Temporary
utf8mb4_general_ci	(NULL)			0	N

그림 10.17 • `dept_emp` 테이블의 색인 정보

[그림 10.17]에서 `Rows` 열은 데이터 수의 추정치이다. `Ave_row_length` 열은 테이블 내에서 행의 평균 길이를 의미하는 바이트 수이다. `Data_length` 열은 데이터와 기본키 색인을 저장하는 페이지 데이터베이스의 내용을 저장하는 디스크의 물리적 할당 단위로 MariaDB에서는 16KB이다 수에 페이지 크기를 곱한 결과로 바이트 수이다. `Index_length` 열은 기본키를 제외한 색인을 저장하는 페이지 수에 페이지 크기를 곱한 결과로 바이트 수이다. `Data_free` 열은 할당되었지만, 사용하지 않는 바이트 수이다.

다음의 쿼리문을 입력하고 실행하여 `dept_emp` 테이블에 설정된 색인을 삭제한다. 외래키 설정과 `dept_emp` 열에 설정된 색인만 삭제하는 것이다. 색인을 삭제함으로 인한 변화를 확인하고, 새롭게 색인을 설정하는 실습을 위한 것이다.

예
```
ALTER TABLE dept_emp DROP FOREIGN KEY dept_emp_ibfk_1;
ALTER TABLE dept_emp DROP FOREIGN KEY dept_emp_ibfk_2;
DROP INDEX dept_no ON dept_emp;
```

테이블에 설정된 색인을 삭제해도 색인 파일이 차지하는 공간은 그대로 있다. 테이블을 다시 분석해서 관련 정보를 업데이트한 뒤에 `dept_emp` 테이블의 상태 정보를 다시 한번 확인해 보자. [그림 10.18]은 실행 결과이다.

예
```
ANALYZE TABLE `dept_emp`;
SHOW TABLE STATUS LIKE 'dept_emp';
```

TABLES (1r × 20c)

Name	Engine	Version	Row_format	Rows	Avg_row_length	Data_length	Max_data_length	Index
dept_emp	InnoDB	10	Dynamic	331,143	36	12,075,008	0	

TABLES (1r × 20c)

Index_length	Data_free	Auto_increment	Create_time	Update_time	Check_time	Collation
0	4,194,304	(NULL)	2022-12-19 12:41:14	2022-12-19 12:17:49	(NULL)	utf8mb4_

Collation	Checksum	Create_options	Comment	Max_index_length	Temporary
utf8mb4_general_ci	(NULL)			0	N

그림 10.18 • `dept_emp` 테이블의 색인 정보

테이블의 색인을 삭제하기 전인 [그림 10.17]과 비교하면, 색인을 삭제한 후인 [그림 10.18]에서 `Index_length` 열의 값이 0으로 변경되었고, `Data_free` 열의 값이 변경된 것을 볼 수 있다.

다음의 쿼리문을 입력하고 선택 실행하여 `dept_emp` 테이블의 기본키 정보까지 삭제한다. HeidiSQL 창의 로그 영역에서 쿼리문을 실행하는 기록을 확인해 보면, [그림 10.19]에서와 같이 쿼리문이 실행되는 시간을 확인할 수 있다.

```
예 01: ALTER TABLE `dept_emp` DROP PRIMARY KEY;
```

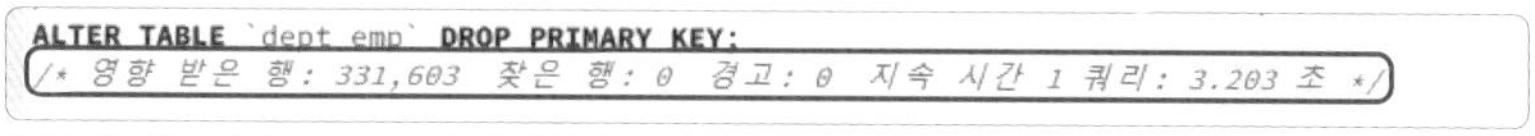

그림 10.19 • `dept_emp` 테이블의 기본키 삭제 시간 확인

필자의 컴퓨터 시스템을 기준으로 약 33만 건의 데이터에 대한 기본키를 삭제하는데 약 3.7초 정도 시간이 소요된 것을 [그림 10.19]에서 확인할 수 있다. 이제 `dept_emp` 테이블에 설정된 모든 색인이 삭제된 상태이다.

3.5 실행 계획: EXPLAIN

데이터베이스 내부에서 색인 INDEX 사용 여부와 검색 조건 등에 따라서 어떻게 데이터를 필터링해서 데이터를 조회하는지, 내부적으로 쿼리문을 실행하는 과정을 "실행 계획"이라고 한다. 쿼리문의 처리 속도 등의 성능을 분석하고 확인하는 방법이다. MariaDB에서 '실행 계획'을 확인하는 방법으로 "EXPLAIN", "DESCRIBE", "DESC"를 사용할 수 있다. 세 가지는 모두 같은 기능이다.

다음의 쿼리문을 입력하고 실행하여 `dept_emp` 테이블에서 첫 번째 행의 데이터를 조회한다. [그림 10.20]은 실행 결과이다.

```
SELECT * FROM  dept_emp ORDER BY emp_no ASC LIMIT 1;
```

dept_emp (1r × 4c)

emp_no	dept_no	from_date	to_date
10,001	d005	1986-06-26	9999-01-01

그림 10.20 • `dept_emp` 테이블의 첫 번째 데이터

다음의 쿼리문을 입력하고 실행하여 `dept_emp` 테이블에서 마지막 행의 데이터를 조회한다. [그림 10.21]은 실행 결과이다.

```
SELECT * FROM  dept_emp ORDER BY emp_no DESC LIMIT 1;
```

dept_emp (1r × 4c)

emp_no	dept_no	from_date	to_date
499,999	d004	1997-11-30	9999-01-01

그림 10.21 • `dept_emp` 테이블의 마지막 데이터

첫 번째 행에서 `emp_no` 열의 값은 10001이고, 마지막 행에서 `emp_no` 열의 값은 499999이다. `dept_emp` 테이블에는 `emp_no` 열의 값이 10010인 데이터가 두 건이 있다. 다음의 쿼리문으로 `dept_emp` 열의 값이 10010인 데이터를 검색할 때 내부적으로 비교 검토하는 행의 수가 얼마나 되는지를 알아보자. [그림 10.22]는 `dept_emp` 테이블의 전체 데이터 건수를 확인한 결과이고, [그림 10.23]은 emp_no = 10010인 데이터를 조회한 실행 계획의 결과이며, [그림 10.24]는 emp_no = 499999인 데이터를 조회한 실행 계획의 결과이다.

예

```
01: SELECT COUNT(*) FROM dept_emp;
02: EXPLAIN SELECT * FROM dept_emp WHERE emp_no = 10010;
03: EXPLAIN SELECT * FROM dept_emp WHERE emp_no = 499999;
```

dept_emp (1r × 1c) | dept_emp (1r × 10c) | dept_emp (1r × 10c)

COUNT(*)
331,603

그림 10.22 • `dept_emp` 테이블의 데이터 수

dept_emp (1r × 10c)

id	select_type	table	type	possible_keys	key	key_len	ref	rows	Extra
1	SIMPLE	dept_emp	ALL	(NULL)	(NULL)	(NULL)	(NULL)	322689	Using where

그림 10.23 • `dept_emp` 테이블에서 emp_no = 10010 조회 실행 계획

dept_emp (1r × 10c)

id	select_type	table	type	possible_keys	key	key_len	ref	rows	Extra
1	SIMPLE	dept_emp	ALL	(NULL)	(NULL)	(NULL)	(NULL)	322689	Using where

그림 10.24 • `dept_emp` 테이블에서 emp_no = 499999 조회 실행 계획

`dept_emp` 테이블의 기본키를 비롯한 색인이 없는 상태에서 전체 데이터 수 331,603행 중 322,689행의 데이터를 비교하여 WHERE 조건절에 기술한 데이터를 조회한 결과이다. 테이블 내에서 거의 모든 데이터를 비교하여 전체 조회 FULL SCAN 방법으로 결과를 조회한 것이다.

다음의 쿼리문을 입력하고 선택 실행해서 앞서 모두 삭제한 색인 중 기본키를 다시 설정하고, 실행 계획을 확인해 보자. [그림 10.25]는 실행 결과이다.

예
```
01: ALTER TABLE dept_emp ADD PRIMARY KEY (`emp_no`, `dept_no`);
02: EXPLAIN SELECT * FROM dept_emp WHERE emp_no = 10010;
```

`dept_emp` 테이블에 기본키를 설정한 뒤에 전체 데이터 331,603건 중 2건의 데이터를 비교하여 데이터를 조회한 것을 [그림 10.25]에서 확인할 수 있다.

dept_emp (1r × 10c)

id	select_type	table	type	possible_keys	key	key_len	ref	rows	Extra
1	SIMPLE	dept_emp	ref	PRIMARY	PRIMARY	4	const	2	

그림 10.25 • `dept_emp` 테이블에 기본키 설정 후, emp_no = 10010 조회 실행 계획

다음의 쿼리문을 입력하고 선택 실행해서 `dept_emp` 테이블의 마지막 데이터를 조회하는 실행 계획을 확인해 보자. [그림 10.26]은 실행 결과이다.

예
```
EXPLAIN SELECT * FROM dept_emp WHERE emp_no = 499999;
```

`dept_emp` 테이블에 기본키를 설정한 뒤에 전체 데이터 331,603건 중 1건의 데이터를 비교하여 데이터를 조회한 것을 [그림 10.26]에서 확인할 수 있다.

dept_emp (1r × 10c)

id	select_type	table	type	possible_keys	key	key_len	ref	rows	Extra
1	SIMPLE	dept_emp	ref	PRIMARY	PRIMARY	4	const	1	

그림 10.26 • `dept_emp` 테이블에 기본키 설정 후, emp_no = 499999 조회 실행 계획

[그림 10.25]와 [그림 10.26]에서 `possible_keys` 열과 `key` 열의 값이 "PRIMARY"인 것을 볼 수 있다. 모두 기본키 색인을 이용하여 결과를 조회한 것임을 의미한다. 색인을 이용하여 데이터를 조회하면 조회하려는 데이터만 읽고 비교하여 결과를 반환하기 때문에 데이터를 조회하는 시간이 최소화된다. 이것이 색인 INDEX을 사용하는 목적이다.

다음의 쿼리문은 색인이 설정되지 않은 `from_date` 열을 검색 조건에 추가하여 실행 계획을 확인한다. [그림 10.27]은 실행 결과로 두 쿼리문의 실행 결과는 같다.

예
```
EXPLAIN SELECT * FROM  dept_emp
                WHERE emp_no = 10010 AND from_date = '1996-11-24';
EXPLAIN SELECT * FROM  dept_emp
                WHERE from_date = '1996-11-24' AND emp_no = 10010;
```

위의 쿼리문에서는 WHERE 절에서 두 가지 조건절을 AND로 연결한 것이다. 첫 번째 쿼리문은 색인이 설정된 `emp_no` 열을 먼저 비교하고, 이어서 색인이 설정되지 않은 `from_date` 열을 비교한다. 두 번째 쿼리문은 첫 번째와 반대의 순서로 조건절을 사용한다.

dept_emp (1r × 10c) | dept_emp (1r × 10c)

id	select_type	table	type	possible_keys	key	key_len	ref	rows	Extra
1	SIMPLE	dept_emp	ref	PRIMARY	PRIMARY	4	const	2	Using where

그림 10.27 • `dept_emp` 테이블에 기본키 설정 후, `emp_no`와 `from_date` 열의 값으로 조회한 실행 계획

`dept_emp` 테이블에는 `emp_no` 열의 값이 10010인 데이터가 실제 2행이 저장되어 있어서 `rows` 열의 값이 2로 표시된다. 하지만, SELECT 쿼리문만 실행한다면 결과 셋은 1행만 반환될 것이다. `from_date` 열의 값이 '1996-11-24'인 데이터는 1행이기 때문이다.

Note

WHERE 절에서 조건 나열 순서

WHERE 절에 AND 또는 OR로 연결된 복합 조건식을 비교할 때, 데이터베이스 시스템에 따라 처리 방법이 다르다.

MariaDB에서는 WHERE 절의 복합 조건식을 비교할 때 순서에 관계없이 색인이 설정된 열을 사용하는 조건식을 먼저 비교하여 검색 대상이 되는 데이터 수를 줄여 놓고 나머지 조건식을 비교하여 최종 검색 결과를 생성한다.

하지만, 다른 데이터베이스 시스템에서는 복합 조건이 나열된 순서에 따라 조건식을 비교하기 때문에 색인이 설정되지 않은 열을 사용하는 조건식을 먼저 기술하면 전체를 대상으로 전체 조회 FULL SCAN를 수행한 뒤에 나머지 조건식을 비교하게 된다. 따라서, WHERE 조건절에서 복합 조건식을 사용하는 경우, 색인이 설정된 열을 사용하는 조건식을 먼저 기술하는 것이 바람직할 것이다.

다음의 쿼리문은 색인이 설정되지 않은 `dept_no` 열을 사용하여 데이터를 조회하는 쿼리문이다. 다음의 쿼리문을 입력하고 선택 실행하여 실행 계획을 확인한다. [그림 10.28]은 실행 결과이다.

예
```
SELECT COUNT(*) FROM dept_emp
    WHERE dept_no = 'd006';        # 20,117 건의 데이터 조회
EXPLAIN SELECT * FROM dept_emp
            WHERE dept_no = 'd006';
```

id	select_type	table	type	possible_keys	key	key_len	ref	rows	Extra
1	SIMPLE	dept_emp	ALL	(NULL)	(NULL)	(NULL)	(NULL)	331143	Using where

그림 10.28 • `dept_emp` 테이블에서 색인을 설정하지 않은 열을 사용하여 검색하는 실행 계획

WHERE 조건절에서 사용하는 열에 색인이 설정되어 있지 않아 거의 전체 데이터를 대상으로 결과를 조회한 것을 [그림 10.28]에서 볼 수 있다.

`dept_emp` 테이블의 `dept_no` 열에 다음의 쿼리문으로 색인을 설정하고, 다시 한번 실행 계획을 확인한다. [그림 10.29]는 실행 결과이다.

예
```
CREATE INDEX dept_emp ON dept_emp(`dept_no`);
EXPLAIN SELECT * FROM dept_emp
               WHERE dept_no = 'd006';
```

id	select_type	table	type	possible_keys	key	key_len	ref	rows	Extra
1	SIMPLE	dept_emp	ref	dept_emp	dept_emp	16	const	41128	Using index condition

그림 10.29 • `dept_emp` 테이블에서 색인을 설정한 열을 사용하여 검색하는 실행 계획

[그림 10.28]과 [그림 10.29]에서 `rows` 열의 값을 비교하면, `dept_no` 열에 색인을 설정하고 SELECT 쿼리문의 WHERE 절에서 `dept_no` 열을 사용할 때 검색 대상의 행 수가 줄어든 것을 볼 수 있다.

위의 예에서와 같이 중복 데이터가 많은 경우에는 실제 필요한 데이터만 짧은 시간에 검색되도록 가능한 많은 색인을 설정할 필요가 있다. 물론 하나의 테이블에 많은 색인을 생성하면 INSERT, UPDATE 및 DELETE 하는 시간이 많이 소요되는 단점이 있다. 검색 조건과 색인 생성을 조화롭게 해야 한다.

다음의 쿼리문은 색인을 설정한 `dept_no` 열과 색인을 설정하지 않은 `from_date` 열을 사용하여 복합 조건을 설정한 SELECT 쿼리문이다. 다음의 쿼리문을 입력하고 실행하여

실행 계획을 확인한다. [그림 10.30]은 실행 결과이다.

예
```
SELECT COUNT(*) FROM dept_emp
    WHERE dept_no = 'd006' AND from_date = '1996-11-24';
# 위의 SELECT 문은 3건의 데이터를 조회
EXPLAIN  SELECT * FROM dept_emp
              WHERE dept_no = 'd006' AND
                    from_date = '1996-11-24';
```

dept_emp (1r × 10c)

id	select_type	table	type	possible_keys	key	key_len	ref	rows	Extra
1	SIMPLE	dept_emp	ref	dept_emp	dept_emp	16	const	41128	Using index condition; Using where

그림 10.30 • `dept_emp` 테이블에서 색인을 설정한 열을 복합 조건에서 사용하여 검색하는 실행 계획

[그림 10.30]에서 3행의 데이터를 반환하기 위해서 약 40,000여 건의 데이터를 읽어 비교하고 결과로, `dept_no` 열의 색인을 사용하여 결과를 반환하는 것임을 알 수 있고, `Extra` 열의 값 "Using index condition; Using where"을 통해서도 확인할 수 있다.

다음의 쿼리문은 `from_date` 열에 색인을 추가한 뒤에 복합 조건을 설정한 SELECT 문의 실행 계획을 확인하는 것이다. [그림 10.31]은 실행 결과이다.

예
```
CREATE INDEX from_date ON dept_emp(`from_date`);
SELECT COUNT(*) FROM dept_emp
    WHERE dept_no = 'd006' AND from_date = '1996-11-24';
# 위의 SELECT 문은 3건의 데이터를 조회
EXPLAIN  SELECT * FROM dept_emp
              WHERE dept_no = 'd006' AND
                    from_date = '1996-11-24';
```

dept_emp (1r × 10c)

id	select_type	table	type	possible_keys	key	key_len
1	SIMPLE	dept_emp	ref	dept_emp,from_date	from_date	3

그림 10.31 • `dept_emp` 테이블 검색에서 복합 조건의 열에 모두 색인이 설정된 경우의 실행 계획 계속

ref	rows	Extra
const	57	Using index condition

그림 10.31 • `dept_emp` 테이블 검색에서 복합 조건의 열에 모두 색인이 설정된 경우의 실행 계획

[그림 10.31]의 결과에서 `rows` 열의 값이 57이고, `Extra` 열의 값은 "Using index condition"이다. 색인이 설정된 두 개의 열 `from_date`와 `dept_no`의 값이 교차되는 57행을 대상으로 결과 셋을 조회한 것이다.

`dept_emp` 테이블과 `employees` 테이블을 JOIN하는 경우 색인 설정 여부에 따라 실행 계획의 차이를 확인하기 위해 다음의 쿼리문을 실행하여 두 개의 테이블에 설정된 모든 색인을 삭제한다.

먼저 `dept_emp` 테이블의 색인을 다음의 쿼리문을 실행하여 삭제하고 테이블 분석 정보를 업데이트한다.

```
ALTER TABLE `dept_emp` DROP PRIMARY KEY;     # `dept_emp`의 기본키 삭제
ALTER TABLE `dept_emp` DROP INDEX `dept_emp`;  # 색인 'dept_no' 삭제
ALTER TABLE `dept_emp` DROP INDEX `from_date`; # 색인 'from_date' 삭제
ANALYZE TABLE dept_emp;                        # 테이블 분석 정보 업데이트
```

다음 차례로 `employees` 테이블의 색인을 삭제한다. `employees` 테이블의 기본키를 삭제하려면 `employees` 테이블에서 참조하는 외래키가 설정된 테이블에서 외래키를 먼저 삭제해야 한다. 다음의 쿼리문은 외래키가 설정된 테이블의 외래키를 삭제하는 것이다.

```
# `salaries` 테이블에서 외래키 정의 'salaries_ibfk_1' 삭제
ALTER TABLE salaries DROP FOREIGN KEY salaries_ibfk_1;

# `dept_manager` 테이블에서 외래키 정의 'dept_manager_ibfk_1' 삭제
ALTER TABLE dept_manager DROP FOREIGN KEY dept_manager_ibfk_1;

# `titles` 테이블에서 외래키 정의 'titles_ibfk_1' 삭제
ALTER TABLE titles DROP FOREIGN KEY titles_ibfk_1;
```

이제 `employees` 테이블의 기본키를 삭제할 수 있다. 다음의 쿼리문으로 `employees` 테이블의 기본키를 삭제하고 테이블 분석 정보를 업데이트한다.

```
# `employees` 테이블의 기본키 삭제
ALTER TABLE employees DROP PRIMARY KEY;

# 테이블 분석 정보 업데이트
ANALYZE TABLE employeesept_emp;
```

색인이 설정되지 않은 `emplyees` 테이블과 `dept_emp` 테이블을 JOIN하는 실행 계획을 확인해 보자. 다음의 쿼리문을 입력하고 선택 실행한다. [그림 10.32]는 실행 결과이다.

예

```
EXPLAIN SELECT a.emp_no, b.first_name, b.last_name
             FROM dept_emp a INNER JOIN employees b
                           ON a.emp_no = b.emp_no;
EXPLAIN SELECT a.emp_no, b.first_name, b.last_name
             FROM dept_emp a INNER JOIN employees b
                           ON a.emp_no = b.emp_no
             WHERE a.emp_no = 10010;
```

위의 예에서 첫 번째 실행 계획과 두 번째 실행 계획의 차이는 WHERE 절의 사용여부이다. 두 쿼리문의 실행 결과에서 `Extra` 열의 값만 다를 뿐, 검색하는 행의 수는 거의 같다.

dept_emp (2r × 10c) | dept_emp (2r × 10c)

id	select_type	table	type	possible_keys	key	key_len	ref	rows	Extra
1	SIMPLE	b	ALL	(NULL)	(NULL)	(NULL)	(NULL)	299289	
1	SIMPLE	a	ALL	(NULL)	(NULL)	(NULL)	(NULL)	331008	Using where; Using join buffer (flat, BNL join)

그림 10.32 • 색인이 없는 두 테이블을 JOIN하는 실행 계획

[그림 10.32]에서 보면, `table` 열의 값 'a'는 `dept_emp` 테이블이고, 'b'는 `employees` 테이블이다. 'a' 테이블에서 약 33만 건, 'b' 테이블에서 약 29만 건의 데이터를 읽는다. 즉, 약 957억 건의 데이터를 조합하여 읽게 된다. 실습을 위한 최악의 상황을 만들어

본 것이지만, SELECT 쿼리문으로 데이터를 검색하면 많은 시간을 필요로 하게 된다. 성능이 낮은 사양의 컴퓨터에서 실행하면 결과가 나오지 않을 수도 있을 것이다.

다시 테이블에 색인을 설정한 뒤에 실행 계획을 확인해 보자. 다음의 쿼리문으로 `dept_emp` 테이블과 `employees` 테이블에 기본키를 설정하고, 실행 계획을 확인한다. [그림 10.33]는 실행 결과이다.

예

```
# `employees` 테이블에서 기본키 설정
ALTER TABLE employees ADD PRIMARY KEY (`emp_no`);

# `dept_emp` 테이블에서 기본키 설정
ALTER TABLE dept_emp ADD PRIMARY KEY (`emp_no`, `dept_no`);

EXPLAIN SELECT a.emp_no, b.first_name, b.last_name
            FROM dept_emp a INNER JOIN employees b
                         ON a.emp_no = b.emp_no;
```

dept_emp (2r × 10c)

id	select_type	table	type	possible_keys	key	key_len	ref	rows	Extra
1	SIMPLE	b	ALL	PRIMARY	(NULL)	(NULL)	(NULL)	298936	
1	SIMPLE	a	ref	PRIMARY	PRIMARY	4	employees.b.emp_no	1	Using index

그림 10.33 • 기본키를 설정한 두 테이블을 JOIN하는 실행 계획

JOIN의 기준이 되는 테이블 `dept_emp`인 'a'에서 1행을 읽지만, `employees` 테이블 'b'에서는 약 29만 건의 데이터를 읽는 FULL SCAN이 이루어진다.

다음의 쿼리문은 앞에서의 실행 계획에서 WHERE 절을 추가하여 다시 실행 계획을 확인한다. [그림 10.34]는 실행 결과이다.

예

```
EXPLAIN SELECT a.emp_no, b.first_name, b.last_name
            FROM dept_emp a INNER JOIN employees b
                         ON a.emp_no = b.emp_no
            WHERE a.emp_no = 10010;
```

id	select_type	table	type	possible_keys	key	key_len	ref	rows	Extra
1	SIMPLE	b	const	PRIMARY	PRIMARY	4	const	1	
1	SIMPLE	a	ref	PRIMARY	PRIMARY	4	const	2	Using index

그림 10.34 • 기본키를 설정한 두 테이블을 JOIN하며 WHERE 절을 사용한 실행 계획

[그림 10.34]에서 WHERE 절을 추가하는 것만으로 검색 대상의 데이터 수가 확연히 줄어든 것을 볼 수 있다.

지금까지 색인을 설정하는 경우와 색인을 설정하지 않은 경우의 실행 계획을 비교해 보았다. 색인을 설정하는 것으로 검색 속도를 향상하여 쿼리문의 실행 성능이 좋아지는 것을 확인했다.

색인을 설정할 때는 다음과 같은 사항을 생각하면서 설정해야 한다.

- ▷ WHERE 절에서 자주 사용하는 열은 색인이 설정되어 있어야 한다.
- ▷ JOIN 또는 WHERE 절에서 자주 사용하지 않은 열에 색인을 설정하면 INSERT, UPDATE, DELETE 쿼리문을 실행할 때 오히려 성능을 떨어뜨릴 수 있다. 따라서 데이터의 변경이 빈번하게 이루어지는지를 확인하여 색인 생성 여부를 결정해야 한다.
- ▷ 데이터의 양이 많지 않을 때는 색인 설정으로 검색 속도 향상을 느낄 수 없지만, 데이터가 쌓이면서 검색 속도에 차이를 느낄 수 있다. 실행 계획을 통해 검색 속도를 예측하고 필요할 때 색인을 생성한다.
- ▷ 자주 사용하지 않는 색인은 삭제한다.
- ▷ 대량의 데이터에 대한 색인 생성 또는 삭제는 많은 시간이 필요하므로 업무에 지장을 초래할 수도 있어 색인 생성 또는 삭제 시기를 잘 고려해야 한다.
- ▷ 기본키를 사용하는 클러스터형 색인은 테이블마다 1개만 생성할 수 있다. 클러스터형 색인은 데이터에 변동이 발생하면 내부적으로 데이터 정렬이 실행되기 때문에 INSERT, UPDATE, DELETE 쿼리문의 실행 시간이 오래 걸릴 수 있다. 데이터에 변동이 많은 경우 UNIQUE INDEX를 생성해서 사용하는 것이 효율적이다. UNIQUE INDEX를 생성하는 열에 NOT NULL 속성이 지정되어 있으면 클러스터형이 색인이 되기 때문에 NULL 속성을 사용해야 한다.
- ▷ 데이터의 중복도가 높은 열은 색인을 생성해도 색인의 효과가 없을 수 있다. 실행 계획을 살펴보고 색인 생성 여부를 결정해야 한다.

▷ WHERE 조건절에서 AND 또는 OR를 사용하는 복합 조건을 사용할 때는 색인이 있는 열의 조건을 왼쪽에 표현하는 것이 좋고, 조건절에서 추출되는 예상 데이터 건수가 적은 조건을 왼쪽에 표현하는 것이 좋다.

▷ 자주 색인을 생성하고 삭제하는 경우 데이터베이스 내부에 사용하지 않는 공간이 생길 수 있기 때문에 ANALYZE TABLE 문을 실행하여 색인과 관련된 정보를 업데이트해야 한다.

Note

MSSQL의 실행 계획

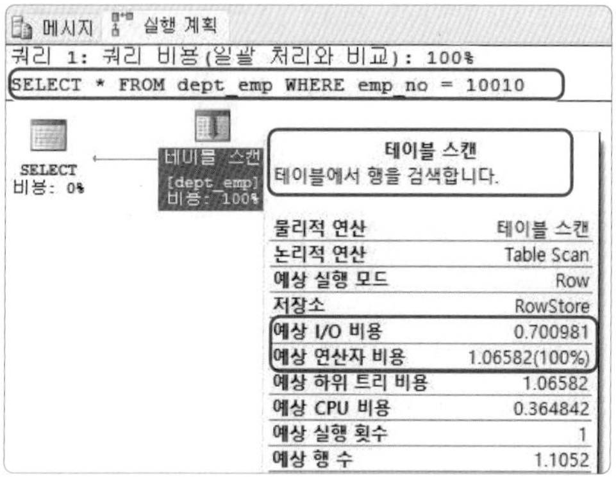

그림 10.35 • MSSQL의 실행 계획 결과: 색인이 없는 경우

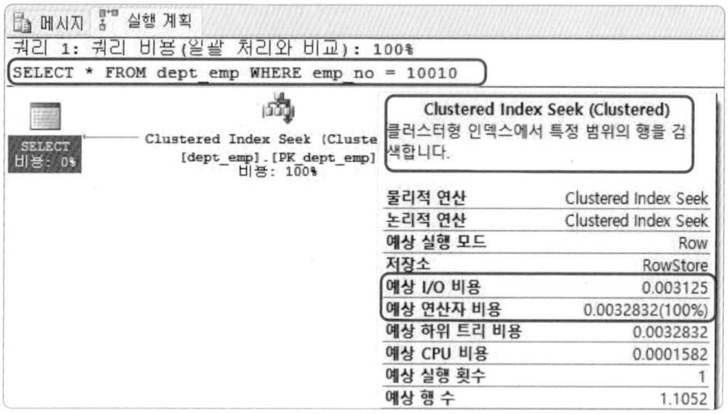

그림 10.36 • MSSQL의 실행 계획 결과: `emp_no` 열에 색인이 설정된 경우

기본키가 없으면 테이블 스캔 Full Scan을 수행하고, 기본키가 설정되어 있으면 Clustered Index Seek를 수행한다. 예상 I/O 비용과 예상 연산자 비용의 차이가 발생하는 것을 확인할 수 있다.

CHAPTER 11

데이터 암호화와 복호화

많은 경우 비밀번호와 주민등록번호 등의 개인정보를 데이터베이스에 저장하여 사용하고 있다. 이러한 개인정보를 정보관리를 맡고 있는 관리자가 악의적으로 또는 정보관리와 관련이 없는 사람이 불법적으로 외부로 유출하거나 악의적인 해킹으로 유출되어 사회적으로 물의를 일으키는 경우가 있다. 이러한 문제로 "개인정보보호법"이 제정되어 시행되고 있다. "개인정보보호법"에는 개인정보를 암호화하여 데이터베이스에 저장하도록 규정되어 있다.

암호화는 암호화된 내용을 다시 원래의 내용으로 되돌릴 수 있는, 즉 복호화가 가능한 '양방향 암호화'와 복호화가 불가능한 '단방향 암호화'가 있다. 비밀번호는 '단방향 암호화'를 하도록 법에 규정하고 있고, 주민등록번호는 '양방향 암호화'를 하도록 법에 규정하고 있다.

데이터 암호화를 위한 다양한 알고리즘이 사용되고 있지만, 이 책에서는 단방향 암호화 알고리즘으로 'SHA2; Secure Hash Algorithm 2'를 사용하고, 양방향 암호화 알고리즘으로 'AES; Advanced Encryption Standard'를 사용해서 실습할 것이다.

'SHA2' 알고리즘은 'SHA-224', 'SHA-256', 'SHA-384', 'SAH-512' 등의 변형 알고리즘이 있다. 이 책에서는 이들 중 공인인증서, 블록체인 등에서 사용하는 'SHA-256' 알고리즘을 사용할 것이다. 'SHA-256' 알고리즘은 256비트, 32바이트 크기의 해시값으로 암호화 결과를 나타낸다. 'SHA-256' 알고리즘은 미국 국립표준기술연구소 NITS; National Institute of Standards and Technology에서 발표한 "해시 알고리즘"이다. 해시 hash는 다양한 길이를 갖는 데이터를 고정된 길이의 데이터로 매핑 mapping한 값으로 해시값이라고도 한다.

'AES'는 높은 안전성과 빠른 속도 때문에 양방향 암호화에서 가장 많이 사용되는 알고리즘으로 암호화 및 복호화에 동일한 키를 사용하는 대칭키 방식이다. 'AES-128', 'AES-192', 'AES-256' 등이 있으며 숫자는 키의 길이를 의미한다. 'AES-256'은 256비트, 즉 32바이트 길이의 키를 사용한다. 이 책에서는 AES-256을 사용하여 실습한다.

비밀번호 관리: 단방향 암호화 1

실습에 사용하고 있는 `kamebook` 데이터베이스의 `members` 테이블에는 비밀번호 저장을 위한 `passwd` 열이 있지만, 데이터는 NULL이다. '비밀번호' 데이터를 암호화하여 `passwd` 열에 업데이트하고, 이를 이용하여 로그인하는 쿼리문을 작성해 본다.

MariaDB는 단방향 암호화를 위한 SHA2 알고리즘을 수행하는 SHA2() 함수를 제공한다. SHA2() 함수의 기본 형식은 다음과 같다.

SHA2() 함수 형식

```
SHA2(문자열, 해시 길이)
```

SHA2() 함수는 첫 번째 인수로 전달된 문자열을 두 번째 인수로 전달되는 해시 길이의 암호화된 문자열로 변환한다. 해시 길이는 0, 224, 256, 384, 512 중 선택해서 사용할 수 있지만, 이 책에서는 256을 사용하며, 해시 길이로 0이 입력되면 256으로 간주한다.

다음의 쿼리문으로 회원ID가 'hong1'인 사용자의 비밀번호를 'kb1234!'로 하여 `members` 테이블의 `passwd` 열을 업데이트하고, 업데이트된 행을 조회한다. [그림 11.1]은 실행 결과이다.

예
```
UPDATE members
    SET passwd = SHA2('kb1234!', 256),
        passwdmdt = CURRENT_TIMESTAMP()
    WHERE memid = 'hong1';

SELECT memid, memname, passwd, LENGTH(passwd), passwdmdt
    FROM members
    WHERE memid = 'hong1';
```

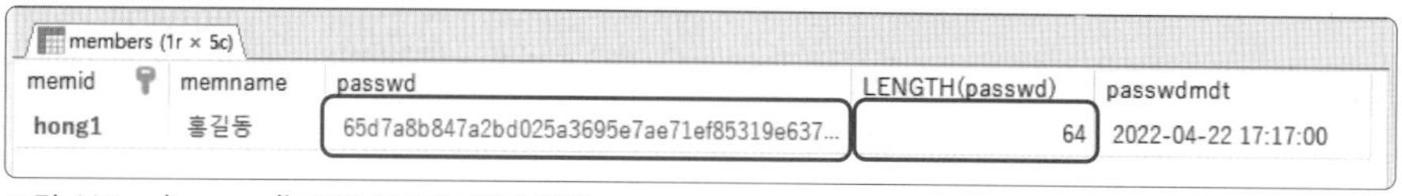
members (1r × 5c)

memid	memname	passwd	LENGTH(passwd)	passwdmdt
hong1	홍길동	65d7a8b847a2bd025a3695e7ae71ef85319e637...	64	2022-04-22 17:17:00

그림 11.1 • `passwd` 열의 암호화 결과 확인

다음의 쿼리문은 사용자가 로그인할 때 비밀번호가 일치하는 사용자가 있는지 확인한다. 사용자ID인 `memid` 열의 값과 비밀번호인 `passwd` 열의 값이 일치하는 사용자가 있으면 1을 반환하고 일치하는 사용자가 없으면 0을 반환한다.

예
```
SELECT COUNT(*)
    FROM members
    WHERE memid = 'hong1' AND
          passwd = SHA2('kb1234!', 256);
```

응용 프로그램에서는 위의 쿼리문을 사용하여 반환값이 0 또는 1인지를 확인하여 로그인 성공여부를 판단하면 된다.

"개인정보보호법"에서는 일정 기간마다 비밀번호를 변경하도록 권장하고 있다. 암호 변경 일시를 저장하는 `passwdmdt` 열은 이를 위한 것이다.

암호화된 비밀번호는 SHA2를 사용하는 단방향 암호이기 때문에 복호화가 되지 않는다. 로그인 등의 과정에서 비밀번호의 일치 여부만 판단하는 것이다. 여러 인터넷 사이트에서 사용자가 비밀번호를 잊었을 때 비밀번호를 찾아주지 못하고, 1회용 비밀번호를 생성하여 알려주고 로그인한 뒤에 비밀번호를 변경하도록 하는 이유이다.

"개인정보보호법"에 의해 일정 기간마다 비밀번호를 변경하는 기능을 구현해 보자. 비밀번호를 변경하는 과정에서 과거에 사용했던 비밀번호를 다시 사용한다면 비밀번호를 변경하는 의미가 없을 수 있다. 과거에 사용되었던 비밀번호를 사용할 수 없도록 하기 위해 비밀번호 변경 이력을 관리한다.

비밀번호 변경 이력을 저장하는 테이블의 구조를 다음과 같이 테이블을 생성한다. 테이블 이름은 'passwd_history'로 한다.

[표 11.1] 'passwd_history' 테이블의 속성

열 이름 속성 이름	데이터 유형	길이	Null 허용	기본키	비고
seq	int	11	No		일련번호, AUTO_INCREMENT
memid	varchar	10	No		회원ID, Index 설정
passwd_old	varchar	64			과거 비밀번호
insdtm	datetime	8			등록일시, 기본값은 시스템 일시

다음은 [표 11.1]과 같은 구조의 테이블을 생성하는 쿼리문이다.

```
CREATE TABLE `passwd_history`  (
        `seq`  INT(11) NOT NULL AUTO_INCREMENT,
        `memid` VARCHAR(10) NOT NULL
                            COLLATE ‘utf8mb4_general_ci’,
        `passwd_old` VARCHAR(64) NULL DEFAULT NULL
                            COLLATE ‘utf8mb4_general_ci’,
         `insdtm` DATETIME  NOT NULL DEFAULT CURRENT_TIMESTAMP(),
         UNIQUE INDEX `idx_seq` (`seq`) USING BTREE,
         INDEX `idx_memid` (`memid`) USING BTREE
)
COLLATE=‘utf8mb4_general_ci’
ENGINE=InnoDB
;
```

기본키를 설정하지 않고 UNIQUE INDEX를 사용하고, 보조 색인으로 `memid` 열에 색인을 생성했다.

예로 사용하기 위해 `members` 테이블에 사용자를 추가해서 추가한 사용자의 비밀번호 관리이력을 만들어보자.

```
# 예로 사용할 사용자 등록: 사용자ID는 ‘abcdef’, 비밀번호는 ‘a12345@@’로 한다.
INSERT INTO members (memid, memname, passwd)
       VALUES (‘abcdef’, ‘추가자2’, SHA2(‘a12345@@’, 256));
```

위의 쿼리문에서 쿼리문을 간단히 하기 위해 `passwdmdt` 열의 값은 입력하지 않았다. 추가한 사용자 'abcdef'가 비밀번호를 변경하려고 한다면, 다음과 같은 과정의 쿼리문을

사용한다. 먼저 `members` 테이블의 현재 `memid` 열의 값과 `passwd` 열의 값을 `passwd_history` 테이블로 입력한 뒤에, `members` 테이블의 `passwd` 열의 값을 업데이트하는 순서로 비밀번호를 변경하는 것이다.

예

```
# `members` 테이블로부터 지정한 사용자 'abcdef'의 필요한 데이터를 서브 쿼리를
# 사용해서 검색한 결과를 `passwd_history` 테이블에 입력한다.
INSERT INTO passwd_history (memid, passwd_old)
    SELECT memid, passwd
        FROM members WHERE memid = 'abcdef';

# `members` 테이블에서 지정한 사용자 'abcdef'의 비밀번호 업데이트,
# 새 비밀번호는 'b6789!!'
UPDATE members
    SET passwd = SHA2('b6789!!', 256),
        passwdmdt = CURRENT_TIMESTAMP()
    WHERE memid = 'abcdef';
```

변경 이력을 만들기 위해 다음의 쿼리문을 실행하여 다시 한번 더 사용자 'abcdef'의 비밀번호를 변경한다.

예

```
# `members` 테이블로부터 지정한 사용자 'abcdef'의 비밀번호를 한 번 더 변경한다.
# `passwd_history` 테이블에 저장되는 이력을 보기 위함이다.
INSERT INTO passwd_history (memid, passwd_old)
    SELECT memid, passwd
        FROM members WHERE memid = 'abcdef';

# `members` 테이블에서 지정한 사용자 'abcdef'의 두 번째 비밀번호 업데이트
# 새 비밀번호는 'c4567##'
UPDATE members
    SET passwd = SHA2('c4567##', 256),
        passwdmdt = CURRENT_TIMESTAMP()
    WHERE memid = 'abcdef';
```

사용자ID 'abcdef'인 사용자가 로그인 가능한지를 확인해 보려면, 다음의 쿼리문을 사용한다. 결과 셋에 1이 표시되면 로그인 가능하고, 0이면 로그인 비밀번호가 일치하지 않아 로그인할 수 없는 사용자가 된다.

예
```
# 마지막으로 변경된 비밀번호를 사용하여 조회한다.
SELECT COUNT(*)
    FROM members
    WHERE memid = 'abcdef' AND passwd = SHA2('c4567##', 256);
```

사용자ID 'abcdef'인 사용자의 비밀번호 변경 이력을 `passwd_history` 테이블에서 확인해 보려면, 다음의 쿼리문을 사용한다.

예
```
# 비밀번호 변경 이력을 저장하는 `passwd_history` 테이블에
# 해당 사용자의 데이터 검색
SELECT COUNT(*)
    FROM passwd_history
    WHERE memid = 'abcdef';
```

위의 쿼리문에서 결과가 0이면 비밀번호를 변경한 이력이 없고, 결과가 0이 아니라면 비밀번호를 변경한 횟수로 비밀번호를 변경한 이력이 있다는 의미가 된다.

정리하면, `members` 테이블의 `memid` 열의 값이 'abcdef'인 회원의 비밀번호는 처음 등록할 때 'a1234@@'이었고, 첫 번째 비밀번호 변경으로 'b6789!!'로 되었다가, 마지막 비밀번호 변경으로 'c4567##'이 되었다.

다음은 사용자ID가 'abcdef'인 사용자가 비밀번호를 변경하려 할 때, 변경하려는 비밀번호를 사용할 수 있는지 여부를 `passwd_history` 테이블로부터 확인하는 저장 프로시저이다.

예
```
DELIMITER $$
CREATE OR REPLACE
    PROCEDURE SP_AVAILABLEPWD (IN p_memid VARCHAR(10),
                               IN p_new_pwd VARCHAR(64),
                               OUT ans BIT(1) )
# IN 파라미터로 사용자ID와 변경하려는 새 패스워드를 받는다.
# OUT 파라미터로 변경하려는 새 패스워드가 이력에 있으면 FALSE, 없으면 TRUE를 설정
BEGIN
    # 지역변수 선언
    DECLARE l_seq INT;
    DECLARE l_memid VARCHAR(10);
```

```
    DECLARE l_old_pwd VARCHAR(64);

    # 커서 정의: 비밀번호를 변경하려는 사용자ID의 이력을 조회하여 커서 생성
    DECLARE cur_pwd_history CURSOR FOR
        SELECT seq, memid, passwd_old
            FROM passwd_history WHERE memid = 'abcdef';

    # 커서 사용 중, EOF에 커서가 위치할 때 NOT FOUND HANDLER 설정
    # NOT FOUND 상태가 되면 ans = TRUE로 설정
    DECLARE continue HANDLER FOR NOT FOUND SET ans = TRUE;

    OPEN cur_pwd_history;    # 커서 Open

    SET ans = FALSE;         # 반환값으로 사용할 ans = FALSE로 설정

    read_loop: LOOP
                # 커서로부터 한 행을 읽어 지역변수에 할당
                FETCH cur_pwd_history INTO l_seq, l_memid,
                                           l_old_pwd;

                # 비밀번호 변경이력 테이블에서 읽은 값과 새로 설정할
                # 비밀번호를 비교하여 같거나
                # 또는 ans = TRUE이면 커서 반복을 탈출
                IF l_old_pwd = p_new_pwd OR ans = TRUE THEN
                    LEAVE read_loop;
                END IF;

            END LOOP read_loop;

    # 커서 닫기
    CLOSE cur_pwd_history;

END
$$
DELIMITER ;
```

다음과 같은 쿼리문의 블록을 사용하여 저장 프로시저 'SP_AVAILABLEPWD'를 호출해서 사용자 'abcdef'의 비밀번호를 변경해 본다. 다음의 쿼리문 블록에서 사용자ID는 'abcdef', 변경하려는 새 비밀번호는 'c4567##'으로 현재 사용 중인 비밀번호로 변경하려고 한다.

[그림 11.2]는 실행 결과이다.

예

```
DELIMITER $$
BEGIN NOT ATOMIC

# 변경하려는 비밀번호가 'c4567##'인 경우
# `members` 테이블에서 현재 사용하는 비밀번호 조회
SET @cur_pwd = NULL;
SELECT passwd INTO @cur_pwd
    FROM members WHERE memid = 'abcdef';

# `password_history` 테이블에서 변경 이력 조회
# 반환된 @rans = 1이면 변경가능, @rans = 0이면 변경 불가능
CALL SP_AVAILABLEPWD('abcdef', SHA2('c4567##', 256), @rans);

IF @cur_pwd != SHA2('c4567##', 256) AND @rans = 1 THEN
    # 변경하려는 비밀번호가 현재 사용 중인 비밀번호와 다르고
    # 변경 이력에서 사용된 경우가 없다면, 현재 비밀번호를 변경이력 테이블로 입력하고
    # `members` 테이블이 비밀번호 업데이트
    INSERT INTO passwd_history(memid, passwd_old)
        SELECT memid, passwd
            FROM members WHERE memid = 'abcdef';
    UPDATE members
        SET passwd = SHA2('c4567##', 256),
            passwdmdt = CURRENT_TIMESTAMP()
        WHERE memid = 'abcdef';
    SELECT '비밀번호 변경 성공' AS '결과';
ELSE
    SELECT '비밀번호 변경 실패' AS '결과';
END IF;

END $$
DELIMITER ;
```

그림 11.2 • 현재 사용 중인 비밀번호로 변경하거나 사용 이력이 있는 비밀번호로 변경하려는 경우

위의 쿼리문 블록에서 저장 프로시저 'SP_AVAILABLEPWD'를 호출하는 CALL 문에서 사용하는 비밀번호와 CALL 문 바로 뒤의 IF 문 그리고 UPDATE 쿼리문의 SET 절에서 사용하는 비밀번호를 'b6789!!'로 변경한 뒤에 쿼리문 블록을 실행해 본다. 과거 사용했던 비밀번호로 변경하려고 하는 것이다. 결과는 [그림 11.2]와 같다.

다시 한번, 완전히 새로운 비밀번호 'd7788$$'를 사용하여 위의 쿼리문을 실행하면 결과는 [그림 11.3]과 같다.

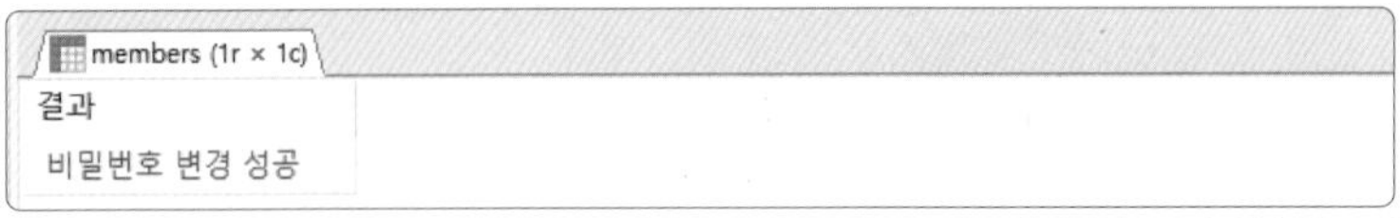

그림 11.3 • 현재 사용 중인 비밀번호도 아니고 사용 이력도 없는 비밀번호로 변경하려는 경우

2 주민등록번호 관리: 양방향 암호화

주민등록번호와 같은 양방향 암호화가 필요한 경우, 데이터를 암호화하려면 AES_ENCRYPT() 함수를 사용하고, 암호화된 데이터의 복호화를 위해서는 AES_DECRYPT() 함수를 사용한다. 두 가지 함수는 AES 알고리즘을 사용하며 대칭키를 사용한다.

AES_ENCRYPT() • AES_DECRYPT() 함수 형식

```
AES_ENCRYPT(문자열, 대칭키 문자열)
AES_DECRYPT(암호화된 문자열, 대칭키 문자열)
```

AES_ENCRYPT()는 대칭키 문자열을 사용하여 인수로 주어진 문자열을 암호화하여 이진 문자열을 반환한다. 암호화할 문자열의 길이는 임의의 길이이다. 두 개의 인수 중에 하나라도 NULL이면 함수는 NULL을 반환한다. AES_ENCRYPT() 함수로 암호화된 이진 문자열의 길이는 다음과 같이 계산한다.

이진 문자열의 길이 = 16 × (trunc(문자열의 길이 / 16) + 1)

주민등록번호를 예로 들면, 주민등록번호의 길이는 13자로 AES_ENCRYPT() 함수를 적용한 이진 문자열의 길이는 다음의 식에서와 같이 16바이트 이진 문자열로 반환된다.

이진 문자열의 길이 = 16 × (trunc(13 / 16) + 1) = 16바이트

다음의 쿼리문은 대칭키 'abcd'를 사용하여 문자열 'abc1234'를 암호화한 결과를 확인한다. [그림 11.4]는 다음의 쿼리문을 실행한 결과이다. 암호화한 결과는 이진 문자열이기 때문에 글자가 정상적으로 보이지는 않는다.

예
```
SELECT AES_ENCRYPT('abc1234', 'abcd');
```

결과 #1 (1r × 1c)

AES_ENCRYPT('abc1234', 'abcd')
?,?Z↕c•0⊥r2??

그림 11.4 • AES_ENCRYPT( ) 함수를 사용한 결과

다음의 쿼리문은 정상적으로 보이지 않는 AES_ENCRYPT() 함수의 반환 결과를 16진수로 변환하여 결과를 볼 수 있도록 한다. 일반적으로 암호화된 결과를 데이터베이스에 저장할 때는 이렇게 16진수로 변환하여 저장한다. 앞서 계산한 것과 같이 16바이트 길이이다. 하지만, 데이터베이스에 저장할 때는 16진수 문자열로 16진수 1자리가 2바이트가 되어 32바이트 길이의 문자열이 되면서 길이가 2배로 다루어진다. [그림 11.5]는 실행 결과이다.

예
```
SELECT HEX(AES_ENCRYPT('abc1234', 'abcd'));
```

결과 #1 (1r × 1c)

hex(AES_ENCRYPT('abc1234', 'abcd'))
CEFF2CD1215A12630730157232D140A9

그림 11.5 • AES_ENCRYPT( ) 함수의 결과를 16진수로 변환

다음의 쿼리문은 AES_DECRYPT() 함수를 사용하여 암호화된 결과를 복호화하여 원래의 문자열을 확인한다. HEX() 함수의 결과를 UNHEX() 함수를 사용하여 다시 이진 문자열로 변경한 뒤에 AES_DECRYPT() 함수를 적용한다. 암호화할 때와 같은 대칭키를 사용해야 한다. [그림 11.6]은 실행 결과이다.

예
```
SELECT AES_DECRYPT(UNHEX(HEX(AES_ENCRYPT('abc1234', 'abcd'))),
                       'abcd' );
```

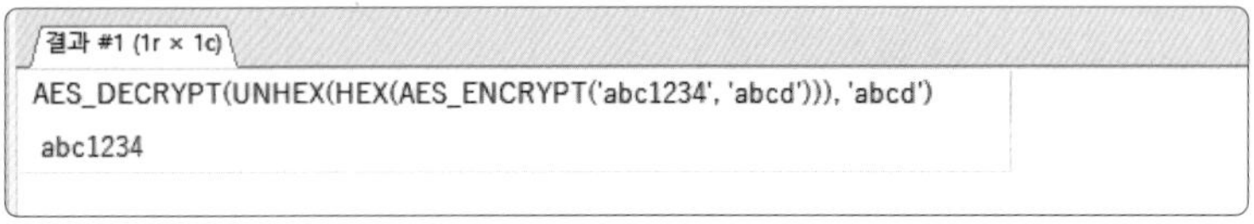

그림 11.6 • AES_DECRYPT() 함수를 사용한 결과

다음의 쿼리문은 `members` 테이블에 '주민등록번호'를 저장하는 `jumin` 열에 데이터를 암호화하여 업데이트한다. '대칭키'는 SHA2() 함수를 사용하여 단방향 암호화해서 양방향 암호화에 사용할 것을 추천한다. 다음의 쿼리문은 대칭키로 '!@$'를 사용하였다.

예
```
UPDATE members
    SET jumin =
            HEX(AES_ENCRYPT('9502011234567', SHA2('!@#$', 256)))
    WHERE memid = 'hong1';
```

다음의 쿼리문으로 주민등록번호를 암호화하여 데이터를 업데이트한 결과를 확인해 본다. [그림 11.7]은 실행 결과이다.

예
```
SELECT memid, jumin, LENGTH(jumin)
    FROM members
    WHERE memid = 'hong1';
```

members (1r × 3c)

memid	jumin	LENGTH(jumin)
hong1	2590654DAE227F53DE90EC24101F7556	32

그림 11.7 • 주민등록번호를 암호화하여 업데이트한 결과

다음의 쿼리문으로 암호화된 주민등록번호를 복호화하여 조회한 결과를 확인해 본다. [그림 11.8]은 실행 결과이다.

예

```
SELECT memid, AES_DECRYPT(UNHEX(jumin), SHA2('!@#$', 256))
    FROM members
    WHERE memid = 'hong1';
```

members (1r × 2c)

memid	AES_DECRYPT(UNHEX(jumin), SHA2('!@#$', 256))
hong1	9502011234567

그림 11.8 • 주민등록번호를 복호화하여 조회한 결과

일반적으로 '대칭키'는 프로그램 코드에 노출하기보다는 서버에 저장해 두고 필요할 때 호출해서 사용하는 방법을 사용하여 대칭키의 노출을 방지한다. 서버에 '대칭키'를 저장하는 방법으로 파일을 이용하거나, 별도의 테이블을 사용하는 등 여러 가지 방법이 있을 수 있다.

다음 예는 변수를 사용하여 '대칭키'를 저장해 두는 예이다.

예

```
# 사용하는 데이터베이스에 다음과 같이 변수를 정의하면서 '대칭키'를 저장한다.
SET @my_key = '!@#$';
```

양방향 암호화를 필요로 할 때는 '대칭키'를 이용하는 SHA() 함수에서 다음 예와 같이 변수의 값을 읽어 사용한다. [그림 11.9]는 암호화된 결과를 확인한 것이고, [그림 11.10]은 복호화하여 결과를 확인한 것이다.

예

```
# 변수의 값을 사용한 양방향 암호화
UPDATE members
    SET jumin =
            HEX(AES_ENCRYPT('9502011234567', SHA2(@my_key, 256)))
    WHERE memid = 'hong2';

# 양방향 암호화 결과 확인
SELECT memid, jumin, LENGTH(jumin)
    FROM members
    WHERE memid = 'hong1';

# 양방향 복호화 결과 확인
SELECT memid,
       AES_DECRYPT(UNHEX(jumin), SHA2(@my_key, 256)) AS jumin
    FROM members
    WHERE memid = 'hong1';
```

members (1r × 3c)

memid	jumin	LENGTH(jumin)
hong2	2590654DAE227F53DE90EC24101F7556	32

그림 11.9 • 변수를 사용하여 주민등록번호를 암호화한 결과

members (1r × 2c)

memid	jumin
hong2	9502011234567

그림 11.10 • 변수를 사용하여 주민등록번호를 복호화한 결과

MariaDB

CHAPTER 12

데이터베이스 백업과 복원

1 데이터베이스 백업

백업 Backup은 데이터베이스를 다른 매체로 내보내거나 복사하는 것을 말하고, 복원 Restore은 다른 매체에 백업된 데이터를 사용하여 데이터베이스를 원래의 상태로 복구하는 것을 말한다.

백업은 사용자의 부주의 또는 고의로 사용 중인 데이터베이스를 삭제하였거나, 시스템의 오류 또는 하드웨어의 오류로 더 이상 데이터베이스를 사용할 수 없는 상태를 대비하는 것이다. 백업은 실시간으로 백업을 실행하거나, 일정 주기로 백업을 실행하거나 또는 긴급으로 백업을 실행하기도 한다. 이 책에서는 '긴급 백업'하는 것으로 실습을 진행한다.

HeidiSQL의 기능을 사용하여 '긴급 백업'을 실행해 본다. '긴급 백업'을 실행하기 전에 백업하는 데이터를 저장할 폴더를 만들어 두어야 한다. 예에서는 폴더 위치를 "E:\Database"로 하기로 한다.

[그림 12.1]에서와 같이 HeidiSQL 창의 세션 개체 목록에서 ①백업할 데이터베이스를 선택하고, ②HeidiSQL의 메뉴 [도구]를 선택하여 ③표시되는 메뉴에서 [데이터베이스를 SQL로 내보내기] 메뉴를 선택한다.

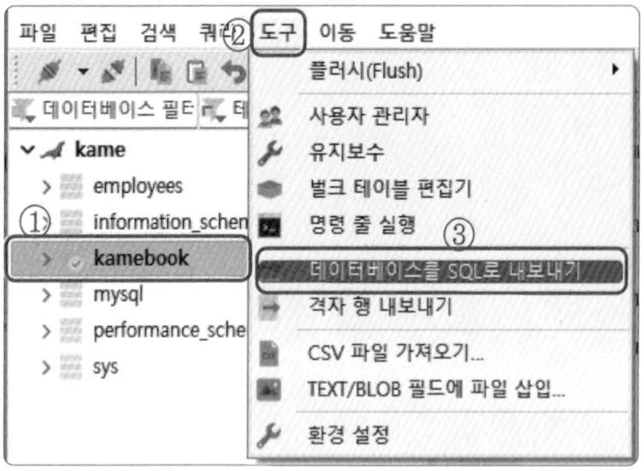

그림 12.1 • 데이터베이스 백업을 위한 HeidiSQL의 메뉴

[데이터베이스를 SQL로 내보내기] 메뉴를 선택하면 [그림 12.2]와 같은 "테이블 도구" 창이 나타난다. 데이터베이스 백업을 위한 창이다. 창의 왼쪽에 표시된 MariaDB에 등록되어 있는 데이터베이스 목록이 표시되고, 백업할 데이터베이스는 선택되어 있다.

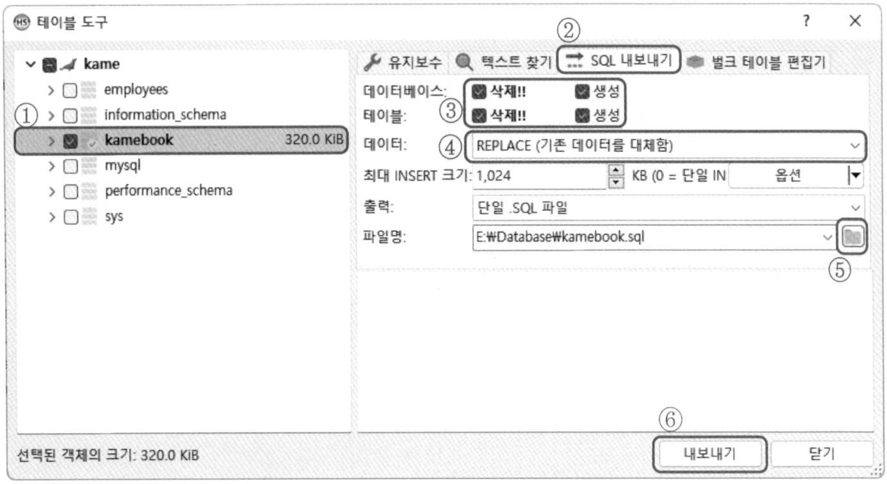

그림 12.2 • 데이터베이스 백업을 위한 '테이블 도구' 창에서의 선택 사항

"테이블 도구" 창의 ①왼쪽 데이터베이스 목록에서 백업할 데이터베이스가 선택되어 있는 것을 확인한다. 다음 단계로 창에 표시된 ②4개 탭 중에서 "SQL 내보내기" 탭을 선택한다. ③'데이터베이스' 항목과 '테이블' 항목에서 '삭제'와 '생성'을 모두 클릭하여 선택한다. '삭제'와 '생성'은 백업 파일을 이용하여 복구할 때 데이터베이스와 테이블을 삭제하고 다시 생성하는 SQL 문을 백업 파일에 추가한다. ④'데이터' 항목을 클릭하면 선택 가능한 목록이 표시된다. 표시된 목록에서 'REPLACE(기존 데이터를 대체함)'를 선택한다. 이는 복구할 때 같은 데이터가 있으면 대체하도록 하는 선택사항이다. ⑤폴더 아이콘을 클릭하면 백업 파일을 저장할 폴더를 선택하고 백업 파일의 이름을 입력하는 창이 표시된다. 해당 창에서 폴더를 선택하고 백업 파일을 'kamebook.sql'로 입력하고 [저장] 버튼을 클릭한다. 마지막 단계로 ⑥[내보내기] 버튼을 클릭하면 [그림 12.3]과 같이 백업되는 과정이 "테이블 도구" 창의 오른쪽 아래에 표시된다. 백업이 완료되면 [닫기] 버튼을 클릭하여 긴급 백업을 완료한다.

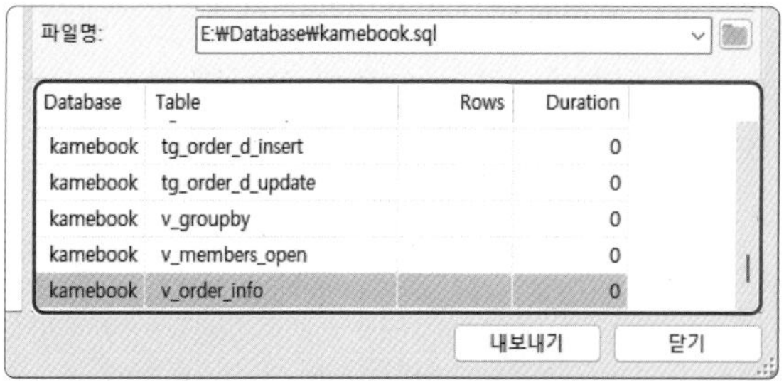

그림 12.3 • 데이터베이스 백업 진행 과정 확인

백업된 파일이 내용을 메모장으로 확인해 보면, [그림 12.4]와 같은 모습을 볼 수 있다.

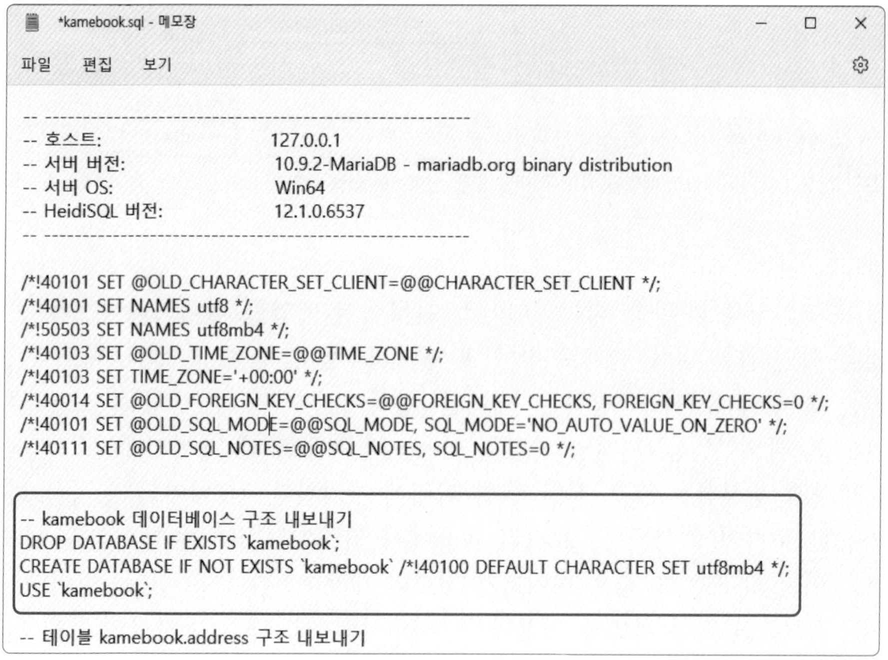

그림 12.4 • 데이터베이스 백업 파일의 내용을 메모장으로 확인

백업 내용의 일부를 보면, 다음의 쿼리문을 확인할 수 있다.

```
DROP DATABASE IF EXISTS `kamebook`;
CREATE DATABASE IF NOT EXISTS `kamebook`
/*!40100 DEFAULT CHARACTER SET utf8mb4 */;
USE `kamebook`;
```

데이터베이스가 존재하면 삭제한 뒤에 생성하고, 데이터베이스가 존재하지 않을 때는 바로 생성하도록 하는 SQL 문이다. 앞서 [그림 12.2]에서 '데이터베이스' 항목의 '삭제'와 '생성'을 체크하여 생성되는 SQL 문이다.

데이터베이스 복원 2

백업된 파일을 이용하여 데이터베이스를 복원해 보자. [그림 12.5]와 같이 HeidiSQL 창에서 ①메뉴 [파일]을 선택하고 ②표시되는 하위 메뉴에서 [SQL 파일 불러오기] 메뉴를 선택한다.

그림 12.5 • 백업 파일을 불러오기 위한 HeidiSQL의 메뉴

[SQL 파일 불러오기] 메뉴를 선택하면 "파일 열기" 창이 나타난다. 해당 창에서 백업 파일이 있는 폴더 위치를 선택하고 선택한 폴더에 있는 백업 파일을 선택하면, 백업 파일의 내용을 HeidiSQL의 쿼리 탭으로 가져온다. 쿼리 탭의 SQL 문을 실행하면 데이터베이스가 복원된다.

명령 창에서 데이터베이스를 복원할 수도 있다. 윈도우의 설치 앱 목록에서 "Command Prompt (MariaDB 10.10(x64))"를 찾아 실행하고, 명령 창의 프롬프트에서 ①'cd' 명령으로 백업 파일이 있는 폴더 위치로 이동한다. MariaDB에 로그인하기 위해 ②"mysql -u root -p" 명령을 입력하고 표시되는 "Enter password: " 프롬프트에서 ③데이터베이스 root 사용자의 비밀번호를 입력한 뒤에 ENTER 키를 누르면 MariaDB에 연결된다. MariaDB에 연결되면 프롬프트가 변경되어 "MariaDB [(none)]>"이 표시된다. ④MariaDB 프롬프트에서 다음의 명령을 입력하면 앞에서 백업한 'kamebook.sql' 파일을 이용하여 데이터베이스가 MariaDB에 입력된다. 10장에서 'employees.sql' 파일을 이용하여 `employees` 데이터베이스의 데이터를 입력한 것과 같은 과정이다.

```
MariaDB [(none)]> source kamebook.sql
```

CHAPTER 13

Python 프로그램에서 MariaDB 사용하기

1 MariaDB Connector 설치

Python 프로그램에서 MariaDB에 연결하기 위해서는 MariaDB가 설치되어 있는 컴퓨터에 응용 프로그램으로부터의 쿼리 명령을 받아들이기 위해서는 커넥터 Connector가 설치되어야 한다.

MariaDB Connector는 다음의 URL을 이용하여 다운로드할 수 있다.

```
https://mariadb.com/downloads/connectors/
```

[그림 13.1]은 웹 브라우저에서 위의 URL을 이용하여 연결한 상태의 모습이다.

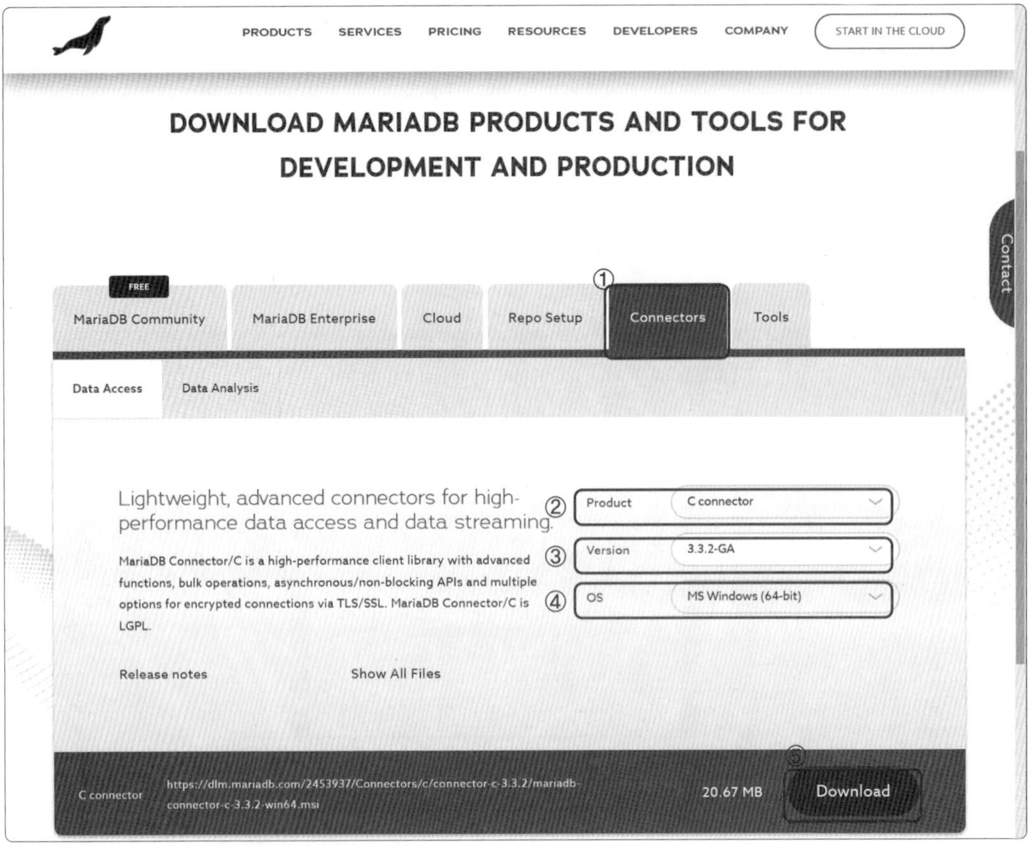

그림 13.1 • MariaDB Connector 다운로드 페이지

커넥터 다운로드 URL을 통해 연결된 웹 페이지에서 [그림 13.1]과 같이 ①"Connectors" 탭이 선택된 것을 확인한다. ②의 "Product" 항목에서 목록을 확장하여 "C connector"를 선택한다. ③의 "Version" 항목에서 목록을 확장하여 "C connector"의 최신 버전인 "3.3.2-GA"를 선택한다. ④의 "OS" 항목에서는 목록을 확장하여 커넥터를 설치하려는 컴퓨터의 운영체제 종류로 "MS Windows (64-bit)"를 선택한 뒤에 ⑤의 [Download] 버튼을 클릭하여 커넥터 파일을 다운로드하여 임의의 폴더 위치에 저장한다.

다운로드한 커넥터 파일을 더블클릭하여 실행하면, [그림 13.2]와 같은 "MariaDB Connector C 64-bit" 설치 시작 화면이 표시된다. [Next] 버튼을 클릭하여 다음 단계로 진행한다.

그림 13.2 • MariaDB Connector 설치 시작

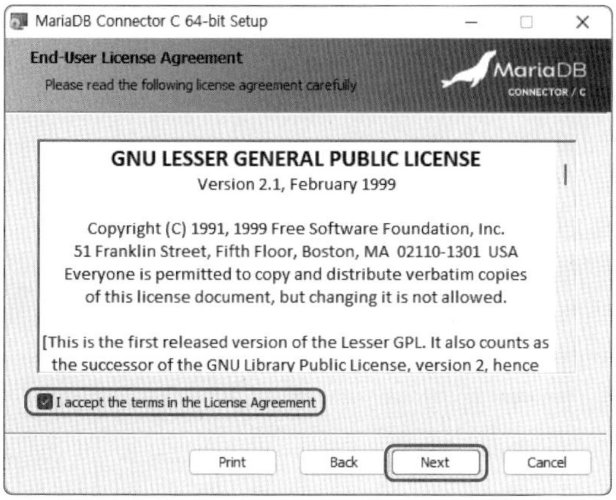

그림 13.3 • MariaDB Connector 설치 라이선스 동의

다음 단계로 [그림 13.3]과 같은 라이선스 동의 화면이 표시되면 창의 아랫부분에서 "I accept the terms in the License Agreemeent" 항목을 체크하고 [Next] 클릭하여 다음 단계로 진행한다.

[그림 13.4]의 설치 유형 선택 화면에서는 [Custom] 유형을 클릭한다.

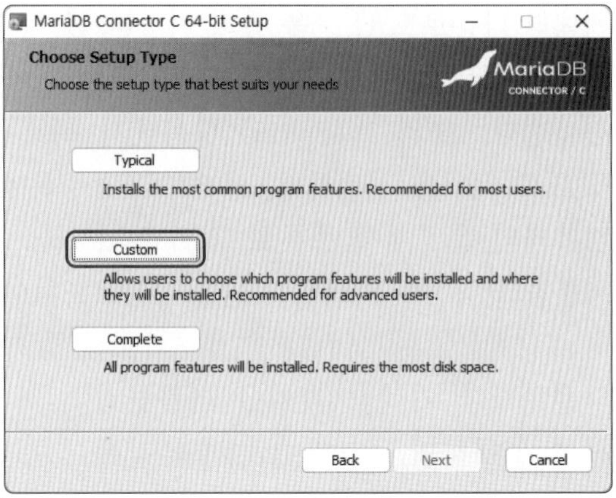

그림 13.4 • MariaDB Connector 설치 유형 선택

[그림 13.5]는 설치 구성 요소를 선택할 수 있다. 기본으로 모든 항목이 선택되어 있다. 설치 구성 요소의 목록을 확인하고 [Next] 버튼을 클릭하여 진행한다.

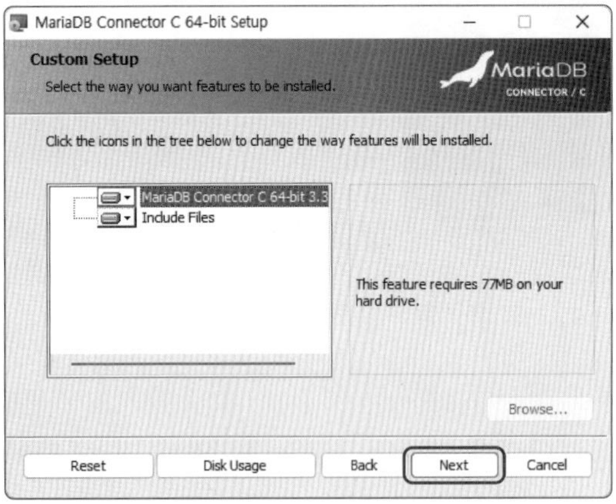

그림 13.5 • MariaDB Connector 설치 구성 요소 선택

[그림 13.6]은 커넥터를 설치할 준비가 완료된 상태를 나타낸다. [Install] 버튼을 클릭하여 실제 커넥터 설치를 시작하면 설치 진행 과정이 표시된다.

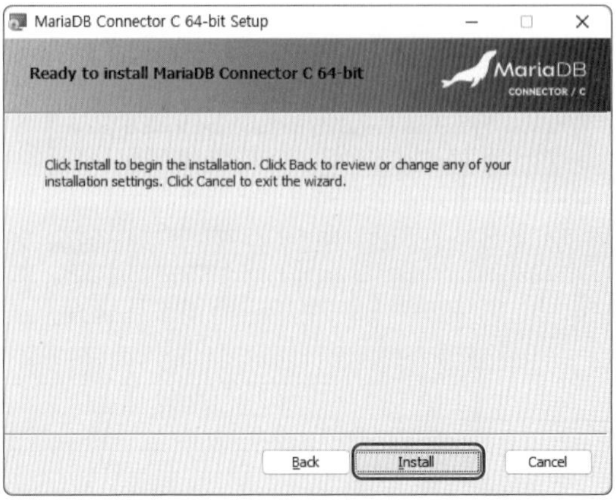

그림 13.6 • MariaDB Connector 설치 준비 완료

[그림 13.7]과 같은 설치 완료를 안내하는 화면이 나타나면 [Finish] 버튼을 클릭하여 커넥터 설치를 종료한다.

그림 13.7 • MariaDB Connector 설치 완료

파이썬 설치 2

MariaDB가 설치된 컴퓨터에 커넥터 설치를 완료했으면, 다음 단계로 파이썬을 설치할 차례이다.

파이썬은 다음의 URL을 이용하여 다운로드할 수 있다.

```
https://www.python.org/downloads
```

[그림 13.8]은 웹 브라우저에서 위의 URL을 이용하여 연결한 상태의 모습이다. [그림 13.8]의 웹 페이지에서 [Download Python 3.11.0] 버튼을 클릭하여 파이썬 설치 파일을 다운로드하여 임의의 위치에 저장한다.

저장한 파이썬 설치 파일을 찾아 실행하여 파이썬 설치를 시작한다.

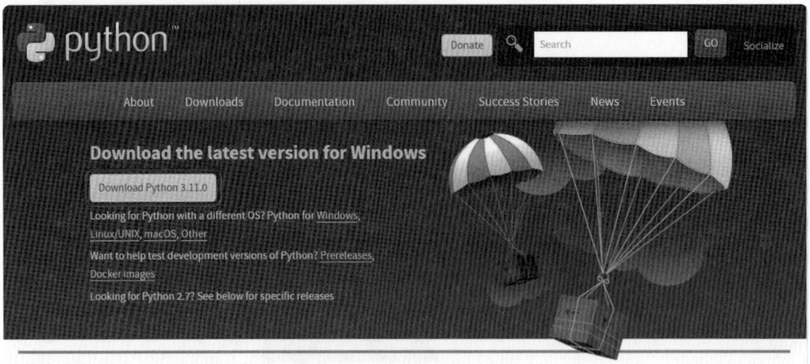

그림 13.8 • 파이썬 설치 파일 다운로드 페이지

파이썬 설치가 시작되면 [그림 13.9]와 같은 화면이 표시된다. [그림 13.9]의 화면 아랫부분에서 "Use admin privileges when installing py.exe" 항목과 "Add python.exe to PATH" 항목을 모두 체크하고 [Install Now] 링크 버튼을 클릭하면 설치가 시작된다.

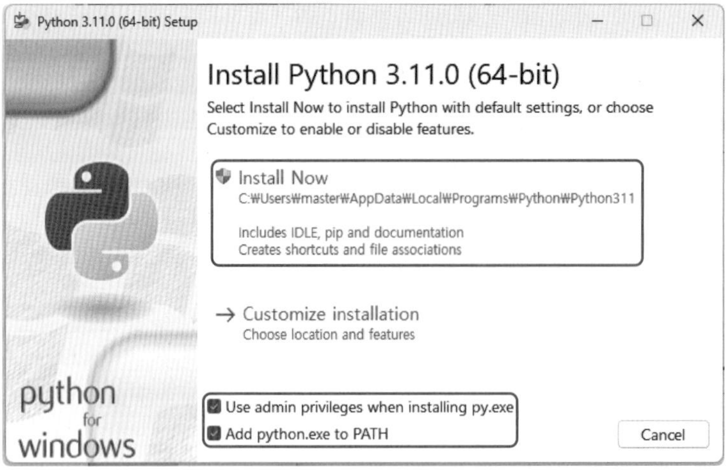

그림 13.9 • 파이썬 설치 1단계

파이썬 설치가 시작되면 [그림 13.10]과 같이 설치가 진행되는 상태를 확인할 수 있다.

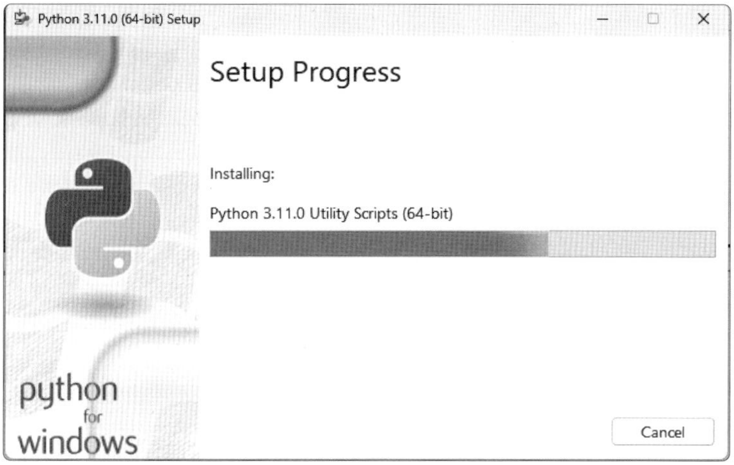

그림 13.10 • 파이썬 설치 2단계

파이썬 설치가 끝나면 [그림 13.11]과 같은 설치가 성공했음을 나타내는 화면이 표시된다. [그림 13.11]의 창에서 [Close] 버튼을 클릭하면 파이썬 설치가 종료된다.

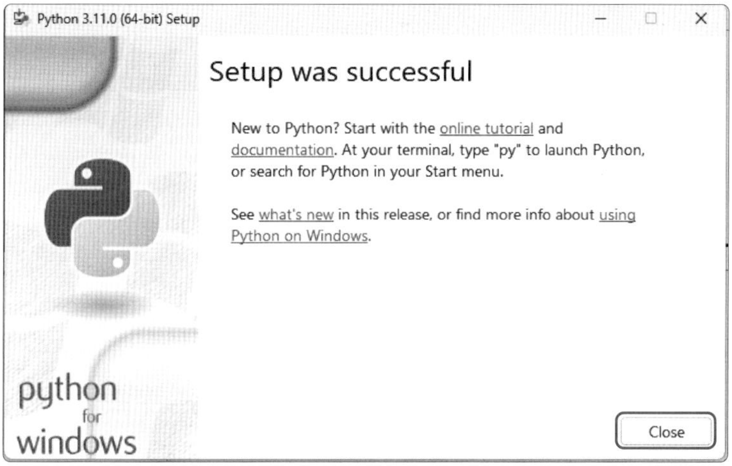

그림 13.11 • 파이썬 설치 3단계

파이썬 설치가 완료되면 파이썬 프로그램과 MariaDB를 연결하는데 필요한 "MariaDB Connector/Python" 모듈인 'mariadb' 패키지를 설치해야 한다.

파이썬의 'mariadb' 패키지는 [그림 13.12]에서와 같이 윈도우의 명령 창에서 다음의 "pip" 명령으로 설치할 수 있다. pip 명령어는 파이썬 설치와 함께 설치된다.

pip install mariadb

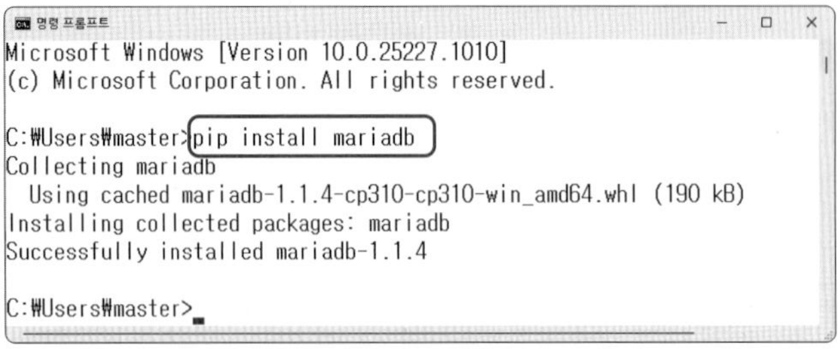

그림 13.12 • pip 명령으로 'mariadb' 패키지 설치

파이썬을 설치하면, 파이썬 프로그래밍 도구인 IDLE가 함께 설치된다. 윈도우의 시작 버튼을 클릭하여 표시되는 프로그램 목록 중에서 "IDLE (Python 3.11 64-bit)"를 찾아 실행한다. [그림 13.13]은 파이썬 IDLE를 실행한 모습이다.

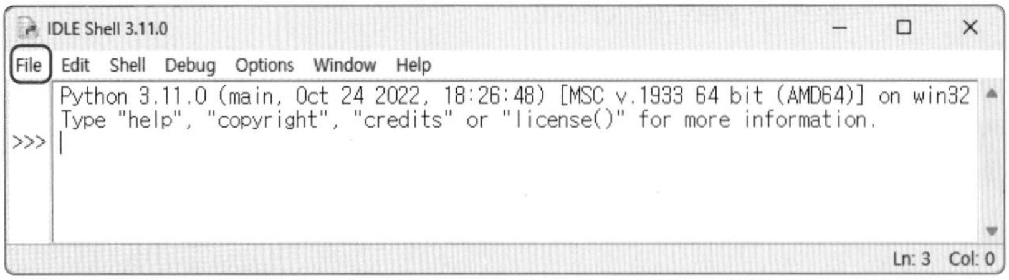

그림 13.13 • 파이썬 IDLE

[그림 13.13]의 파이썬 IDLE에서 [File] 메뉴를 클릭하여 표시되는 메뉴 중 [그림 13.14]에서와 같이 [New File] 메뉴를 클릭하여 선택한다.

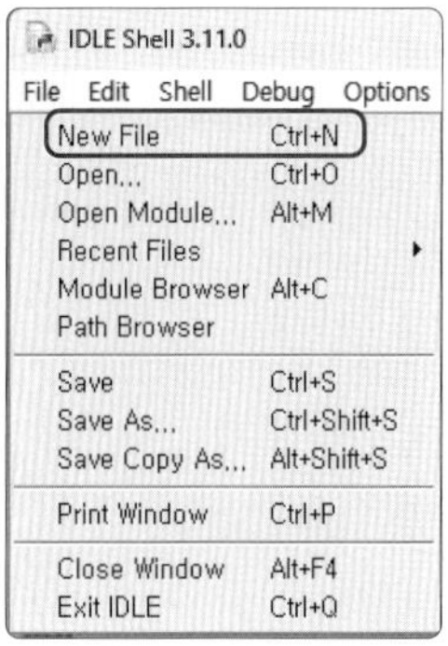

그림 13.14 • 파이썬 IDLE의 File 메뉴

IDLE에서 File ▶ New File 메뉴를 선택하면 파이썬 프로그램을 작성할 수 있는 [그림 13.15]와 같은 편집 창이 나타난다. 파이썬 프로그램 편집 창에서 [그림 13.15]에서와 같이 다음의 파이썬 프로그램 코드를 입력한다.

```
print("파이썬 프로그램 작성")
```

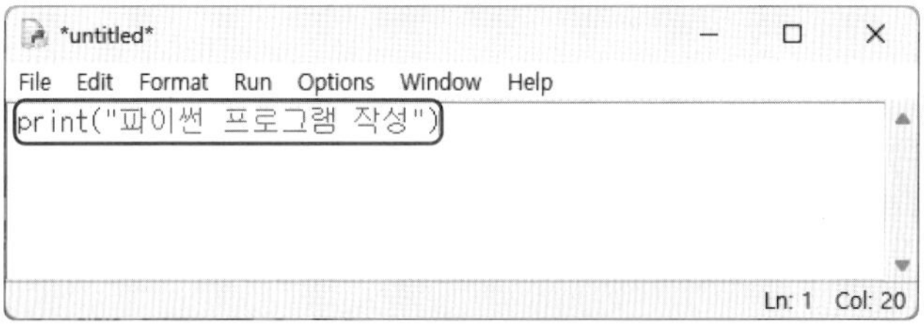

그림 13.15 • 파이썬 IDLE의 편집 창에서 프로그램 코드 입력

프로그램 코드 입력이 완료되었으면, [그림 13.16]에서와 같이 편집 창에서 메뉴 File ▶ Save를 선택하여 작성된 파이썬 프로그램 파일을 저장한다. File ▶ Save 메뉴를 선택하면 파일 저장을 위한 대화상자가 표시된다. 파일을 저장하는 기본 위치는 파이썬이 설치된 폴더이다. 저장할 때 자신만의 폴더 위치를 찾아 저장하는 것이 편리할 것이다. 파일 저장 대화상자에서 파일 이름을 "test.py"로 입력한 뒤에 [저장] 버튼을 클릭하여 작성된 프로그램 파일을 저장한다. 파이썬 프로그램 파일의 기본 확장자는 ".py"이다.

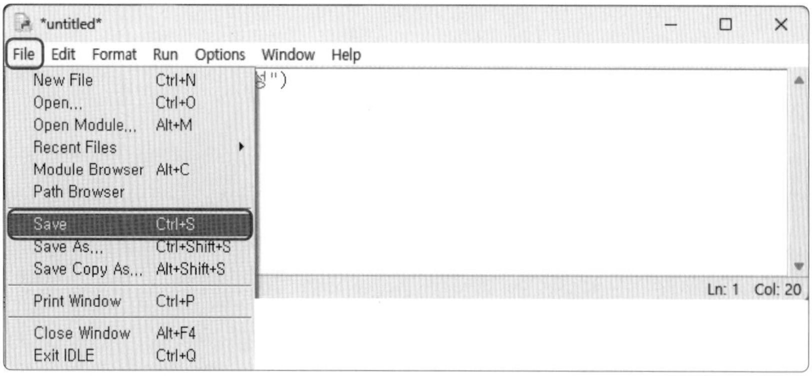

그림 13.16 • 파이썬 IDLE의 편집 창에서 프로그램 코드 파일 저장

작성된 파이썬 프로그램 파일을 저장한 뒤에, [그림 13.17]과 같이 편집 창의 메뉴 Run ▶ Run Module을 선택하면 프로그램이 실행된다.

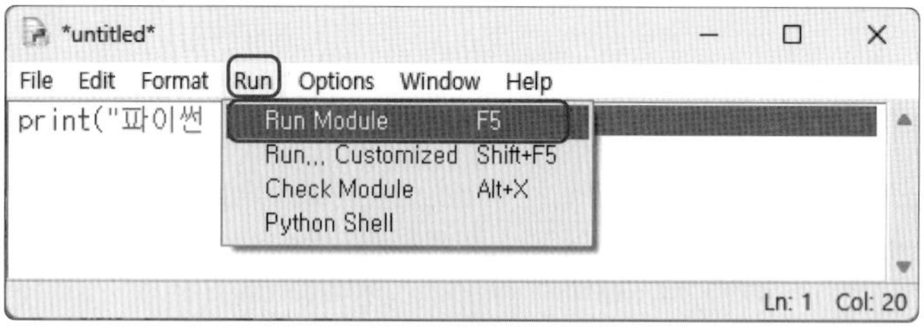

그림 13.17 • 파이썬 IDLE의 편집 창에서 프로그램 코드 파일 실행

프로그램의 실행 결과는 [그림 13.18]과 같이 IDLE 창에 표시된다.

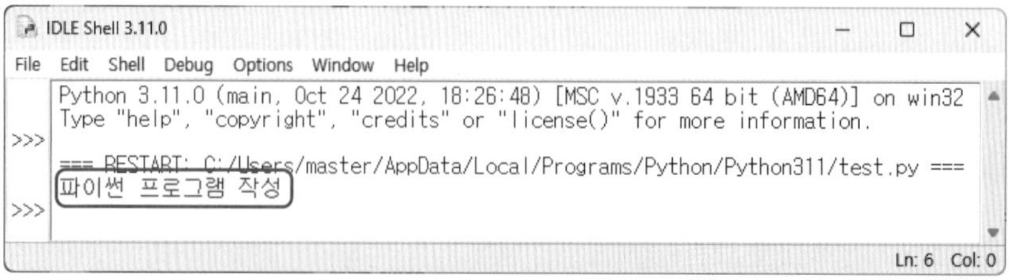

그림 13.18 • 파이썬 IDLE 창에서 프로그램 코드 실행 결과 확인

3 CRUD 파이썬 프로그래밍

CRUD는 Create 생성, Retrieve 조회, Update 업데이트, Delete 삭제로 응용 프로그램에서 데이터베이스에 연결하여 데이터베이스 또는 테이블을 생성하고, 데이터를 Insert하는 Create와 테이블로부터 데이터를 조회하는 Retrieve, 테이블의 데이터를 업데이트하는 Update 그리고 테이블에서 데이터를 삭제하는 Delete의 모든 작업을 이르는 용어이다.

CRUD 작업에 기초한 응용 애플리케이션을 Python 언어를 활용하여 간단히 실습한다. 일반적으로 응용 애플리케이션 개발은 Python 웹 프레임워크나 파이썬 GUI 프레임워크 등을 활용하여 사용자 인터페이스를 구현하고 CRUD 기능을 이벤트 처리하여 구현한다. 이 책은 파이썬에서 CRUD 작업을 위한 데이터베이스 연동 개발 본연의 흐름과 기본 개념에 좀 더 집중하여 표현하고자 인터페이스 구현을 위한 프레임워크는 사용하지 않고 파이썬 인터프리터에서 프로그램을 실행하는 방법으로 실습한다.

3.1 데이터베이스 목록 조회하기

파이썬 프로그램에서 MariaDB에 연결하여 MariaDB에 있는 데이터베이스 목록을 확인해 보는 예제이다.

예제 13.1 데이터베이스 목록 조회하기 ex1301.py

```
import mariadb as mdb

# 단계 1: MariaDB 연결 정보
conn_params = {"host": "localhost",
               "port": 3306,
               "user": "root",
               "password": "password"}

# 단계 2: 연결 정보를 사용하여 MariaDB Connection 개체 생성하기
conn = mdb.connect(**conn_params)

```

```
# 단계 3: 쿼리문의 실행 결과를 담을 커서 개체 생성
cur = conn.cursor()

# 단계 4: 쿼리문 실행
cur.execute("SHOW databases")

# 단계 5: 커서 개체로부터 결과 가져오기
databaseList = cur.fetchall()

# 단계 6: 반복문으로 결과 출력하기
for database in databaseList:
    print(database)

# 단계 7: 커넥션 종료하기
cur.close()
conn.close()
```

"#단계 1"에서는 파이썬 프로그램에서 MariaDB에 연결하기 위한 연결 정보를 dict 개체로 생성한다. "host"는 MariaDB가 설치되어 있는 컴퓨터의 IP 주소를 설정한다. 현재 사용 중인 컴퓨터인 경우 "localhost"로 한다. "port"는 MariaDB가 사용하는 포트 번호로 기본으로 설정된 포트 번호인 3306을 사용한다. "user"는 MariaDB에 등록된 사용자 계정으로 "root"를 사용한다. "password"는 사용자 계정의 비밀번호로 MariaDB를 설치할 때 사용한 비밀번호이다. 연결 정보를 별도의 파일로 작성하여 저장해 두고 연결 정보를 필요로 하는 프로그램에서 호출하여 사용할 수도 있다.

"#단계 2"에서는 "단계 1"에서 생성한 dict 개체를 사용하여 MariaDB 연결 개체인 conn을 생성한다. 연결 개체의 이름 conn은 사용자가 정의하는 것이다.

"#단계 3"에서는 연결 개체인 conn의 cursor() 메서드를 사용하여 쿼리문의 실행 결과를 저장할 cur 개체를 생성한다. 커서 개체의 이름 cur은 사용자가 정의하는 것이다.

"#단계 4"에서는 cur 개체의 execute() 메서드를 사용하여 쿼리문을 실행한다. 예에서 사용된 쿼리문 "SHOW databases"는 연결된 MariaDB의 데이터베이스 목록을 가져오는 쿼리문이다.

"#단계 5"는 쿼리문의 실행 결과를 담고 있는 cur 개체의 fetchall() 메서드를 사용하여 쿼리문의 실행 결과 셋을 list 개체인 databaseList에 전달한다.

"#단계 6"은 반복문을 사용하여 list 개체인 databaseList의 항목을 하나씩 반복하면서 print() 함수를 사용하여 화면에 출력한다.

"#단계 7"은 cur.close() 메서드를 호출하여 커서 개체의 사용을 종료하고, conn.close() 메서드를 호출하여 MariaDB의 연결을 종료하는 것으로 프로그램을 종료한다.

3.2 데이터베이스 연결 정보 분리하기

프로그램마다 소스 코드 내에 MariaDB 연결 정보를 기술하는 번거로움을 피하고 중요한 비밀번호가 노출되는 것을 방지하기 위하여 MariaDB 연결 정보를 별도의 파일로 저장하는 예제이다. 연결 정보를 필요로 하는 프로그램에서 호출하여 사용할 수 있다.

예제 13.2 데이터베이스 연결 정보 분리 저장하기 ex1302.py

```
import mariadb as mdb
import sys
# 단계 1: MariaDB 연결 정보를 사용하여 conn 개체 생성
try:
    conn = mariadb.connect(
        host="localhost",
        port=3306,
        user="root",
        password="password",
        database="kamebook",
        autocommit=True
        )
except mariadb.Error as e:
    print(f"Error connecting to MariaDB Platform: {e}")
    sys.exit(1)
```

"예제 13.2"는 MariaDB 연결 개체 conn만 생성한다. MariaDB 연결 개체를 필요로 하는 파이썬 프로그램에서는 예제에서 생성한 conn 개체를 포함 import하여 사용하는 방법으로 프로그래밍한다.

"예제 13.1"과는 연결 개체 conn을 생성하는 방법에 차이가 있다. "예제 13.2"에서는 연결 정보를 dict 개체로 만들지 않고 mariadb.connect() 메서드에서 연결 정보를 직접 사용한다. 추가된 database 인수는 MariaDB에 연결하여 사용할 사용자 데이터베이스를 지정한 것이고, autocommit 인수는 쿼리문의 실행 결과를 바로 반영하도록 하는 것이다.

try ~ except 문장 구조는 try 블록 내부의 문장을 실행하면서 오류가 발생하면 except 블록을 실행하여 오류 메시지를 출력하고, sys.exit(1) 문을 실행하여 프로그램을 종료한다. try 블록 내부에서 오류가 발생하지 않으면 except 블록은 실행되지 않는다.

"1302.py" 파일은 MariaDB 연결 개체 conn을 필요로 하는 프로그램과 같은 폴더 위치에 저장되어야 하고, 연결 개체 conn을 필요로 하는 프로그램에서 포함하여 사용하기 때문에 별도로 실행하지 않는다. 이러한 파일을 '모듈'이라고 한다.

3.3 데이터 조회하기

파이썬 프로그램에서 MariaDB에 연결하여 5장에서 실습했던 '회원정보'를 저장하고 있는 `members` 테이블에서 데이터를 조회하는 예제이다.

예제 13.3 회원정보 조회하기 ex1303.py

```
import mariadb as mdb

# 단계 1: MariaDB 연결 개체 가져오기
from ex1302 import conn

# 단계 2: 쿼리문의 실행 결과를 담을 커서 개체 생성
cur = conn.cursor()

# 단계 3: 문자열로 실행할 쿼리문 만들기
query_string1 = "SELECT memid, memname, addr FROM `members`"
query_string2 = "SELECT memid, mamname, addr FROM `members`"
query_string2 += " WHERE memname LIKE ?"

```

```
# 단계 4: 쿼리문에서 사용할 데이터 만들기
query_params = [(‘%홍%’)]

# 단계 5: 쿼리문 실행과 조회한 결과 출력하기
try:
    cur.execute(query_string1)
    dataLists = cur.fetchall()

    for memid, memname, addr in dataLists:
        print(memid, memname, addr)
    print(‘---------------------------’)
    cur.execute(query_string2, query_params)
    dataLists = cur.fetchall()
    for memid, memname, addr in dataLists:
        print(memid, memname, addr)
    print(‘---------------------------’)

except mdb.Error as e:
    print(“쿼리문에 문제가 있어 실행하지 못함.”)
    print(e)

finally:
    print(“실행 마침”)
    cur.close()
    conn.close()
```

“단계 1”은 “예제 13.2”에서 작성된 “ex1302.py” 파일에서 conn 개체를 현재 파일로 포함하는 것이다. from에서 내용을 불러올 파일의 이름, 즉, 모듈 파일의 이름을 지정한다. 이때 파일의 확장자 ‘.py’ 는 사용하지 않는다. import에서는 모듈 파일에서 현재 파일로 포함할 내용인 conn 개체의 이름을 지정한다.

“단계 2”에서는 연결 개체인 conn의 cursor() 메서드를 사용하여 쿼리문의 실행 결과를 저장할 cur 개체를 생성한다.

“단계 3”에서는 문자열로 연결된 데이터베이스에서 실행할 두 가지의 쿼리문을 준비했다. query_string1은 단순 문자열로 작성된 SELECT 쿼리문이고, query_string2는 “?” 기호를 사용한 SELECT 쿼리문이다.

“단계 4”에서는 문자열 query_string2에서 사용된 “?” 위치에 전달할 데이터를 준비한 것이다.

"#단계 5"에서 cur.execute(query_string1) 문으로 SELECT 쿼리문을 실행하고, cur.fetchall() 메서드를 실행하여 쿼리문의 실행으로 생성된 결과 셋을 dataLists에 전달한다. 다음 차례로 반복문을 사용하여 dataLists에 저장된 내용을 풀어서 테이블의 열 이름에 대응하여 memid, memname, addr에 각 열의 값을 전달하고, print() 함수로 화면에 내용을 출력한다.

cur.execute(query_string2, query_params) 문은 query_string2 변수에 문자열로 작성된 SELECT 쿼리문의 "?" 위치에 query_params 변수에 저장된 값을 전달하여 실행한다. 즉, "SELECT memid, memname, addr FROM \`members\` WHERE LIKE '%홍%'"의 쿼리문을 실행하는 것이다.

3.4 데이터 추가하기

파이썬 프로그램에서 MariaDB에 연결하여 5장에서 실습했던 '회원정보'를 저장하고 있는 \`members\` 테이블에 새로운 회원 데이터를 추가하는 3가지 예제이다.

예제 13.4 '회원정보' 테이블에 데이터 INSERT하기 I ex1304.py

```
import mariadb as mdb

# 단계 1: MariaDB 연결 개체 가져오기
from ex1302 import conn

# 단계 2: 쿼리문의 실행 결과를 담을 커서 개체 생성
cur = conn.cursor()

# 단계 3: 추가할 회원정보 입력받기
in_memid   = input("회원ID를 입력하세요: ")
in_memname = input("회원 이름을 입력하세요: ")
in_addr    = input("주소를 입력하세요: ")

# 단계 4: 문자열로 실행할 쿼리문 만들기
query_string = "INSERT INTO `members`"
query_string += " (`memid`, `memname`, `addr`) VALUES (?, ?, ?)"

```

```
# 단계 5: 쿼리문 실행
try:
    cur.execute(query_string, (in_memid, in_memname, in_addr))
except:
    print("쿼리문에 문제가 있어 실행하지 못함.")
finally:
    print("실행 마침")
    cur.close()
    conn.close()
```

"#단계 3"에서 input() 함수를 사용하여 데이터를 입력받아 각각의 변수에 저장한다. 프로그램 코드를 간단히 하기 위해서 '회원ID'와 '회원이름' 그리고 '주소'만 입력받았다.

"#단계 4"에서 문자열 결합을 통해 쿼리문을 작성한다. 문자열로 INSERT 쿼리문을 작성하면서 쿼리문을 실행할 때 입력받은 정보를 전달하기 위해 "?" 기호를 사용했다.

"#단계 5"에서 cur.execute(query_string, (in_memid, in_memname, in_addr)) 문은 변수 query_string에 문자열로 작성된 INSERT 쿼리문의 "?" 위치에 입력받은 회원정보를 전달하여 실행하는 것이다.

"예제 13.4"를 실행할 때 추가하려는 '회원ID'가 이미 가입되어 있는 '회원ID'이면 오류가 발생한다. '회원ID'를 저장하는 `memid` 열은 기본키로 설정되어 있기 때문이다. 이 때문에 일반적으로 회원가입을 처리하는 프로그램에서는 입력하려는 '회원ID'를 사용할 수 있는지 먼저 검증하는 과정을 거치게 된다. 즉, 기본키를 먼저 입력받아서 기본키의 중복 오류를 먼저 검증해야 하는 것이다. 다음의 "예제 13.5"를 통해 실습해 보자.

예제 13.5 '회원정보' 테이블에 데이터 INSERT하기 II ex1305.py

```
import mariadb as mdb

# 단계 1: MariaDB 연결 개체 가져오기
from ex1302 import conn

# 단계 2: 쿼리문의 실행 결과를 담을 커서 개체 생성
cur = conn.cursor()

```

```
# 단계 3: 추가할 회원정보 입력받기
in_memid   = input("회원ID를 입력하세요: ")

# 단계 4: 회원ID 사용 가능 여부 검증하기
query_string = "SELECT COUNT(*) FROM members WHERE memid = ?"
cur.execute(query_string, (in_memid,))
result = cur.fetchone()
cnt = result[0]

# 단계 5: 회원ID가 있는 경우와 없는 경우 처리하기
if cnt == 1:
    # 단계 5-1: 회원ID가 있는 경우 - 사용 불가능
    print("입력한 아이디가 이미 존재하여 사용할 수 없습니다.")
else:
    # 단계 5-2: 회원ID가 없는 경우 - 사용 가능
    # 나머지 회원정보를 추가 입력받기
    in_memname = input("회원 이름을 입력하세요: ")
    in_addr    = input("주소를 입력하세요: ")
    # 문자열로 실행할 쿼리문 만들기
    query_string = "INSERT INTO `members`"
    query_string += " (`memid`, `memname`, `addr`) VALUES (?, ?, ?)"
    # 쿼리문 실행과 오류 처리
    try:
        cur.execute(query_string, (in_memid, in_memname, in_addr))
    except mdb.Error as e:
        print(f"Error : {e}")
        print("회원 가입 처리 중 오류가 발생했습니다.")
    else:
        print("회원 가입이 완료되었습니다.")
    finally:
        print("실행 마침")
# 단계 6: 회원ID가 있는 경우와 없는 경우 모두 cur과 conn 닫기
cur.close()
conn.close()
```

"#단계 3"에서는 input() 함수를 사용하여 추가할 '회원ID'를 입력받아 변수 in_memid에 저장한다.

"#단계 4"에서 입력받은 '회원ID'가 `members` 테이블에 존재하는지를 SELECT 쿼리문으로 조회한다. 입력받은 변수 in_memid의 값을 SELECT 쿼리문의 "?" 기호 위치에 전달한다. 이때 "?" 기호 위치에 전달하는 데이터는 튜플 형식이어야 하기 때문에 "(in_memid,)" 형식으로 하나의 데이터이지만 ','를 붙여서 튜플 형식임을 분명하게 한다.

SELECT 쿼리문에서 COUNT() 함수를 사용하여 조회되는 결과는 항상 1행의 결과 셋이 반환되기 때문에 cur.fetchone() 메소드를 사용하여 결과 셋의 내용을 확인한다. 결과가 1이면 이미 존재하는 회원ID가 되고, 0이면 존재하지 않는 회원ID가 된다.

"#단계 5-1"에서는 존재하는 회원ID인 경우 화면에 메시지를 출력하고 "단계 6"으로 진행한다.

"#단계 5-2"에서는 존재하지 않는 회원ID인 경우 input() 함수를 이용하여 나머지 데이터를 입력받고, "예제 13.4"에서와 같이 쿼리문을 실행하여 입력한 데이터를 테이블에 추가한다.

try ~ except ~ else ~ finally는 try 블록을 실행하여 오류가 있으면 except와 finally 블록을 실행하고, try 블록을 실행하여 오류가 없으면 else와 finally 블록을 실행한다.

"#단계 6"에서는 cur.close() 메서드를 호출하여 커서 개체의 사용을 종료하고, conn.close() 메서드를 호출하여 MariaDB의 연결을 종료하는 것으로 프로그램을 종료한다.

\`members\` 테이블에 데이터를 추가하는 세 번째 예제를 만들어 보자. 앞선 9장에서 회원정보를 추가할 수 있도록 저장 프로시저 "sp_members_insert"를 작성했다. "예제 13.6"은 저장 프로시저 "sp_members_insert"를 프로그램에서 호출하여 사용하는 예제이다. 저장 프로시저 "sp_members_insert"는 '회원ID', '회원이름', '생년월일'을 인수로 전달하여 데이터 추가에 성공하면 저장 프로시저 내부의 변수 rv의 값으로 1을 반환하고, 데이터 추가에 실패하면 변수 rv의 값으로 0을 반환하게 되어 있다.

예제 13.6 '회원정보' 테이블에 데이터 INSERT하기 III ex1306.py

```
import mariadb as mdb

# 단계 1: MariaDB 연결 개체 가져오기
from ex1302 import conn

# 단계 2: 쿼리문의 실행 결과를 담을 커서 개체 생성
cur = conn.cursor()

# 단계 3: 추가할 회원정보 입력받기
in_memid   = input("회원ID를 입력하세요: ")
```

```
in_memname = input("회원 이름을 입력하세요: ")
in_birth   = input("생년월일을 입력하세요: ")
args = (in_memid, in_memname, in_birth, 0)

# 단계 4: 저장 프로시저를 호출하면서 입력받은 회원정보를 전달한다.
cur.callproc('sp_members_insert', args)

result = cur.fetchone()
rv = result[0]
if rv == 1:
    print("회원 가입이 완료되었습니다.")
else:
    print("회원 가입에 실패했습니다.")

# 단계 5: 프로그램 종료하기
cur.close()
conn.close()
```

"#단계 3"에서 테이블에 추가할 '회원ID'와 '회원 이름' 그리고 '생년월일'을 input() 함수를 사용해서 입력한다. 입력된 회원정보를 저장 프로시저 'sp_members_insert'에 전달할 수 있도록 튜플 데이터로 묶어 변수 args에 저장한다. args에 저장되는 튜플 데이터는 4개의 항목으로 되어 있다. 튜플 데이터의 마지막 항목 0은 저장 프로시저에서 모두 4개의 인수를 사용하기 때문에 형식을 맞추기 위한 값으로 의미는 없다.

"#단계 4"에서 cur 개체의 callproc() 메서드를 호출하여 저장 프로시저를 실행한다. 첫 번째 인수로 저장 프로시저의 이름, 두 번째 인수로 저장 프로시저에 전달할 값의 목록을 갖는 튜플 변수를 전달한다. 저장 프로시저에서 반환하는 값은 1개(1개 행, 1개 열)이기 때문에 fetchone() 메서드를 사용하여 저장 프로시저에서 반환된 결과를 읽어 변수 result에 저장한다. result[0]은 변수 result에 저장된 0번째 값, 즉 첫 번째 열의 값을 확인하는 것이다. 이 값이 1이면 회원가입이 성공, 0이면 회원가입이 실패한 것으로 해당하는 메시지를 화면에 출력한다.

3.5 데이터 업데이트하기

다음은 파이썬 프로그램에서 MariaDB에 연결하여 5장에서 실습했던 `members` 테이블의 데이터를 업데이트하는 예제이다.

예제 13.7 회원정보 변경하기 ex1307.py

```
import mariadb as mdb

# 단계 1: MariaDB 연결 개체 가져오기
from ex1302 import conn

# 단계 2: 쿼리문의 실행 결과를 담을 커서 개체 생성
cur = conn.cursor()

# 단계 3: 데이터를 변경할 ‘회원ID’ 입력받기
in_memid=input(“변경할 회원ID를 입력하세요: ”)

# 단계 4: 입력한 ‘회원ID’로 변경전 회원 이름과 주소를 조회한다.
query_str = “SELECT memname, addr FROM members where memid = ? ”
cur.execute(query_str, (in_memid,))
result = cur.fetchone()

# 단계 5: 입력한 ‘회원ID’가 있는 경우와 없는 경우 처리
if result is not None: # 검색한 결과가 있는 경우
    name = result[0]   # 검색한 결과의 첫 번째 열, memname
    addr = result[1]   # 검색한 결과의 두 번째 열, addr
    # 변경전의 데이터를 화면에 출력
    print(“--< 변경전 >--------------------------”)
    print(“회원ID : ”, in_memid)
    print(“회원이름 : ”, name )
    print(“회원주소 : ”, addr )
    print(“------------------------------------”)

    # 단계 6: 입력한 ‘회원ID’로 변경할 ‘회원이름’과 ‘회원주소’를 입력받는다.
    in_memname=input(“변경할 회원 이름을 입력하세요: ”)
    in_addr=input(“변경할 회원 주소를 입력하세요: ”)

    try:
        # 단계 7: UPDATE 쿼리문으로 데이터 업데이트
        query_string = “UPDATE members”
        query_string += “ SET memname = ?, addr= ? WHERE memid= ? ”
        cur.execute(query_string, (in_memname, in_addr, in_memid))
    except mdb.Error as e:
        print(f“Error : {e}”)
        print(“회원정보 변경 처리 중 오류가 발생했습니다!”)
    else:
        print(“회원정보 변경에 성공했습니다!”)
        query_str = “SELECT memid, memname, addr FROM `members`”
        query_str += “ WHERE memid = ?”
        cur.execute(query_str, (in_memid,))
```

```
        result = cur.fetchone()
        print("--< 변경후 >-------------------------")
        print("회원ID : ", result[0])
        print("회원이름 : ", result[1])
        print("회원주소 : ", result[2])
    finally:
        print("실행마침")
else:   # 검색한 결과가 없는 경우
    print("실입력한 회원ID를 가지는 회원정보가 없습니다.")

# 단계 8: 프로그램 종료하기
cur.close()
conn.close()
```

"#단계 3"에서는 input() 함수를 사용하여 업데이트할 데이터의 '회원ID'를 입력받는다.

"#단계 4"에서 입력받은 '회원ID'가 `members` 테이블에 존재하는지를 "?" 기호를 사용하는 SELECT 쿼리문을 문자열로 작성하고 실행한다.

"#단계 5"에서 입력받은 '회원ID'의 정보가 있는 경우 업데이트하기 전의 데이터를 화면에 출력하고, "#단계 6"에서 업데이트할 '회원이름'과 '회원주소' 정보를 추가로 입력하여 "#단계 7"에서 UPDATE 쿼리문으로 데이터를 업데이트한다. 데이터를 업데이트한 뒤에는 업데이트한 데이터를 조회하여 화면에 출력하여 비교할 수 있게 한다.

3.6 데이터 삭제하기

다음은 파이썬 프로그램에서 MariaDB에 연결하여 삭제할 회원정보를 `members` 테이블에서 조회하여 화면에 출력하고, 삭제 여부를 확인하여 삭제를 원하는 경우 DELETE 쿼리문으로 데이터를 삭제하는 예제이다.

예제 13.8 회원정보 삭제하기 ex1308.py

```
import mariadb as mdb

```

```
# 단계 1: MariaDB 연결 개체 가져오기
from ex1302 import conn

# 단계 2: 쿼리문의 실행 결과를 담을 커서 개체 생성
cur = conn.cursor()

# 단계 3: 데이터를 변경할 '회원ID' 입력받기
in_memid=input("삭제할 회원ID를 입력하세요: ")

# 단계 4: 입력한 '회원ID'로 변경전 회원 이름과 주소를 조회한다.
query_str = "SELECT memname, addr FROM members where memid = ? "
cur.execute(query_str, (in_memid,))
result = cur.fetchone()

# 단계 5: 입력한 '회원ID'가 있는 경우와 없는 경우 처리
if result is not None: # 검색한 결과가 있는 경우
    name = result[0]   # 검색한 결과의 첫 번째 열, memname
    addr = result[1]   # 검색한 결과의 두 번째 열, addr
    # 삭제전의 데이터를 화면에 출력
    print("--< 삭제할 회원정보 >--------------------------")
    print("회원ID : ", in_memid)
    print("회원이름 : ", name )
    print("회원주소 : ", addr )
    print("------------------------------------")

    # 단계 6: 삭제 여부 확인하기
    enable = input("삭제 여부 Y 또는 N 입력: ")
    if enable.lower() = 'y':    # 삭제 여부에서 'Y'인 경우
        try:
            # 단계 7: DELETE 쿼리문으로 데이터 삭제
            query_string = "DELETE FROM `members` WHERE memid = ?"
            cur.execute(query_string, (in_memid,))
            print("회원정보가 삭제되었습니다.")
        except:
            print("쿼리문에 문제가 있어 실행이 되지 않았습니다.")
    else:   # 삭제 여부에서 'Y'가 아닌 경우
        print("회원정보를 삭제하지 않았습니다.")
else:
    print("삭제할 회원정보가 존재하지 않습니다.")

# 단계 8: 프로그램 종료하기
cur.close()
conn.close()
```

"#단계 3"에서는 input() 함수를 사용하여 삭제할 데이터의 '회원ID'를 입력받는다.

"#단계 4"에서는 "?" 기호를 사용하는 SELECT 쿼리문을 문자열로 작성하고 실행한다.

"#단계 5"에서는 입력받은 '회원ID'의 정보가 있는 경우 삭제하기 전의 데이터를 화면에 출력하고, "단계 6"에서 input() 함수로 삭제 여부를 확인하고, 'Y' 또는 'y'을 입력하면 DELETE 쿼리문으로 해당 데이터를 삭제한다.

이와 같이 테이블에서 데이터를 삭제하려면 일반적으로 기본키에 해당하는 값을 먼저 입력받아서 해당 데이터의 정보를 화면에 보여주고 삭제 여부를 확인한 뒤에 데이터 삭제를 진행한다.

3.7 데이터베이스 생성하기

파이썬 프로그램에서 MariaDB에 연결하여 새로운 사용자 데이터베이스를 생성하는 예제이다.

예제 13.9 데이터베이스 생성하기 ex1309.py

```
# 단계 1: MariaDB 연결 개체 가져오기
from ex1302 import conn

# 단계 2: 쿼리문의 실행 결과를 담을 커서 개체 생성
cur = conn.cursor()

# 단계 3: database 생성과 쿼리문 실행
try:
    query_string = "CREATE DATABASE IF NOT EXISTS `pythontest`"
    cur.execute(query_string)
except:
    print("쿼리문에 문제가 있어 실행하지 못함.")
else:
    print("`pytnontest` DB 생성이 완료되었습니다.")
finally:
```

```
    print("실행 마침")
    cur.close()
    conn.close()
```

"#단계 3"에서 생성할 데이터베이스 이름을 `pythontest`로 하여 CREATE DATABASE 문을 실행한다. 정상적으로 데이터베이스가 생성되면 else: 절의 메시지를 출력하고, 데이터베이스가 생성되지 않으면 except: 절의 메시지를 출력한다. 마지막으로 finally: 절의 문장을 실행하여 사용된 커서 개체 cur과 연결 개체 conn을 각각 close() 메서드를 실행하여 닫는다.

HeidiSQL에서 생성된 데이터베이스를 확인할 수 있다.

3.8 테이블 생성하기

파이썬 프로그램에서 MariaDB에 연결하여 앞서 생성한 사용자 데이터베이스 'pythontest'에 새로운 테이블을 생성하는 예제이다.

예제 13.10 테이블 생성하기 ex1310.py

```
import mariadb as mdb
# 단계 1: MariaDB 연결 개체 가져오기
from ex1302 import conn

# 단계 2: MariaDB 연결 정보 일부 변경
conn.database = 'pythontest'
conn.autocommit = False

# 단계 3: 쿼리문의 실행 결과를 담을 커서 개체 생성
cur = conn.cursor()

# 단계 4: 테이블 생성 쿼리문 작성
query_string  = "CREATE TABLE python_members( "
query_string += "  seq INT(11) NOT NULL AUTO_INCREMENT, "
```

```
query_string += “  id VARCHAR(5) NOT NULL ”
query_string += “      COLLATE ‘utf8mb4_general_ci’, ”
query_string += “  name VARCHAR(50) NULL DEFAULT NULL ”
query_string += “      COLLATE ‘utf8mb4_general_ci’, ”
query_string += “  email VARCHAR(100) NULL DEFAULT NULL ”
query_string += “      COLLATE ‘utf8mb4_general_ci’, ”
query_string += “  PRIMARY KEY (seq, id) USING BTREE ”
query_string += “  ) ”
query_string += “  COLLATE = ‘utf8mb4_general_ci’ ”
query_string += “  ENGINE=INNODB”

# 단계 5: 테이블 생성 쿼리문 실행
try:
    # 테이블 생성 쿼리문 실행
    cur.execute(query_string)
    conn.commit()
    # 테이블 생성후 테이블 목록 조회
    cur.execute(“SHOW TABLES”)
    tableList = cur.fetchall()
    for table in tableList:
        print(table)
except mdb.Error as e:
    print(f“Error : ”, e)
    print(“쿼리문에 문제가 있어 실행하지 못함.”)
else:
    print(“테이블 생성이 완료되었습니다.”)
finally:
    print(“실행 마침”)
    cur.close()
    conn.close()
```

“#단계 2”에서 conn 개체의 정보를 일부 변경한다. ‘ex1302’ 모듈에서 가져오는 연결 정보에서 사용하는 데이터베이스의 이름을 “예제 13.9”에서 생성한 `pythontest`로 변경하는 것이다. 또한 autocommit 속성을 False로 변경한다.

“#단계 4”에서 테이블을 생성하는 CREATE TABLE 문을 문자열로 작성한다. 쿼리문의 길이만 달라질 뿐, 처리하는 과정은 “예제 13.9”와 같다.

“#단계 5”에서는 문자열로 작성된 CREATE TABLE 쿼리문을 실행하고, conn.commit() 메서드를 실행한다. 이 단계에서 CREATE TABLE 문은 자동으로 커밋되기 때문에 conn.commit() 메서드를 호출하지 않아도 된다. 하지만, 트랜잭션을 사용하는 경우 conn.commit()와 conn.rollback() 메서드를 상황에 따라서 적절히 사용할 수 있어야 하기에 프로그램 코드에 포함해 둔 것이다. "SHOW TABLES" 쿼리문의 실행으로 사용하는 사용자 데이터베이스 `pythontest`에 포함된 테이블의 목록을 조회하여 생성한 테이블을 확인한다.

색인 함수 찾아보기